普通高等教育大数据管理与应用专业系列教材

大数据技术基础

赵 玺 冯耕中
刘园园 卢晓妮 艾佩林 编著

机械工业出版社

本书从大数据的基础知识介绍开始，逐步引领读者了解大数据管理与应用的前沿技术，系统地介绍了大数据管理与应用的体系化流程，包括数据采集与融合、数据存储与管理、大数据处理与分析、大数据决策支持及其案例和实验。本书内容深入浅出，提供了丰富的大数据案例并配套详细的代码，旨在帮助读者更加清晰地理解大数据基础知识，掌握大数据技术在管理学科中的应用。

本书可作为大数据学科本科生和研究生的教材，还可供大数据产业从业者使用。

图书在版编目（CIP）数据

大数据技术基础/赵玺等编著. —北京：机械工业出版社，2020.8（2025.1重印）

普通高等教育大数据管理与应用专业系列教材

ISBN 978-7-111-66361-4

Ⅰ.①大… Ⅱ.①赵… Ⅲ.①数据处理-高等学校-教材 Ⅳ.①TP274

中国版本图书馆CIP数据核字（2020）第158688号

机械工业出版社（北京市百万庄大街22号 邮政编码100037）
策划编辑：易 敏 责任编辑：易 敏
责任校对：王 欣 封面设计：鞠 杨
责任印制：邓 博
北京盛通数码印刷有限公司印刷
2025年1月第1版第5次印刷
185mm×260mm · 18.75印张 · 463千字
标准书号：ISBN 978-7-111-66361-4
定价：49.80元

电话服务 网络服务
客服电话：010-88361066 机 工 官 网：www.cmpbook.com
010-88379833 机 工 官 博：weibo.com/cmp1952
010-68326294 金 书 网：www.golden-book.com
封底无防伪标均为盗版 机工教育服务网：www.cmpedu.com

前　言

近年来，大数据技术逐步深入到人们社会生活及经济发展的各个方面，目前已经广泛应用于医疗服务、零售、金融、物流等行业。通过获取、存储、处理数量巨大、来源分散、格式多样的海量数据，人们可以从中发现新知识，创造新价值，提升新能力，在管理实践方面，通过对海量数据进行处理与分析，人们可以实时监控企业运营数据、识别业务异常点，支持大数据驱动的管理决策，帮助企业实现价值增值，提高核心竞争力。在管理学术研究中，大数据环境下的理论研究与应用是目前研究的一个热点，通过ABI、INFORM商业管理数据库检索发现，在2009年至2019年间，共有2153篇与大数据相关的论文，其中管理领域顶级期刊*Management Science*上有596篇，*Organization Science*上有295篇，*Information Systems Research*上有196篇。

基于此背景，西安交通大学管理学院于2018年开设大数据管理与应用本科专业，以市场的发展需求为导向，培养掌握基本管理学理论及信息技术方法并能将其应用于商业管理及决策的复合型人才。在一个全新的专业中，如何为管理类专业学生寻找合适的大数据教材仍是现在面临的难题。现有的大数据教材关注基础理论的推导、实现及工程化的过程，缺少培养学生基于大数据技术解决复杂商业问题能力的知识体系，更适合数学、计算机等学科的学生使用。

本书在保留传统大数据理论与方法的基础上，针对管理类专业学生的特点，简化大数据环境的配置问题，增加了丰富的实验案例及详细的操作步骤，使学生兼具理工科思维与管理思维。

本书共分为8章。

第1章：大数据管理与应用概述。本章主要讲述了大数据的相关概念，包括其发展历程、特点与分类、应用价值与前沿应用等。通过学习本章，读者可以了解目前大数据管理与应用的背景、现状及发展前景，熟悉大数据环境下的商业思维，了解大数据价值实现的一般流程。

第2章：大数据技术基础知识。本章首先介绍了Hadoop大数据软件生态系统，包括HDFS、Hive、HBase等Hadoop组件以及Spark Streaming等流式数据处理方式，并附以详细的环境搭载步骤，降低读者配置大数据环境的难度；其次介绍了大数据环境下需要掌握的Linux和Python基础知识，旨在使读者可以根据本书内容直接着手处理大数据。

第3章：数据采集与融合。本章期望拓宽读者的数据视野，使其在面临复杂商业问题时具有甄别合适数据源的能力。本章着重介绍了6种不同源数据的获取方式及数据融合的方法，用Python爬虫实例和Kafka实例帮助读者掌握数据获取的一般流程。

第4章：数据存储与管理。本章围绕大数据的存储问题主要介绍了分布式文件系统、数据库、数据仓库等数据存储方式，以及数据质量、安全和隐私问题。本章旨在使读者对数据存储管理的基础知识有一定程度的掌握。通过本章的学习，读者可熟练掌握常用数据库的基本操作，并对数据质量、安全和隐私管理有较为深入的理解。

第5章：大数据处理与分析技术。本章首先介绍了大数据计算框架的两种类型，随后分别介绍了文本数据、图像数据、音频数据、视频数据的处理与分析。本章旨在使读者对大数据处理与分析技术有一定程度的掌握。通过本章的学习，读者可熟练掌握大数据处理和分析的基本技术，并且可直接上手处理文本数据、图像数据、音频数据和视频数据。

第6章：大数据决策支持。本章首先介绍了大数据环境下决策的特点和趋势，然后介绍了大数据决策支持中主要的3种技术方法——可视化分析方法、机器学习方法和计量经济学方法。

第7章：大数据应用研究案例。本章选取了近年来人工智能和管理科学领域中6个有典型意义的应用研究作为案例，解读和分析其中的研究思路和使用方法，让读者了解大数据环境下的研究主题，掌握如何从海量数据中挖掘有价值的微观行为特征。

第8章：大数据决策支持实验。本章包含两个实验——大数据机器学习实验和大数据计量经济分析实验，让读者可以对大数据应用与决策支持有较为深入的掌握，从而学会运用大数据处理和分析技术对实际问题建立模型，提升解决实际问题的能力。

本书作者均来自西安交通大学。在本书成稿过程中，从材料收集、内容设计、案例实现到文字整理等方面，离不开以下同学的付出：蔡旭东、姜晓薇、杨晓恬、刘佳璠、张淼、毛敏加、李振宇、魏宇、王乐、王琰欣、任一民、杨康、郑乃颂、付梁毓、田文斌、何瑞欣、董菊萌、李家钊、马琳、李简、李顺、刘浩、褚启伍。

此外，学校发展教育教学的决心和行动也给予了我们莫大的支持。限于水平，不足之处在所难免，敬请读者和同行批评指正。电子邮件地址是 zhaoxi1@ mail. xjtu. edu. cn。

赵　玺

目　录

第1章 大数据管理与应用概述

1.1 什么是大数据

1.1.1 大数据的发展历程

牛津词典将“数据”定义为“由计算机执行操作的数量、字符或符号，可以以电信号的形式存储和传输，并记录在磁、光或机械记录介质上”。美国信息技术研究与顾问公司 Gartner 将“大数据”定义为“无法在一定时间范围内用常规软件工具进行捕捉、管理和处理的数据集合，是需要新处理模式才能使其具有更强的决策力、洞察发现力和流程优化能力的海量、高增长率和多样化的信息资产”。从结绳记事，到笔墨纸砚、光碟胶卷，再到今天的在线存储，不难发现，数据的发展伴随着人类历史的发展，人类的历史同时也是一部数据演变的历史。大数据的历史最早可追溯到19世纪80年代，下面对大数据的发展进行简单梳理。

1887—1890年，美国统计学家赫尔曼·霍尔瑞斯为了统计人口普查数据发明了一台电动器来读取卡片上的洞数。在该设备的助力下，美国仅用一年时间就完成了原本耗时8年才能完成的人口普查活动，由此在全球范围内引发了数据处理的新纪元。

1944年，卫斯理大学图书馆员弗莱蒙特·雷德预见了大数据时代的到来，并出版了《学者与研究型图书馆的未来》一书。在书中，他估计美国高校图书馆的规模每16年就会翻一番，相应的图书编目、清查等任务也将变得十分繁重。至此人们已经渐渐意识到，随着时间推移，数据的存储和管理必然是一项非常重要且复杂的工作。

1997年，美国宇航局研究员迈克尔·考克斯和大卫·埃尔斯沃斯首次使用“大数据”这一术语来描述20世纪90年代由超级计算机生成的大量数据信息。

2003—2006年，Google 先后发表了3篇论文，分别介绍分布式文件系统 GFS、并行计算模型 MapReduce 和非关系数据存储系统 BigTable，第一次提出了针对大数据分布式处理的可重用方案。

2008年，美国 *Nature* 杂志专刊 *Big data: The next Google* 首次正式提出“大数据”这一概念。

2009年，“大数据”逐渐成为互联网信息技术行业的流行词汇。这期间大数据研究的焦点是性能、云计算、大规模的数据集并行运算算法以及开源分布式架构。

2012年1月，世界经济论坛在瑞士达沃斯召开，大数据作为论坛主题之一而备受关注，会上发布的报告《大数据，大影响》宣称“数据已经成为一种新的经济资产类别”。

2013年，大数据技术开始向商业、科技、医疗、政府、教育、经济、交通、物流等多个领域渗透。2013年也被称为“大数据元年”。

目前，继大数据基础技术成熟之后，学术界及企业界纷纷开始转向大数据技术应用研究。大数据的发展，从萌芽到成熟，只有很简短的过程。但如今，人们在世界上的任何角落，恐怕都不能脱离大数据而生活，大数据影响着衣食住行的方方面面，其作用不可忽视。

1.1.2 大数据的特点与分类

2013 年，IBM 在全球发布针对“大数据”的调研白皮书——《分析：大数据在现实世界中的应用》，重新定义并完善了大数据特点的 4V 理论，将其概括为大量（Volume）、多样（Variety）、高速（Velocity）和真实（Veracity）。

1）大量（Volume）：大数据不同于以往的数据，其规模跨越了 GB、TB，达到了 EB 甚至 PB，存储来自各个方向、各个领域的各种属性的数据，体量非常庞大。

2）多样（Variety）：广泛的数据来源决定了大数据形式的多样化，包括但不限于生活中可以直接采集到的数据和由计算机导出的中间数据。

3）高速（Velocity）：大数据的更迭速度非常快，相应的，大数据处理过程中对数据获取、存储、计算等过程的速度要求也更加严格。

4）真实（Veracity）：大数据来源于真实生活，无论是游戏娱乐还是出行购物，都是真实产生的而非虚拟数据，因此有真实、精确的特点。

大数据的类型丰富，包括文字、图片、语音、视频等各种形式。从数据结构上可以将大数据分为结构化数据、半结构化数据和非结构化数据。结构化数据通常是指用关系型数据库记录的数据，数据按表和字段进行存储，字段之间相互独立。常见的学生成绩记录表、员工基本信息登记表、企业资产清单等都是结构化数据。半结构化数据是指以自描述的文本方式记录的数据，由于自描述数据无须满足关系数据库中那种非常严格的结构和关系，因此在使用过程中非常方便，很多网站和应用访问日志都采用这种格式。非结构化数据通常是指语音、图片、视频等格式的数据。这类数据一般按照特定应用格式进行编码，并且不能简单地转换成结构化数据。

1.1.3 大数据的应用价值

大数据开启了一次重要的时代转型。最早洞见大数据时代发展趋势的科学家之一——维克托·迈尔·舍恩伯格认为，大数据时代有三大转变：第一，人们可以分析更多的数据，有时候甚至可以处理和某个特定现象相关的所有数据，而不是依赖于随机采样；第二，数据的海量性特点使人们不再热衷于追求精确度，而是可以为了获得更好的洞察力和更大的商业利益适当忽略微观层面的细节；第三，人们不再热衷于寻找因果关系，而是对事物之间的相关关系更感兴趣（例如，不去探究机票价格变动的原因，而是关注买机票的最佳时机）。

在大数据时代，数据正成为巨大的经济资产。对于企业来说，如何利用大数据了解市场需求、提高竞争能力，是其能否实现长足发展的关键；对于政府来说，如何通过大数据洞见社会问题、推动社会进步，是其能否有效发挥职能的关键。从实际应用的角度来说，大数据的核心价值主要有以下 7 点：

1）大数据能够帮助企业挖掘市场机会，探寻细化市场；

2）大数据能够帮助企业变革商业模式，催生产品和服务的创新；

3）大数据能够帮助企业提供个性化、定制化的产品和服务；

4）大数据能够帮助企业及政府提高决策能力；

5）大数据能够帮助企业及政府创新管理模式，挖掘管理潜力；

6）大数据能够帮助政府提升社会治理水平，维护社会和谐稳定；

7）大数据能够帮助人们预见未来，从而提前应对。

从以上几点可以看出，大数据的价值是巨大的，大数据的应用是广泛的，大数据的未来是光明的。正如维克托教授所说，大数据的真实价值就像漂浮在海洋中的冰山，第一眼只能看到冰山的一角，然而绝大部分都隐藏在水面之下。充分认识大数据蕴含的价值，有意识地调动各方积极性来共同推动大数据产业的发展，是世界各国共同关心的重点话题之一。

1.1.4　大数据与国家战略

大数据正在逐渐成为现代社会基础设施的一部分，就像公路、铁路、港口、水电和通信网络一样不可或缺。在过去的 30 余年里，我国在快速走向工业化、信息化、网络化等方面交出了一份不错的成绩单。如今适逢世界迈入大数据时代的重要时刻，全球化的数据洪流给国家之间原本封闭的物理疆界和国家安全带来前所未有的冲击，世界各国都把推进经济数字化作为实现创新发展的重要动能，我国也已然将大数据上升为国家战略。

大数据之所以能够受到如此程度的重视，是因为从技术维度上看，大数据几乎囊括了一个国家所有领域内的信息，蕴含着与一个民族历史、现实和未来发展相关联的内在规律。大数据为管理者对国情、时情和世情进行科学判断，进而做出科学决策提供了科学依据。在大数据时代，数据的分析和处理能力正在成为企业管理、社会治理、国家治理都日益倚重的技术手段。

1.2　大数据管理与应用

2011 年，全球管理咨询公司麦肯锡发布了题为《大数据：下一个创新、竞争和生产力的前沿》的报告，指出大数据已经渗透到每一个行业，并逐渐成为一种全新的生产要素。大数据之所以直到今天才迎来如此热切的全球关注，并不是因为像这样体量巨大的数据刚刚被人们创造出来，而是因为人们终于渐渐拥有了探索大数据的意识和处理大数据的能力。正如 Google 的首席经济学家哈尔·范里安所说，数据是广泛可用的，所缺乏的是从中提取出知识的能力。如何进行有效的大数据管理和大数据应用，正是本书将要展开讨论的核心问题。

1.2.1　大数据管理

数据管理是指利用计算机硬件和软件技术对数据进行有效收集、存储、处理和应用的过程。其目的在于充分有效地发挥数据的作用。随着互联网技术的发展，数据量呈现爆炸式增长，正确利用大数据可以创造巨大的价值，但同时也给传统的数据管理方式带来了挑战。

借鉴孟小峰教授《大数据管理概论》一书中的观点，我们认为大数据本质上具有 3 方面的内涵：深度、广度和密度。

① 深度：指单一领域数据汇聚的规模，即数据维度的多少；

② 广度：指多领域数据汇聚的规模，用于解决某一现实问题的大数据往往获取自不同的数据源，需要处理其异构问题；

③ 密度：指时空维度上数据汇聚的规模，涉及数据的累积速度和累积时间长度等。

面对规模不断增长的大数据，相应的数据管理技术也面临新的挑战。传统的数据库技术往往只涉及数据的“深度”问题，主要解决数据的组织、存储、查询和简单分析等问题。其后，数据管理技术受现实问题的驱动而引入了数据“广度”和“密度”的考量，主要解决数据的集成、流处理、图结构等问题。今后的大数据管理发展方向，必然是要综合考虑数据的“广度”“深度”“密度”等问题，以解决数据量持续增长的现实情况下数据的获取、抽取、集成、复杂问题分析及科学解释等技术难点。

在充分认识到大数据管理需要注意的关键问题后，孟小峰教授将大数据管理的关键技术总结为以下几个方面。

① 大数据融合：大数据往往是多源、异构的，数据散布于不同的数据管理系统中，因此需要先进行数据集成，再进行数据分析。

② 大数据分析：大数据时代是瞬息万变的时代，数据的分析和应用更强调时效性和动态调整，这就要求我们有敏锐的数据洞察能力和高效的分析算法及模型。

③ 大数据隐私：数据公开是利用大数据创造价值的必要条件，而数据隐私保护又是必不可少的，因此，如何平衡两者之间的矛盾，在信息安全的保障下充分发挥大数据的效能，是未来大数据继续向前发展所必须解决的一个关键问题。

④ 大数据能耗：从小型集群到大规模数据中心，在保障数据计算能力的同时，高能耗已经成为目前制约大数据快速发展的一个主要瓶颈。

⑤ 大数据处理与硬件的协同：高效的数据分析依赖于高质量的硬件基础，和多源数据一样，不同架构的硬件之间同样需要实现互联互通才能辅助分析人员更好地发挥数据价值。

1.2.2 大数据应用

2008 年，三位信息领域资深科学家（卡耐基梅隆大学的 R. E. Bryant、加利福尼亚大学伯克利分校的 R. H. Katz 和华盛顿大学的 E. D. Lazowska）联合业界组织“计算社区联盟(Computing Community Consortium)”发表了非常有影响力的白皮书《大数据计算：在商务、科学和社会领域创建革命性突破》，使得研究者和业界管理者意识到，大数据的重要性事实上体现在其带来的新见解和新用途上，而非数据本身。大数据的价值实现需要利用大数据分析技术，从海量数据中总结经验、发现规律、预测趋势，并最终辅助决策。在过去的一段时间内，大数据应用广泛开展，并取得了引人注目的成果，下面我们就举例介绍大数据在各领域是如何应用的。

1. 大数据与公共管理

随着互联网技术的不断革新，网络社会快速发展，今天的“网民”不再只是内容的消费者，而是更多地承担起了内容生成者和内容传播者的角色，积极互动的虚拟互联网空间日趋成熟。在互动过程中，大量的数据信息不断流动，在人与人之间形成一张复杂的“关系网”。尽管被这张网所覆盖的用户大部分都只是在网络上“萍水相逢”，但联合起来却能产生巨大的影响力。网络舆情是指通过互联网传播的公众对现实生活中各种现象、问题所持的信念、态度、意见、情绪等。近年来，网络舆情对政治生活秩序和社会稳定的影响与日俱增，一些重大的网络舆情事件使人们开始认识到网络社会对现实社会可能产生的深刻影响。通过利用网络社会大数据，今天人们已经能够相对有效地掌握网络舆情。一方面，大数据使得政府不再被动“救火式”地应对舆情危机，而是主动“防火式”地通过识别信息传播中的关键用户节点监测和防范舆情事件。另一方面，人们也可以反过来利用大数据技术制造舆情，以达到传播某种信息或思想的目的。一个很好的例子是2016年的美国总统大选。在此次选举中，特朗普的胜利很大程度上归功于其竞选团队采取的数字竞选策略。依赖大数据分析技术，使用更加平民化的社交媒体平台来辅助竞选，既能实时把握网络舆情态势，又能在合适的时机引导网络舆情走向。

政府也通过获取、集成和分析由城市空间中各种关键要素（如车辆、建筑、城市居民等）产生的大数据进行城市管理。以交通规划为例，大数据分析技术可以实时地综合考量整个城市的道路网络，从而给出不断更新的动态最优解。2016年，名为“城市大脑”的智慧城市系统开始接管杭州128个路口的信号灯。该系统由人工智能、云计算等技术支持，为杭州市逾900万常住人口的快速出行提供实时分析和智能调配。据杭州市“城市大脑”领导小组、杭州市数据资源局、杭州市公安局及杭州市公安局萧山分局给出的数据分析结果，该系统使试点区域的通行时间减少15.3%，使高架道路出行时间节省4.6min，使120救护车到达现场的时间缩短一半。

2. 大数据与政府工作

虽然目前大数据的应用更多地体现在商业领域，但政府同样期望并且正在致力于利用大数据提升其公共服务能力，并辅助其应对经济发展、社会保障、灾害防治等重大的国家挑战。目前，我国运用大数据提升国家治理现代化水平的成绩之一就是基于大数据技术构建了许多在线服务平台，使得办事效率得到了显著提升。2019年，浙江在全国率先建设了全省统一的政务云平台，将省级部门800多个信息系统进行整合，归集治理3066类190多亿条数据。这个名为“浙里办”的服务平台集成412项便民服务，累计办理网上缴费业务1.4亿笔，节约群众办事时间约6600万h。除此之外，国内外的许多研究都在致力于通过对手机使用时产生的基站连接记录或GPS数据的实时分析，进行城市人流观测、重点人员追踪、疫情传播监控等，以帮助政府提高城市安全监管的效率。

3. 大数据与企业管理

大数据的商业价值最直观的体现，就是一旦企业真正拥有了洞察那些日常积累起来的用户相关数据（主要是各种行为记录数据）的能力，就可以方便地构建起对用户的良好认知，从而获得可观的收益。企业通过对消费者的海量行为数据进行分析，可以推断出消费者的需求、偏好、习惯等，从而进一步制定更具针对性的甚至是个性化的市场营销策略。一方面，通过对群体消费行为的综合分析，企业可以设计交叉销售的产品组合。交叉销售是指发现现有顾客的多种需求，并通过满足其需求而销售多种相关服务或产品。在大型超市中，交叉消费模式得到较为广泛的应用。超市管理者通过对整个消费者群体的历史消费行为进行分析，发现一些较为固定的消费模式（如沃尔玛发现，在季节性飓风来临之前，手电筒和蛋挞的销量一同上涨），并据此对商品的位置进行合理的安排，促进交叉消费的实现。另一方面，得益于智能手机的普及，许多学者也开始探索如何借助于大数据来更好地实现针对单个用户的商品推荐或情景营销，将过去被动地等待用户选择商品变成主动地将商品带到用户面前。近年来比较典型的一类研究模式是基于从手机数据中提取的位置信息，综合分析情境语义来探索用户对商品促销的响应行为。如Anindya Ghose等人做了试验，分别向在上班途中和不在上班途中的用户群体发送优惠券，结果表明，前者使用优惠券的可能性比后者高出两倍之多。

4. 大数据与个人生活

大数据的应用在每个人的日常生活中都随处可见。当你想要寻找一家合口味的餐馆时，大数据可以迅速地提取你的就餐历史信息和实时位置，从而推荐就餐地点；当你想要前往一个不熟悉的地方时，大数据可以根据实时的道路交通情况，给你提供一个最为合理的出行路线；当你使用音乐播放软件时，大数据可以通过算法自动推荐相似歌曲，省去大量的搜索成本。大数据的应用不仅极大地提高了人们生活的效率，也给人们的生活创造了更多的可能性。以教育大数据的应用为例，今天的课程学习已经不仅仅局限于黑板和粉笔，很多高校都将课程进行录制并发布到网络上，以期给学生提供更为自由的学习环境，也为老师们的教学管理提供助力。比如，Udacity、Coursera 和 EDX 等在线教育课程平台都通过跟踪学生的在线学习行为来帮助老师们寻找最佳的教学方法。如果大部分学生都反复观看了某一小节或某几分钟的课程视频，那就表明这部分课程内容的呈现并没有达到预期的效果，或者这些内容本身对学生来说难度较大。美国普渡大学的"课程信号"项目也是大数据教育应用的典型案例之一。该项目研发了一个课程学习预警平台，通过采集学生课程学习的过程性数据来预测该学生课程学习成功的概率。根据预测结果，老师就可以对学生给予有针对性的指导和反馈，帮助他们成功完成课程学习。

1.3 大数据管理与应用前沿

虽然大数据已经成为各领域关注的热点和焦点，但是由于存在隐私保护难、计算平台搭建成本高等问题，目前业界对大数据的开发和应用走在了学术界的研究之前。尽管企业目前已经可以自主进行一些相对简单但行之有效的大数据应用实践，但还是需要学者们从更为科学的视角进行洞察，建立科学、系统、全面的研究范式，以进一步服务于大数据的管理、分析、应用和价值创造。本节将对国内外研究的现状及前沿演化状况做简单介绍。

1.3.1 国际大数据管理与应用前沿

目前，世界各国均高度重视大数据领域的研究探索，并从国家战略层面推出研究规划以应对其带来的挑战。2012 年 4 月，英国、美国、德国、芬兰和澳大利亚研究者联合推出"世界大数据周"活动，旨在促使政府制定战略性的大数据措施；2013 年 3 月，美国发布了《大数据研究和发展倡议》，提出通过收集、处理庞大而复杂的数据资料信息，获得知识和洞见，加快科学、工程领域的创新步伐，并将为此投入两亿美元以上资金；2013 年 6 月，日本发布了《创建最尖端 IT 国家宣言》，全面阐述了 2013—2020 年期间以发展开放公共数据和大数据为核心的日本新 IT 战略。在大数据战略部署和政策的推动下，各国政府部门、企业、高校及研究机构都开始积极探索大数据应用，学术界也已经取得了一定的研究成果。

为了对目前国际上大数据管理与应用的热点话题和研究现状有更好的了解，我们在大型引文数据库 Web of Science 上限定"Web of Science（WoS）核心合集"，以"big data"为主题，检索 2010—2019 年间发表的文章，并进行了简单的可视化分析，共检索得到 34327 条记录（检索日期为 2019 年 10 月 26 日），发文量年度分布如图 1-1 所示。可以看到，2010 年以来，大数据研究进入增长期，相关的研究文章年发表数量持续增长（2019 年的发文量未超过 2018 年，可能是由于检索时间为 2019 年 10 月）。可以预见，在接下来的一段时间内，大数据仍将是学术界的研究热点，大数据管理与应用的研究将会逐步深入并不断拓展。

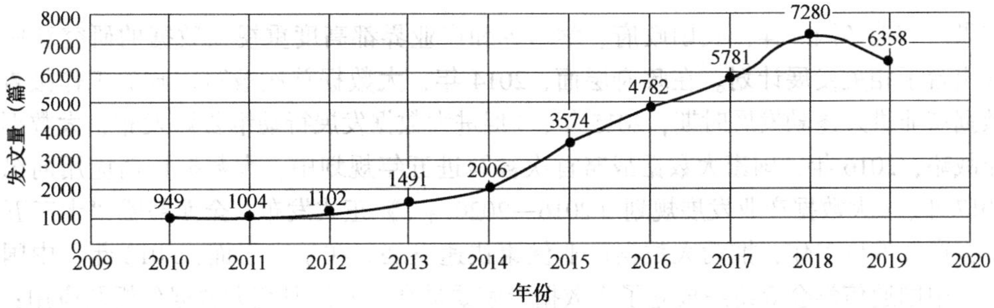

图 1-1 国际大数据研究发文量年度分布

为了做更深入的了解，我们进一步对检索到的文章的关键词进行共词分析，得到图 1-2（图右部的 10 个关键词为出现频次最多的 10 个关键词）。不难发现，大数据相关研究更多地还是集中于模型（model，共出现 2240 次）、系统（system，共出现 1582 次）、算法（algorithm，共出现 1168 次）、性能（performance，共出现 1163 次）、网络（network，共出现 841 次）、分类（classification，共出现 814 次）等技术性问题，同时也关注管理（management，共出现 1146 次）、影响（impact，共出现 1005 次）、信息（information，共出现 713 次）等与实践应用更相关的话题。这说明目前国际大数据领域的专家学者仍在致力于提高人类管理与分析大数据的能力，同时在此基础上，对应用的探索也逐渐提上了日程。相信在未来几年，大数据应用相关的研究会不断增多，并向各种不同的领域渗透。此外，从发文量来看，美国是大数据研究文献产量最多的国家，近十年间共发文 9058 篇，占国际总发文量的 26.39%。中国和英国分别发文 7845 篇和 2691 篇，位居第二、三位。发文量排在前十位的国家还有德国、澳大利亚、意大利、西班牙、加拿大、韩国和印度。

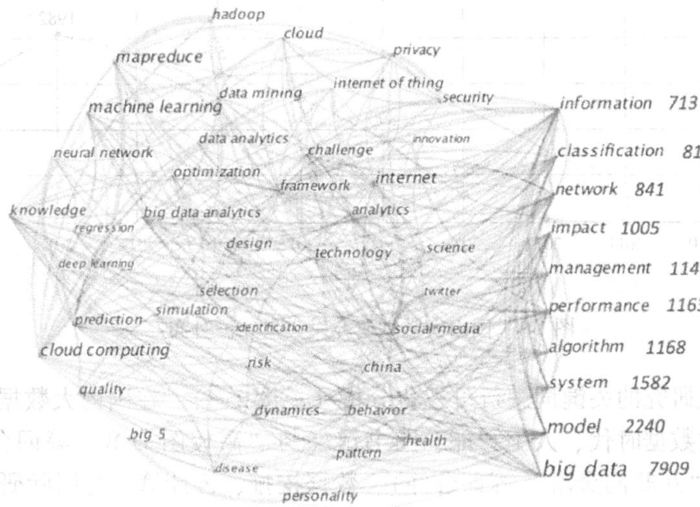

图 1-2 国际大数据研究关键词图谱

1.3.2 国内大数据管理与应用前沿

与世界其他各国一样，我国政府、学术界和产业界都高度重视大数据的研究和应用工作，并出台了相关发展计划。在政府层面，2014 年，大数据首次被写入政府工作报告，我国大数据产业进入蓬勃发展时期；2015 年，《促进大数据发展行动纲要》发布，大数据上升为国家战略；2016 年，国家大数据战略首次被写进五年规划中，大数据创新应用向纵深发展；2017 年，《大数据产业发展规划（2016—2020 年）》正式发布，全面部署“十三五”时期大数据产业发展工作，推动大数据产业健康快速发展。在学术层面，2012 年，中国计算机学会、中国通信学会等纷纷成立了大数据专家委员会，专门研究大数据分析及应用；2013 年，中国计算机学会第一届大数据学术会议（CCF BigData 2013）在北京召开；2014 年，由工业和信息化部批准，中国通信学会主办，中国电信、中国移动、中国联通协办的第一届中国国际大数据大会在北京召开；2015 年，电子科技大学与国家信息中心合作共建大数据研究中心，希望通过建设大数据研究的创新平台来推动行业发展，服务社会实践，并最终为国家宏观决策提供辅助支撑。

我们可以通过在中国知网（CNKI）上检索“大数据”相关研究的发表情况来了解国内大数据管理与应用研究的发展状况。设定检索时间为 2010—2019 年，限定数据库为 CSSCI，主题为“大数据”，共检索出 9402 篇相关研究文章（检索日期为 2019 年 10 月 26 日）。

首先绘制发文量年度分布图（见图 1-3），可以看到，近十年间国内大数据研究领域的发文量同样保持逐年上涨的趋势（2019 年的发文量未超过 2018 年，可能是由于检索时间为 2019 年 10 月），说明大数据研究在国内学术界也越来越受关注。

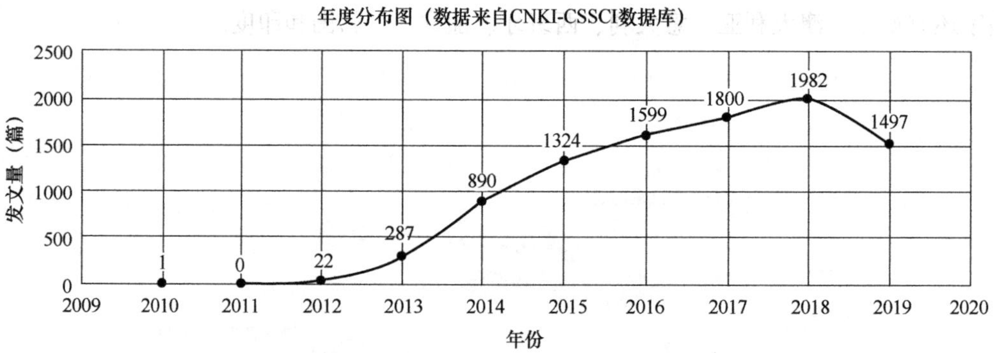

图 1-3 国内大数据研究发文量年度分布

接下来对相关研究的关键词进行可视化分析（见图 1-4）。在国内大数据研究领域，高频关键词集中于大数据时代、人工智能、图书馆（与“高校图书馆”等词合并）、互联网（与“互联网 +”“互联网金融”等词合并）、数据挖掘、云计算。与国际研究热点进行对比可以发现，大数据存储、处理与分析等技术是国内外大数据领域共同关注的热点，但国外更注重大数据的基础理论和技术研究，而国内更注重大数据在各行业的应用以及大数据带来的时代机遇与挑战。

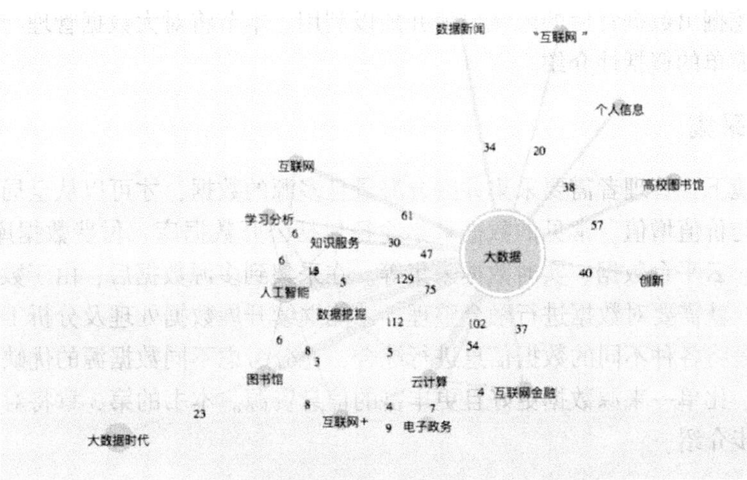

图 1-4　国内大数据研究关键词分布

1.3.3　大数据管理与应用发展趋势

在了解了国内外大数据管理与应用的发展前沿后，本小节将聚焦于大数据管理与应用的发展阶段分析，结合我国国情，厘清未来的发展趋势。

我们认为，大数据的发展历程中存在 3 种状态，即有数据无法使用、可以分析但是没有数据，以及有数据且可分析。在数据量刚开始膨胀的时候，大数据虽然已经产生，但由于我们缺乏管理和分析数据的能力，因此无法发挥大数据的价值，此时就处在有数据无法使用的状态。当数据量继续增大时，产学研都开始关注如何利用这些数据，相关的理论、算法、平台等都应运而生，但由于存在数据隐私保护等问题，往往会出现学术界想要不断突破却没有足够的数据支持，企业界想要充分发挥手中掌握的大量数据的价值却又不得不小心使用的现象。这就可能导致一方处于有数据无法使用的状态，而另一方又处于可以分析但是没有数据的窘境。只有当技术的掌握者和数据的掌握者有效合作，才能最终实现有数据且可分析的良性局面，使数据可以为人们所用。

随着信息技术和人类生产生活的交汇融合，未来大数据应用的涉及面将会更加广泛，也必然更加注重于解决实际问题。当前我国大数据产业的发展已经具备了良好基础，加之国家的大力支持，大数据的产业化应用面临难得的发展机遇，然而如同前面所述，如何解决数据价值挖掘过程中的隐私监管等关键问题是大数据应用向前发展的主要瓶颈所在。目前我国正处于大数据研究高峰，发文量持续增长，研究视角呈多样化发展趋势，但研究成果以大数据技术和大数据在各行业的应用为主，缺乏基础理论建设，研究也尚未形成体系。因此，我国应该积极学习国外的研究成果和研究经验，加强大数据理论研究，结合国情充分探索大数据的应用模式，推进国内大数据研究体系的形成，为大数据价值的深入挖掘提供坚实基础。

1.4　大数据管理与应用技术

大数据管理与应用技术是大数据理论和科学研究的实践落地。在大数据时代，面对海量、复杂、碎片化的数据，需要借助大数据管理与应用技术对其进行采集、处理和全面深入的分析，才能挖掘出数据背后的隐藏价值并加以利用。本节将对大数据管理与应用过程中的关键环节进行简单的概括性介绍。

1.4.1 数据采集

大数据环境下，管理者需要采集并融合海量且多源的数据，才可以从全局视角实现大数据的分析挖掘与价值增值。常见的数据采集途径包括公开数据库、付费数据库、网络爬虫、数据 API 接口、云平台数据、实时数据采集等。在采集到多源数据后，由于数据格式可能存在差异等问题，就需要对数据进行融合整理，才能继续开展数据处理及分析工作。多源数据融合的目的就是将各种不同的数据信息进行综合，充分考虑不同数据源的优缺点，然后从中提取出统一的、比单一来源数据更好且更丰富的信息资源。本书的第 3 章将对数据采集与融合技术做进一步介绍。

1.4.2 数据存储

作为数据处理的底层支撑，存储介质的更新和相关存储技术的发展是推动数据管理技术变革及发展的主要驱动力。数据存储是一种信息保留方式，它采用专门开发的技术保存相应数据并确保用户在需要时对其进行访问。随着大数据的发展，传统的数据存储系统已经无法满足大数据的特性和用户的新需求，传统的数据存储管理系统在大数据框架下面临着扩容方式、存储模式及故障维护等方面的挑战。本书将在第 4 章重点介绍大数据环境下如何有效进行数据存储，以及在存储过程中如何进行数据质量和数据隐私的管理。

1.4.3 数据处理与分析

数据处理的核心是从采集到的原始数据中提取有效信息，这对挖掘数据价值并进一步给出管理问题的解决方案有重要意义。大数据时代，数据生成、获取、存储的方式都更加多元化，相应的数据处理与分析技术也需要不断发展。本书将在第 5 章对现有的大数据处理与分析技术进行综合介绍，主要讲解如何针对文本数据、图像数据、音频数据及视频数据等进行特征提取，帮助读者快速掌握从海量数据中提取有价值信息的方法。

除上述的 3 ~ 5 章外，本书将在第 2 章介绍大数据技术的相关基础知识，在第 6 章介绍如何应用大数据在现实情境中进行决策辅助，并提供丰富的实例帮助读者理解相关技术的使用。

参 考 文 献

[1] BLONDEL V D, DECUYPER A, KRINGS G. A survey of results on mobile phone datasets analysis [J]. EPJ data science, 2015, 4: 1-55.

[2] BRYANT R E, KATZ R H, LAZOWSKA E D. Big-data computing: creating revolutionary breakthroughs in commerce, science and society [R/OL]. (2012-10-02) [2019-10-26]. http: //www. cra. org/ccc/docs/init/Big_ Data. pdf.

[3] GHOSE A, KWON H E, LEE D, et al. Seizing the commuting moment: contextual targeting based on mobile transportation apps [J]. Information Systems Research, 2019, 30 (1): 154-174.

[4] LAZER D, KENNEDY R, KING G, et al. The parable of google flu: traps in big data analysis [J]. Science, 2014, 343 (6176): 1203-1205.

[5] MANYIKA J. Big data: The next frontier for innovation, competition, and productivity [EB/OL]. [2020-06-03]. http://www.mckinsey.com/Insights/MGI/Research/Technology_ and_ Innovation/Big_ data_ The_ next_ frontier_ for_ innovation.

[6] PISTILLI M D, ARNOLD K E. Purdue signals: mining real-time academic data to enhance student success [J]. About Campus, 2010, 15 (3): 22-24.

[7] ZHENG Y, CAPRA L, WOLFSON O, et al. Urban computing: concepts, methodologies, and applications [J]. ACM Transactions on Intelligent Systems and Technology (TIST), 2014, 5 (3): 1-55.

[8] 百度百科. 大数据 [EB/OL]. [2020-06-03]. https://baike.baidu.com/item/大数据/1356941? fr = wordsearch.

[9] 百度百科. 数据管理 [EB/OL]. [2020-06-03]. https://baike.baidu.com/item/数据管理? fr = wordsearch.

[10] 百度百科. 网络舆情 [EB/OL]. [2020-06-03]. https://baike.baidu.com/item/网络舆情? fr = wordsearch.

[11] 陈颖. 大数据发展历程综述 [J]. 当代经济, 2015 (8): 13-15.

[12] 杜小勇. 大数据何以成为国家战略 [J]. 金融经济, 2018 (11): 11-13.

[13] 冯芷艳, 郭迅华, 曾大军, 等. 大数据背景下商务管理研究若干前沿课题 [J]. 管理科学学报, 2013, 16 (1): 1-9.

[14] 经济日报. 浙江建设全省政务云平台, 数字政府全天候在线 [EB/OL]. [2020-06-03]. http://www.echinagov.com/news/265010.htm.

[15] 林子雨. 大数据技术原理与应用 [M]. 2版. 北京: 人民邮电出版社, 2017.

[16] 孟小峰. 大数据管理概论 [M]. 北京: 机械工业出版社, 2017.

[17] 任翀. 杭州主干道上128个路口的信号灯被人工智能控制了, 结果…… [EB/OL]. [2020-06-03]. https://www.jfdaily.com/news/detail? id = 67901.

[18] 孙粤文. 思维与技术: 大数据时代的国家治理能力现代化 [J]. 领导科学, 2015 (2): 19-23.

[19] 王博. 大数据时代网络舆情与社会治理研究 [D]. 昆明: 云南财经大学, 2016.

[20] 维克托·迈尔-舍恩伯格, 肯尼思·库克耶. 大数据时代: 生活、工作与思维的大变革 [M]. 盛杨燕, 周涛, 译. 杭州: 浙江人民出版社, 2012.

[21] 许子明, 田杨锋. 云计算的发展历史及其应用 [J]. 信息记录材料, 2018, 19 (8): 66-67.

[22] 赵国栋. 习近平: 实施国家大数据战略, 加快建设数字中国 (万字长文解读) [EB/OL]. [2020-06-03]. http://app.myzaker.com/news/article.php? pk = 5a2e5a33d1f1499165000093

[23] 中国习观. 国家大数据战略 [EB/OL]. [2020-06-03]. http://guoqing.china.com.cn/xijinping/2018-12/06/content_ 74314700.htm

第 2 章 大数据技术基础知识

2.1 Hadoop 生态系统简介

大数据生态系统是一系列在大数据生命周期内存储、处理、可视化和向目标应用传送结果的组件的综合体。本节介绍常见的 Hadoop 生态系统。

面对数据量更大、数据类型更多的数据处理需求，传统的数据处理平台无法进行高效的处理，而 Hadoop 生态系统为大数据的有效处理提供了平台。Hadoop 是一种分布式系统构架，由 Apache 基金会推出，用于实现海量数据的分布式存储和高效率可扩充的分布式计算。该框架提供了一种简单的编程模型，将数据分布式存储在磁盘各个节点，计算时各个节点读取并处理存储在自己节点的数据，从而实现对大数据集的分布式处理。其优点包括高效性、可扩展性、可靠性、高容错性和低成本。Hadoop 适用于对离线的大批量数据进行处理且不需要多次迭代的场景。以 MapReduce 和 HDFS（分布式文件系统）作为核心组件，Hadoop 生态系统提供了一系列专为大数据解决方案的开发、部署和支持而创建的工具和技术。MapRedue 和 HDFS 提供了支持大数据解决方案核心所需的基本结构和服务，而生态系统的其余部分为现实世界建立和管理以目标为导向的大数据应用程序提供了所需的组件。

如果没有该生态系统，开发人员、数据库管理人员、系统和网络管理员以及其他人员需要确定构建和部署大数据解决方案所需的独立的技术集合，并达成一致。在企业想要采用新兴技术的趋势下，这往往是昂贵而且费时的，而 Hadoop 生态系统提供了这样的服务。它是当今针对大数据挑战的最全面的工具和技术集合。该生态系统有利于为大数据的广泛采用创造新的机会。图 2-1 所示为 Hadoop 生态系统中包含的一些工具和技术。

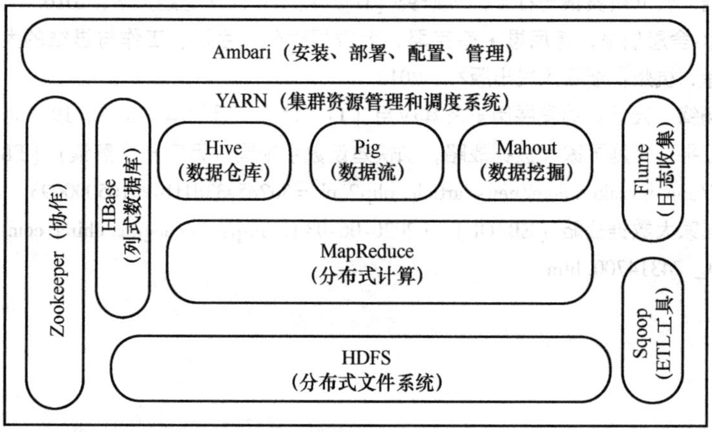

图 2-1 Hadoop 生态系统

本节将对 Hadoop 生态系统中的工具和技术进行介绍。

2.1.1　利用 HDFS 存储数据

HDFS（Hadoop Distributed File System，Hadoop 分布式文件系统）是一种实用、稳定的集群化文件存储和管理方法。HDFS 不是文件的最终目的地，而是一个数据服务，它提供了一组快速处理大量数据的独特功能。不同于其他不断读写的文件系统，HDFS 仅写一次数据，然后多次读取。

在 HDFS 中，每个文件仅能写一次，也就是说，只在文件创建的时候写入。这就避免了将存储在一个集群机器上的数据复制到其他机器上可能导致的一致性问题。HDFS 通过一次性写入数据，确保数据可以从任何复制到不同机器上的缓存文件副本中读出，而不需要验证该内容是否被修改过。这种做法使得 HDFS 成为支持大文件存储的极好选择。

HDFS 是有弹性的，为了防止服务器失效，数据块被复制多份并存储于集群中。而 HDFS 根据文件系统元数据（关于数据的数据）来跟踪所有的这些数据块。

HDFS 的元数据存储于名称节点服务器（NameNode Server）。这个服务器是所有 HDFS 元数据和数据节点（用户数据存储的地方）的存储库。HDFS 集群越大，元数据占用的空间也就越大。当集群运行时，所有元数据都将加载到名称节点服务器的物理内存中。为了获得最佳性能，名称节点服务器应当有很多物理内存，理想情况下还应该有许多固态硬盘，也就是在 DRAM 或闪存中存储数据的存储设备。这些资源越多，性能就越好。

1. HDFS 架构

HDFS 通过将文件分解成较小的块来组织及管理大数据。这些数据块分布在 HDFS 集群的数据节点上，通过名称节点来管理。块的大小是可配置的，通常是 128MB 或者 256MB，这意味着 1GB 的文件要消耗 8 个 128MB 块。

HDFS 遵循主从架构，HDFS 集群包含单一的名称节点主服务器，以及多个运行在 HDFS 集群上的数据节点。当整个集群位于数据中心的同一个物理机架上时，提供的性能水平最高。集群同时也包含了多个商品化服务器，它们通常是用于小型组织机构的专用服务器，用来提供大规模计算或者文件访问服务功能。

HDFS 集群维护文件系统命名空间，并控制来自客户的文件访问。名称节点跟踪数据节点中数据的物理存储位置。在 HDFS 中，一个文件被划分成一个或多个块后存储于数据节点中。名称节点主服务器执行打开、重命名以及关闭文件和目录等操作，并将不同的文件块映射到数据节点中。除了在接收到名称节点的指令时创建、删除和复制块之外，数据节点还执行文件读写操作。

2. 名称节点

前面已讲过，HDFS 通过将大文件分割成“块”来工作。在 HDFS 集群中，当所有的数据节点被集中到一个机架中时，名称节点使用“机架 ID”来跟踪集群中的数据节点。

跟踪位于各种数据节点上的能组合成一个完整文件的数据块，是名称节点的职责。如果把块类比为汽车，那么数据节点就是停车场，而名称节点就是代客泊车的司机。名称节点还扮演了“交通警察”的角色，管理所有的文件操作，如读、写、创建、删除和复制数据节点上的数据锁。正如停车场管理员管理所有客人的车那样，管理文件系统命名空间就是名称节点的工作了。文件系统命名空间是集群中的文件集合。

图 2-2 所示为 HDFS 的基本架构。

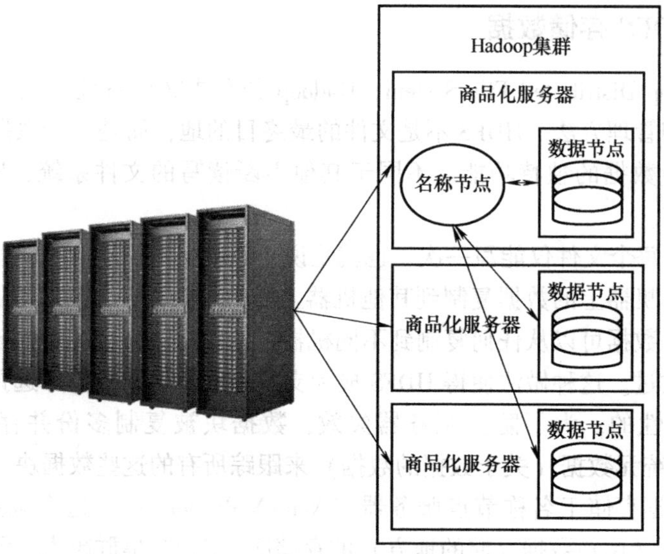

图 2-2 HDFS 的基本架构

3. 数据节点

数据节点提供“心跳”消息（证明数字节点还“活着”），以检测和确保名称节点和数据节点之间的联通性。当“心跳”不再存在时，名称节点从集群中取消该数据节点，就像没事发生过那样继续运行。当“心跳”恢复或者新的心跳出现时，相应数字节点被添加到消息集群中。

4. 名称节点与数据节点的关系

名称节点和数据节点之间有着密切的关系，但它们是“松耦合”的。集群元素可以动态地根据需求的增长（或减少）增加（或减少）服务器。在典型的配置中，有一个名称节点和一个可能的数据节点，它们运行在机架中的一个物理服务器上。其他服务器只运行数据节点。

数据节点不断地与名称节点交互，查看是否有需要数据节点做的事情。这种连续行为可以向名称节点发出关于数据节点可用性的警报。此外，数据节点自身也相互通信，使得它们可以在正常的文件系统操作时进行配合。这是必要的，因为一个文件的数据块很有可能存储于多个数据节点中。名称节点对于集群的正确操作十分重要，所以应该复制名称节点的数据以防止单点故障。

2.1.2 利用 MapReduce 处理数据

MapReduce 是一种并行编程框架，用于处理存储在不同系统中的大量数据。MapReduce 的算法由 Apache 项目开发和维护。可以将 MapReduce 比作一个引擎，因为这就是它工作的方式：人们提供输入（燃油），引擎快速有效地将输入转化成输出（驱动车轮），从而得到人们需要的答案（向前移动）。

MapReduce 处理数据包括了几个阶段，每个阶段都有一组重要操作，帮助人们从大数据中获取需要的答案。这个流程从用户请求运行 MapReduce 程序开始，到结果被写回 HDFS 结束。那么 MapReduce 是如何工作的呢？

MapReduce 包含由程序员构建的两个主要过程：映射（Map）和归约（Reduce）。这也是它名字的由来。这些程序在一组工作节点上并行运行。MapReduce 遵循主进程/工作者进程（Master/Worker）方法。其中，主进程负责控制整个活动，如识别数据，并将数据划分给不同的工作者进程；工作者进程处理从主进程那里收到的数据，并将结果重新发送给主进程。每个 MapReduce 的工作者进程对自己的数据应用相同的代码。工作者进程间没有交互，甚至一点都不了解对方。然后，主进程把从不同工作者进程那里收到的结果整合起来，进行最后的数据处理，以获取最终结果。

2.1.3　利用 Hadoop YARN 管理资源和应用

作业调度与跟踪是 Hadoop MapReduce 的必要组成部分。Hadoop 的早期版本支持基本的作业和任务跟踪系统，但随着 Hadoop 所支持工作组合的改变，旧的调度程序已无法满足要求。由于旧调度程序无法管理非 MapReduce 作业，不能优化集群利用率，因此，研发人员设计了新功能来改正这些缺点，并提供更高的灵活性、效率和性能。

YARN（Yet Another Resource Negotiator，另一种资源协调程序）是一种新的 Hadoop 资源管理器，它提供两个主要服务：全局资源的管理和每个应用程序的管理。这两个主要的服务分别由资源管理器和节点管理器实现。

资源管理器（Resource Manager）是主服务，用于控制 Hadoop 集群中每个节点上的节点管理器。调度器（Scheduler）包含在资源管理器中，它的唯一任务就是把系统资源分配给运行中的特定应用程序（任务），但它不监控或跟踪应用程序的状态。执行任务所需要的所有系统信息存储于资源容器中。它包含了详细的 CPU、磁盘、网络和在节点及集群上运行应用程序所必需的其他重要资源属性。每个节点都有一个节点管理器（Node Manager），保存在集群的全局资源管理器中。节点管理器监视应用程序 CPU、磁盘、网络和内存的使用率，并将其报告给资源管理器。所有在节点上运行的应用程序都有一个应用程序主机（Application Master）与之相对应。如果需要更多的资源来支持运行中的应用程序，该应用程序主机会通知节点管理器，由节点管理器代表应用程序与资源管理器（调度器）协商额外的资源。节点管理器还负责在它的节点中跟踪作业状态和进程。

2.1.4　利用 HBase 存储数据

HBase 是一个分布式的非关系型（列式）数据库，采用 HDFS 作为其持久化存储。它仿照谷歌的 BigTable（存储非关系型数据的一种有效形式）并进行了修改，可以容纳非常大的表（有数十亿列/行）。HBase 提供了大数据的随机、实时读/写访问。它是高度可配置的，具有很高的灵活性，能高效地处理大量数据。

HBase 的所有数据都以行和列的形式存储在表中，这与关系型数据库管理系统相似。其中，行和列的交叉点称为单元格。HBase 表和关系型数据库表的重要区别之一是版本控制。每一个单元格的值包含了一个“版本”属性，即识别单元格的时间戳。版本控制跟踪单元格中的变化，从而可以在必要时检索任何版本的内容。

HBase 的实现为数据处理提供了多种有用的特性。它是可扩展、稀疏、分布式、持久化的，并支持多维映射。HBase 利用行和列的键值对和时间戳对映射进行索引。连续的字节数组用于表示映射中的每一个值。当用户的大数据需要随机、实时地进行读/写数据访问时，HBase 是一个很好的解决方案。它经常被用来为后续分析处理存储结果。

2.1.5 利用 Hive 查询大型数据库

Hive 是一个建立在 Hadoop 核心元素（HDFS 和 MapReduce）上的批处理数据仓库层。它为了解 SQL 的用户提供了一个简单的类 SQL 实现，称为 HiveQL。利用 Hive，程序员可以对结构化数据进行类 SQL 访问，同时可以利用 MapReduce 进行复杂的大数据分析。

与大多数数据仓库不同，Hive 不是用于快速响应查询的。事实上，查询可能需要几分钟甚至几小时，这取决于它的复杂性。因此，最好将 Hive 用于数据挖掘和不需要实时行为的深层次分析。因为它依赖于 Hadoop，所以具有很好的扩展性、可伸缩性和弹性，这是普通数据仓库所不具备的特性。

Hive 使用以下 3 种数据组织的机制。

1）表：Hive 表与关系型数据库管理系统中的表是一样的，都由行和列组成。Hive 是基于 Hadoop HDFS 层之上的，表被映射到文件系统的目录中。此外，Hive 支持在其他原生文件系统中存储的表。

2）分区：一个 Hive 表可以支持一个或多个分区。这些分区映射到底层文件系统的子目录中，代表了整个表的数据分布。

3）桶：把表中的数据划分成桶（Bucket）。桶在底层文件系统的分区目录中存储为文件。

Hive 的元数据存储在外部的元数据库中。元数据库是一个关系型数据库，其中包含了 Hive 模式的详细描述。元数据库包括列类型、所有者、键和值的数据、表统计信息等。元数据库能够将目录数据和 Hadoop 生态系统中的其他元数据服务进行同步。

2.1.6 Spark 简介

Spark 最初创建的目的是支持分布式数据集上的迭代作业，实际上它是对 Hadoop 的补充，可以在 Hadoop 文件系统中并行运行。Spark 是采用 Scala 语言开发的。作为一种面向对象的函数式编程语言，Scala 操作分布式数据集与操作本地集合的方式不会更复杂（Scala 中有一个名为 Actor 的并行模型，Actor 的收件箱可以用来收发非同步信息，但不能共享数据）。Scala 的特点有运行速度快、容易使用、通用性强和运行环境多样等。图 2-3 所示为基于 Spark 的大数据平台。

1. Spark 和 Mapreduce 的差异

Spark 的发展是建立在 MapReduce 之上的，Spark 不仅具有 MapReduce 分布式并行计算的各种优势，而且对于 MapReduce 的一些明显缺点进行了改进，具体如下：

第一，Spark 与 MapReduce 中间数据的存储位置不同。MapReduce 将中间数据存储在磁盘中，而 Spark 将中间数据存储在内存中。内存与磁盘读写速度的差异造成了 Spark 在进行迭代计算时相对于 MapReduce 具有更高的效率。Spark 还支持 DAG 图的分布式并行计算编程框架，减少了在迭代过程中将数据存储到磁盘中的过程，处理效率比 MapReduce 更高。

第二，Spark 的容错性比 MapReduce 更高。Spark 引进了 RDD（Resilient Distributed Dataset，弹性分布式数据集）抽象。RDD 是分布在一组节点中的具有弹性的只读对象集合，即

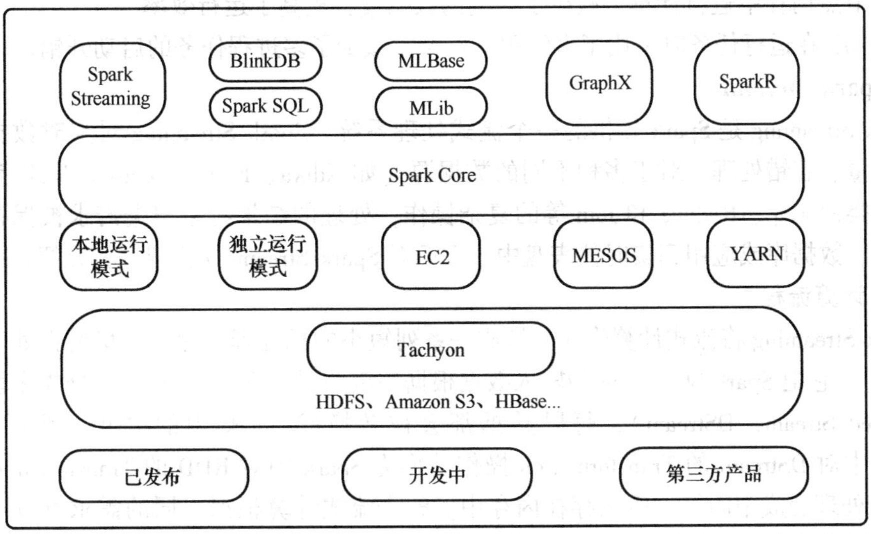

图 2-3　基于 Spark 的大数据平台

使数据集一部分丢失或损坏，也可以根据"血统"（数据衍生过程）对丢失或损坏的数据集进行重建。另外，在 RDD 计算时可以通过 CheckPoint 来实现容错，而 CheckPoint 有两种方式，即 CheckPoint Data 和 Logging The Updates，使用何种方式进行容错可以由用户进行控制。

第三，Spark 的通用性比 MapReduce 更好。MapReduce 中只有 Map、Reduce 两种操作，而 Spark 中关于数据集的操作类型更加多样，其中大部分操作可以被分为 Transformations 和 Actions 两大类。其中，属于 Transformations 的操作有 Map、Filter、FlatMap、Sample、GroupByKey、ReduceByKey、Union、Join、Cogroup、MapValues、Count、Sort 和 PartionBy 等，属于 Actions 的操作有 Collect、Reduce、Lookup 和 Save 等操作。另外，Spark 与 MapReduce 在处理各个节点之间通信的模式也存在差异，MapReduce 只有 Shuffle 一种模式，而 Spark 的模式更加丰富，用户可以对中间结果的存储、分区进行命名、物化、控制等操作。

Spark 生态圈的核心是 Spark Core。Spark Core 可以从持久层，如 HDFS、Amazon S3 和 HBase 等读取数据，利用 MESOS、YARN 和自身携带的 Standalone 为资源管理器调度 Job 完成 Spark 应用程序的计算。Spark 中的应用程序往往源于不同的组件，例如 Spark Shell/Spark Submit 的批处理、Spark Streaming 的实时处理应用、Spark SQL 的即席查询、BlinkDB 的权衡查询、MLib/MLBase 的机器学习、GraphX 的图处理和 SparkR 的数学计算等。

2. Spark Core

Spark Core 提供了 Spark 最基础与最核心的功能，Spark Core 也是 Spark 的基石，其他的 Spark 库都是构建在 Spark Core 基础上的。对 Spark Core 的总结如下：

① Spark 提供了有向无环图（DAG）的分布式并行计算框架，Spark 提供的 Cache 机制可以支持多次迭代计算，同时也支持数据共享，Cache 机制可以大大降低迭代计算之间读取数据的开销。因此，对于需要进行多次迭代的数据挖掘与数据分析，Spark 的性能相对于其他传统工具有很大的提升。

② Spark 中引入了 RDD 抽象。每个 RDD 由固定数量的 Partition 组成。

③ 以移动计算替代移动数据。RDD Partition 可以就近读取分布式文件系统中的数据块

并到各个节点内存中进行计算，减少了传输的数据量，提高了运行效率。

④ Spark 在运行任务时采用了多线程池模型，减少了多进程任务的启动开销。

3. Spark Streaming

Spark Streaming 是 Spark 提供的一个流式处理系统。Spark Streaming 对实时数据流可以进行高通量、容错处理，对于多种不同的数据源（如 Kdfka、Flume、Zero 和 TCP 套接字），可以进行类似 Map、Reduce 和 Join 等的复杂操作，处理的结果将会根据需求被保存到外部文件系统、数据库或应用到实时仪表盘中。下面对 Spark Streaming 构架进行介绍。

（1）计算流程

Spark Streaming 将流式计算作业分解成一系列短小的批处理作业。这里的批处理引擎是 Spark Core，它把 Spark Streaming 的输入数据根据一定的时间间隔（如 1s）分成多段的数据（Discretized Stream，DStream），每段数据都会被转换成 Spark 中的 RDD，然后将 Spark Streaming 中对 DStream 的 Transformation 操作转换为 Spark 中对 RDD 的 Transformation 操作，RDD 经过处理变成中间结果后保存在内存中。整个流式计算根据不同的需求可以对中间结果进行不同的操作，如叠加或者存储到外部设备。图 2-4 所示为 Spark Streaming 架构。

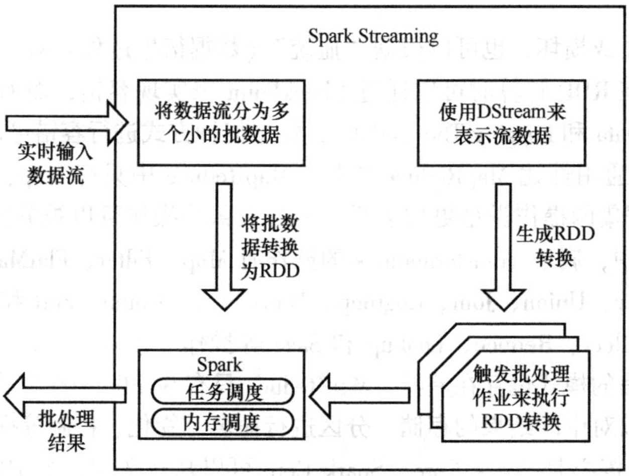

图 2-4 Spark Streaming 架构

（2）容错性

容错性对于流式计算来说十分重要。首先要了解 RDD 的容错机制。每个 RDD 都是一个不可变的分布式可重算的数据集，记录着确定性的操作继承关系（lineage），因此只要输入数据是可容错的，那么任意一个 RDD 的分区（Partition）如果出错或不可用，相应的分区都是可以利用原始输入数据经转换处理而被重新计算得来的。

图 2-5 所示为 Spark Streaming 中 RDD 的继承（Lineage）关系，其中 RDD 用椭圆来表示，图中的一个椭圆形代表一个 RDD，椭圆形中的圆形代表 RDD 中的 Partition，图中每列的多个 RDD 构成一个 DStream（图中有 3 个 DStream），而每一行的最后一个 RDD 则表示每一个 Batch Size 所产生的中间结果 RDD。可以看出，图中的每一个 RDD 都由 lineage 连接，Spark Streaming 的输入数据来源不同，可以来自磁盘，例如 HDFS（多份复制），也可以来自网络的数据流（在 Spark Streaming 中，网络输入数据的每个数据流都会被复制两份到其他机

器中)，Spark Streaming 都能保证容错性。与连续计算模型（如 Storm）相比，Spark Streaming 的容错恢复方式更加高效。

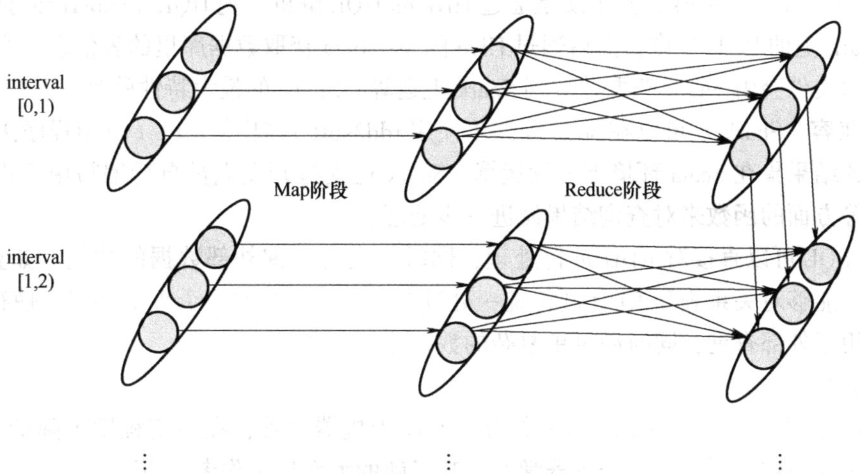

图 2-5　Spark Streaming 中 RDD 的 Lineage 关系图

(3) 实时性

流式计算被 Spark Streaming 分解成多个 Spark Job，每段数据的处理都会经过 Spark DAG 图分解以及 Spark 任务集的调度过程。以当前版本的 Spark Streaming 来说，其最小的 Batch Size 的选取在 0.5 ~ 2s 之间（Storm 目前最小的延迟是 100ms 左右)，所以 Spark Streaming 的实际应用场景应该为流式准实时计算，而非对实时性要求非常高（如高频实时交易）的流式准实时计算场景。

(4) 扩展性与吞吐量

在当前 EC2 上，Spark 能够线性扩展的节点数量已经达到了 100 个（每个节点有 4 个核心)，秒级的延迟处理的数据量可以达到 6GB/s，即 60M records/s，Spark Streaming 的吞吐量也比 Storm 高 2 ~ 5 倍。为对比 Spark Streaming 与 Storm 二者的性能，利用 WordCount 和 Grep 两个示例实测的结果如图 2-6 所示，可以看出，二者的差距甚大。

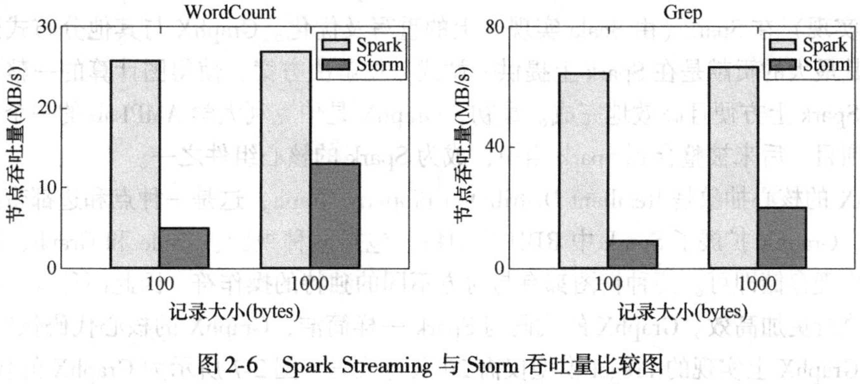

图 2-6　Spark Streaming 与 Storm 吞吐量比较图

4. Spark SQL

Spark SQL 的前身是 Shark，在 Shark 发布时，Hive 几乎是 SQL 在 Hadoop 生态中唯一的

选择。Hive 的主要功能是将 SQL 编译成可扩展的 MapReduce 作业。鉴于 Hive 的性能以及与 Spark 的兼容，Shark 项目由此而生。

Shark 即 Hive on Spark，其本质是通过 Hive 的 HQL 解析，把 HQL（Hibernate 查询语言）翻译成 Spark 上的 RDD 操作，然后通过 Hive 的 metadata 获取数据库里的表信息，实际 HDFS 上的数据和文件会由 Shark 获取并放到 Spark 上运算。Shark 的最大特性就是速度快，并且与 Hive 完全兼容，Shark 还可以在 shell 模式下使用 rdd2sql()这样的 API（应用程序接口），把查询得到的结果集在 Scala 环境下继续运算。Shark 也支持开发人员自行编写用于机器学习、数据分析等方面的函数来对查询结果做进一步处理。

Spark SQL 可以直接对 RDD 进行处理，同时也具有查询外部数据的功能，如查询 Hive 中的数据。能够对关系表和 RDD 进行统一处理是 Spark SQL 的一个重要特点，使得 SQL 命令可以被用于外部查询，同时满足更复杂的数据分析需求。

5. MLBase

MLBase 作为 Spark 生态系统的一部分，专注于机器学习，在一定程度上降低了使用机器学习算法的门槛，即使是对于机器学习不甚了解的大数据工作者，也可以便捷地使用 MLBase。MLBase 由 4 个部分构成：ML Optimizer、MLI、MLib 和 MLRuntime。下面对其进行简要介绍：

① ML Optimizer 可以自动选择较为适合的、已经在内部封装好的机器学习算法与相关参数来对输入数据进行处理，返回内容为模型或其他相关分析结果。

② MLI 是一个进行特征抽取和高级 ML（机器学习）编程抽象的算法实现的 API 或平台。

③ MLib 实现了一些常见的机器学习算法和实用程序，包括分类、回归、聚类、降维、协同过滤和底层优化。这些算法可以被直接调用，也可以进行扩充。

④ MLRuntime 是基于 Spark 的计算框架。由于 MLRuntime 的存在，Spark 的分布式计算可以被应用到机器学习领域。

6. GraphX

GraphX 是 Spark 中用于图（如 Web-Graphs、Social Networks）和图并行计算（如 PageRank、Collaborative Filtering）的 API，可以认为是 GraphLab（由 C ++ 语言实现）和 Pregel（由 C ++ 语言实现）在 Spark（由 Scala 实现）上的重写及优化。GraphX 与其他分布式图计算框架相比，其最大的贡献是在 Spark 上提供一站式数据解决方案，使得图计算的一整套流水作业可以在 Spark 上方便且高效地完成。最初，GraphX 是伯克利大学 AMPLab 的一个分布式图计算框架项目，后来被整合到 Spark 当中，成为 Spark 的核心组件之一。

GraphX 的核心抽象是 Resilient Distributed Property Graph，这是一种点和边都带属性的有向多重图。GraphX 扩展了 Spark 中 RDD 的抽象，包括两种视图：Table 和 Graph，但二者只需要一份物理存储即可。两种视图都有与对方不同的独特的操作符，因此两种视图的操作更加灵活，执行更加高效。GraphX 的代码与 Spark 一样简洁，GraphX 的核心代码仅有 3000 多行，而在 GraphX 上实现的 Pregel 模型仅需 20 余行代码。图 2-7 所示为 GraphX 的代码结构，其中的大量功能都是通过优化 Partition 来实现的。这在一定程度上说明了点分割的存储与优化是图计算框架的重点与难点。

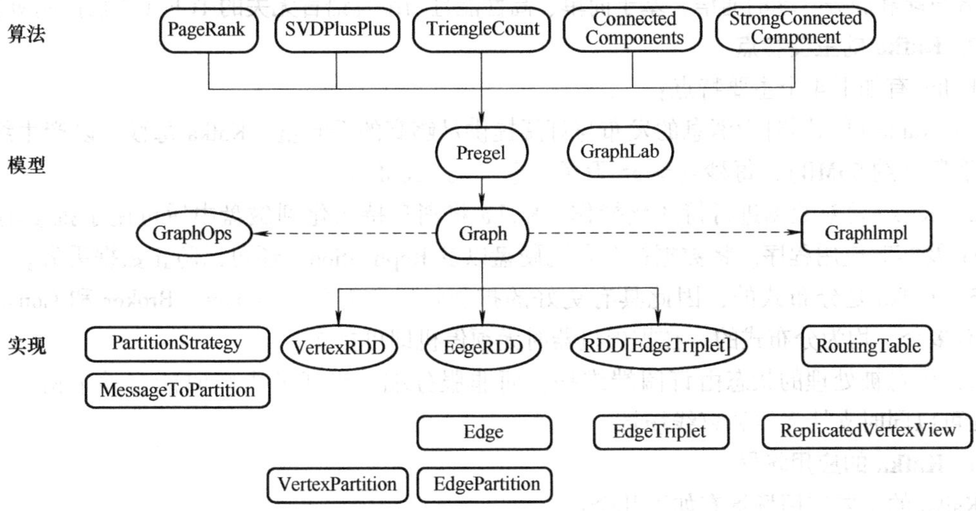

图 2-7 GraphX 的代码结构

2.1.7 Kafka 简介

许多相互关联的系统共同组成了大数据系统，在各个子系统中有大量数据需要不停流转，有诸多应用场景都要求这种流转具有高性能、低延迟的特性。面对大规模的数据处理，采用传统的消息系统来实现并不适合。为了同时解决在线应用（消息）和离线应用（数据文件、日志）的高效、低延迟处理，Kafka 应运而生。Kafka 的两个主要作用为降低系统组网复杂度、降低程序编写的复杂度。与其他消息系统相比，各个子系统不再相互协商接口，而是高度模块化，类似插头插在插座上。Kafka 则承担了高速数据总线的作用。

Kafka 作为分布式的发布—订阅消息系统，可以提供持久性的日志服务，并且具有可划分、冗余备份的性质。Kafka 的主要功能是处理活跃的流式数据。

1. Kafka 的架构

下面是与 Kafka 架构相关的几个基本概念。

① Topic：特指 Kafka 处理的消息源（Feeds of Messages）的不同分类。

② Partition：Topic 在物理上的分组，一个 Topic 可以被分为多个 Partition，每个 Partition 都是一个有序的队列，即 Partition 中的每条消息都会被分配一个有序的 ID（Offset）。

③ Message：消息，通信的基本单位，每个 Producer 可以向一个 Topic 发布消息。

④ Producer：消息和数据的生产者，向 Broker 发送消息的客户端。它可以向 Kafka 的一个 Topic 发布消息。

⑤ Consumer：消息和数据消费者，从 Broker 读取消息的客户端。它可以订阅 Topics 并处理其发布的消息。

⑥ Broker：缓存代理，Kafka 集群中的一台或多台服务器统称为 Broker。

Kafka 的整体架构十分简单，是显式分布式架构。Producer、Consumer 实现 Kafka 注册的接口，数据从 Producer 发送到 Broker，Broker 承担中间缓存和分发的作用。Broker 分发注册到系统中的 Consumer。Broker 的作用与缓存类似，即活跃的数据和离线处理系统之间的缓存。客户端和服务器端的通信，基于简单、高性能且与编程语言无关的 TCP（传输控制协议）。

2. Kafka 的主要特点

Kafka 有如下 4 个主要特点：

1）Kafka 可以同时为消息的发布与订阅提供足够高的吞吐量。Kafka 每秒可以产生约 25 万条消息（约 50MB），每秒处理 55 万条消息（约 110MB）。

2）Kafka 可对数据进行持久化操作。Kafka 将消息持久化到磁盘中后可用于批量消费，如 ETL 及实时应用程序。将数据持久化到硬盘以及 Replication，还可以防止数据丢失。

3）Kafka 是分布式的，因此具有更好的扩展性。所有的 Producer、Broker 和 Consumer 都会有多个，均为分布式的。在扩展机器时无须停机即可操作。

4）消息被处理的状态由订阅端维护，而非服务端。当任务失败时能自动平衡，并且 Kafka 可以同时支持在线和离线场景。

3. Kafka 的应用场景

Kafka 的主要应用场景有如下几个：

1）消息队列。由于 Kafka 的吞吐量和容错性与大多数的消息系统相比更好，因此 Kafka 成了一个很好的大规模消息处理应用的解决方案。一般来说，消息系统吞吐的数据量并不是很大，但是要求端到端延时低，而且对于 Kafka 提供的强大的持久性保障有较大的依赖性。在这个领域，Kafka 足以媲美 ActiveMR 和 RabbitMQ 等传统消息系统。

2）行为跟踪。Kafka 的另一个应用场景是跟踪用户行为，如浏览页面、搜索等，以发布—订阅的模式实时记录到对应的 Topic 里。这些记录的结果可以对用户进行实时监控，也可以让被订阅者做进一步处理，或放到 Hadoop/离线数据仓库里进行处理。

3）元信息监控。Kafka 可以对操作进行监控，作为监控模块来记录操作信息，可理解为运维性质的数据监控。

4）日志收集。有许多开源产品都可以进行日志收集，如 Scribe、Apache Flume。Kafka 可以用来代替日志聚合（Log Aggregation）的功能。日志聚合是从服务器上收集日志文件，然后集中存放后（存在文件服务器或 HDFS）进行处理。Kafka 与日志聚合的操作不同，Kafka 忽略了文件细节，将文件更清晰地抽象为日志或事件的消息流。通过 Kafka 处理的过程具有更低的延迟，也更容易为多源分布式数据处理提供支持。与以日志为中心的系统相比，Kafka 的耐用性更高，端对端的延迟更低，因此 Kafka 可以提供高效的性能。

5）流处理。Kafka 进行流处理的应用场景较多，流处理即收集并保存流数据，以提供给之后对接的 Storm 或其他流式计算框架进行处理。有些需求需要将从原始 Topic 来的数据进行阶段性处理、汇总、扩充等，转换到新的 Topic 下再进一步处理。例如文章推荐的处理流程，可能是先从 RSS（一种基于 XML 标准在互联网上被广泛采用的内容包装和投递协议）数据源中抓取文章的内容，然后将其存入一个称为“文章”的 Topic 中，后续可能需要对这个内容进行清理，如删除重复数据，最后返回内容匹配的结果。这个流程将会在一个独立的 Topic 之外产生一系列的实时数据处理流程。

6）事件源。事件源是一种应用程序设计的方式，该方式的状态转移被记录为按时间顺序排列的时间序列。因为 Kafka 可以对大量的日志数据进行存储，因此适合此类应用。

7）持久性日志。Kafka 可以为外部的持久性日志的分布式系统提供服务。这种日志可以在节点间备份数据，并为故障节点数据恢复提供重新同步的机制。Kafka 的日志压缩功能为这种用法提供了条件。在这个应用场景下，Kafka 与 Apache BookKeeper 项目类似。

2.2　Linux 简介

在计算机的使用过程中，用户通过输入设备（如键盘、鼠标）向计算机主机输入数据，然后主机（包括 CPU、主存储器等）对输入的数据进行相应的处理，最终处理结果被传送至输出设备（如显示器等）。在此过程中，人们肉眼可见的物理装置是计算机硬件，而管理计算机所有活动以及驱动相应硬件工作的则是操作系统。

Linux 是一款提供了完整的底层硬件控制与资源管理架构的操作系统，支持多用户、多任务、多线程和多 CPU。Linux 系统由如下几个部分组成：Linux 内核（由 Linus 团队管理）、Shell（用户与内核交互的接口）、文件系统（ext3、ext4 等）、第三方应用软件。

Linux 是开源免费的，用户可以根据自己的需求修改 Linux 内核程序，并将其移植到各种计算机设备中使用，如台式计算机等。同时，Linux 系统为应用开发者提供了一整套接口，支持开发者进行后续开发，并由此衍生了许多 Linux 的发行版（将 Linux 和应用软件进行打包），如 CentOS、Ubuntu 等，如图 2-8 所示。

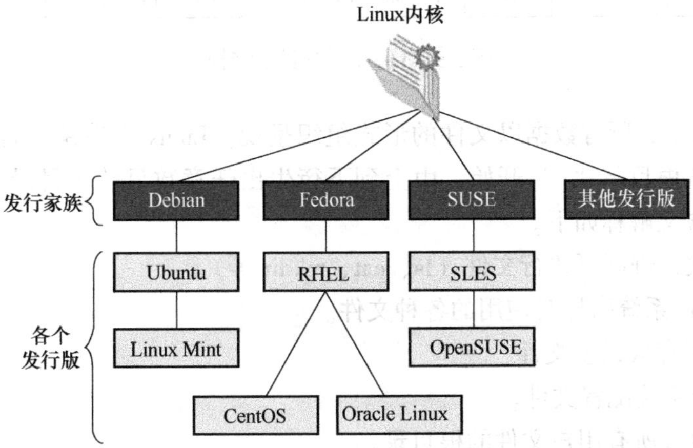

图 2-8　Linux 的发行版

得益于良好的用户交互体验，Windows 系统更多地应用于桌面操作系统领域，而 Linux 则更广泛地应用于 IT 服务器领域。两者的比较如表 2-1 所示。

表 2-1　Windows 和 Linux 的比较

比较	Windows	Linux
界面	拥有相同或相似的基本外观，界面比较统一	开发者可以根据需求开发风格不同的界面
驱动程序	驱动程序丰富，版本更新频繁。默认情况下，安装程序里面包含该版本发布时流行的硬件驱动程序，之后发布的新硬件驱动由硬件厂商提供。对于一些较旧的硬件，如果没有了原配的驱动，有时很难支持。另外，有时硬件厂商未提供所需版本的 Windows 下的驱动，也会比较麻烦	由志愿者开发，由 Linux 核心开发小组发布，很多硬件厂商基于版权考虑并未提供驱动程序，尽管多数无须手动安装，但是涉及安装则相对复杂，使得新用户面对驱动程序问题（是否存在和安装方法）会一筹莫展。但是在开源开发模式下，许多较旧的硬件尽管在 Windows 下很难支持，但容易找到驱动。HP、Intel、AMD 等硬件厂商逐渐不同程度地支持开源驱动，问题正在得到缓解
使用	直观的图形化界面易学易用	图形界面使用方便，而文字界面需要学习才能掌握

（续）

比较	Windows	Linux
学习	系统构造复杂、变化频繁，并且知识、技能更新快，深入学习困难	系统构造简单、稳定，并且知识、技能传承性好，深入学习相对容易
应用软件	应用软件商业化，可能需要购买授权	用户可以免费获取大部分软件

2.2.1 Linux 操作系统

1. Linux 系统目录结构

Windows 有基本的目录结构，Linux 也不例外，同样有基本的目录结构，如图 2-9 所示。

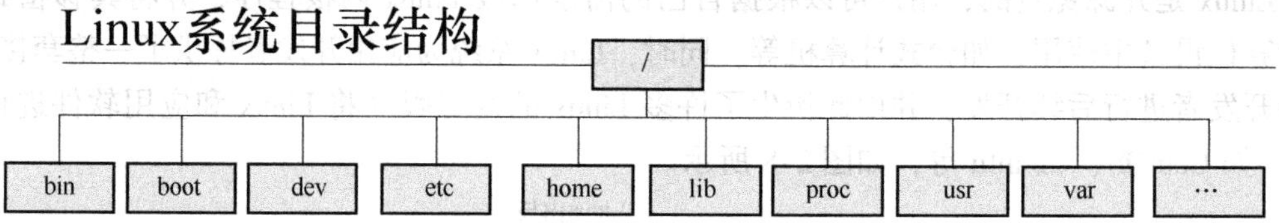

图 2-9 Linux 系统目录结构

在 Linux 系统中，所有数据以文件的形式组织呈现。Linux 文件系统是一个树状目录结构。该目录结构从根目录“/”开始，由上到下衍生出任意数目的子目录以及文件。其中，一些特殊的目录含义解释如下。

1）**bin**：存放二进制可执行文件（ls、cat、mkdir 等）。

2）**boot**：存放系统引导时使用的各种文件。

3）**dev**：用于存放设备文件。

4）**etc**：存放系统配置文件。

5）**home**：存放所有用户文件的根目录。

6）**lib**：存放文件系统中程序运行所需要的共享库及内核模块。

7）**mnt**：系统管理员安装临时文件系统的安装点。

8）**opt**：额外安装的可选应用程序包所放置的位置。

9）**proc**：虚拟文件系统，存放当前内存的映射。

10）**root**：超级用户目录。

11）**sbin**：存放二进制可执行文件，只有 root 才能访问。

12）**tmp**：用于存放各种临时文件。

13）**usr**：这是一个比较重要的目录，用于存放系统应用程序和文件。

14）**var**：用于存放运行时需要改变数据的文件。

2. Linux 的文件权限

Linux 是一种支持多用户的操作系统。为了保证系统的安全性，Linux 对用户访问文件的权限进行了区分。这样一来，不同用户对文件只能执行相应权限的操作，确保了文件的安全。

从文件角度来讲，每一个文件都有一个拥有者，拥有者对该文件有可读、可写、可执行的权限。Linux 系统是以“组”的形式组织用户的，一个用户可以属于多个组。不同用户对于同一文件的权限有所不同。通过 ll 或者 ls-l 命令查看文件属性的示例如下：

```
[root@learn ~]# ls-l
total 64
dr-xr-xr-x  2 root root 4096 May 14  2012 bin
dr-xr-xr-x  4 root root 4096 Dec 19  2012 boot
...
```

在这个例子中，显示结果的第一个字符“d”表示该文件是一个目录文件，而后续字符均为“r”“w”和“x”的组合，分别表示文件拥有者、文件拥有者同组用户和其他用户对该文件的权限。其中，字符“r”表示可读，字符“w”表示可写，字符“x”表示可执行，[-] 表示不具备相应的权限。

3. Linux 命令的基本格式

Linux 命令的基本格式如下：

command [–options] parameter1 parameter2...

上述指令的详细说明如下：

① command 为指令的名称，例如显示指定工作目录下内容的指令 ls 等。

② [-options] 为指令的可选项，指明对命令的要求。

③ parameter1 parameter2... 为指令的参数，用来描述指令作用的对象。

④ 上述成分之间以空格来分开。

按下 Enter 键后，该指令就立即执行。

4. Linux 常用命令

(1) Linux 常用的文件、目录操作命令

用户可以通过命令创建、删除或者查看文件和目录，而在命令的操作过程中，涉及绝对路径与相对路径的使用。绝对路径即路径的表述从根目录“/”开始，由上到下逐级到文件的具体位置。相对路径则是路径的表述从当前的工作目录开始，到文件的具体位置。

下面介绍 Linux 中常用的文件、目录操作命令。

① pwd：用于查看当前的工作目录。

② cd：用于目录之间的切换。

③ .：表示当前目录。

④ ..：表示当前目录的上一级目录。

⑤ -：表示用 cd 命令切换目录前所在的目录。

⑥ ~：表示用户主目录的绝对路径名。

⑦ ls：用于显示目录下的信息。

⑧ mkdir：用于在当前目录下创建一个空目录。

⑨ rmdir：用于删除一个空目录。

⑩ touch：用于生成一个空文件或更改文件的操作时间。

⑪ cp：用于复制文件或目录。

⑫ mv：用于移动文件或目录。

⑬ rm：用于删除文件或目录。

⑭ ln：用于建立链接文件。

⑮ find：用于查找文件。

⑯ file/stat：用于查看文件类型或文件属性信息。

⑰ cat：用于查看文本文件内容。

⑱ more：可以分页查看。

⑲ less：不仅可以分页，还可以方便地进行搜索、回翻等操作。

⑳ tail-n：查看文件尾部的 n 行，其中 n 是一个指定正整数，如 20。

㉑ head-n：查看文件的头部 n 行，其中 n 是一个指定的正整数，如 20。

㉒ echo：把内容重定向到指定的文件中，有则打开，无则创建。

㉓ tips：输入命令的时候要常用 Tab 键来补全。

（2）Linux 的文件压缩与解压命令

在 Windows 操作系统下，人们会使用 WinRAR 或者快压等的压缩软件来进行压缩或者解压操作。在 Linux 下，同样也存在压缩或解压的操作。

Linux 支持多种压缩命令，如表 2-2 所示。

表 2-2　Linux 压缩命令

命　令	功　能
xz	使用 LZMA 算法的高性能压缩/解压工具
gzip	流行的 GNU gzip 数据压缩工具
bzip2	免费、无专利的高性能数据压缩工具
zip/unzip	与 WinZIP 兼容的压缩/解压工具
rar	与 WinRAR 兼容的压缩/解压工具
7za	使用 LZMA 算法的高性能压缩/解压工具
tar	文件打包、归档工具

不同压缩命令产生的压缩文件拓展名是不一样的，如表 2-3 所示。

表 2-3　Linux 压缩文件扩展名

文件扩展名	说　明
. bz2	用 bzip2 压缩的文件
. gzip	用 gzip 压缩的文件
. xz	用 xz 压缩的文件
. tar	用 tar 打包的文件，也称 tar 文件
. tbz	tar 打包时用 bzip2 压缩的文件
. tgz	tar 打包时用 gzip 压缩的文件
. zip	用 zip/winzip 压缩的文件
. rar	用 rar 压缩的文件
. 7z	用 7za 压缩的文件

因不同命令所采用的压缩技术不相同，因此彼此之间无法互通压缩/解压缩文件。常用的压缩方式有 gzip、bzip2、tar 这 3 种，对应的压缩命令的使用方式为：

① gzip filename。

② bzip2 filename。

③ tar-czvf filename。

与常用的压缩方式对应的解压缩命令的使用方式为：

① gzip-d filename. gz。

② bzip2-d filename. bz2。

③ tar-xzvf filename. tar. gz。

（3）Linux 快速查找

前面已经介绍过了 cat、more、less、tail 这些查看文本文件的命令，使用这些命令可以快速地查看文本文件，但是不能实现快速查看文本文件中指定关键字的功能。

在 Windows 下，这一功能的实现较为简单，几乎所有的文本编辑器（如记事本）都支持通过快捷键 Ctrl + F 对整个文本文件根据指定关键字进行检索，并显示关键字所在位置。

在 Linux 下，既没有图形界面，也没有相应的快捷键，这一功能需要通过一些命令来实现。下面介绍如何通过命令来快速查找文本文件中的指定字符。

1）正则表达式。正则表达式是为了处理大量的文本/字符串而定义的一套规则和方法。通过这些规则，系统管理员可以快速过滤，替换或输出需要的字符串。表 2-4 给出了正则表达式的一些规则。

表 2-4　正则表达式规则

元字符	含　义	类型	示　例	说　明
^	匹配首字符	BRE	^x	以字符 x 开始的字符串
$	匹配尾字符	BRE	x $	以字符 x 结尾的字符串
.	匹配任意一个字符	BRE	l. . e	love、life、live. . .
?	匹配任意一个可选字符	ERE	xy?	x、xy
*	匹配零次或多次重复	BRE	xy *	x、xy、xyy、xyyy. . .
+	匹配一次或多次重复	ERE	xy +	xy、xyy、xyyy. . .
[. . .]	匹配任意一个字符	BRE	[xyz]	x、y、z
()	对正则表达式分组	ERE	(xy)	xy、xyxy、xyxyxy. . .
\{n\}	匹配 n 次	BRE	go\{2\}gle	google
\{n,\}	匹配最少 n 次	BRE	go\{2,\}gle	google、gooogle、goooogle. . .
\{n,m\}	匹配 n ~ m 次	BRE	go\{2,4\}gle	google、gooogle、goooogle
{n}	匹配 n 次	ERE	go{2}gle	google
{n,}	匹配最少 n 次	ERE	go{2,}gle	google、gooogle、goooogle. . .
|	以逻辑或连接多个匹配	ERE	good | bon	good 或 bon
\	转义字符	BRE	\ *	*

2）grep 命令。grep 是一个文本搜索工具。借助于正则表达式，grep 可以根据需求搜索

文本，并把匹配的文本打印出来。命令格式：

grep [options] PATTERN [FILE...]

其中，PATTERN 是查找条件，可以是普通字符串、正则表达式；FILE 是要查找的文件，可以使用空格间隔的多个文件，也可以使用 Shell 的通配符在多个文件中查找 PATTERN，省略时表示在标准输入中查找。

grep 可以将处理结果存入指定路径的文件中，而不会对原文件造成影响。示例：

① 查找文件 testfile 中含有字符串 query 的行：grep -n query testfile。

② 查找文件 testfile 中第一个字符为字母的行：grep '^ [a-zA-Z] ' testfile。

③ 列出/etc 目录（包括子目录）下所有文件内容中包含字符串“root”的文件名：grep -lr root /etc/ * 。

2.2.2 Shell 编程

Shell 是一个用 C 语言编写的程序。通过 Shell，用户可以访问操作系统内核服务，类似于 DOS 下的 command。用户可以输入 Shell 命令与计算机进行直接交互，也可以像其他程序语言一样，通过 Shell 语言定义函数、设计语句，以程序的形式执行。因此，学会 Shell 的使用是熟练使用 Linux 系统的关键。

1. Shell 脚本

简单地说，当命令或者程序不在命令行执行，而是以程序文件来执行时，这个程序文件就称为 Shell 脚本。Shell 脚本内置了多条命令、语句和循环控制，可将这些命令一次性执行完毕。这种通过文件执行命令的方式称为非交互式。

Shell 脚本适合处理操作系统的底层业务，适合处理纯文本文件，如 Linux 中的许多服务配置文件和启动脚本。Linux 系统脚本用 Shell 开发更简单。

（1）Shell 脚本解释器

Linux 的 Shell 脚本解释器种类众多，一个系统可以存在多个 Shell 脚本解释器，可以通过 cat /etc/shells 命令查看系统中安装的 Shell 脚本解释器，如：

```
[root@ centos6-1 ~] cat /etc/shells

/bin/sh
/bin/bash
/sbin/nologin
/bin/tcsh
/bin/csh
```

类似于其他编程语言，Shell 通过一个文本编辑器来编写代码，然后通过一个脚本解释器来执行 Shell 程序。

（2）Shell 脚本示例

打开文本编辑器（可以使用 vi/vim 命令来创建文件），新建一个文件 first. sh（其中的“. sh”为扩展名），示例如下：

```
#! /bin/bash
echo "The first program !"
```

“#!” 告诉系统采用哪一种解释器来执行该脚本，echo 命令将其后的文本输出到窗口。

有以下两种方法可以运行 Shell 脚本。

第一种：Shell 脚本作为可执行程序来运行。将示例中的代码保存为 first. sh，并使用 cd 命令切换到 first. sh 所在目录：

```
chmod +x./first.sh  #使脚本具有执行权限
./first.sh  #执行脚本
```

注意，此处的执行命令 ./ first. sh 要写完整，不能忽略前面的 ./。

第二种：Shell 脚本作为解释器参数来运行。将脚本文件名 first. sh 作为参数传递给解释器直接执行，如：

```
/bin/sh first.sh
```

2. Shell 变量

（1）定义变量

语法格式：变量名 = 变量值，如：

```
name="milk"
```

Shell 变量定义的语法限制有：

变量名和等号之间不能有空格，变量名首个字符必须为英文字母，不能包含标点符号，但能够使用下画线（_），不能使用空格，不能使用 bash 里的关键字。

（2）引用变量

示例如下：

```
name=" milk "
echo ${name}
echo $ name
```

（3）重新定义变量

已定义的变量可以被重新定义，如：

```
name=" milk "
echo ${name}
name="egg"
echo ${name}
```

（4）只读变量

只读变量的值不能被改变，通过 readonly 命令可以定义变量为只读变量，如：

```
name=" milk "
readonly name
name="egg"
echo ${name}
```

（5）删除变量

使用 unset 命令可以删除变量，如：

```
name = " milk "
unset name
echo $ name
```

3. 参数传递

Shell 脚本支持外部命令行向其传递参数，而脚本内部通过 $n 获取外部参数。其中，$n 表示第 n 个外部参数，而 $0 表示当前脚本名称。下面的例子中，Shell 脚本分别输出外部传入的 3 个参数。首先创建 Shell 脚本文件 helloworld. sh：

```
#! /bin/bash
echo $1
echo $2
echo $3
```

然后执行携带参数：

```
#. /helloworld. sh Xiaoming Xiaohong Xiaohua

//输出：
Xiaoming
Xiaohong
Xiaohua
```

另外还有几个特殊字符可用来处理参数，具体如表 2-5 所示。

表 2-5　特殊字符参数

字　符	意　义
$ #	传递到脚本的参数个数
$ *	以字符串形式显示所有向脚本传递的参数
$ $	脚本运行的当前进程 ID 号
$!	后台运行的最后一个进程的 ID 号
$ @	与 $ * 相同，但是使用时要加引号，并在引号中返回每个参数
$?	显示最后命令的退出状态。0 表示没有错误，其他任何值都表明有错误

4. 字符串

字符串是一系列字符的组合。Shell 字符串可以由单引号包围表示，也可以由双引号包围表示，还可以不用引号。

(1) 单引号

```
name ='my name is xiaoming'
```

单引号字符串不支持引用变量，任何字符都会原样输出，而且单引号字符串中不能出现单引号。

(2) 双引号

```
your_name ='xiaohong'
str = "Hello, I know you are \"$ your_name\"! \n"
```

双引号里可以有变量，双引号里也可以出现转义字符。

(3) 获取字符串的长度

```
name='xiaoming'
echo ${#name}  //执行后输出 8
```

(4) 截取字符串

```
name='xiaoming'
echo ${name:1:5}  //执行后输出 iaomi
```

5. Shell 数组

数组是一种存储多个值的数据结构。Shell 定义数组的一般形式为：

```
array_example=(value1 value2...)
```

其中，数组元素之间用空格分隔。下面的例子将展示 Shell 数组常见的所有操作：

```
//定义数组
[root@centos6-1 ~]# usernames=(1 2 33 44 adsdl)
//读取索引号为 0 的元素
[root@centos6-1 ~]# echo ${usernames[0]}
//输出结果为:1
//读取索引号为 1 的元素
[root@centos6-1 ~]# echo ${usernames[1]}
//输出结果为:2
//读取所有元素
[root@centos6-1 ~]# echo ${usernames[*]}
//输出结果为 1 2 33 44 adsdl
//同样是读取所有元素
[root@centos6-1 ~]# echo ${usernames[@]}
//输出结果为 1 2 33 44 adsdl
//获取数组长度
[root@centos6-1 ~]# echo ${#usernames[@]}
//输出结果为 5
//同样是获取数组长度
[root@centos6-1 ~]# echo ${#usernames[*]}
//输出结果为 5
```

6. Shell 运算符

Shell 和其他编程语言一样，支持算术、关系、布尔、字符串等类型的运算。对于数学运算，Shell 通过 awk、expr 等命令来实现；对于条件判断，条件表达式要放在方括号之间，并且要有空格。

(1) 算术运算符

表 2-6 列出了常用的算术运算符，其中乘号（*）前面必须加反斜杠（\）。

表 2-6 常用的算术运算符

运 算 符	意 义
+	加法
-	减法
*	乘法
/	除法
%	模，即取余

(2) 关系运算符

关系运算符只支持数字，不支持字符串，除非字符串的值是数字。常用的关系运算符如表 2-7 所示。

表 2-7 关系运算符

运 算 符	意 义
-eq	EQUAL（等于）
-ne	NOT EQUAL（不等于）
-gt	GREATER THAN（大于）
-lt	LESS THAN（小于）
-ge	GREATER THAN OR EQUAL（大于或等于）
-le	LESS THAN OR EQUAL（小于或等于）

(3) 布尔运算符

常用的布尔运算符如表 2-8 所示。

表 2-8 布尔运算符

运 算 符	意 义
&&	与
| |	或

(4) 字符串运算符

常用的字符串运算符如表 2-9 所示。

表 2-9 字符串运算符

操 作 符	意 义
-z	检测字符串长度是否为 0，为 0 返回 true
-n	检测字符串长度是否为 0，不为 0 返回 true
$	检测字符串是否为空，不为空返回 true

(5) 文件测试运算符

文件测试运算符用于检测 Linux 文件的各种属性，如表 2-10 所示。

表 2-10　文件测试运算符

操　作　符	意　　义
-b file	检测文件是不是块设备文件，如果是，则返回 true
-c file	检测文件是不是字符设备文件，如果是，则返回 true
-d file	检测文件是不是目录，如果是，则返回 true
-f file	检测文件是不是普通文件（既不是目录，也不是设备文件），如果是，则返回 true
-g file	检测文件是否设置了 SGID 位，如果是，则返回 true
-k file	检测文件是否设置了粘着位（Sticky Bit），如果是，则返回 true
-p file	检测文件是不是具名管道，如果是，则返回 true
-u file	检测文件是否设置了 SUID 位，如果是，则返回 true
-r file	检测文件是否可读，如果是，则返回 true
-w file	检测文件是否可写，如果是，则返回 true
-x file	检测文件是否可执行，如果是，则返回 true
-s file	检测文件是否为空（文件大小是否大于 0），不为空返回 true
-e file	检测文件（包括目录）是否存在，如果是，则返回 true

7. Shell 流程控制

在程序的执行过程中，人们有时候需要控制程序是否执行，或者希望部分程序块可以重复执行。这些涉及本节介绍的流程控制。

（1）if-else

1）if-else 语法格式

```
if condition
then
//做你想做的事
else
//做你想做的事
fi
```

2）if else – if else 语法格式

```
if condition1
then
    //做你想做的事
elif condition2
then
    //做你想做的事
else
    //做你想做的事
fi
```

（2）case

Shell case 语句为多选择语句。只有当一个值与一个模式相匹配时，程序才执行相应的命令。case 语句的格式如下：

```
case 值 in
模式 1)
//做你想做的事
;;
模式 2)
//做你想做的事
;;
esac
```

其中，“值”后面的关键字为“in”，每一模式必须以右括号结束。值可以为变量或常数。一旦某一分支的取值与某个模式相匹配，程序就执行相应的命令，直至 ;;，并且不再判断执行其他分支。如果无一匹配模式，使用星号 * 捕获该值，再执行后面的命令。

（3）for

for 循环的一般格式为：

```
for var in item1 item2... itemN
do
command1
  command2
  ...
  command
done
```

（4）while

while 循环用于不断执行一系列命令，其格式为：

```
while command
do
//做你想做的事
done
```

（5）until

until 循环用于执行一系列命令直至条件满足时停止，其格式为：

```
until command
do
//做你想做的事
done
```

其中，command 为条件表达式。该程序将循环执行内部语句，直至 command 条件满足。

（6）跳出循环

在循环的过程中，人们有时候希望提前终止循环，即跳出循环。Shell 通过 break 和 continue 两个命令来实现跳出循环。

1）**break 命令**。使用 break 命令可以终止对应的整个循环程序块。下面是一个 break 命令结束循环的例子。在该例子中，如果用户输入的数字在 1 ~ 5 之间，那么脚本继续循环，否则，脚本跳出循环。

```
#! /bin/bash
while:
do
    echo " Enter a number between 1 and 5:"
    read aNum
    case $ aNum in
        1 |2 |3 |4 |5)
echo " The number you entered is $ aNum!"
        ;;
        * )
echo " The number you entered is not between 1 and 5! The game is over. "
        break
        ;;
    esac
done
```

执行以上代码，输出结果为：

Enter a number between 1 and 5：

用户如输入“2”，则输出为：

The number you entered is 2!

用户如输入“9”，则输出为：

The number you entered is not between 1 and 5! The game is over.

2）**continue 命令**。使用 continue 命令可以跳出当前循环，接着进行下一步循环。示例如下：

```
#! /bin/bash
while:
do
    echo " Enter a number between 1 and 5:"
    read aNum
    case $ aNum in
        1 |2 |3 |4 |5) echo " The number you entered is $ aNum!"
        ;;
        *) echo " The number you entered is not between 1 and 5!"
            continue
            echo " The game is over. "
        ;;
    esac
done
```

运行上述代码会发现，当用户输入的数字大于 5 时，程序跳出当前循环并继续下一步的循环，而后面的输出语句 echo " The game is over. " 永远不会被执行。

8. 函数

函数是由固定程序块组成的让计算机实现特定任务的程序。通过功能划分，一个大型任务可以由若干个函数实现。这样不但使得程序结构清晰，而且提升了代码的利用率。

（1）Shell 函数定义

Shell 函数必须先定义后使用。标准的 Shell 函数定义格式如下：

```
function 函数名 (){
函数体
  }
```

下面的例子定义了一个函数并进行调用：

```
#! /bin/bash
function exampleFun(){
    echo " This is my first function!"
}
echo "-----Function execution-----"
exampleFun
echo "-----Function execution completed-----"
```

执行结果如下：

-----Function execution-----

This is my first function!

-----Function execution completed-----

（2）函数参数

在函数调用时，可以向其传递参数以供使用。函数内部以 $ n 的形式获取相应的前 9 个参数值，比如通过 $ 1 获取第 1 个参数；而以 $ {n} 的形式获取之后相应的参数值，比如通过 $ {10} 获取第 10 个参数。对于带参数的函数，通过函数名后直接跟参数的形式来执行，其中，函数名与参数之间、参数与参数之间用空格隔开。带参数的函数使用示例如下：

```
#! /bin/bash

funWithParam(){
    echo " The first parameter is $ 1!"
    echo " The second parameter is $ 2!"
    echo " The tenth parameter is $ {10}!"
    echo " The eleventh parameter is $ {11}!"
    echo " The total number of parameters is $ #"
}
```

函数使用如下：

```
funWithParam 1 2 3 4 5 6 7 8 9 34 73
```

程序输出结果为：

The first parameter is 1!

The second parameter is 2!

The tenth parameter is 34!

The eleventh parameter is 73!

The total number of parameters is 11

2.3 Python基础知识

2.3.1 Python基础操作

Python的官方网站是这样描述这门语言的：

Python是一款易于学习且功能强大的开放源代码的编程语言。它可以快速帮助人们完成各种编程任务，并且能够把用其他语言制作的各种模块很轻松地联结在一起。使用Python编写的程序可以在绝大多数平台上顺利运行。

Python语言有Python2和Python3之分，由于Python3是未来的流行趋势，因此本书只讲述Python3。

1. Python特性

Python具有如下特性。

1）免费、开源：Python是FLOSS（自由/开放源代码软件）之一。它向公众开放源代码，因此用户可以自由复制、阅读源代码并对其进行修改和完善，或是将其用在新的自由软件中。另外，在整个使用过程中，用户完全不需要支付任何费用。

2）简单易学：与其他语言相比，Python语法简单且风格简约，它有一套简单的语法体系，并且在使用变量之前不需要声明变量的类型。其结构简单、语法清晰，具有很强的伪代码性。这种接近自然语言的书写特征，能够让用户专注于如何解决问题，而非拘泥于语法与结构，初学者在短时间内便可轻松上手。

3）可移植性：由于Python的开源特性，因此它已经被移植到其他诸多软件操作平台（如Windows、mac OS、Linux、iOS等）中。在编程时应多留意系统特性，避免使用依赖于系统的特性，这样Python程序无须修改就可以在各种平台上面运行。

4）支持面向过程编程和面向对象编程：Python同时支持面向过程编程和面向对象编程。与C++和Java的面向对象编程相比，Python更简单。

5）解释执行：Python属于解释执行类的语言，不需要编译成二进制代码，只需要直接从源代码运行该程序即可。Python程序在运行时，Python解释器先把源代码转换成称为字节码的中间形式，再将其翻译成计算机语言并执行，使得Python程序更简单，也更加易于移植，从而改善了Python的性能。

6）可扩展性：Python本身被设计为可扩充的，提供了丰富的API和工具，可以把Python代码嵌入C或C++程序，也可以在Python程序中调用使用C或C++编写的代码。Python可以完美地与这些使用其他语言编写的程序一起工作。

7）丰富的库：Python 是世界上拥有最大标准库的编程语言。庞大的标准库可以帮助用户快速实现一些功能，如文档生成、单元测试等，不必重复开发已有的代码，可以提高效率和代码质量。除此之外，Python 还可以加载数量庞大的第三方库，提供了数据挖掘、大数据分析、图像处理等功能。

8）内存管理：使用 Python 编程，不必像 C 语言那样关注内存空间的使用，它可以自动地进行内存分配和回收。在 Python 的程序开发过程中，Python 解析器承担了程序的内存管理工作，使得用户从内存事务处理中解脱出来，致力于程序功能的实现，从而减少错误，缩短开发周期。

2. 数据类型

Python 的数据类型包括基本数据类型、列表、元组、字典、集合等。这里主要介绍两种基本数据类型，即数值数据类型和字符串数据类型。

(1) 数值数据类型

1）整型。整型数据即整数，无小数点，可以有正号或负号。Python 整型数据有 4 种表示方法。

① 二进制整数：以 0b 或 0B 开头，后跟二进制数字（0 和 1），如 0b11、0B11。

② 八进制整数：以 0o 或 0O 开头，后跟八进制数字（0 ~ 7），如 0o15、0O123。

③ 十进制整数：由 0 ~ 9 的数字组成，如 -25、10，但不能以 0 开始。

④ 十六进制整数：以 0x 或 0X 开头，后跟十六进制数字（0 ~ 9、A ~ F），字母大小写均可，如 0x156、0X57AB。

注意：不同进制只是整数的不同书写形式，程序运行时都会处理为二进制数。

2）浮点型。浮点型数据由整数部分和小数部分组成，表示带有小数的数值。Python 语言要求所有浮点型数据必须带有小数部分。浮点型数据有两种表示形式。

① 十进制小数形式：十进制小数形式由数字和小数点组成（必须有小数点），如 19.02、2.、.56、0.0 等。

② 指数形式：这是指用科学计数法表示的浮点数，用字母 e（或 E）表示以 10 为底的指数，e 之前为数字部分，之后为指数部分，例如，462.89e+3 和 462.89E+3 均表示 462.89×10^3。用指数形式表示时要注意，e（或 E）前面必须有数字，后面必须是整数。例如，34E5.1、e6、.e6 都是错误的指数形式。

3）布尔型。布尔型数据有两个值——True 和 False，分别用于表示逻辑真和逻辑假。进行数值计算时，True 对应整数 1，False 对应整数 0。

4）复数型。复数型数据由实数部分和虚数部分构成，可以用 a+bj 表示，其中复数的实部 a 和虚部 b 都是浮点型数据，虚数部分的后缀字母 j 大小写都可以。也可以用 complex(a, b) 来表示复数。

(2) 字符串数据类型

字符串是一个有序字符的集合。在 Python 中定义一个字符串可以用单引号（'）、双引号（"）、三引号（'''）括起来，而且单引号、双引号和三引号还可以互相嵌套，可以在三引号中随意换行。同时，Python 中通过 \ 来表示一个转义字符。常见的转义字符如表 2-11 所示。

表 2-11　转义字符

转义字符	含　义
\ n	换行
\ \	反斜线符“\”本身
\ '	单引号
\ ''	双引号
\ a	响铃
\ b	退格符
\ t	横向制表符
\ v	纵向制表符
\ r	回车符
\ f	换页符
\ ddd	1～3 位八进制数所代表的字符
\ xhh	1～2 位十六进制数所代表的字符

3. 对象类型

在 Python 中，数据主要以对象的形式出现，不管是 Python 提供的内置对象还是其他的扩展对象。一般来说，Python 内置对象比定制的数据结构更有效率并且可以拓展，极大地方便了程序的编写。Python 的内置对象主要包括列表、元组、字典、集合等。下面介绍几种常用的内置对象。

(1) 列表

列表是 Python 中最常用的数据类型。放在一个方括号内并以逗号分隔符隔开的一组数据可称为列表。序列中的每个元素都分配一个数字作为索引，并从 0 开始。创建列表时，只需要将用逗号分隔的多个数据项放在方括号中即可。在列表中，每一个元素都是可变的、有序的，并且同一个列表中的数据项类型可以不同。在列表中，使用下标索引列表中的值，也可以用方括号的形式截取。

【例 1】 列表的基本操作示例。

使用下标索引列表中的值及以方括号的形式截取：

```
>>> subject = ['Chinese','Math','English']
>>> print(subject[1])
Math
>>> print(subject[0:2])
['Chinese','Math']
```

使用 insert()方法插入元素，如 subject. insert（2，'Psychology'）。

使用 append()方法来添加列表项，如 subject. append（'Psychology'）。

使用 del 语句删除列表元素，如 del subject（[2]）。也可使用 remove()方法删除列表元素，如 subject. remove（'English'）。

在 Python 语言中，列表的其他常用方法如表 2-12 所示。

表 2-12 列表的其他常用方法

方 法 名	作 用
len(list)	计算列表元素个数
max(list)	返回列表元素最大值
min(list)	返回列表元素最小值
list. count(obj)	统计某一元素在列表中出现的次数
list. index(obj)	返回某一元素在列表中第一次出现的位置
list. reverse()	反向排列列表中的元素

（2）元组

Python 的元组与列表类似，使用小括号，但是元组的元素是不可修改的。创建一个元组，只要在括号中添加元素并使用逗号隔开即可。

【例 2】 元组的基本操作示例

通过下标索引可以访问元组中的值：

```
>>> subject = ('Chinese','Math','English')
>>> print(subject)
('Chinese','Math','English')
>>> print(subject[0])
Chinese>>> print(subject[1:2])
('Math','English')
```

元组之间可以通过 +、* 运算进行组合和复制：

```
>>> subject1 = ('Chinese','Math')
>>> subject2 = ('English','Psychology')
>>> subject3 = subject1 + subject2
>>> print(subject3)
('Chinese','Math','English','Psychology')
>>> subject4 = subject1 * 2
>>> print(subject4)
('Chinese','Math','Chinese','Math')
```

在 Python 语言中，元组的其他常用方法如表 2-13 所示。

表 2-13 元组的其他常用方法

方 法 名	作 用
len(tuple)	计算元组元素个数
max(tuple)	返回元组元素最大值
min(tuple)	返回元组元素最小值
tuple(seq)	将列表转换为元组

(3) 字典

字典是一种可变容器模型，可以存储任意类型的数据对象。在字典中，数据以键值对的形式出现。通常来说，键不能重复并且不能修改，而值可以重复和修改。按照键值的映射关系可以构建字典。

将对应的键放入大括号里面可访问字典里的值，如果字典中无对应的键，则会输出错误。向字典添加新内容的方法是增加新的键值对。

【例 3】 字典的基本操作示例

新建字典：

```
>>> Grade = {'Chinese':'90','Math':'80','English':'59'}
>>> print(Grade)
{'Chinese':'90','Math':'80','English':'59'}
```

添加元素：Grade['Psychology'] = 'good'。

删除元素：del Grade['English']。

在 Python 语言中，字典的其他常用方法如表 2-14 所示。

表 2-14　字典的其他常用方法

方 法 名	作　用
len(tuple)	计算元组元素个数
max(tuple)	返回元组元素最大值
min(tuple)	返回元组元素最小值
tuple(seq)	将列表转换为元组

(4) 集合

Python 中的集合和数学中的集合概念类似，是一个由无序的、不重复的元素组成的集体，因此集合没有切片和索引操作。可使用 set() 函数创建集合，也可以用 { } 创建集合。

【例 4】 集合的基本操作示例

```
>>> s = {'Chinese','Math','English'}
>>> print(s)
{'Math','English','Chinese'}
>>> print(s[1])
Traceback (mostrecent call last):
  File "<pyshell #3>", line 1, in <module>
print(s[1])
TypeError:'set' object does not support indexing
```

使用 add() 函数添加元素，若元素已存在，则不进行任何操作，如 s.add ('Psychology')。

使用 remove() 函数或 discard() 函数删除元素：s.remove ('English')。

在 Python 语言中，集合的其他常用方法如表 2-15 所示。

表 2-15 集合的其他常用方法

方 法 名	作 用
len(set)	计算集合中的元素个数
set. clear()	清空集合
x in set	判断元素是否在集合中
sum(set)	返回集合的所有元素之和
sorted(set)	从集合中的元素返回新的排序列表（不排序集合本身）
all()	如果集合中的所有元素都是 True（或者集合为空），则返回 True
any()	如果集合中的所有元素都是 True，返回 True；如果集合为空，返回 False

4. 判断

Python 语言提供 3 种类型的选择结构来进行判断，分别通过 if、if... else 和 if... elif... else 这 3 种语句来实现。这 3 种类型的选择结构各不相同，下面分别讨论。

(1) 单分支选择 if 语句

单分支选择 if 语句的一般格式如下：

```
if 表达式:
    语句块
```

其中，先计算表达式的值，判断其真假。若为真（非零），则执行语句块；若为假（为零），则跳过执行 if 的语句块，执行 if 语句块之后的下一条语句。

注意：

1）if 语句的表达式后面必须加冒号。

2）Python 语言指定任何非零和非空（null）表达式的值为 True，指定零或者空为 False。所以表示条件的表达式不一定必须是结果为 True 或 False 的关系表达式或逻辑表达式，可以是任意表达式。

3）对于语句块，Python 利用缩进量是否一致来表示是否属于同一个语句块。Python 对缩进的要求非常严格，同一个语句块中的每一条语句的缩进量必须保持一致，否则程序无法运行或会运行出错。if 语句中的语句块必须向右缩进，语句块可以是单个语句，也可以是多个语句。当包含两个或两个以上的语句时，语句缩进必须一致。

4）如果语句块中只有一条语句，if 语句也可以写在同一行上，例如：

```
>>>a =3
>>>b=1
>>>if a > b:print(a)
```

(2) 双分支选择 if 语句

双分支选择 if 语句的一般格式如下：

```
>>>if  表达式:
...        语句块 1
...else:
...        语句块 2
```

其中，先计算表达式的值，判断其真假。若为真（非零），则执行语句块 1；若为假（为零），则执行语句块 2。执行语句块 1 或语句块 2 后再执行 if 语句后面的语句。

注意：与单分支 if 语句一样，对于表达式后面或者 else 后面的语句块，应将它们缩进对齐。

（3）多分支选择 if 语句

多分支选择 if 语句的一般格式如下：

```
>>>if  表达式1:
...         语句块1
...elif  表达式2:
...         语句块2
...elif  表达式3:
...         语句块3
...         …
...elif  表达式m:
...         语句块m
...else:
...         语句块m+1
```

其中，当表达式 1 的值为真（非零）时，则执行语句块 1，否则计算表达式 2 的值；当表达式 2 的值为真（非零）时，则执行语句块 2，否则计算表达式 3 的值；以此类推。若表达式的值都为假（为零），则执行 else 后的语句块 $m+1$。不管有多少个分支，程序执行完一个分支后，其余分支将不再执行。

（4）选择结构的嵌套

在 Python 语言中，一个选择结构可以完整地嵌套另一个选择结构，例如：

```
>>>if  表达式1:
...         if  表达式2:
...                  语句块1
...         else:
...                  语句块2
...         else:
...                  语句块3
```

在 Python 语言中，根据对齐关系来确定 if 之间的逻辑关系。

注意：

1）嵌套只能在一个分支内嵌套，不能出现交叉。嵌套的形式有多种，嵌套的层次也可以任意多。

2）在多层 if 嵌套结构中，要特别注意 if 和 else 的配对关系。else 语句不能单独使用，必须与 if 配对使用。配对的原则：按照空格缩进，else 与和它在同一列上对齐的 if 配对，组成一条完整的语句。

【例 5】　根据输入的 3 条边长，判断能否构成三角形。若能，则输出该三角形属于的类型：锐角三角形、直角三角形和钝角三角形。若不能，则输出不能构成三角形。

程序如下：

```
>>>a, b, c = eval(input("请输入3条边长:"))
>>>if (a+b > c and a+c >b and b+c > a):
...     if (a^2+b^2 > c^2 or a^2+c^2 > b^2 or b^2 + c^2 > a^2):
...         print("这3条边能构成三角形,且该三角形是锐角三角形")
...     elif (a^2+b^2 == c^2 or a^2+c^2 == b^2 or b^2 + c^2 == a^2):
...         print("这3条边能构成三角形,且该三角形是直角三角形")
...     else:
...         print("这3条边能构成三角形,且该三角形是钝角三角形")
...     else:
...         print("这3条边不能构成三角形")
```

执行以上代码，输出结果为：

请输入三条边长：

用户输入“3，4，5”，并按下回车键，则继续输出：

这三条边能构成三角形，且该三角形是直角三角形

5. 循环

Python 语言有两种循环，即 while 循环和 for 循环。下面分别介绍这两种循环。

（1）while 循环

while 循环的基本形式如下：

```
while 循环条件:
    循环体
```

while 循环又称为条件循环，当循环条件为真时执行循环体，否则退出循环体。循环结束后，继续执行循环结构之后的语句。

注意：

1）while 循环条件后面必须有冒号。

2）当循环体由多个语句组成时，循环体的所有语句必须对齐。

3）当循环体只有一条语句时，可以与 if 语句一样，将这条语句放在 while 循环条件的冒号之后，即处于同一行。

4）continue 语句和 break 语句可以用来控制循环结构程序的执行。continue 语句用于跳过该次循环，即不再执行当前循环体中的剩余语句，跳转到循环的开始部分，重新开始下一轮循环。而 break 语句则用于跳出整个循环，即循环体执行到该语句时，整个循环马上退出并结束。

5）若循环条件永远为真，循环将会无限地执行下去，这种循环结构称为死循环或无限循环。这种情况下，若要跳出循环，则可以使用 break 语句。

6）与其他大多数语言不同，Python 可以在循环结构中使用 else 子句，一般形式为：

```
while 循环条件:
    循环体
else:
    语句
```

else 中的语句会在循环正常执行完（不管是否执行循环体，只要 while 不是通过 break 语句跳出循环的即可）的情况下执行。

（2）for 循环

for 循环特别适合循环次数已知的情况，其基本形式如下：

```
for 变量 in 序列:
        循环体
```

其中，序列是指一系列元素的集合，可以是字符串、列表、元组等。循环第一次时，变量被赋值为序列中的第一项，然后执行循环体。循环第二次时，变量被赋值为序列中的第二项，然后执行循环体。以此类推，直至序列中的每一项都执行了一次后循环结束。

注意：

1）for 循环可以遍历任何序列，如一个列表、一个字符串等，还可以通过 range( ) 函数生成一个要遍历的数字序列。比如，range（1，10）将产生序列 1、2、3、4、5、6、7、8、9。

2）for 语句后面的冒号不能省略。

3）循环体中的每条语句都应该与 for 有相同的缩进级别。

4）列表中的数据不需要按顺序排列。

5）与 while 语句一样，for 循环也可以和 else 子句一起使用，else 子句只有在 for 循环正常结束时才执行（即不遇到 break 语句）。特别的，for... else 结构或 while... else 结构一般要和 break 语句一起使用才能体现其强大之处。

（3）嵌套循环

在循环结构中，由于循环体可以是任意语句，所以循环体也可以是另一个完整的循环结构，这种情况称为循环的嵌套。此时，最外层的循环称作外循环，内层的循环称为内循环。

注意：

1）循环的嵌套一定不能交叉，即内循环必须完整地包含于外循环中。

2）内循环的循环变量不能和外循环的控制变量相同。

3）内循环还可以嵌套循环，嵌套的层数可以任意，即为多层嵌套。

4）循环嵌套时一定要注意逻辑上的缩进。

5）while 循环与 for 循环可以互相嵌套。

嵌套的循环在执行时，先由外循环进入内循环，在内循环结束后，程序再跳转到外循环，然后由外循环进入内循环，以此类推，直至结束。

【例 6】 输出九九乘法表。

程序如下：

```
>>>for i in range(1,10):
...     for j in range(1,10):
...         if j <= i:
...             print('%d*%d=%d'%(j,i,j*i),end='')
...     print('\n')
1*1=1
```

```
1*2=2  2*2=4
1*3=3  2*3=6  3*3=9
1*4=4  2*4=8  3*4=12  4*4=16
1*5=5  2*5=10  3*5=15  4*5=20  5*5=25
1*6=6  2*6=12  3*6=18  4*6=24  5*6=30  6*6=36
1*7=7  2*7=14  3*7=21  4*7=28  5*7=35  6*7=42  7*7=49
1*8=8  2*8=16  3*8=24  4*8=32  5*8=40  6*8=48  7*8=56  8*8=64
1*9=9  2*9=18  3*9=27  4*9=36  5*9=45  6*9=54  7*9=63  8*9=72  9*9=81
```

6. 迭代

迭代是 Python 最强大的功能之一，是访问集合元素的一种方式。迭代器是一个可以记住遍历的位置的对象。迭代器从集合的第一个元素开始访问，直到所有的元素被访问到。迭代器只能往前，不会后退。迭代器有两个基本的创建方法，分别是 iter( ) 和 next( )。

【例 7】 创建迭代器示例。

程序如下：

```
>>>list = [10,11,12,13,14,15]
>>>it = iter(list)
>>>print(next(it))
>>>print(next(it))
```

执行以上代码，输出结果为：

10

11

7. 函数

(1) 函数定义

在 Python 语言中，函数的基本形式如下：

```
def 函数名(参数列表):
        函数体
    return 表达式
```

注意：

① 函数名是合法的标识符，函数名后是一对括号( )，括号中包含 0 个或 0 个以上的参数，称为形式参数，简称形参。不需要指定参数类型，多个参数之间用逗号隔开。

② 括号后面的冒号一定不能被遗漏。

③ 函数体与 def 关键字之间必须有一定的空格。

④ return 语句是可选的，它可以出现在函数体内的任何位置，代表函数调用执行到此结束。

【例 8】 定义一个用来询问名字的函数。

程序如下：

```
>>>def name():
...     print("What's your name?")
```

(2) 函数调用

在 Python 中，函数的控制转移和相互间的数据传递是通过函数调用来进行的。函数调用的基本形式如下：

```
函数名(参数列表)
```

其中，函数名是函数定义时的函数名称，参数是要传入函数的值，称为实际参数，简称实参。

函数调用的过程一般是：

① 在调用点，调用程序暂停执行。

② 主调函数将实参传递给形参。

③ 程序转到被调函数，执行函数体中的语句。

④ 遇到 return 语句，函数执行结束，回到主调函数的调用点，然后继续执行后续程序。若被调函数中没有 return 语句，则执行完被调函数后回到主调函数，继续执行后续程序。

注意：在 Python 中，函数调用一定要在函数定义之后；对于无参函数，函数调用时的实参列表为空，但是( )不能省略。

(3) 函数返回值

函数被调用及执行完后，可以用 return 语句给主调函数返回一个对象，称为函数的返回值。一个函数可以有返回值，也可以没有返回值。函数的返回语句的基本形式如下：

```
return 表达式
```

注意：

① 在函数体内可以有多条 return 语句，但执行到某条 return 语句，该条 return 语句就起作用。一旦该条 return 语句起了作用，其他的 return 语句就不起作用了。

② 如果没有 return 语句，函数会自动返回 None；如果有 return 语句，但是 return 语句后面没有表达式，也返回 None。

(4) 匿名函数定义

对于只有一条表达式语句的函数，可以用关键字 lambda 将其定义为匿名函数，使程序简洁，提高可读性。匿名函数的基本形式如下：

```
lambda 参数列表:表达式
```

lambda 是一个表达式，而不是一个语句。作为一个表达式，lambda 返回一个值，把结果赋值给一个变量名。

注意：

① 在参数列表周围没有括号，而且忽略了 return 关键字（隐含存在，因为整个函数只有一行）。可以没有参数，也可以有一个或多个参数。

② 使用 lambda( )函数时，可以不把表达式的结果赋值给一个变量。

③ 可以把匿名函数作为函数的返回值返回给调用者。

④ 可以把匿名函数赋值给一个变量，再利用变量来调用该函数。

⑤ 在 lambda( )中仅能封装有限的业务逻辑。lambda( )函数的目的是方便编写简单函数，def 则专注于处理更大、更复杂的业务。

⑥ 如果在程序中大量使用 lambda 表达式，会造成程序的结构混乱。另外，如果 lambda 表达式过于复杂，将降低程序的可读性。

（5）函数参数传递

1）位置参数。在 Python 语言中，当函数被调用时，实参默认采用按照位置顺序传递给形参的方式。

【例 9】 使用位置参数的应用示例

```
>>> def power(m,n):
...     return m**n
>>> print(power(2,5))
>>> print(power(5,2))
```

执行以上代码，输出结果为：

32

35

2）默认参数。在 Python 中，函数定义时可以给形参赋予默认值。在函数定义时，直接在函数参数后面使用赋值运算符"="为其设置默认值。在函数调用时，可以不指定具有默认值的参数的值。

注意：所有位置参数必须出现在默认参数前，包括函数调用。

【例 10】 使用默认参数的应用示例。

程序如下：

```
>>> def power(x,n=2):
...     f = 1
...     for i in range(n):
...         f*=x
...     return f
>>> print(power(6))
>>> print(power(6,3))
```

执行以上代码，输出结果为：

32

25

3）关键字参数。如果参数较多，则使用位置参数定义函数的可读性较差。Python 可以通过"键=值"的形式按照名称指定参数。

【例 11】 使用关键字参数的应用示例。

程序如下：

```
>>> def power(m,n):
...     return m**n
>>> print(power(m=2,n=5))
>>> print(power(n=5, m=2))
```

执行以上代码，输出结果为：

32

32

4）不定长参数。当一个函数在调用时需要使用比定义时更多的参数时，需要使用不定长参数。Python 支持不定长参数，不定长参数可以是元组或者字典类型，使用方法是在变量名前加 * 或 * *，以区分一般参数。

① 元组：当函数的形式参数以 * 开头时，表示不定长参数被作为一个元组来处理。

【例 12】 输出某位同学的 6 门课程成绩及平均成绩。

程序如下：

```
>>> def function(name,number,*scores):
...     print('{}的{}门成绩为:'.format(name,number))
...     sum = 0
...     for var in scores:
...         print(var,end = '')
...         sum = sum+var
...     average = sum/number
...     print('\n平均成绩为:\n%f'%average)
>>> function('张三',6,90,92,94,96,98,100)
```

执行以上代码，输出结果为：

张三的 6 门成绩为：

90 92 94 96 98 100

平均成绩为：

95.000000

② 字典：当函数的形式参数以 * * 开头时，表示将不定长参数被作为一个字典来处理。例如：

```
>>>def function(**para_t):
```

function( ) 函数可以使用任意多个实参，实参的格式为：

```
键 = 值
```

其中，字典的键值对分别表示可变参数的参数名和值。

【例 13】 使用字典作为不定长参数的应用示例。

程序如下：

```
>>> def function(**para_t):
...     print(para_t)
>>> function(x=10,y=100,z=1000)
#输出结果为:{'x':10,'y':100,'z':1000}
```

（6）变量作用域

程序的运行离不开变量，但是 Python 程序中的变量并不是在程序的任何位置都可以访问，能否访问取决于变量赋值的位置。根据变量赋值的位置不同，将变量分为全局变量和局部变量。不同的变量类型决定了能访问该变量的程序范围，也就是变量的作用域。

1）局部变量。在函数内部赋值的变量是局部变量，只能被定义它的函数中的语句访问，且仅在函数内部有效，当函数退出时变量将不存在。

由于函数都不能访问其他函数中定义的局部变量，所以在不同的函数中可以定义同名的局部变量。它们虽然同名但却代表不同的变量，不会发生命名冲突。

2）全局变量。在函数之外赋值的变量是全局变量，可以被整个程序中的所有语句访问。

（7）函数递归

在函数的执行过程中直接或间接地调用该函数本身，这就是函数的递归调用。递归是常用的编程方法，适用于把一个大型复杂的问题逐层转化为一个与原问题性质相似但规模较小的问题来求解的场景。Python 中允许递归调用。在函数中直接调用函数本身称为直接递归调用。在函数中调用其他函数，其他函数又调用原函数，称为间接递归调用。

【例 14】 求 *n* 的阶乘的问题。

程序如下：

```
>>> def fact(n):
...     if n == 0:
...         return 1
...     else:
...         return n * fact(n-1)
>>> m = eval(input("请输入一个正整数:"))
>>> print(fact(m))
```

执行以上代码，输出结果为：

请输入一个正整数：

用户输入“5”，并按下回车键，则继续输出：

120

8. 类

（1）类和对象

类和对象是计算机系统世界中重要的两个概念。类是客观事物的抽象，对象是类的实例化。例如，汽车模型就是一个类，制造出来的汽车就是一个对象。

在 Python 语言中，定义类的基本形式如下例所示。

【例 15】 定义一个 Student 类。

```
>>> class Student(object):
...     country = 'China'
...     def __init__(self, name, sex):
>>>         self.name = name
>>>         self.sex = sex
```

此例中定义了一个 Student 类，用__init__()这一个函数对 self、name 和 sex 参数进行计算。需要注意的是，类方法中至少需要一个参数 self，self 表示实例化对象本身。

注意：类的所有实例方法中必须有一个参数为 self，self 代表将来要创建的对象本身，并且必须是第一个形参。在类的实例方法中，访问实例属性需要以 self 作为前缀，在外部通过类名调用方法时同样需要以 self 作为参数传参，而在外部通过对象名调用对象方法时不需要传递该参数。

实际应用中，在类中定义实例方法的第一个参数不必一定为 self，也可以为开发人员自定义的参数。

【例 16】 定义一个 Book 类。

程序如下：

```
>>> class Book:
...     def__init__(this,d):
...     this.value=d;
...     def show(this):
...     print(this.value)
>>> d=Book(15)
>>> d.show()
#输出结果为:15
```

类是抽象的。创建类之后，要使用类定义的功能将其实例化，以及创建类的对象。创建类的基本格式如下：

```
对象名 = 类名(参数列表)
```

创建对象后，可通过“对象名．成员”的方式访问其中的成员和方法。

【例 17】 对【例 15】中定义的类进行对象的创建。

程序如下：

```
>>> s1 = Student('小明','man')
>>> print(s1.country)
#输出结果为 China
```

（2）属性

类的数据成员是在类中定义的成员变量，用来存储描述类的特征的值，称为属性。属性可以被该类中定义的方法访问，也可以通过类或类的实例进行访问。而在函数体或代码块中定义的局部变量，则只能在其定义的范围内进行访问。

属性实际上是类中的变量。Python 变量不需要声明，可直接使用。建议在类定义的开始位置初始化类属性，或者在构造函数（__init__()）中初始化实例属性。

所谓实例属性，是指通过“self. 变量名”定义的属性，也称为实例变量。类的每个实例都包含该类的实例变量的一个单独副本，实例变量属于特定的实例。实例变量在类的内部通过 self 访问，在外部通过对象实例访问。

【例 18】 访问属性示例。

```
>>> class book:
...   def__init__(self,s):
...       self.name=s
```

Python 也允许声明属于类本身的变量，即类属性，也称为类变量、静态属性。类属性属于整个类，不是特定实例的一部分，而是所有实例之间共享的一个副本。

【例 19】 类属性示例。

程序如下：

```
>>> class Dog:
...     size='small'
...     def __init__(self,s):
...         self.name=s
...     dag1 = Dog ('mi')
...     dag2 = Dog ('mao')
>>>     print(dag1.name, Dog.size)
#输出结果为:mi  small
```

（3）方法

方法是与类相关的函数。Python 也允许定义与类不相关的普通全局函数。类方法的定义与普通的函数一致，唯一的区别是类的方法定义在类体中，且其第一个形参必须为对象本身，通常为 self。方法的声明格式如下：

```
def 方法名(self,形参列表):
        函数体
```

方法调用格式如下：

```
对象.方法名(实参列表)
```

（4）继承

Python 在进行语言设计时，采用了面向对象编程的思想，因此，当定义一个类时，可以共享其他类定义的属性和方法，即从已有的类中继承。新的类称为子类（Subclass），而称被继承的类为基类（Base Class）、父类（Parent Class）或超类（Super Class），其中子类可以对基类进行扩展、重定义等。

【例 20】 类继承示例。

程序如下：

```
>>> class Person(object):
...     def __init__(self,name,sex):
...         self.name = name
...         self.sex = sex
...     def print_title(self):
...         if self.sex == "male":
...             print("man")
...         elif self.sex == "female":
...             print("woman")
>>> class Child(Person):                            # Child 继承 Person
...     pass
>>> May = Child("May","female")
>>> Peter = Person("Peter","male")
>>> print(May.name,May.sex,Peter.name,Peter.sex)   #子类继承父类方法及属性
```

```
>>> May.print_title()
>>> Peter.print_title()
```

在本例中，首先定义了一个 Person 类，其中，属性变量包括 name 和 sex，方法包括 print_ title()。由于 Child 就是 Person，所以当定义 Child 类时，可以完全继承 Person 类。通常用 class subclass_name(baseclass_name) 来表示继承。

(5) 多态

在介绍多态的定义之前，先将 Child 类中的 print_title()方法重写，变成“当 sex 是 male 时输出 boy，当 sex 是 female 时输出 girl”。

【例 21】 将 Child 类中的 print_title() 方法重写。

```
>>> class Person(object):
...     def __init__(self,name,sex):
...         self.name = name
...         self.sex = sex
...     def print_title(self):
...         if self.sex == "male":
...             print("man")
...         elif self.sex == "female":
...             print("woman")
>>> class Child(Person):                        # Child 继承 Person
...     def print_title(self):
...         if self.sex == "male":
...             print("boy")
...         elif self.sex == "female":
...             print("girl")
>>> May = Child("May","female")
>>> Peter = Person("Peter","male")
>>> print(May.name,May.sex,Peter.name,Peter.sex)
>>> May.print_title()
>>> Peter.print_title()
```

在本例中，子类 Child 和父类 Person 都包括相同的 print_title()方法，此时子类的 print_title()方法会覆盖父类的 print_ title()方法，代码在运行时，会自动调用子类 Child 的 print_title()方法。此时，继承就显示了它的一个好处：多态，即接口有多种不同的实现方式。

多态的好处是，调用方只需调用已有的代码，不用考虑其内部逻辑与构造。如果需要增添新方法，只需保证新方法编写的正确性即可。这就是著名的“开闭”原则：对扩展开放（即允许子类重写方法函数），而对修改封闭（不重写，直接继承父类的方法函数）。

2.3.2　NumPy 的基本操作及用途

在进行数据科学计算时，运算过程往往比较复杂且需要面对大量数据。Python 本身并没有提供数组功能，虽然其列表功能已经可以完全代替数组的功能，但是在进行科学计算时，列表并不能很好地满足人们的需求。为了进行严格的数据处理，开发人员开发了 NumPy，它是一种定义了数值数组和矩阵类型及其基本运算的开源扩展库。NumPy 提供了非常强大的 *N* 维数组对象，并且在实现中充分考虑了速度，处理速度是 C 语言级别的，所以存取 NumPy 数组比存取 Python 列表的速度要快很多。

在 Windows 系统中，NumPy 的安装可以通过 pip 完成：

```
>>> pip install Numpy
```

还可以通过先自行下载所需要版本的 NumPy，然后通过如下命令来安装：

```
>>> python setup.py install
```

在 Linux 系统中，除了上述方法外，还可以通过 Linux 自带的软件管理器进行安装，如在 Ubuntu 环境下通过如下命令安装：

```
>>> sudo apt-get install Python-Numpy
```

可以用如下命令测试安装是否成功：

```
>>> import numpy as np
>>> print(np.version.version)
```

如果 NumPy 安装成功，则会显示 NumPy 的版本号。

NumPy 最重要的组成部分是 ndarray（多维数组）。多维数组是由同类型元素组成的，其中的每个元素在内存中都有相同存储大小的区域。ndarray 这个对象快速而又灵活，是一个大数据集容器，可以用于对整块数据进行数学运算。

创建数组最简单的方法是使用 array( ) 函数，它可将一切序列类型的对象（如列表、元组等）转换为含有传入数据的 NumPy 数组。

使用 array( ) 函数创建数组的基本格式如下：

```
>>> numpy.array(object, dtype = None, copy = True, order = None, subok = False,
ndmin = 0)
```

其中，object 为序列或嵌套的序列，dtype 为数组元素的数据类型，copy 表示对象是否需要复制，order 表示创建数组的样式，subok 默认返回一个与基类类型一致的数组，ndmin 指定生成数组的最小维度。

【例 22】 创建生成 NumPy 数组。

程序如下：

```
>>> import numpy as np
>>> array1 = np.array([1, 2, 3, 4])
>>> array2 = np.array((5, 7, 1.9, 2))
>>> print(array1)
>>> print(array2)
```

执行以上代码，输出结果为：

[1 2 3 4]

[5. 7. 1.9 2.]

利用嵌套序列可以生成一个多维数组。在生成数组的时候还可以指定其数据类型，如

numpy. int32 和 numpy. float64 等。除此之外，还可以利用 numpy. zeros、numpy. ones 和 numpy. identity 等来构造特殊数组。

注意：由于 NumPy 库主要用于数据科学计算，所以数据类型在默认情况下都是 float64。

在 NumPy 中，维度称为轴（Axis），轴的个数称为秩（Rank）。NumPy 数组的常用方法示例如表 2-16 所示。

表 2-16　NumPy 数组的常用方法示例

方　法	作　用
numpy. arange(1,10,2)	创建一个［1，10］之间步长是 2 的数组
numpy. linespace(1,10,100)	创建一个［1，10］之间均匀分布的 100 个元素的数组
numpy. linalg. companion(a)	创建 ***a*** 的伴随矩阵
numpy. random. rand(3,4)	创建一个 3 行 4 列的随机数组
numpy. linalg. det(a)	返回矩阵 ***a*** 的行列式
numpy. linalg. inv(a)	计算矩阵 ***a*** 的行列式
numpy. dot(a,b)	计算数组的点积
numpy. vdot(a,b)	计算矢量的点积
numpy. inner(a,b)	计算内积
numpy. outer(a,b)	计算外积
numpy. linalg. solve(a,b)	求解线性矩阵方程或线性标量方程组

NumPy 数组的常用操作如表 2-17 所示。

表 2-17　NumPy 数组的常用操作

方　法	作　用
numpy. reshape(arr, newshape, order = 'C')	修改数组形状
numpy. concatenate((a1, a2,...), axis)	连接数组
numpy. split(ary, indices_or_sections, axis)	分割数组
numpy. resize(arr, shape)	返回指定形状的新数组
numpy. append(arr, values, axis = None)	将值添加到数组末尾
numpy. insert(arr, obj, values, axis)	沿指定轴将值插入到指定下标之前
numpy. unique(arr, return_index, return_inverse, return_counts)	查找数组内的唯一元素
numpy. delete(arr, obj, axis)	删掉某个轴的子数组，并返回删除后的新数组
numpy. reshape(arr, newshape, order = 'C')	修改数组形状

2.3.3　SciPy 的基本操作及用途

虽然 NumPy 提供了多维数组，但是它并不是真正意义上的矩阵。当两个数组相乘时，只是对应元素的相乘，而不是数学意义上的矩阵相乘。SciPy 建立在 NumPy 基础上，提供了更为精准和广泛的方法，几乎实现了 NumPy 的所有方法。一般来说，对于两者共有的方法，最好采用 SciPy。

SciPy 是一个用于执行数学、科学和工程计算的科学开源库。它提供方便的数组操作、真正的矩阵以及大量基于矩阵运算的对象和函数，包含的功能有统计分析、积分、优化、线性代数求解、常微分方程求解、图像处理等，很多功能接近 MATLAB，为科研人员和工程技术人员提供了极大的便利。

SciPy 库同样可以使用 pip 安装或者自行安装。在 Ubuntu（一种 Linux 操作系统）环境下还可以通过如下命令安装：

```
>>> sudo apt-get install Python-Scipy
```

可以用如下命令测试安装是否成功：

```
>>> import scipy, numpy
>>> print(scipy.version.full_version)
```

如果 SciPy 安装成功，则会显示 SciPy 的版本号及 True 值。

SciPy 由一系列子模块组成，常用子模块的功能如表 2-18 所示。

表 2-18　SciPy 常用子模块的功能

模块名	功能描述
scipy. cluster	聚类
scipy. constans	物理和数学常量
scipy. fftpack	快速傅里叶变换算法
scipy. integrate	积分
scipy. interpolate	插值拟合
scipy. io	数据的输入和输出
scipy. linalg	线性代数
scipy. maxentropy	最大熵法
scipy. ndimage	N 维图像处理
scipy. odr	正交距离回归
scipy. optimize	最优化算法
scipy. signal	信号处理
scipy. sparse	稀疏矩阵
scipy. spatial	空间数据结构及算法
scipy. special	特殊数学函数，如雅可比函数（Jacobian Function）
scipy. stats	统计学包

注意：使用 SciPy 中的子模块时需要单独导入，使用 SciPy 导入模块的方法如下：

```
>>> from scipy import 子模块名
```

【例 23】 用 SciPy 求解下面的线性方程组。

$$\begin{cases} w+x+y+z=10 \\ 2w+x+y+z=11 \\ w+2x-3z=-7 \\ 2w-3x+4z=12 \end{cases}$$

程序如下：

```
>>> from scipy import linalg
>>> a = scipy.mat('[1 1 1 1;2 1 1 1;1 2 0 -3;2 -3 0 4]')
>>> b = scipy.mat('[10;11; -7;12]')
>>> solve = linalg.solve(a,b)
>>> print(solve)
```

执行以上代码，输出结果为：

```
[[1.]
[2.]
[3.]
[4.]]
```

2.3.4　Pandas 基本操作及用途

Pandas 是一个开源的 Python 库，是基于 NumPy 的一种工具，提供了高性能的易于使用的数据结构和数据分析工具，常用于金融、经济、统计、分析等学术和商业领域。它是使 Python 成为强大而高效的数据分析环境的重要因素之一。

Pandas 库同样可以使用 pip 安装或者自行安装。在 Ubuntu 环境下还可以通过如下命令安装：

```
>>> sudo apt-get install Python-pandas
```

可以用如下命令测试安装是否成功：

```
>>> import pandas as pd
>>> print(pd._version_)
```

如果 Pandas 安装成功，则会显示 Pandas 的版本号。

Pandas 中有两个重要的数据结构：Series 和 DataFrame。Series 类似于一维数组对象，包含一个数组的数据（任何 NumPy 的数据类型）和一个与数组关联的数据标签，称为索引。最简单的 Series 由一个数组的数据构成：Series 的表示形式是索引在左边，值在右边。默认数据指定索引范围是整数 $0 \sim N-1$，其中 N 是数据的长度。可以通过 Series 的 values 和 index 属性来获取数组表示和索引对象。

【例 24】　Series 使用示例。

程序如下：

```
>>> from pandas import Series
>>> Seri = Series([1, 2, 3, 4, 5])
>>> print(Seri)
>>> Seri2 = Series([1, 2, 3, 4], index=['a', 'b', 'c', 'd'])
>>> print(Seri2)
```

执行以上代码，输出结果为：

0 1
1 2
2 3
3 4
4 5
dtype：int64
a 1
b 2
c 3
d 4
dtype：int64

DataFrame 是类似于表格的数据结构，包含一个经过排序的列表集，每个元素都可以有不同的类型值（数字、字符串等）。DataFrame 有行和列的索引；可以被看作 Series 的字典。DataFrame 中的面向行和面向列的操作大致是对称的。底层中的数据是作为一个或多个二维数组存储的，而不是列表、字典或其他一维的数组集合。常用一个相等长度列表的字典或 NumPy 数组来构建一个 DataFrame。DataFrame 可以通过行标签索引数据，也可以通过行号索引数据。

【例 25】 DataFrame 使用示例。

程序如下：

```
>>> from pandas import DataFrame
>>> import pandas as pd
>>> data = {'place':['BeiJing','London','Rio','Tokyo'],
>>>         'year':[2008,2012,2016,2021]}
>>> df = DataFrame(data)
>>> print(df)
```

执行以上代码，输出结果为：

```
     place  year
0  BeiJing  2008
1   London  2012
2      Rio  2016
3    Tokyo  2021
```

Pandas 常用方法示例如表 2-19 所示。

表 2-19 Pandas 常用方法示例

方　法	作　用
mean()	求均值
max()	最大值
min()	最小值
std()	标准差

（续）

方　法	作　用
count( )	非空数据的数量
median( )	中位数
quantile(0. 25)	25% 分位数
cumsum( )	该列的累加值
cumprod( )	该列的累乘值
shift(i)	若 i 为正数，则读取上数第 i 行的数据；若 i 为负数，则读取下数第 i 行的数据
diff(-1)	求本行数据和下一行数据相减得到的值
diff(1)	求本行数据和上一行数据相减得到的值
drop( )	删除行和列
rank(ascending = True, pct = False)	输出排名（ascending 参数代表是顺序还是逆序；pct 参数代表输出的是排名还是排名比例）
value_counts( )	计数统计该列中每个元素出现的次数。返回 Series
sort_index( )	按 obj 的索引排序，默认升序，降序可在括号加 ascending = False
sort_values(by, ascending =0))	by 参数指定按照什么进行排序；acsending 参数指定是顺序还是逆序，1 表示顺序，0 表示逆序
append( )	将两个 DataFrame 上下拼接
rename(columns)	变量重新命名

Pandas 中除了 Series 和 DataFrame 外，还有 Time-Series 和 Panel 两种数据结构，其中 Time - Series 是以时间为索引的 Series，Panel 用于三维数组，可以作为 DataFrame 的容器。

2. 3. 5　scikit-learn 的基本操作及用途

scikit-learn（简称 sklearn）是建立在 NumPy、SciPy 和 Matplotlib 上的开源通用机器学习库。sklearn 中的模块是抽象的，所有的分类和回归问题都可以通过几行代码解决，所有的转换器（如 scaler 和 transformer）也都有固定的格式。这种抽象化提高了模型的效率，降低了批量化、标准化的难度。

sklearn 提供了很多用于分类和回归任务的常用数据集，如表 2-20 所示。

表 2-20　sklearn 常用数据集

数据集名称	方 法 名	作　用
鸢尾花数据集	Load_iris( )	用于多分类任务
波士顿房价数据集	Load_boston( )	用于回归任务
糖尿病数据集	Load_diabetes( )	用于回归任务
手写数字数据集	Load_digits( )	用于多分类任务
乳腺癌数据集	Load_breast_cancer( )	用于二分类任务
体能训练数据集	Load_linnerud( )	用于多变量回归任务

无论是分类问题还是回归问题，在训练模型中都要将数据划分为训练集和测试集。训练集用于模型训练，测试集用来评价模型的优劣，在 sklearn 中使用 train_test_split( ) 对数据集进行划分。

```
>>> [X_train, X_test, Y_train, Y_test] = train_test_split (train_data, train_
    target, test_size, random_state)
```

其中，train_data 为要划分的特征集；train_target 是要划分的样本标签；test_size 为训练集样本占比；random_state 为随机数种子。当 random_state 为 0 或空时，每次运行都会赋一个随机数作为随机数种子，生成不同的随机数；当 random_state 为其他值时，可根据相同的随机数种子生成相同的随机数。X_train 为训练集特征，X_test 为测试集特征，Y_train 为训练集标签，Y_test 为测试集标签。

在模型训练中，常采用交叉验证法。交叉验证法是用来验证分类器性能的一种统计分析方法，基本思想是在某种意义下将原始数据进行分组，一部分作为训练集，另一部分作为验证集，首先用训练集对分类器进行训练，然后用验证集来测试训练得到的模型，并以此来评价分类器的性能。sklearn 提供了 cross_val_score( ) 来对数据集进行指定次数的交叉验证。

```
>>> cross_val_score(clf, data, target, cv)
```

其中，clf 表示分类或回归模型，data 表示数据特征，target 表示数据标签，cv 表示交叉验证的次数。

sklearn 提供支持向量机、逻辑回归、决策树、随机森林、K-近邻以及多层感知器等分类模型，Lasso 回归、岭回归和贝叶斯回归等回归模型，K-means、谱聚类、均值偏移和分层聚类等聚类方法，以及主成分分析、非负矩阵分解及特征选择等数据降维方法。

【例 26】 支持向量机分类。

程序如下：

```
>>> from sklearn.model_selection import train_test_split
>>> from sklearn import datasets
>>> from sklearn.metrics import accuracy_score
>>> from sklearn import svm
>>> iris = datasets.load_iris()
>>> iris_X = iris.data
>>> iris_y = iris.target
>>> X_train, X_test, y_train, y_test = train_test_split(iris_X, iris_y, test_size=0.3)
>>> clf = svm.SVC(gamma="auto")
>>> clf.fit(X_train,y_train)
>>> predict_test = clf.predict(X_test)
>>> print(predict_test)
>>> print(y_test)
>>> scores_test = accuracy_score(predict_test, y_test)
>>> print('测试集:', scores_test)
```

执行以上代码，输出结果为：

[0 1 2 2 0 0 1 1 1 2 0 1 0 1 1 2 0 1 1 2 0 2 1 2 2 1 1 0 2 0 2 2 0 0 0 0 1 0 1 0 0 2 1 1 0]

[0 1 2 2 0 0 1 1 1 2 0 1 0 1 1 2 0 1 1 2 0 2 1 2 2 1 2 0 2 0 2 2 0 0 0 0 1 0 1 0 0 2 1 1 0]
测试集：0.97777777777777

2.3.6　PySpark 的基本操作及用途

Apache Spark 是一个开源的、强大的分布式查询和处理引擎。它可以通过内存计算的方式来实时地进行数据分析。它起源于 Apache Hadoop MapReduce，然而 Apache Hadoop MapReduce 只能进行批处理，无法实现实时计算。为了弥补这一缺陷，Apache Spark 对其进行了扩展，除了批处理外，同时支持数据的实时计算。同时，它也是快速、易于使用的框架，可用于解决各种复杂的数据问题。它允许用户读取、转换、聚合数据，还可以轻松地训练和部署复杂的统计模型。

Apache Spark 是 Scala 语言实现的一个计算框架。为了支持 Python 语言使用 Spark，Apache Spark 社区开发了一个工具——PySpark。利用 PySpark 中的 Py4j 库，人们可以通过 Python 语言操作 RDD。PySpark 提供了 PySpark shell，它是一个结合了 Python API 和 Spark Core 的工具，同时能够初始化 Spark 环境。目前，由于 Python 具有丰富的扩展库，大量的数据科学家和数据分析从业人员都在使用 Python。因此，PySpark 使 Spark 支持 Python 是对两者的一次共同促进。

PySpark 的环境搭建如下：

① 安装 Java 和 Scala。

② 在 Apache Spark 官网中下载 Apache Spark。本书中以 spark-2.1.0-bin-hadoop2.7 为例。

③ 解压压缩包并设置环境变量：

```
>>> tar-xvf Downloads/spark-2.1.0-bin-hadoop2.7.tgz
>>> export SPARK_HOME = /home/hadoop/spark-2.1.0-bin-hadoop2.7
>>> export PATH = $ PATH:/home/hadoop/spark-2.1.0-bin-hadoop2.7/bin
>>> export PYTHONPATH = $ SPARK_HOME/python: $ SPARK_HOME/python/lib/py4j-0.10.4-src.zip: $ PYTHONPATH
>>> export PATH = $ SPARK_HOME/python: $ PATH
```

④ 进入 Spark 目录并进入 PySpark shell：

```
>>> /bin/pyspark
```

为了完成各种计算任务，RDD 支持多种操作。这些对 RDD 的操作大致可以分为两种方式。

① 转换（Transformation）：将这种类型的操作应用于一个 RDD 后可以得到一个新的 RDD，如 Filter、groupBy、map 等。

② 计算（Action）：将这种类型的操作应用于一个 RDD 后，它可以指示 Spark 执行计算并将计算结果返回。

为了在 PySpark 中执行相关操作，需要首先创建一个 RDD 对象。一个 RDD 对象的类定义如下：

```
>>> class pyspark.RDD (
>>>     jrdd,
>>>     ctx,
>>>     jrdd_deserializer = AutoBatchedSerializer(PickleSerializer())
>>>)
```

【例 27】 以 RDD 对象为例，演示基础的 PySpark 操作。
程序如下：

```
>>>     from pyspark import Spark Context
>>>     sc = SparkContext("local","wordcount")
>>> words = sc.parallelize (
>>>     ["scala",
>>>     "java",
>>>     "hadoop",
>>>     "spark",
>>>     "akka",
>>>     "spark vs hadoop",
>>>        "pyspark",
>>>     "pyspark and spark"]
>>>)
>>> counts = words.count()
>>> print ("Number of elements in RDD - > %i" % (counts))
#输出结果为:Number of elements in RDD - > 8
```

PySpark 的常用操作如表 2-21 所示。

表 2-21 PySpark 的常用操作

方法	作用
count()	返回 RDD 中元素的数量
collect()	将 RDD 中的所有元素存入列表中并返回该列表
foreach(function)	接收一个函数作为参数，将 RDD 中所有的元素作为参数调用传入的函数
filter(function)	传入一个过滤器函数，将过滤器函数应用于 RDD 中的所有元素，将满足过滤器条件的 RDD 元素存放至一个新的 RDD 对象中并返回
map(function)	传入一个函数作为参数，将该函数应用于原有 RDD 中的所有元素，将所有元素针对该函数的输出存放至一个新的 RDD 对象中并返回
reduce(function)	接收一些特殊的运算符，将原有 RDD 中的所有元素按照指定运算符进行计算，并返回计算结果
join(other, numPartitions = None)	对 RDD 对象中的 key 进行匹配，将相同 key 中的元素合并在一起，并返回新的 RDD 对象
cache()	对 RDD 对象以默认方式（memory）进行持久化

2.3.7 Matplotlib 的基本操作及用途

Matplotlib 是 Python 做数据可视化处理的一种工具，是一个 2D 绘图库，依赖于 NumPy 库和 tkinter 库。用户只需要几行代码便可以画图，如折线图、条形图、饼图、直方图、散点图等，生成图形的质量可达到出版要求。

在 Windows 系统中，Matplotlib 的安装可以通过 pip 完成：

```
>>> pip install matplotlib
```

可以用如下命令测试安装是否成功：

```
>>> import matplotlib
>>> print(matplotlib._version_)
```

如果 Matplotlib 安装成功，则会显示 Matplotlib 的版本号。

Matplotlib 的子库 Pyplot 可以快速绘制 2D 图表，导入方式为：

```
>>> import matplotlib.pyplot as plt
```

使用 Pyplot 绘图工具可以绘制各类图形，如折线图、散点图、饼图等。

【例 28】　使用 Matplotlib 绘制散点图。

程序如下：

```
>>> import numpy as np
>>> import matplotlib.pyplot as plt
>>> x = np.arange(-5,5,0.2)
>>> y = x*x
>>> plt.scatter(x,y,c = 'b')
>>> plt.show()
```

运行结果如图 2-10 所示。

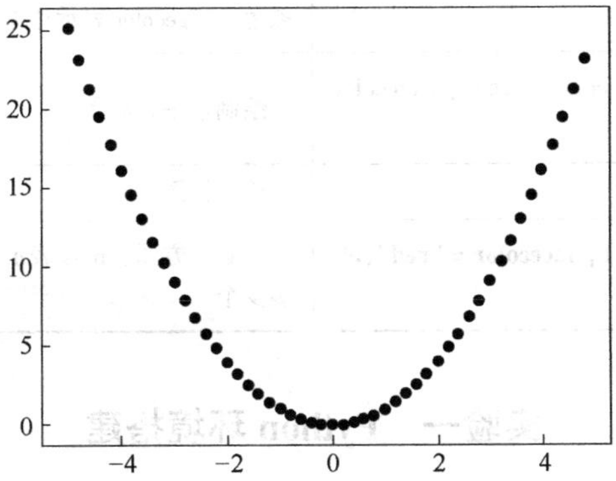

图 2-10　使用 Matplotlib 绘制散点图的运行结果

Matplotlib 的常用绘图对象方法如表 2-22 所示。

表 2-22　Matplotlib 的常用绘图对象方法

方　法	作　用
plt.xlabel("时间")	用于描述 x 轴的信息
plt.ylabel("收入")	用于描述 y 轴的信息
plt.title("x 与 y 的散点图")	用于描述图表的标题
plt.legend()	用于显示图例
plt.figure(figsize = (10,5))	创建一个绘图对象，并设置窗口的宽度和高度
plt.xlim(1,10)	用于设置 x 轴的范围
plt.ylim(1,15)	用于设置 y 轴的范围

（续）

方　法	作　用
plt. gcf( )	获得当前图表
plt. grid( )	设置网格线
plt. cla( )	清空 plt 绘制的内容
plt. show( )	显示图形
plt. close(1)	关闭图 1
plt. close('all')	关闭所有图形

Matplotlib 绘制各类图形的常用方法如表 2-23 所示。

表 2-23　常用 Matplotlib 绘图方法

方　法	作　用
x = [1,2,3,4,5] y = [5,10,4,7,2] plt. plot(x,y)	以 x 为横坐标，以 y 为纵坐标，画折线图
plt. plot(x,y,'o')	绘制散点图
plt. plot(x,y1,'r',x,y2,'b')	在一个图形中绘制两条曲线，r 和 b 表示曲线的颜色
plt. scatter(x,y,s=20,alpha = 0.5)	绘制散点图，s 表示散点大小，alpha 表示透明度
plt. bar(x,y,width=0.45,facecolor='red', edgecolor='blue')	绘制垂直柱状图，width 表示宽度，facecolor 表示图形颜色，edgecolor 表示边框颜色
plt. barh(x,y,width=0.45,facecolor='red', edgecolor='blue')	绘制水平柱状图
plt. bar(x,y)	绘制饼图
plt. hist(x, bins=2, density =1, facecolor='red',alpha = 0.95)	绘制直方图，bins 表示 bin（箱子）的数量，即总共有多少个

实验一　Python 环境搭建

1. 配置 Anaconda 环境

Anaconda 是开源的 Python 发行版本，包含了 conda、Python 等 180 多个科学包及其依赖项。Anaconda 通过管理工具包、开发环境、Python 版本简化了工作流程，能够方便地安装、更新、卸载工具包，并且可以自动安装相应的依赖包，同时还能使用不同的虚拟环境隔离不同要求的项目。

2. Anaconda 安装

1）步骤一：首先在 Anaconda 官网 https://www.anaconda.com/distribution/#download-secti o 或者清华开源软件镜像站 https://mirrors.tuna.tsinghua.edu.cn/anaconda/archive/下载选择合适版本（Windows、Mac、Linux），可根据需要选择 2.x 版本或 3.x 版本。

2）步骤二：运行安装文件，如图 2-11 所示，单击 Next 按钮。

3）步骤三：如图 2-12 所示，在弹出的界面中单击 I Agree 按钮。

4）步骤四：如图 2-13 所示，在弹出的界面中选择第一个单选按钮，单击 Next 按钮。

5）步骤五：如图 2-14 所示，在弹出的界面中选择路径后单击 Next 按钮。

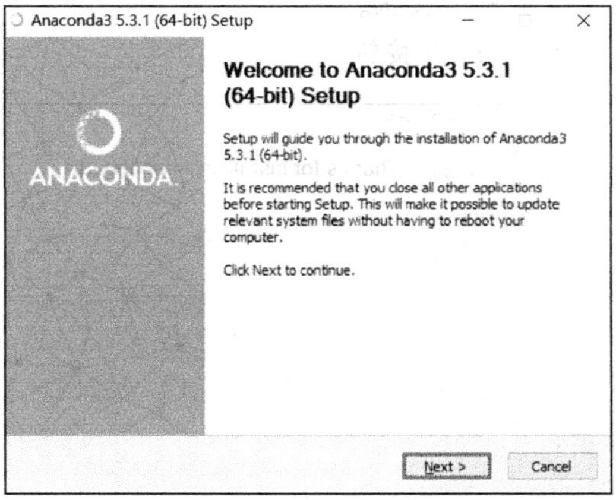

图 2-11　步骤二：单击 Next 按钮

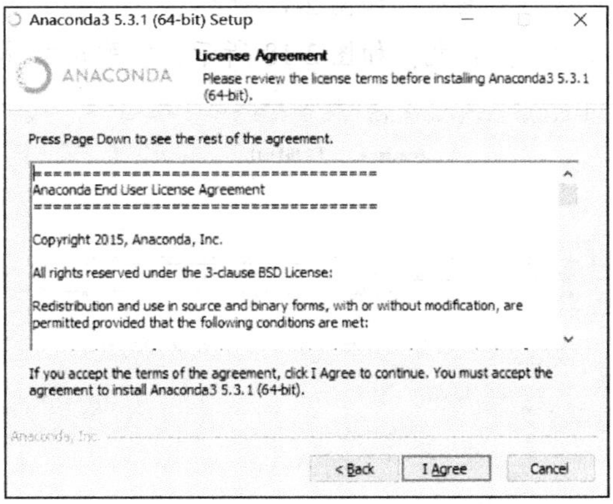

图 2-12　步骤三：单击 I Agree 按钮

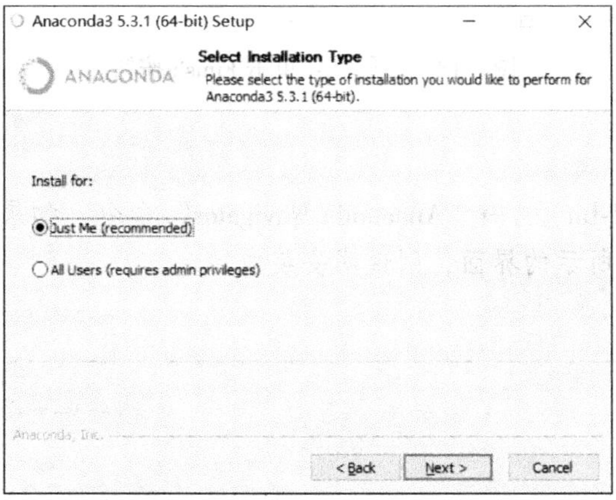

图 2-13　步骤四：单击 Next 按钮

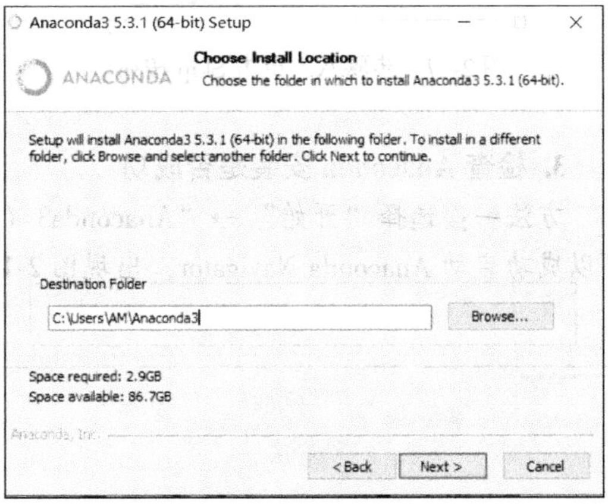

图 2-14　步骤五：选择安装路径并单击 Next 按钮

6）步骤六：如图 2-15 所示，根据需要对安装环境进行选择。其中，第一项是指将 Anaconda 的环境设置添加到系统环境，若安装过 Python 并添加到系统环境，选择后将会使用 Anaconda 的默认环境，并覆盖原有的 Python。第二项是指设置 Anaconda 的默认环境为 Python 3.7。默认选择第二项，单击“Install”按钮。

7）步骤七：如图 2-16 所示，在弹出的界面中单击 Next 按钮。

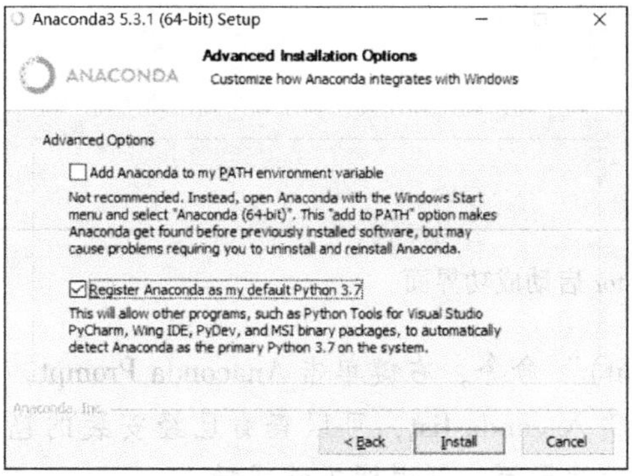

图 2-15　步骤六：选择安装环境

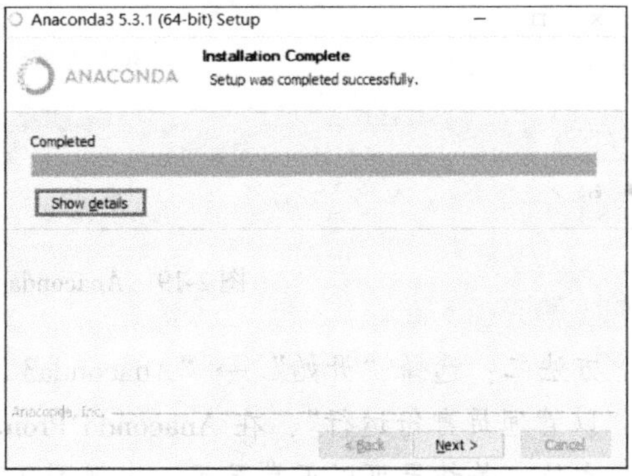

图 2-16　步骤七：单击 Next 按钮

8）步骤八：如图2-17所示，在弹出的界面中单击Skip按钮。

9）步骤九：如图2-18所示，在弹出的界面中单击Finish按钮。

图2-17　步骤八：单击Skip按钮

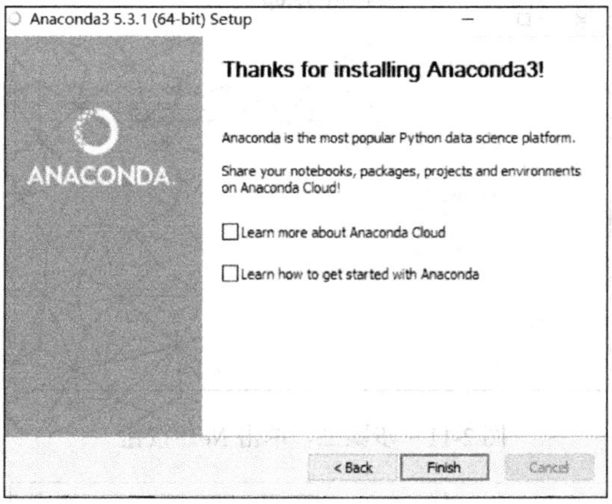

图2-18　步骤九：单击Finish按钮

3. 检查Anaconda安装是否成功

方法一：选择“开始”→“Anaconda3（64-bit）”→“Anaconda Navigator”命令，如果可以成功启动Anaconda Navigator，出现图2-19所示的界面，则说明安装成功。

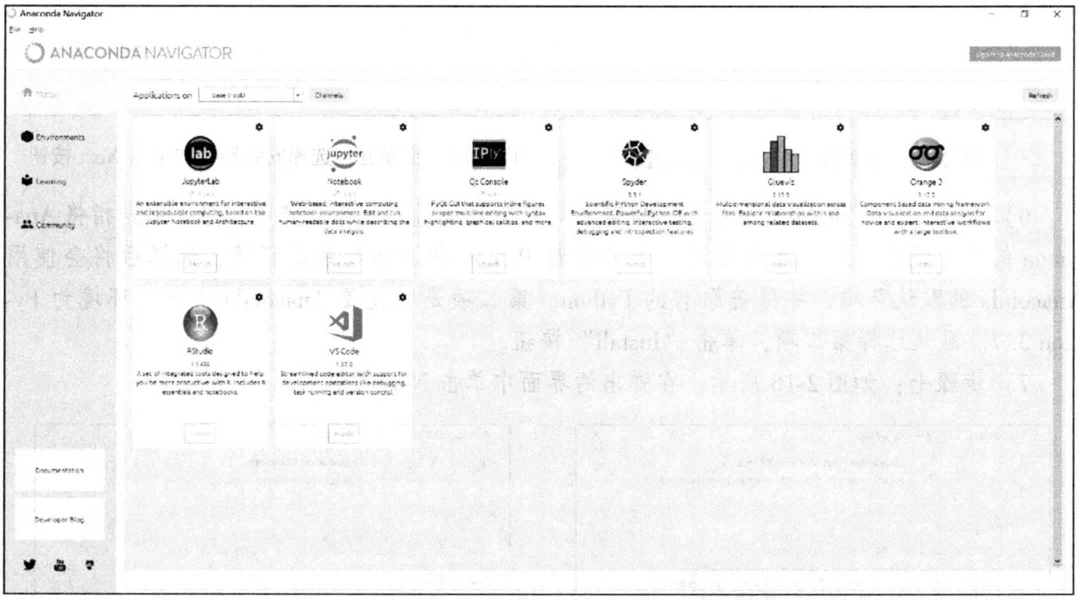

图2-19　Anaconda Navigator启动成功界面

方法二：选择“开始”→“Anaconda3（64-bit）”命令，右键单击Anaconda Prompt，单击“以管理员身份运行”，在Anaconda Prompt中输入conda list，可以查看已经安装的包名和版本号。若结果可以正常显示，出现图2-20所示的界面，则说明安装成功。

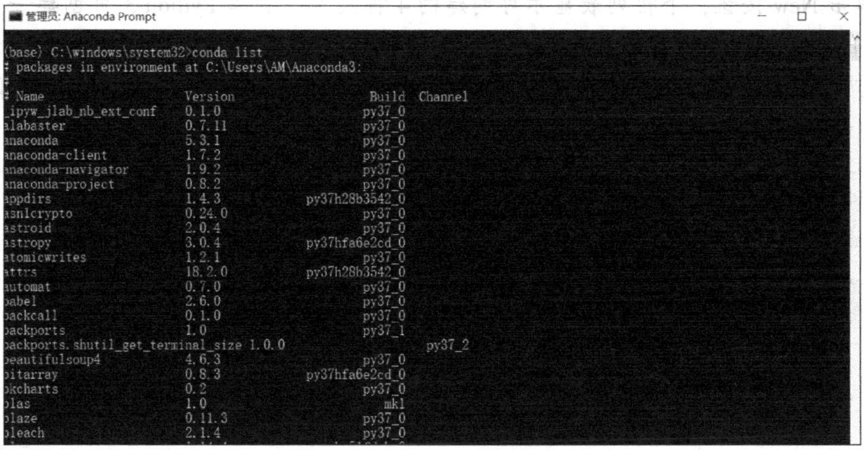

图2-20　在Anaconda Prompt中输入conda list后的界面

4. Jupyter介绍与使用

Jupyter包含Jupyter Notebook、Jupyter Qt控制台、内核消息协议书等许多组件，其中，Jupyter Notebook深受广大程序员喜爱，它是一个集成了文本、数学公式、代码和可视化界面的可分享文本，支持运行40多种编程语言。

Jupyter Notebook的本质是一个Web应用程序，便于用户将说明文本、代码、可视化结果等组合到一个易于共享的文档中。其用途包括数据清理和转换、数值模拟、统计建模、机器学习等。

Jupyter的安装方法主要有两种，分别是pip安装和Anaconda安装。

本书介绍pip安装，方法如下：

1）打开cmd，在Python 3.6的安装目录下的Scripts文件路径下输入命令pip install jupyter。安装Anaconda的同时将会安装Jupyter。

2）启动Jupyter Notebook，界面如图2-21所示。

图2-21　Jupyter Notebook启动界面

3）单击 New 按钮，下拉列表显示可创建的 4 种文件：选择 Python 3 可创建一个可以执行 Python 代码的文件；选择 Text File 可创建一个文本类型的文件，扩展名为 .txt；选择 Folder 可创建一个文件夹；选择 Terminal 可以在浏览器中打开一个命令窗口。具体界面如图 2-22 所示。

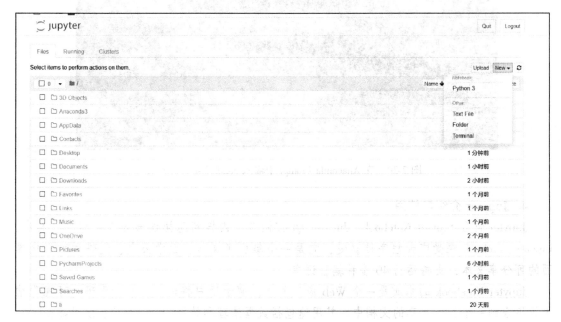

图 2-22　New 下拉列表

4）选择 Python 3，出现图 2-23 所示的界面。

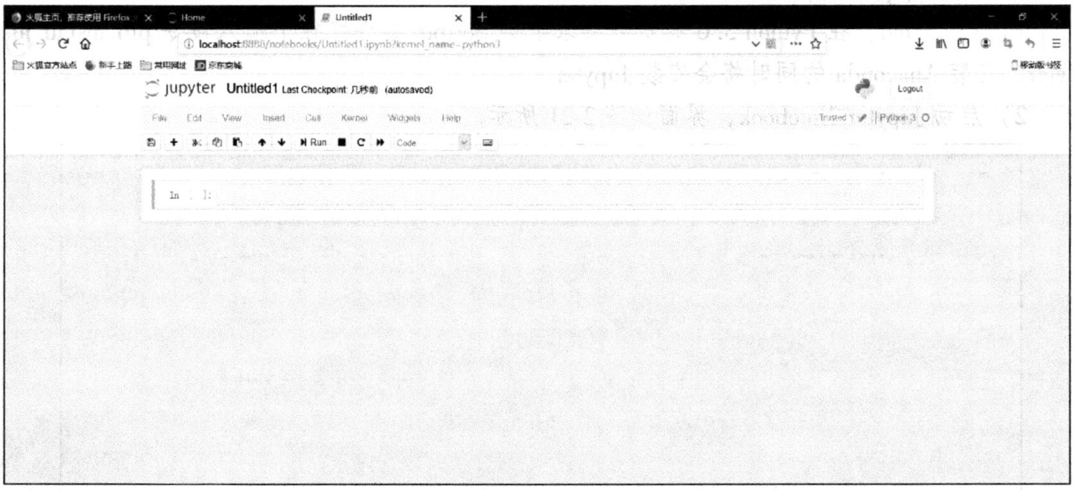

图 2-23　选择 Python 3 出现的界面

5）在输入框内输入 Python 代码，单击 Run 按钮运行，具体界面如图 2-24 所示。

6）使用 Markdown 添加叙述性和解释性文本，如图 2-25 所示。

Jupyter Notebook 有两种键盘输入模式。编辑模式：允许往单元中输入代码或文本，这

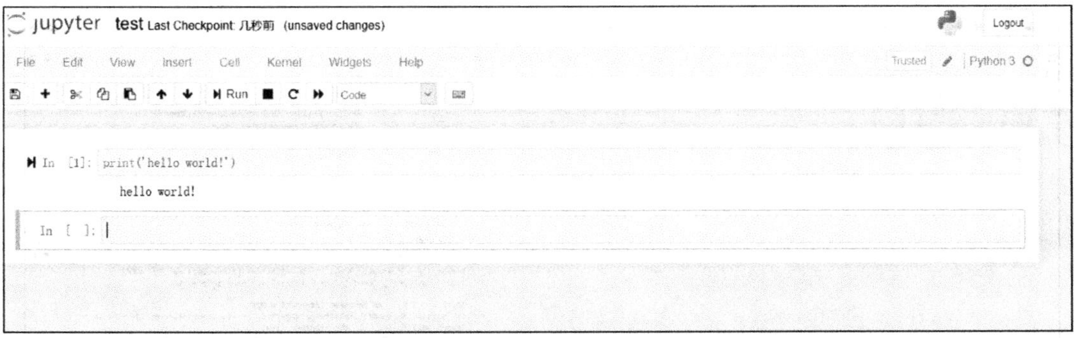

图 2-24 输入并运行 Python 代码

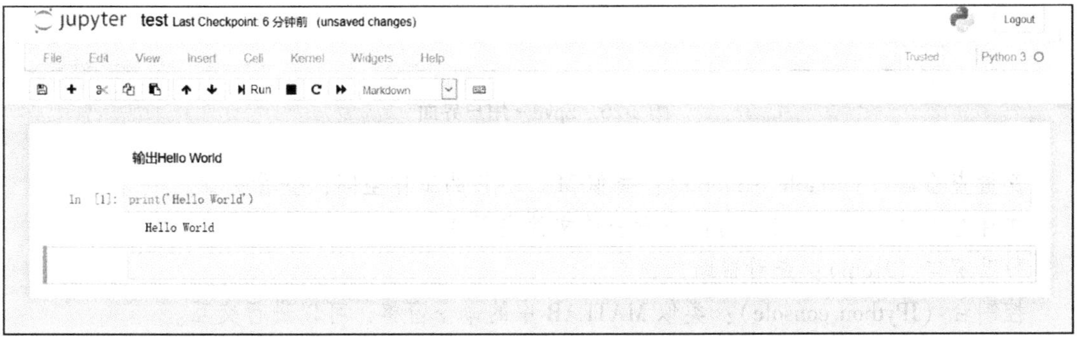

图 2-25 使用 Markdown 添加叙述性和解释性文本

时的单元框线是绿色的。命令模式：使用键盘输入运行程序命令，这时的单元框线是蓝色的。单击单元格并按下 Enter 键进入编辑模式，按 Esc 键退出编辑模式，进入命令模式。

5. Spyder 介绍与使用

Spyder 是一个用于科学计算的使用 Python 编程语言的集成开发环境，结合了综合开发工具的高级编辑、分析、调试功能，以及数据探索、交互式执行、深度检查和科学包的可视化功能。Spyder 在设计上参考了 MATLAB，变量查看器模仿了 MATLAB 里"工作空间"的功能，并且有类似 MATLAB 的 PYTHONPATH 管理对话框。Spyder 具有变量自动完成、函数调用提示以及访问文档帮助的功能，并且其能够访问的资源及文档链接包括了 Python、Matplotlib、NumPy、SciPy 等多种工具及工具包的使用手册。Spyder 在帮助菜单栏提供了交互式的使用教程以及快捷方式的备忘单。Spyder 除了有一般 IDE 普遍具有的编辑器、调试器、用户图形界面等组件外，还具有对象查看器、变量查看器、交互式命令窗口、历史命令窗口等组件，以及数组编辑及个性定制等多种功能。

Spyder 用户界面如图 2-26 所示。

菜单栏（Menu bar）：显示可用于操纵 Spyder 各项功能的不同选项。

工具栏（Tools bar）：通过单击图标可快速执行 Spyder 中最常用的操作。

路径窗口（Python path）：显示文件目前所处路径，通过其下拉菜单和后面的两个图标可以很方便地进行文件路径的切换。

代码编辑区（Editor）：编写 Python 代码。

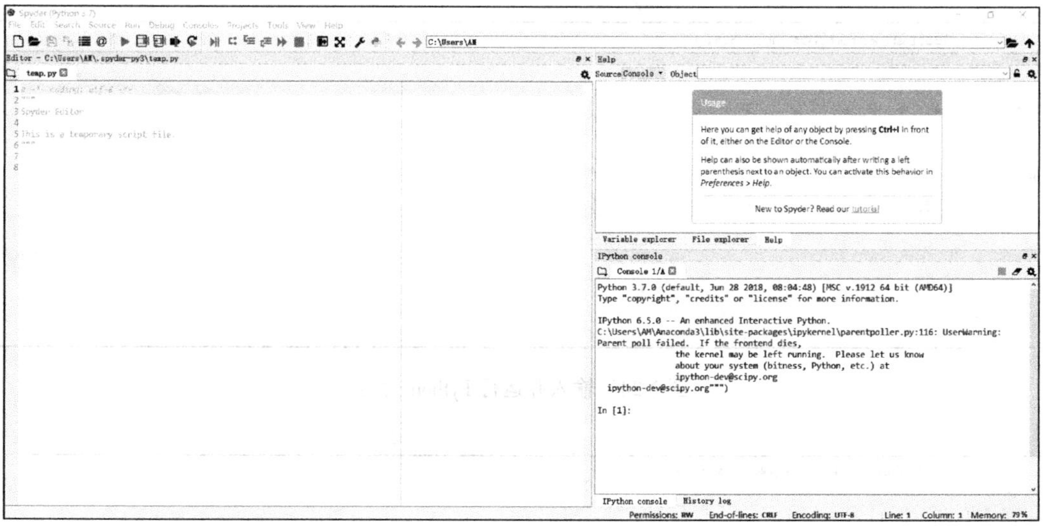

图 2-26 Spyder 用户界面

变量查看器（Variable explorer）：类似 MATLAB 的工作空间，查看变量。

文件查看器（File explorer）：查看当前文件夹下的文件。

帮助窗口（Help）：查看帮助文档。

控制台（IPython console）：类似 MATLAB 中的命令窗格，可以进行交互。

打开/新建工程或文件的方法如下：

1）选择“File”→“New file”命令新建文件，或按 Ctrl + N 组合键。

2）选择“File”→“Open file”命令打开文件，或按 Ctrl + O 组合键。

3）选择“Projects”→“New Project”/“Open Project”命令新建/打开工程。

新建 . py 文件，输入 print（" hello world!"），命名为 hello. py 并保存。单击 Run 按钮，运行 hello. py，可以在控制台看到输出结果，如图 2-27 所示。

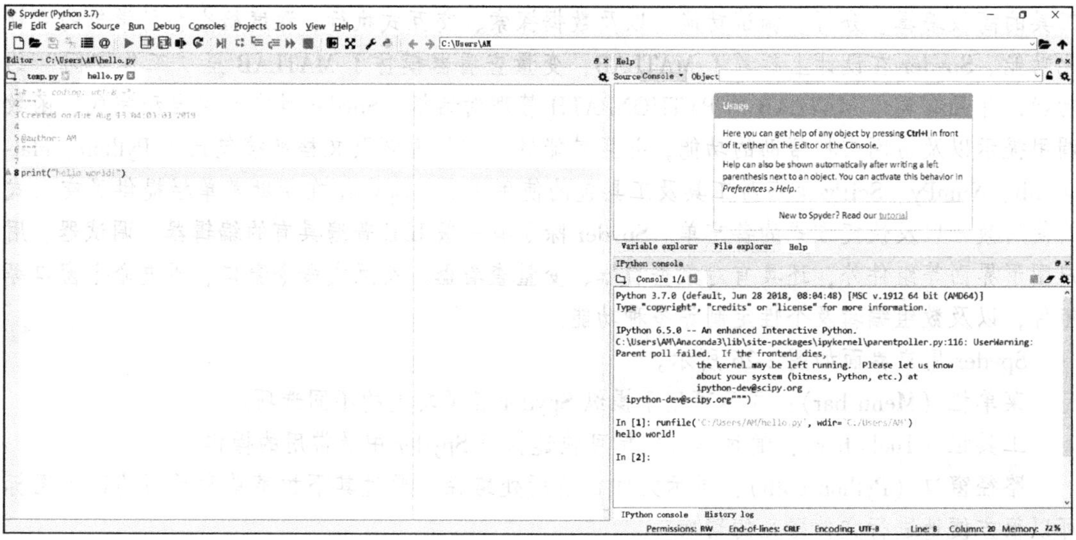

图 2-27 运行 hello. py 文件的输出结果

实验二　基于Python语言的Spark实战

1. PySpark简介

利用PySpark，使用者可以使用Python编程语言处理RDD。下面介绍PySpark提供的两个主要的类。

（1）PySpark. SparkContext

SparkContext是所有Spark功能的入口点。Spark应用程序运行时会启动一个驱动程序（具有main()函数），同时会启动SparkContext。然后，驱动程序在工作节点上的执行程序内运行操作。

1）PySpark. SparkContext类的详细信息。

```
class pyspark.SparkContext (
master = None,
appName = None,
sparkHome = None,
pyFiles = None,
environment = None,
batchSize = 0,
serializer = PickleSerializer(),
conf = None,
gateway = None,
jsc = None,
profiler_cls = <class 'pyspark.profiler.BasicProfiler'>
)
```

其中参数的具体含义如下。

master：是连接到的集群的URL。

appName：用户的工作名称。

sparkHome：Spark安装目录。

pyFiles：要发送到集群并添加到PYTHONPATH的.zip或.py文件。

environment：工作节点环境变量。

batchSize：表示为单个Java对象的Python对象的数量。设置为1可禁用批处理，设置为0可根据对象大小自动选择批处理大小，设置为-1可使用无限批处理大小。

serializer：RDD序列化器。

conf：L {SparkConf} 的一个对象，用于设置所有Spark属性。

gateway：使用现有网关和JVM，否则初始化新JVM。

jsc：JavaSparkContext实例。

profiler_cls：用于进行性能分析的一类自定义Profiler（默认为pyspark.profiler.BasicProfiler）。

2）PySpark. SparkContext示例。

① PySpark Shell。上文介绍了SparkContext，下面介绍在PySpark Shell上运行一个简单例子的方法。这个例子将计算README.txt文件中带有字符“a”或“b”的内容的行数。

如果该文件有5行，其中3行有字符“a”，那么输出将是 Line with a：3。字符“b”同样。

在终端输入 Pyspark 来启动 PySpark Shell：

```
>>> logFile = "file:////opt/modules/hadoop-2.8.5/README.txt"
>>> logData = sc.textFile(logFile).cache()
>>> numAs = logData.filter(lambda s:'a' in s).count()
>>> numBs = logData.filter(lambda s:'b' in s).count()
>>> print("Line with a:% i,line with b:% i" % (numAs,numBs))
Line with a:25,line with b:7
```

注意：我们不会在 Shell 示例中创建任何 SparkContext 对象。因为默认情况下，当 PySpark Shell 启动时，Spark 会自动创建名为 sc 的 SparkContext 对象。如果用户尝试创建另一个 SparkContext 对象，将收到以下错误信息：“ValueError：无法一次运行多个 SparkContexts”。

② Python 程序。这里使用 Python 程序运行相同的示例。创建一个名为 demo.py 的 Python 文件，并在该文件中输入以下代码。

```
from pyspark import SparkContext
logFile = "file:////opt/modules/hadoop-2.8.5/README.txt"
sc = SparkContext("local", "first app")
logData = sc.textFile(logFile).cache()
numAs = logData.filter(lambda s:'a' in s).count()
numBs = logData.filter(lambda s:'b' in s).count()
print("Line with a:% i,lines with b:% i" % (numAs, numBs))
```

然后在终端中执行以下命令来运行此 Python 文件。此时将得到与上面相同的输出，输出结果如图2-28所示。

```
spark-submit demo.py
```

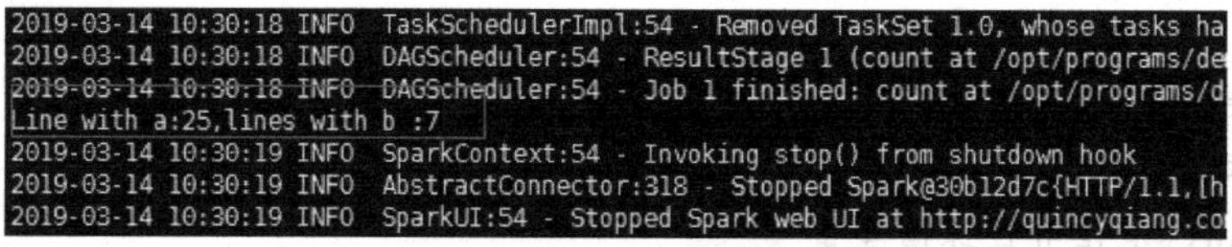
2019-03-14 10:30:18 INFO TaskSchedulerImpl:54 - Removed TaskSet 1.0, whose tasks ha
2019-03-14 10:30:18 INFO DAGScheduler:54 - ResultStage 1 (count at /opt/programs/de
2019-03-14 10:30:18 INFO DAGScheduler:54 - Job 1 finished: count at /opt/programs/d
Line with a:25,lines with b :7
2019-03-14 10:30:19 INFO SparkContext:54 - Invoking stop() from shutdown hook
2019-03-14 10:30:19 INFO AbstractConnector:318 - Stopped Spark@30b12d7c{HTTP/1.1,[h
2019-03-14 10:30:19 INFO SparkUI:54 - Stopped Spark web UI at http://quincyqiang.co

图2-28 Python 文件的输出结果

(2) PySpark.RDD

首先创建一个 RDD 对象，然后创建存储一组单词的 RDD（Spark 使用 parallelize()方法创建 RDD）。接下来通过对单词进行一些操作来介绍 PySpark 的一些基本操作。

1) count()。count()函数用来返回 RDD 中的元素个数。

```
from pyspark import SparkContext
sc = SparkContext("local", "count app")
words = sc.parallelize(
    ["scala",
```

```
    "java",
    "hadoop",
    "spark",
    "akka",
    "spark vs hadoop",
    "pyspark",
    "pyspark and spark"
    ])
counts = words.count()
print("Number of elements in RDD-> %i" % counts)
```

执行 spark-submit count. py，将会输出以下结果：

```
    Number of elements in RDD → 8
```

2）collect()。该函数返回 RDD 中的所有元素。

```
from pyspark import SparkContext
sc = SparkContext("local", "collect app")
words = sc.parallelize(
    ["scala",
    "java",
    "hadoop",
    "spark",
    "akka",
    "spark vs hadoop",
    "pyspark",
    "pyspark and spark"
    ])
coll = words.collect()
print("Elements in RDD -> %s" % coll)
```

执行 spark-submit collect. py，输出以下结果：

```
Elements in RDD-> ['scala', 'java', 'hadoop', 'spark', 'akka', 'spark vs hadoop', '
pyspark', 'pyspark and spark']
```

3）foreach（func）。该函数仅返回满足 foreach 内函数条件的元素。下面的示例中在 foreach中调用 print()函数，该函数打印 RDD 中的所有元素。

```
# foreach.py
from pyspark import SparkContext
sc = SparkContext("local", "ForEach app")
words = sc.parallelize (
  ["scala",
  "java",
  "hadoop",
```

```
  "spark",
  "akka",
  "spark vs hadoop",
  "pyspark",
  "pyspark and spark"]
)
def f(x):print(x)
fore = words.foreach(f)
```

执行 spark-submit foreach. py，输出为：

```
scala
java
hadoop
spark
akka
spark vs hadoop
pyspark
pyspark and spark
```

4）filter（f）。该函数返回一个包含元素的新 RDD，它满足过滤器内部的功能。下面的示例过滤掉包含“spark”的字符串。

```
# filter.py
from pyspark import SparkContext
sc = SparkContext("local", "Filter app")
words = sc.parallelize(
    ["scala",
    "java",
    "hadoop",
    "spark",
    "akka",
    "spark vs hadoop",
    "pyspark",
    "pyspark and spark"]
)
words_filter = words.filter(lambda x:'spark' in x)
filtered = words_filter.collect()
print("Fitered RDD - > %s" % (filtered))
```

执行 spark-submit filter. py，输出以下结果：

```
Fitered RDD - > ['spark', 'spark vs hadoop', 'pyspark', 'pyspark and spark']
```

5）map(f, preservesPartitioning = False)。该函数用来应用于 RDD 中的每个元素，以返回新的 RDD。下面的示例将形成一个键值对，并将每个字符串映射为值 1。

```
# map.py
from pyspark import SparkContext
sc = SparkContext("local", "Map app")
words = sc.parallelize(
    ["scala",
    "java",
    "hadoop",
    "spark",
    "akka",
    "spark vs hadoop",
    "pyspark",
    "pyspark and spark"]
)
words_map = words.map(lambda x:(x, 1))
mapping = words_map.collect()
print("Key value pair - > %s" % (mapping))
```

执行 spark-submit map.py，会得到以下结果：

```
Key value pair - > [('scala', 1), ('java', 1), ('hadoop', 1), ('spark', 1), ('akka', 1),
('spark vs hadoop', 1), ('pyspark', 1), ('pyspark and spark', 1)]
```

6) reduce(f)。该函数执行指定的可交换和关联二元操作后，将返回 RDD 中的元素。下面的示例从运算符导入 add 包并将其应用于“num”以执行简单的加法运算。和 Python 的 reduce 一样：假如有一组整数 [x1, x2, x3]，利用 reduce 执行加法操作 add，对第一个元素执行 add 后，结果为 sum = x1，然后将 sum 和 x2 执行 add，sum = x1 + x2，最后将 x2 和 sum 执行 add，此时 sum = x1 + x2 + x3。

```
# reduce.py
from pyspark import SparkContext
from operator import add
sc = SparkContext("local", "Reduce app")
nums = sc.parallelize([1, 2, 3, 4, 5])
adding = nums.reduce(add)
print("Adding all the elements - > %i" % (adding))
```

执行 spark-submit reduce.py，会得到以下结果：

```
Adding all the elements- > 15
```

7) join(other, numPartitions = None)。它返回 RDD，其中包含一对带有匹配键的元素以及该特定键的所有值。

```
from pyspark import SparkContext
sc = SparkContext("local", "Join app")
x = sc.parallelize([("spark", 1), ("hadoop", 4)])
y = sc.parallelize([("spark", 2), ("hadoop", 5)])
```

```
joined = x.join(y)
final = joined.collect()
print("Join RDD -> %s" % (final))
```

执行 spark-submit join. py，会得到以下结果：

```
Join RDD->[
  ('spark', (1, 2)),
  ('hadoop', (4, 5))
]
```

2. 在 PySpark 中执行词频统计

下面将通过讲述如何在 PySpark 中执行词频统计来详细介绍如何编写一个 Spark 应用程序。在详细描述操作步骤之前，需要做好以下准备工作。

首先，将系统切换至 Linux 系统并且打开“终端”，在 shell 命令提示符后面执行以下命令，建立一个新的目录：

```
cd /usr/local/spark
mkdir mycode
cd mycode
mkdir wordcount
cd wordcount
```

其次，将一个文本文件 word. txt 建立在“/usr/local/spark/mycode/wordcount”目录下，执行的命令如下：

```
vim word.txt
```

然后，通过按 Esc 键退出 vim 编辑状态。

最后，输入“：wq”用于保存文件并且退出 vim 编辑器。

下面详细描述操作步骤。

（1）启动 PySpark

首先，登录 Linux 系统（在登录系统时要注意记住用户名，本实验在进行登录时采用的用户名统一为 hadoop），然后打开“终端”（在 Linux 系统中，可以使用 Ctrl + Alt + T 组合键打开终端），最后进入 shell 命令提示符状态，并且通过执行下列命令进入 PySpark：

```
cd /usr/local/spark
./bin/pyspark
....//这里省略启动过程显示的信息
```

进入 PySpark 后，如果要对目标目录下的文件进行编辑、查看等操作，需要另外打开一个终端，在 shell 命令提示符下完成。这里需要注意的是，此时是无法在 PySpark 中完成这些操作的。

（2）加载文件

在展示词频统计的程序之前，还需要解决另外一个关键问题：加载文件。需要注意的是，文件可能存放在两个地方：本地文件系统或分布式文件系统（HDFS）。因此，下面从两个方面来介绍加载文件。

1）加载本地文件。首先，在上面打开的第二个终端中，通过执行下列命令找到“/usr/local/spark/mycode/wordcount”目录，并且查看word.txt中的内容。

```
cd /usr/local/spark/mycode/wordcount
cat word.txt
```

cat命令的作用是在屏幕上显示word.txt的全部内容。

然后切换至第一个打开的终端，即PySpark，执行下列命令：

```
>>> textFile = sc.textFile('file:///usr/local/spark/mycode/wordcount/
word.txt')
```

这里需要注意的是，必须以“file:///”开头来加载本地文件。另外，由于Spark使用惰性机制，仅在执行“行动”类型的命令之后才会从头到尾执行所有的操作，所以，执行上面的命令之后并不会显示结果。执行下面的类似“行动”类型的命令才能看到结果：

```
>>> textFile.first()
```

该命令中的first()是一个“行动”类型的命令，会执行真正的计算过程，可以将文件中的数据加载到变量textFile中，同时取出文本中的第一行内容。

2）加载HDFS文件。首先，启动Hadoop中的HDFS组件。在已经安装了Hadoop和Spark的前提下，到打开的第二个终端中，在Linux Shell命令提示符后面输入以下命令：

```
cd /usr/local/hadoop
./sbin/start-dfs.sh
```

此时，HDFS已经进入可使用状态。

接着可以使用下列命令在HDFS文件系统中为当前Linux登录用户创建目录：

```
./bin/hdfs dfs-mkdir-p /user/hadoop
```

然后使用下列命令来查看HDFS文件系统中的目录和文件：

```
./bin/hdfs dfs -ls.
```

该命令中的“.”表示查看HDFS文件系统中“/user/hadoop/”目录下的文件。因此，下列两条命令的效果是一样的：

```
./bin/hdfs dfs-ls.
./bin/hdfs dfs-ls /user/hadoop
```

此外，可以使用下列命令来查看HDFS文件系统根目录下的内容：

```
./bin/hdfs dfs-ls /
```

接下来，把本地文件系统中的“/usr/local/spark/mycode/wordcount/word.txt”上传到分布式文件系统（HDFS）中（放到Hadoop用户目录下）：

```
./bin/hdfs dfs-put /usr/local/spark/mycode/wordcount/word.txt.
```

然后可以执行下列命令来列出 Hadoop 目录下的内容：

```
./bin/hdfs dfs-ls.
```

可以看出，Hadoop 目录下多了一个 word.txt 文件。此时执行下列命令来查看 HDFS 中的 word.txt 的内容：

```
./bin/hdfs dfs-cat./word.txt
```

此时可以看到 HDFS 中 word.txt 的内容。

现在切换至 PySpark 窗口，执行下列命令从 HDFS 中加载 word.txt 文件，并显示文本的第一行内容：

```
>>> textFile = sc.textFile("hdfs://localhost:9000/user/hadoop/word.txt")
    >>> textFile.first()
```

此时就可以看到 HDFS 文件系统中 word.txt 的第一行内容了。

(3) 示例程序

下面给出基于 Python 语言的 Spark 实战——Wordcount 的完整代码：

```
from pyspark import SparkConf, SparkContext
#创建 SparkConf 和 SparkContext
conf = SparkConf().setMaster("local").setAppName("lichao-wordcount")
sc = SparkContext(conf=conf)
#输入的数据
data=["hello","world","hello","word","count","count","hello"]
#将 Collection 的 data 转换为 Spark 中的 rdd 并进行操作
rdd=sc.parallelize(data)
resultRdd = rdd.map(lambda word:(word,1)).reduceByKey(lambda a,b:a+b)
# rdd 转换为 collecton 并打印
resultColl = resultRdd.collect()
for line in resultColl:
print line
#结束
sc.stop()
```

上述代码的运行结果为：

```
('count',2)
('world',1)
('word',1)
('hello',3)
```

参考文献

[1] DEMCHENKO Y, LAAT C D, MEMBREY P. Defining architecture components of the big data ecosystem [C]. 2014 International Conference on Collaboration Technologies and Systems (CTS). IEEE, 2014, 104-112.

[2] 范东来. 海量数据处理 [M]. 北京：人民邮电出版社，2014.

[3] Wrox 国际 IT 认证项目组. 大数据开发者权威教程：大数据技术与编程基础 [M]. 顾晨，译. 北京：人民邮电出版社，2018.

[4] 郭景瞻. 图解 Spark：核心技术与案例实战 [M]. 北京：电子工业出版社，2017.

[5] 黄明，吴炜. 快刀初试：Spark GraphX 在淘宝的实践 [J]. 程序员，2014 (8)：98-103.

[6] 苏杰. 大数据技术基础 [M]. 北京：清华大学出版社，2016.

[7] 夏俊鸾，邵赛赛. Spark Streaming：大规模流式数据处理的新贵 [J]. 程序员，2014 (2)：44-47.

[8] 李东风. R 语言教程 [EB/OL]. [2020-06-03]. http：//www.math.pku.edu.cn/teachers/lidf/docs/Rbook/html/_Rbook/intro.html.

第3章 数据采集与融合

3.1 数据资源

3.1.1 大数据视野

大数据时代下，数据具有体量大、多样化、速度快、价值密度低等特征。在互联网时代背景下，每分钟，全球IP网传送639TB数据，发出2亿封邮件，苹果应用下载4.7万次，Pandora新增6万首歌曲，Flickr新增3000张照片，Facebook发生600万次访问，Google发生200万次搜索查询等。由此可见，在如今迅猛发展的大数据环境下，各行业、领域累积的数据量呈指数级增长，这为各行业及领域提供发展机遇的同时，也对其提出了新的挑战。

大数据视野是大数据环境下新的思维方式，即通过海量数据的跨界联动与融合，从全局视角实现海量数据的分析挖掘与价值增值。传统的企业经营管理模式已经不能适应企业未来发展的战略决策，企业应该基于大数据采集、融合、分析与应用打造个性化和差异化的经营管理模式。然而，目前各行业、领域在积累海量数据（如社交媒体数据、调查问卷数据、线上交易数据、地理信息数据等）的同时，却不注重数据的共享与联通，使得数据如同一个个孤岛坐落在大数据湖上，无法真正实现“大数据”，进而企业也无法基于大数据实现持续的价值增值与创造。因此，打破这些“数据孤岛”，采集融合多源数据，是挖掘数据价值的关键。

在大数据的时代背景下，数据成为企业的一种重要资产，企业需要充分利用海量且多源的数据资源，采集企业内部、客户、市场及行业信息，从而为企业经营决策的制定提供坚实的数据支持；此外，企业需要加强数据分析处理能力，在复杂多样的数据资源中获得深层次的价值，从而为企业经营提供科学的决策支持。企业在经营过程中面临的产品问题、市场问题、客户关系问题、人力资源问题和财务问题等，都可以在一定程度上通过大数据采集、处理与分析获得解决方案。下面将具体从企业各个职能部门的角度阐述大数据对企业经营活动决策的影响。

图3-1描述了大数据视野下的企业经营活动。在数据来源层面，企业收集宏观数据、调研数据、社会化数据和企业数据并通过融合存储于数据库中，在应用层构建价值观图谱、地理信息图谱、产品需求图谱、策略总图谱、传播图谱和产品图谱。企业内部的各个职能部门共用这些图谱，按照自身职能需求整合分析数据，与其他部门进行有效的沟通，在制定各部门单独的发展策略时，协作完成企业整体的战略部署，从而达到企业利润最大化。简单来说，应用层各图谱能够帮助研发部制定产品策略，进行产品改进及规划；帮助市场营销部门制订营销计划和销售策略，确定目标客户和市场，从而进行个性化营销和销售；协助战略决策层规划整体战略，挖掘企业战略层面的潜在问题与发展方向；支持生产部门制定产品生产策略，识别生产流程中存在的问题并制定流程优化策略；协助人力资源部门制定个性化人才

培养策略，识别员工潜力，完善绩效考核；帮助财务部门完善财务管理策略，降低财务风险和运营成本。

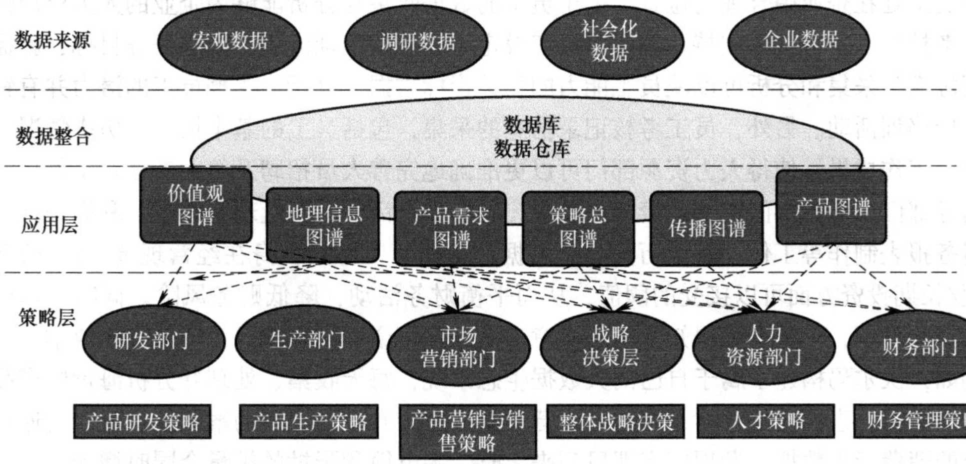

图 3-1　大数据视野下的企业经营活动

研发部门：研发部门的主要责任是帮助企业对现有产品进行改进或研发新产品。产品研发需要投入较多的人力和物力资源，所以往往面临较大风险，而在大数据的时代背景下，管理者可通过企业官网、消费者反馈平台、市场调查问卷、论坛、新闻等渠道，获取海量、多源的客户行为数据。基于海量的消费者行为数据，管理者可以精确分析客户需求，有针对性地改进或开发产品，提高研发成功率。具体而言，管理者可以对这些非结构化数据（包括消费者的产品反馈及建议等）进行深层次分析、挖掘，提取出客户的关键产品需求，从而在精确掌握客户需求的基础上，针对现有产品进行改进或推出更有竞争力的产品，从而降低不必要的产品研发成本，并缩短产品研发周期。

生产部门：生产部门主要负责将原料、人工、机器等输入转化为产品和服务。大数据环境下，生产部门能够获取更全面的设备维护信息、产品生产流程信息等。基于大数据分析处理技术，管理者可以实时掌握产品生产进程，识别生产流程中的潜在问题，进而提出相应的流程优化策略。具体来说，大数据能够帮助企业更好地实时监控生产活动中的设备机器，分析生产设备运行状态，这样就可以在日常的生产经营过程中判断出设备状态是否出现问题并及时采取相关措施。另外，生产部门可以对生产流程进行记录与分析，对生产流程中存在的问题进行识别与修正。

市场营销部门：市场营销部门主要负责市场调查与分析、市场运作与营销、客户开拓与管理等工作。在大数据环境下，市场营销部门的管理者可基于消费者行为信息及产品销售信息深层次挖掘目标客户和市场，并制订个性化的营销计划和销售策略。具体而言，企业可以通过分析市场现状制定合理的销售策略，扩大市场份额。通过对消费者行为数据进行分析，企业可以开展客户细分，识别出对企业具有意义的客户群，帮助企业发掘潜在客户。企业可以通过融合企业内部数据、社交媒体（包括社交论坛、社交媒体、企业社区等）数据以及客户画像数据，分析目标客户群的需求及偏好，开展个性化营销策略制定。在销售方面，大量的历史销售数据也可以帮助企业优化分销渠道，减少销售渠道层数，降低销售中间环节的成本，提高销售效率。

人力资源部门：人力资源部的责任主要是根据企业战略需求选择、培训及考评员工，让合适的员工处在企业中合理的位置。关于员工的数据收集与分析能够为企业的人力资源体系开发和考核体系完善提供支持。想要为员工设定个性化的培训流程并制定任务目标，就需要人力资源部门采集和分析可反映员工能力的相关指标数据，分析、挖掘员工的潜力并有针对性地开展培训活动。另外，员工考核记录信息的采集，包括员工的基本情况、历史情况、受训情况及工作成果，使得人力资源部门可以更准确地完善人员招聘及绩效考核等工作。

财务部门：财务部门主要负责资产购置、融资投资活动、营业现金管理、利润分配、税务和财务报表制作等工作。基于历史财务数据，企业可以得知自身在经营现金、短/长期债务、短/长期投资方面可以接受的阈值，从而平衡财务活动，降低财务风险。同时，基于财务大数据的分析，企业可以得知如何更有意义地分配资金、投资项目，降低运营成本。

例如，沃尔玛构建了属于自己的大数据生态系统，每天收集、处理并分析海量的产品数据及客户数据，进而支持科学、有效的经营决策。一个有趣且经典的案例是，沃尔玛通过分析客户的消费行为数据，发现每当飓风到来之时，手电筒和蛋挞的销量会同时增加，即用户对手电筒和蛋挞的购买行为具有较强的正相关关系。因此每当飓风来临前，沃尔玛就会调整货架陈列方式，将蛋挞与手电筒等飓风天气时的必需品放在较近的位置。这种简单的陈列方式调整，既方便了客户的购买，同时也提升了蛋挞和手电筒的销量。

大数据时代为各行各业的管理者在企业经营的各个环节提供了巨大的机遇，这便要求管理者具备敏锐的大数据思维，擅长在大数据视野的思维指导下获取并融合多源数据，结合业务流程处理分析数据，实现面向业务流程的价值增值。这也表明，大数据时代对各行各业的管理者提出了更高的经营管理要求。

3.1.2 数据资源体系的构建

随着大数据时代的飞速发展，数据资源体系应运而生。在数据资源体系中，将数据作为一种资源，除了探究传统意义上数据的组成和关系外，更关注数据的分布、共享交换、处理流程以及数据应用与服务等方面。各行业、领域可以根据自身需求个性化地构建数据资源体系，并基于所构建的数据资源体系，实现多源数据的获取、管理与应用。

通常来说，数据资源体系的构建分为3步：一是数据采集，二是数据库构建，三是质量控制。最终形成一套结构化的数据资源体系。

数据采集是数据资源体系构建的基石。在数据采集的过程中，往往需要根据数据资源体系的构建目标获取全面、多源的数据内容，从而为数据库的构建奠定基础。数据库构建则是根据业务需求开展层层递进的建库流程。以数字城市的数据资源体系为例，首先需要基于底层地形图数据构建基础数据库（元数据库）；然后基于基础数据库，根据各行政区、交通等信息构建各地理实体的要素化数据库；最后根据业务需求，融合社会、经济其他要素，建立行业专题数据库。数据库建设完成后，数据质量控制必不可少，主要控制方面包括精度检查、拓扑检查、完整性检查、逻辑矛盾检查和保密检查等。

数据资源体系是动态的，需要根据时代背景不断更新和完善。例如，在传统的社会公共信用评价体系中，常常将个人的房屋面积、家庭住址、受教育程度、年收入、个人借还贷记录等数据作为评价指标。而随着社会的发展和手机使用率的飞速上升，支付宝采用的芝麻信用评价体系，通过分析个人在上网过程中产生的反映个人信用行为的动态数据（如购物、投资等行为），对个人的信用评价指标进行补充和完善。在今后的信用指标体系完善过程中，还可以考虑更加多元化、动态化、全面化的个体行为数据（如闯红灯行为、日常守信行为等），从而更准确地、动态化地开展个体信用评价。

正是由于数据资源体系的动态性，数据分析员常常需要采集多源化的实时数据，并掌握细节化的数据信息，从而为实现数据资源体系的最终价值奠定基础。以美国拉斯维加斯为例，尽管当地政府已经开展了详细的游客数据统计，但为了开展游客行为的深度分析，企业仍需要获取更加多源化的数据。当地的哈乐斯公司通过各种激励措施（如优惠、奖励、积分等）刺激游客成为公司会员，注册会员时，游客需提供个人资料（包括姓名、性别、电话等详细人口统计学信息）。只要游客利用会员卡消费，就可以获得该游客的消费行为信息，从而为个性化营销与服务提供坚实的数据基础。此外，对于不愿意成为会员的游客，哈乐斯公司则为他们提供免费的 WiFi 服务，这样公司可通过手机定位技术记录游客在酒店、剧院等地点的移动行为，这为哈乐斯公司制定顾客吸引与留存策略提供了坚实的数据基础。

3.1.3 常用的数据来源

大数据有多种来源，可大致分为内部数据和外部数据。

1. 内部数据

内部数据来源于公司或机构的内部，由企业内部运作经营而产生。企业日常经营过程中，会产生企业内部信息记录和经营报告。按照系统功能细分，内部数据主要包括产品采购管理系统数据、客户资源管理系统数据、仓储管理系统数据、人力资源系统数据和企业资源规划（ERP）系统数据等，具体可包括企业的销售业绩、财务健康性数据、POS 机数据、信用卡刷卡数据、电子商务数据、互联网点击数据等。按照业务流程顺序细分（以制造企业为例），内部数据可分为：入站物流数据，即生产原料从供应商出库、运送、存储过程中产生的数据（订单数据、验收入库数据等）；生产与运作数据，即从生产原料到产品成品过程中产生的各类数据（生产数据、产品质量数据等）；出站物流数据，即企业产品入库、运送产生的数据（订单数据、出库单数据等）；销售和营销数据，即销售过程中产生的记录数据（销售记录等），以及顾客服务数据，即服务于顾客过程中产生的记录数据（顾客满意度、售后记录等）。

内部数据一般来源于公司内部系统，公司有权限对此类数据进行深度的查询、处理及分析。企业的内部数据通常与具体业务紧密相关，且多数来自人们可以掌控的软件系统，如客户资源管理系统、企业资源规划系统或者人力资源系统。通常，人们会尽量避免直接将内部系统的数据库公开给大数据平台。因为这种方式不仅会带来潜在的安全威胁，还可能会因为资源占用影响业务系统的正常运作。

2. 外部数据

外部数据来源于公司或机构的外部。企业外部数据主要包括股东数据、供应商数据、顾客数据、市场数据、竞争数据等。之前，企业主要通过与企业伙伴交换、购买数据等方式获取外部数据。而在大数据时代下，企业获取外部数据的方式更加多样化。外部数据主要包括以下数据源：互联网开源数据抓取、互联网的 API 等。

外部数据的获取相对较难，因此本章会在 3.2 节介绍一些外部数据的获取方式。外部数据与内部数据结合，才能更好地帮助企业开展数据驱动的科学化管理经营决策。

3.2 常见数据采集途径

在数据量日益增长的今天，如何采集、获取所需的数据已成为人们关注的焦点。本节将分别介绍公开数据库、付费数据、网络爬虫、数据 API、云数据、实时数据采集与获取 6 种常见的数据获取途径。

3.2.1 公开数据库

身处于大数据时代，各行各业都会因为其自身的业务产生各种数据，然而很多时候，这些数据因为其繁杂性并没有被保存或利用起来。另一方面，又有许多大数据研究人员苦于没有数据。所以在最早的时候，很多大数据研究人员为求利人利己，会自发地将收集的数据公开到互联网，积少成多，就成了现在的公开数据库。后来，许多的权威机构和大型企业发现，公开数据库可以提升自己的知名度，所以就将一些数据脱敏后公开。

现如今，在常见的公开数据中，就有很多权威机构对公众开放的数据。比如，常用的公开数据网站有国家数据网、中国统计局信息网、亚马逊等，政府开放数据网站有北京市政务数据资源网、深圳政府数据开放平台及 Data. gov 等，还有数据竞赛网站，如 Kaggle、天池等。由于依托于企业或者机构，这些数据一直有人维护，所以通常非常干净且具有较高的研究价值。

在对于数据的价值探讨中，公开数据很少被提及，人们认为只有非公开的数据才有价值。但是数据的价值在于挖掘数据背后的意义，而不是其本身的稀缺性。在这种层面上，公开数据的价值反倒由于其公开性变得更高。

公开的数据具有以下特点。

1）公平性：所有人都可以访问，在访问权限上没有门槛，解决公平问题。

2）可持续性：任何时间都可查看，解决真实性问题。

3）可追溯性：可追溯来源，是来自于公示网站还是新闻报道等，解决权威度问题。

可以看出，公开数据解决了信息不透明、不对称的痛点，具有很高的价值，是私有数据无法替代的。

3.2.2 付费数据

由于数据的需求很大，催生了很多做数据交易的平台，如优易数据和数据堂等平台。前者拥有国家级信息资源，由国家信息中心发起，是国内领先的数据交易平台，含有包括社会、教育、交通、能源等领域的数据；后者专注于互联网综合数据交易，提供数据交易、数据处理和数据 API 服务，含有语音识别、医疗健康、电子商务、社交网络等数据。付费数据的获取一般通过数据 API（获取方式见 3.2.4 小节）或者直接下载。付费数据最大的一个优势就是有现成的工具对数据进行处理与分析，如 SaaS（Software-as-a-Service）型工具“创客匠人”，它可以满足内容传播、用户管理、社区运营、数据分析等核心需求，形成品牌闭环，快速完成用户沉淀，实现体系内变现，使内容创作更加便捷。但是付费数据存在一定的滞后性，因为企业收集的数据不是动态和实时更新的，从购买到使用，这期间会有一定的滞后，受其影响，大数据产品可能无法及时准确地反映其所涉及对象的状态变化。

3.2.3　网络爬虫

网络信息资源的迅猛增长使得传统搜索引擎已经无法满足人们对有用信息获取的要求。作为搜索引擎的基础和重要组成部分，网络爬虫的作用显得尤为重要，本小节将介绍网络爬虫的基本概念及原理。

网络爬虫（Web Crawler）又被称为网页蜘蛛（Web Spider），是一种按照一定的规则自动地抓取互联网数据的程序或者脚本。网络爬虫获取数据分为两个步骤，第一步是抓取互联网的网页，第二步是从抓取的网页中解析有用的结构化信息。下面根据实例讲述网络爬虫的应用。

1. 抓取网页

为了抓取网页，这里需要使用requests库。使用requests库可以获取HTML页面，使用requests. get（url）可以获取待抓取网页的网页信息。比如爬取百度的网页，其网址为https：//www. baidu. com/，爬取网页的通用代码框架为：

```
if __name__ == '__main__':
    url = 'https://www.baidu.com/'
    print(getHTMLText(url))
```

调用的主函数为：

```
def getHTMLText(url):
    try:
        r = requests.get(url)
        r.raise_for_status()
        r.encoding = r.apparent_encoding
        return r.text
    except:
        return ("产生异常")
```

为说明问题，部分结果展示如下：

```
<head><meta  http-equiv=content-type  content=text/html;charset=utf-8><
meta http-equiv=X-UA-Compatible  content=IE=Edge><meta  content=always name
=referrer><link  rel=stylesheet  type=text/css href=https://
ss1.bdstatic.com/5eN1bjq8AAUYm2zgoY3K/r/www/cache/bdorz/baidu.min.css> <title
>百度一下,你就知道</title></head>
```

2. HTML网页解析

上面介绍了如何抓取网页，这里介绍如何从抓取的网页中解析有用的结构化信息。网络上的页面是由HTML编写的，其中，文本被标记为元素和它们的属性。HTML的格式不统一，需要采取措施从中提取出需要的数据。为了从HTML页面中得到数据，需要使用BeautifulSoup库。BeautifulSoup是一个使用灵活方便、执行速度快、支持多种解析器的网页解析库，可以让用户无须编写正则表达式也能从HTML和XML中提取数据。BeautifulSoup库对来自网页的多种元素建立了树结构，并提供了简单的接口来获取它们。用BeautifulSoup库解析好的标签树结构如图 3-2 所示。

BeautifulSoup 库的简单使用方法如下：

soup = BeautifulSoup（html,"html. parser"）

其中，html 参数可以是 HTML 页面的字符串，它可以是之前所介绍内容中抓取网页调用的结果，如 html = getHTMLText(url)，或者如 <title> 淘宝网 – 淘！我喜欢 </title>；html. parser 参数是一个 HTML 的解析器，其他可选择的解析器有 lxml、xml、html5lib。

```
<html>
    <body>
        <p class="title"> … </p>
    </body>
</html>
```

图 3-2 用 BeautifulSoup 库解析好的标签树结构

soup 对象有以下 5 种基本元素，如表 3-1 所示。

表 3-1 基本元素及说明

基本元素	说明
Tag	标签，最基本的信息组织单元，分别用 < > 和 </ > 标明开头和结尾
Name	标签的名字，<p>… </p> 的名字是 p，格式为 <tag>. name
Attributes	标签的属性，以字典形式组织，格式为 <tag>. attrs
NavigableString	标签内非属性的字符串，< >… </ > 中的字符串，格式为 <tag>. string
Comment	标签内字符串的注释部分

对于 soup，可以使用一些简单的方法得到完美的解析。信息提取有以下 4 种方法。

（1）通过 Tag 对象的属性和方法提取信息

提取 HTML 中标签信息最简单的方法，就是直接通过标签的名称来获取，其局限性是只能提取文档中出现的第一个符合该名称的标签。如果提取 soup 中标签 <a> 的信息，只需要使用 soup. a 即可。

soup. a 的使用方法如下：

soup. a 只能提取第一个出现的 a 的标签信息；soup. a. name 可以提取标签 <a> 的名称属性；soup. a. attrs 可以提取标签 <a> 的所有属性信息，返回形式为字典结构；soup. a. string 可以提取 <a> 的非属性字符串。

对抓取的百度网页执行下面的代码：

```
print("soup.a:" + str(soup.a))
print("soup.a.name:" + str(soup.a.name))
    print("soup.a.attrs:" + str(soup.a.attrs))
print("soup.a.string:" + str(soup.a.string.encode("utf-8")))
```

结果如下：

```
soup.a:<a class="mnav" href="http://news.baidu.com" name="tj_trnews">新闻</a>
soup.a.name:a
soup.a.attrs:{'href':'http://news.baidu.com','name':'tj_trnews','class':['mnav']}
```

（2）通过标签树对象的 find_all( ) 方法提取信息

标签树对象的 find_all( ) 方法将以列表形式返回符合搜索条件的所有标签。其标准引用形式为 soup. find_all（name，attrs，recursive，text，limit，* * kwargs）。

其中，参数 name 为 Tag 的 name 属性；参数 attrs 代表如果一个指定名字的参数不是 find_all()函数的参数名，搜索时会把该参数当作属性名来搜索；find_all()函数默认搜索一个标签树结构的所有子孙节点标签，如果 recursive = False，则只会搜索标签树的直接子节点的标签；参数 text 代表搜索标签中非属性字符串部分的内容，其值可以为字符串、正则表达式和 True，返回值为列表；参数 limit 限制输出结果的个数。

对抓取的百度网页执行下面的代码：

```
print(soup.find_all("a",limit=2))
    print(soup.find_all("a",href="http://v.baidu.com"))
print(soup.find_all("a",text=re.compile(u"地")))
```

结果如下：

```
[<a class="mnav" href="http://news.baidu.com" name="tj_trnews">新闻</a>, <a
class="mnav" href="https://www.hao123.com" name="tj_trhao123">hao123</a>]
[<a class="mnav" href="http://v.baidu.com" name="tj_trvideo">视频</a>]
[<a class="mnav" href="http://map.baidu.com" name="tj_trmap">地图</a>]
```

（3）通过标签树对象的 find()方法提取信息

标签树对象的 find()方法和 find_all()方法的参数设置相同，二者区别在于：find()只返回符合条件的第一个标签节点的 Tag 对象，find_all()返回所有符合条件的标签节点的列表。

对抓取的百度网页执行下面的代码：

```
print(type(soup))
print(soup.find("head"))
print(type(soup.find("head")))
print(soup.find("head").find("title"))
print(soup.find("a",text=re.compile("地")))
```

结果如下：

```
<class 'bs4.BeautifulSoup'>
<head> <meta                               content="text/html;charset=utf-8"
http-equiv="content-type"/> <meta                       content="IE=Edge"
http-equiv="X-UA-Compatible"/> <meta                      content="always"
name="referrer"/> <link href="https://ss1.bdstatic.com/5eN1bjq8AAUYm2zgoY3K/r/
www/cache/bdorz/baidu.min.css" rel="stylesheet" type="text/css"/> <title>百度一
下,你就知道</title> </head>
<class 'bs4.element.Tag'>
```

该段代码中，soup 变量的类型是 bs4.BeautifulSoup，soup.find（"head"）的类型为 bs4.element.Tag，这是标签节点的类型，因为其为 Tag 类型的对象，因此可以继续使用 find()

方法。

(4) 通过 CSS 选择器提取信息

CSS 即层叠样式表，其选择器可对 HTML 页面中的元素实现一对一、一对多或者多对一的控制。BeautifulSoup 支持大部分 CSS 选择器。在 Tag 或 BeautifulSoup 对象的 select( ) 方法中传入字符串参数，即可使用 CSS 选择器的语法找到符合条件的 Tag，返回 Tag 列表。BeautifulSoup 支持大部分的 CSS 选择器，其中，“.”表示类，“#”表示 id，空格表示子孙节点，“>”表示子节点，“~”表示兄弟节点。

通过 CSS 选择器提取信息的搜索方法有以下几种。

1）通过标签名搜索。select( ) 方法可以按标签名进行分层搜索。示例代码如下：

```
print(soup.select('p'))  #搜索所有标签名为 p 的标签
print(soup.select('p a'))  # 搜索所有 p 标签的子孙节点中标签名为 a 的标签
print(soup.select('p > a'))  # 搜索所有 p 标签的直接子节点中标签名为 a 的标签
```

2）通过类名搜索。在 CSS 中，属性名 class 表示类，在传入 select( ) 方法的 CSS 选择器的字符串前面加“.”，表示该字符串为类名。示例代码如下：

```
soup.select('.s_form')  #搜索所有类名为 s_form 的标签
soup.select('.s_form.s_form_wrapper')  # 首先搜索类名为 s_form 的标签，
#再在这些标签下搜索类名为 s_form_wrapper 的标签
soup.select('a.mnav')  # 搜索标签名为 a 并且类名为 mnav 的标签
soup.select('p >.mnav')  # 首先搜索标签名为 p 的标签,再在这些标签的直
接子节点中搜索类名为 mnav 的标签
```

3）通过 id 搜索。在传入 select( ) 方法的 CSS 选择器的字符串前面加“#”，表示该字符串为 id。示例代码如下：

```
soup.select('#lh')  #搜索所有 id 为 lh 的标签
soup.select("#head #lg")  # 首先搜索 id 为 head 的标签,再在这些标签的子孙
#节点中搜索 id 为 lg 的标签
soup.select('div#lg')  # 搜索标签名为 div 且 id 为 lg 的标签
soup.select('head > lg')  # 首先搜索标签名为 head 的标签,再在这些标签的直
#接子节点中搜索 id 为 lg 的标签
soup.select('.a ~ #lg')  # 首先搜索类名为 a 的标签,再在这些标签的兄弟节点
中搜索 id 为 lg 的标签
```

4）通过属性搜索。将传入的 select( ) 方法的选择器的字符串用“[ ]”括起来，表示该字符串为属性。示例代码如下：

```
    soup.select('a[href]')#搜索标签名为 a 并且属性中存在 href 的所有标签
    soup.select('a[href = "href = http://news.baidu.com name = tj_trnews"]')#搜索标
签名
    #为 a 并且 href 属性值为 href = http://news.baidu.com name = tj_trnews 的标签
    soup.select('a[href^ = "http"]')#搜索标签名为 a 并且 href 属性以"http"开头的标签
    soup.select('a[href $ = "com"]')#搜索标签名为 a 并且 href 属性以"com"结尾的标签
```

3.2.4　数据 API 接口

许多网站和网络服务提供相应的应用程序接口（Application Programming Interface，API），允许请求结构化格式的数据。API 的大部分数据都是 JSON 或 XML 格式。例如，通过邮编查询对应的地名的 API 为 http：//zhouxunwang. cn/data/？id = 55&key = KEY&postcode = 邮政编码，其中 KEY 是购买或申请所得，假设邮编为 215001，通过此 API 得到的 JSON 返回数据如下：

```
{
"reason":"successed",
"result":{
"list":[
  {
    "PostNumber":"215001",
    "Province":"江苏省",
    "City":"苏州市",
    "District":"平江区",
    "Address":"廖家巷新光里"
   },
  {
    "PostNumber":"215001",
    "Province":"江苏省",
    "City":"苏州市",
    "District":"平江区",
    "Address":"龙兴桥顺德里"
  }
  ],
  "totalcount":352,
  "totalpage":176,
  "currentpage":1,
  "pagesize":"2"
 },
"error_code":0
}
```

对于 JSON 格式的数据，可以使用 Python 中的 json 模块来解析，尤其是会用到它的loads( ) 函数，这个函数还可以将字符串类型 JSON 数据转换为字典 dict 类型。示例代码如下：

```
import json
s = """{"title":"professor","name":"li","age":"35","researchinterests":["data","
behavior analysis"]}"""
dict = json.loads(s)
if "data" in dict["research interests"]:
    print(dict)
```

对于 XML 格式的数据，用户可以仿照从 HTML 获取数据的方式，用 BeautifulSoup 从 XML 中获取数据。

3.2.5 云数据

如今，身处大数据时代，数据采集面对着各种各样的挑战，而云数据具有高可靠、高性能和高扩展的特性，可以有效地应对这些挑战。云平台基于硬件资源和软件资源的服务，可提供计算、网络和存储等功能。云数据是基于云计算商业模式应用的数据集成、数据分析、数据整合、数据分配、数据预警的技术与平台的总称。

云将服务器虚拟化，形成虚拟资源池，这比采用物理机节省了资源成本，更易于管理。云平台可以理解为拥有 N 台服务器和存储设备的云计算服务提供商。这些服务器和存储设备集成到一个平台中，通过信息技术提供存储服务。云平台分为公有云、私有云以及混合云。公有云是指第三方提供商为用户提供的云，公有云一般可通过互联网使用，可能是免费的或低成本的。公有云的核心属性是共享资源服务，例如，阿里云、腾讯云、亚马逊公有云等都属于公有云。私有云是为某个客户单独构建的，因而可以对数据安全性和服务质量提供最有效的控制。该客户拥有基础设施，并可以控制在此基础设施上部署应用程序的方式。私有云可部署在企业数据中心的防火墙内，也可以部署在一个安全的主机托管场所。混合云结合了公有云和私有云，是近年来云计算的主要模式和发展方向。出于安全考虑，企业更愿意将数据存放在私有云中，但是又希望可以获得公有云的计算资源，所以，混合云得到越来越多的采用，它将公有云和私有云进行混合和匹配以获得最佳的效果，这种个性化的解决方案既经济又安全。

云数据的获取可以使用数据库或者调用 API。例如，阿里云数据需要购买，具体是通过阿里云官网（http：//www. aliyun. com）进入阿里云首页，购买云数据库 RDS，然后即可通过管理控制台对 RDS 实例进行使用。也可以调用 API 获取数据，具体使用方式见 3.2.4 小节。

3.2.6 实时数据采集与获取

在大数据时代中，很多大型公司的日常运营都会产生 TB 级别的数据，而这些数据中有很多是“转瞬即逝”的，如果不立即采集，就会被源源不断的后续数据所覆盖，还有些数据本身就是需要实时处理的，所以数据的实时采集与获取成了很多机构面对的首要挑战。Apache软件基金会开发的 Kafka 作为一个高吞吐的分布式的消息系统，可以实现管理和处理流式数据，目前已经被很多公司应用在实际的业务中，并且与许多数据处理框架相结合，如 Hadoop、Spark 等，所以它是当下流行的分布式发布/订阅消息系统。Kafka 最早由 LinkedIn 公司开发，作为其自身业务消息处理的基础，后来 LinkedIn 公司将 Kafka 捐赠给 Apache，现在已经成为 Apache 的顶级项目之一。

Kafka 具有高吞吐量、低延迟、可扩展性、消息持久性、容错性、高并发性等特性。高吞吐量、低延迟指的是 Kafka 每秒可以处理几十万条消息，而延迟最低只有几毫秒；可扩展性指的是其在无须停机的情况下实现轻松扩展；消息持久性指的是 Kafka 支持将消息持久化到本地磁盘；容错性指的是允许集群中的节点失败；高并发性指的是能支持数千个客户端同时读写。

Kafka 的应用场景有：日志收集、用户活动跟踪、运营指标监控、流式处理等。日志收集是指利用 Kafka 收集各种服务的日志，并在统一的接口服务中通过 Kafka 开放给各种 Consumer。用户活动跟踪是指 Kafka 用来记录 Web 用户或应用程序用户的各种活动，如浏览网页、搜索、点击等，这些活动由不同的服务器发布到 Kafka 的 Topic 中，然后订阅者通过订阅这些 Topic 进行实时监控和分析。Kafka 经常用来记录运营监控数据。流式处理是指实时地处理数据流，工具有 Spark Streaming 和 Storm 等。

Kafka 的一些基本概念在本书第 2 章中已涉及，简而言之，Producer（生产者）将消息发送到 Broker（服务器），并以 Topics 的名称分类，Broker 又服务于 Consumer（订阅者），将指定的 Topics 分类的消息传递给 Consumer。Kafka 目前主要采用 Apache Zookeeper 协助其管理 Kafka 集群。图 3-3 所示为 Kafka 官方文档给出的 Kafka 集群的工作流程。

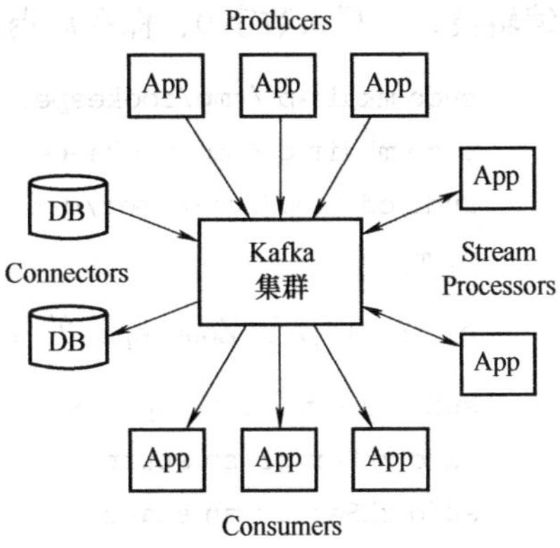

图 3-3　Kafka 官方文档给出的 Kafka 集群工作流程

Kafka 的安装及使用步骤如下。

1）关闭防火墙服务。命令为：

```
sudo systemctl stop firewalld.service
```

2）安装 JDK。由于 Kafka 是基于 JVM 运行的，JVM 是 Java 的运行环境，JRE 包含运行 Java 程序所需环境的集合，包括了 Java 虚拟机和 Java 核心类库，因此需要先安装 JRE 环境，命令为：

```
sudo yum install java-1.8.0-openjdk-devel.x86_64
```

3）安装 Zookeeper。因为 Kafka 是通过 Zookeeper 实现集群管理的，是安装 Kafka 的必要组件，所以在安装 Kafka 之前需要先安装并配置好 Zookeeper，步骤如下：

① 在官网上（http://archive.apache.org/dist/zookeeper/）下载好后放到/opt 文件夹下（本案例使用 3.4.12 版本的 Zookeeper），执行解压命令，解压之后会生成一个 zookeeper-3.4.12 文件夹。

```
sudo tar zxvf zookeeper-3.4.12.tar.gz
```

② 打开环境变量配置文件，进入 VI 编辑器模式，添加环境变量，修改完成后，退出编辑模式，按 Esc 键，保存并退出输入命令 wq，最后使用 source 让环境变量即时生效。

```
sudo vi /etc/profile
#zookeeper cofig var
export ZOOKEEPER_HOME=/opt/zookeeper-3.4.12
export PATH=$PATH:$ZOOKEEPER_HOME/bin
```

③ 进入 Zookeeper 的安装路径下的 conf 文件夹，修改 zoo.cfg 文件中相应的部分。

```
sudo cd /opt/zookeeper-3.4.12/conf
sudo mv zoo_sample.cfg zoo.cfg
sudovi zoo.cfg
```

```
# example sakes.
dataDir = /tmp/zookeeper/data
dataLogDir = /tmp/zookeeper/log
```

④ 创建 data 和 log 目录，并在/tmp/zookeeper/data 文件夹下创建一个 myid 文件，进入编辑模式，写入数字 0，保存后退出。

```
sudo mkdir-p /tmp/zookeeper/data
sudo mkdir-p /tmp/zookeeper/log
sudo cd /tmp/zookeeper/data
vi myid
```

⑤ 最后切换到 Zookeeper 的安装目录下，启动 Zookeeper 并检查 Zookeeper 的执行状态。

```
sudo cd /opt/zookeeper-3. 4. 12/bin
sudo zkServer. sh start
sudo zkServer. sh status
```

4）安装 Kafka。在确保上述步骤成功执行之后，接下来可以安装和配置 Kafka，步骤如下：

① 在官网（https：//kafka. apache. org/downloads）上下载好后放到/opt 文件夹下（本案例使用 2. 11-2. 0. 0 版本的 Kafka），执行解压命令，解压之后会生成一个 kafka_2. 11-2. 0. 0 文件夹。

```
sudo tar zxvf kafka_2. 11-2. 0. 0. tgz
```

② 打开环境变量配置文件，添加环境变量，最后使用 source 让环境变量即时生效。

```
sudo vi /etc/profile

export KAFKA_HOME = /opt/kafka_2. 11-2. 0. 0
export PATH = $ PATH: $ KAFKA_HOME/bin
```

③ 进入 Kafka 的安装路径下的 config 文件夹，修改 server. properties 文件中相应的部分。

```
sudo cd /opt/kafka_2. 11-2. 0. 0/configSudo cd
sudovi server. properties

# listeners  = PLAINTEXT://your. host. name:9092
listeners = PLAINTEXT://localhost:9092
# root directory for all kafka znodes.
zookeeper. connect = localhost:2181/kafka
```

④ 启动 Kafka 服务，并查看是否运行成功。

```
sudo cd /opt/kafka_2. 11-2. 0. 0
sudo bin/kafka - server - start. sh config/server. properties
jps  - l
```

如图 3-4 所示，若出现 kafka. Kafka，则表示 Kafka 安装成功。

```
70691 org.apache.zookeeper.server.quorum.QuorumPeerMain
38920 sun.tools.jps.Jps
87339 kafka.Kafka
```

图 3-4　安装 Kafka 成功

3.3　多源数据融合

3.3.1　多源数据融合概述

利用 3.2 节所涉及的途径采集到多源数据后，由于数据来源不同且格式可能存在差异，我们需要对多源数据进行融合整理，进而开展数据分析及处理工作。

多源数据融合在企业信息化建设过程中也有着十分重要的作用。由于企业内各业务系统建设受数据管理系统实施的阶段性、技术性以及其他经济或人为等因素的影响，企业在发展过程中积累了大量采用不同存储方式的业务数据，从简单的文件数据到复杂的网络数据库，它们构成了企业的异构数据。此时，如何对多源异构数据进行融合，是企业进行大数据驱动决策的重要步骤之一。如果还像传统方法一样对单一流数据进行分析，会忽略数据之间的关联性从而导致数据信息部分丢失，所以多源异构数据的融合在大数据分析中十分重要。

最常见的多源数据融合技术是人为利用相关手段将调查获取到的所有信息全部综合到一起，并对信息进行统一评价，最后得到统一的信息。多源数据融合的目的是将各种不同的数据信息进行综合，提取不同数据源的特点，然后从中获得统一的、比单一数据更好且更丰富的信息资源。

综上所述，多源数据融合实质上就是将多传感器信息源的数据和信息加以联合、相关及组合，获得价值量更为丰富的数据，从而实现对目标的准确评价。接下来介绍一种可以进行数据融合的实用工具——NiFi。

3.3.2　数据融合工具——NiFi

1. 简介

在进行多源数据融合时需要考虑多源数据的数量、种类和速度等问题，在决定采用哪种工具来满足融合需求时，还要考虑工具的可扩展性、可靠性、适应性、开发时间等初步因素。为了便于处理数据，进行多源数据融合，Apache 提供了 3 种处理工具：Flume、Kafka 和 NiFi。这 3 种产品都具有出色的性能，可以横向扩展，并提供插件机制，可自定义组件扩展功能。本小节重点介绍适合初学者学习的不需要编写代码的数据融合工具——Apache NiFi。

NiFi 于 2006 年由美国国家安全局（NSA）的 Joe Witt 创建。2015 年 7 月 20 日，Apache 软件基金会宣布 Apache NiFi 顺利孵化成 Apache 的顶级项目之一。NiFi 的设计目标是自动化管理系统间的数据融合，使多源数据融合更加便捷、快速，其基于工作流式的设计理念具有很强的交互性，非常强大、易用，为系统间或者系统内的多源数据融合处理提供了一个更有力的“队友”。简单地说，NiFi 是为了自动化系统之间的数据融合处理而构建的，旨在帮助解决以下这些数据融合中出现的问题。

① 系统故障：网络故障、硬盘故障、软件宕机、人员操作失误。

② 数据接入超出处理能力：有时候，多个数据源的输出可能超出系统所能处理的能力。此外，有可能传递链出现问题，比如某一个弱连接处出现问题，整个数据融合就会处于瘫痪状态。

③ 很少对边界做出界定：数据融合的时候可能经常遇到数据量太大、太小、太快、太慢、损坏、错误、格式不对等问题。

④ 系统的调整：系统的某一部分经常需要改动，需要快速加入一个新的数据源进行数据融合，或者调整现有数据源。

⑤ 系统以不同的速度发展：系统使用的协议和格式可以随时改变，而不管其周围系统如何，不论数据源如何变化，NiFi 总是具有对应的融合处理方式。

⑥ 合规性和安全性：法律法规和政策变化、企业对企业协议的变化、系统对系统和系统与用户的交互必须是安全、可靠、负责任的。

首先介绍几个 NiFi 的简单术语。

FlowFile：每条“用户数据”（即用户带入 NiFi 进行处理和分发的数据）称为 FlowFile。FlowFile 由两部分组成：属性和内容。属性是与用户数据关联的键值对，内容是用户数据本身。

处理器（Processor）：处理器是 NiFi 的组件，负责创建、发送、接收、转换、路由、拆分、合并和处理 FlowFiles。它是 NiFi 用户用于构建其数据流的最重要的构建块。

后续要介绍的控制器是 NiFi 工作的核心部件。在打开的 Web 界面中，控制器表现为处理器。通过配置相关处理器，人们可以使用 NiFi 连接不同的数据库，对接入的多源数据进行处理，同时还可以实时追踪数据库的变化，对多源数据进行格式化、切块、融合等处理。图 3-5 所示为 NiFi 的简略架构，它是在主机操作系统上的 JVM 内执行的。JVM 中 NiFi 的主要组件如下。

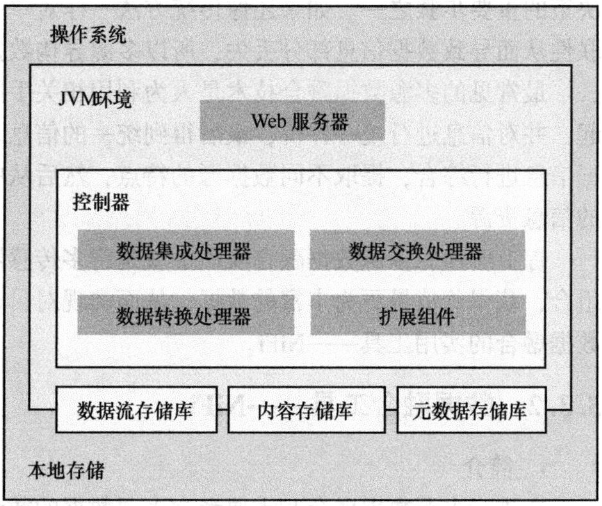

图 3-5 NiFi 的简略架构

(1) Web 服务器

Web 服务器的目的是托管 NiFi 基于 HTTP 的命令和控制 API，在可视化的 Web 界面，可以使用处理器在不编程的情况下进行多源数据融合。

(2) 控制器

控制器是进行数据操作的大脑，它为扩展程序提供运行的线程，并管理扩展程序何时接收要执行的资源的计划。正如上文提到的，控制器在 Web 界面表现为处理器，是直接进行多源数据融合处理的核心部件。NiFi 强大的处理器库是它可以进行多源数据融合处理的关键。

(3) 数据流存储库

数据流存储库是 NiFi 跟踪当前活动给定 FlowFile 的状态的地方。存储库的实现是可插入的，用于存储多源数据处理过程中产生的中间数据，当系统崩溃并重启后可以根据日志和数据库立刻复现数据状态，有效应对多源数据融合处理中遇到的数据量过大、数据结构异常等边界问题。

（4）内容存储库

内容存储库是给定 FlowFile 的实际内容字节所在的地方。它将数据块存储在文件系统中，可以指定多个文件系统存储位置，以便获得不同的物理分区，减少单个卷上的争用。该数据库中定时存储数据融合前后的数据文件，便于用户查询融合的历史记录。

（5）元数据存储库

元数据存储库是存储所有数据来源的事件数据（即多源数据的来源、大小等信息）的地方。存储库构造是可插入的，默认存储位置是一个或多个物理磁盘卷。用户通过该数据库可以查询多源数据的属性等信息，以了解融合数据的属性。

2. NiFi 的使用

（1）安装

① 进入 Apache NiFi 官网（http：//nifi. apache. org/），选择 Downloads→Downloads NiFi 命令，可下载 NiFi（可以选择版本）的 Windows 免安装压缩包，如图 3-6、图 3-7 所示。

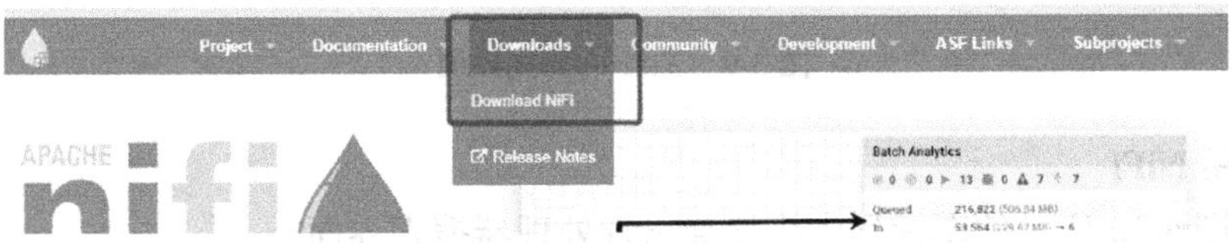

图 3-6　在 NiFi 官网中选择命令

图 3-7　NiFi 压缩包下载

② 下载完成以后解压文件，进入根目录下的 bin 目录，双击运行 run-nifi. bat 文件，此时出现 cmd 窗口，等待 NiFi 程序启动即可，如图 3-8 所示。

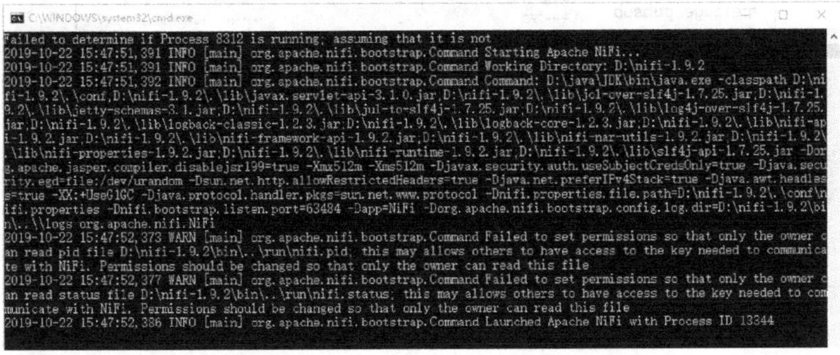

图 3-8　启动 NiFi 的 cmd 窗口

③ 等待一两分钟后打开浏览器（推荐 Chrome 或者火狐浏览器），在网址输入栏输入网址 http：//localhost：8080/nifi/（如果提示拒绝访问，是因为 NiFi 尚未完全启动，关闭网页稍等一会儿，重新输入网址然后打开即可），启动后的界面如图 3-9 所示。

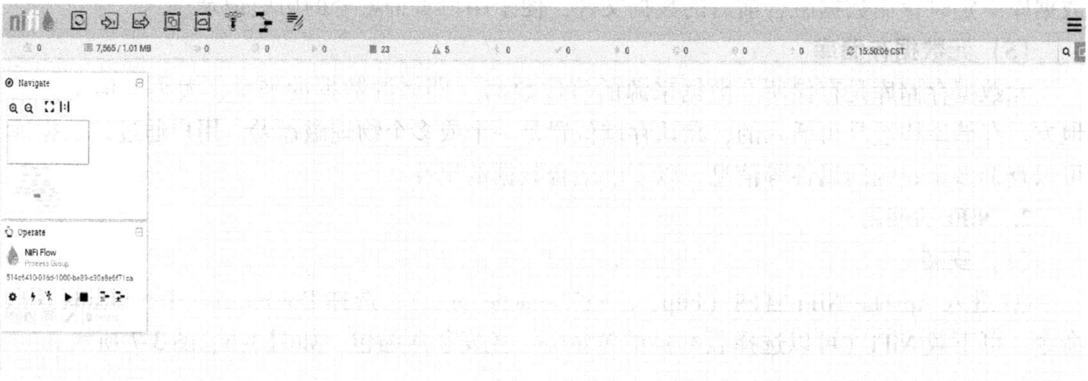

图 3-9　NiFi 可视化界面

（2）使用 NiFi

① 拖动图 3-10 所示的图标到主界面会出现处理器搜索界面。

图 3-10　拖动图标添加处理器

② 如图 3-11 所示，在搜索框中输入关键字来搜索相关处理器，单击想要选择的处理器，在处理器列表下方会出现对应处理器的简介，单击 ADD 按钮后即可在主界面添加该处理器。

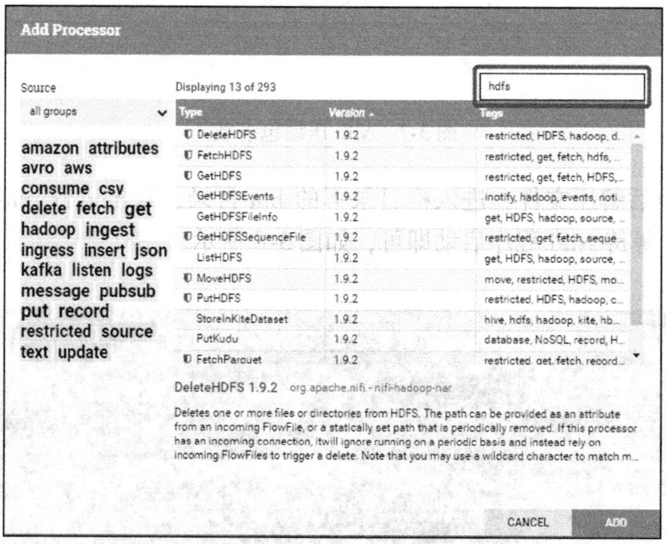

图 3-11　添加 NiFi 处理器

③ 图 3-12 所示为 PutFile 处理器。

从图 3-12 可以看到，处理器界面中，“In”后数字表示有多少字节的数据流入该处理器，“Read/Write”后数字表示该处理器处理了多少 FlowFile，“Out”后数字表示该处理器输出多少字节的 FlowFile 到下一级处理器。右键单击处理器，在 configure 的 PROPERTIES 选项卡中设置相关选项（加粗的 property 都是必须配置的属性）来配置处理器。同时 configure 下的 SETTINGS 选项卡中包含处理器结果的路由关系，即处理器处理完数据以后根据关系的不同流向不同的处理器。详细界面如图 3-13 所示。

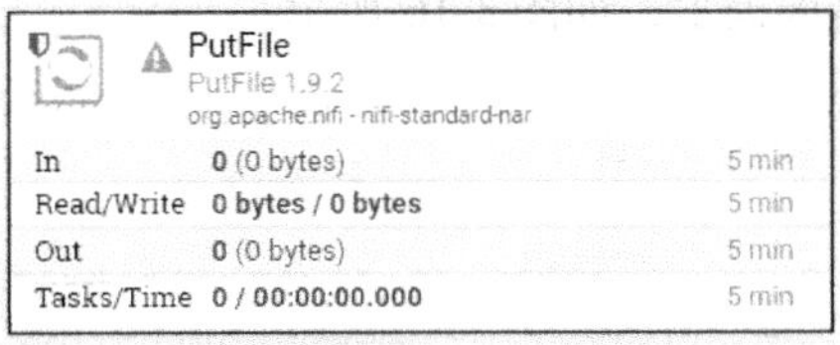

图 3-12　PutFile 处理器

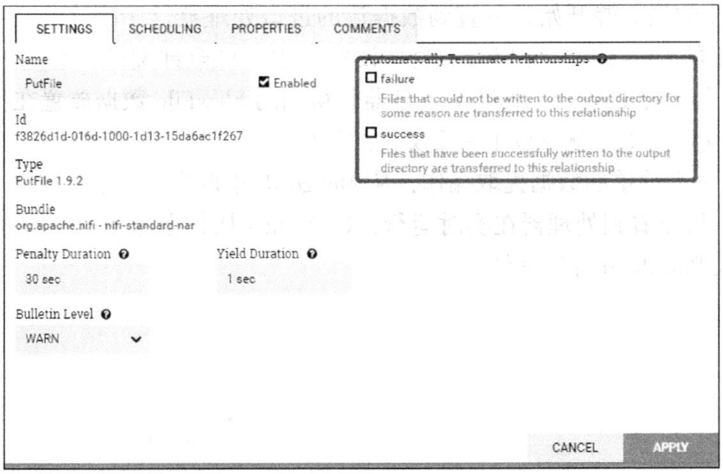

图 3-13　处理器设置界面

设置 GetFile 的 Property，界面如图 3-14 所示，其中，Directory 表示处理器从哪个路径获取数据文件，PutFile 同理。

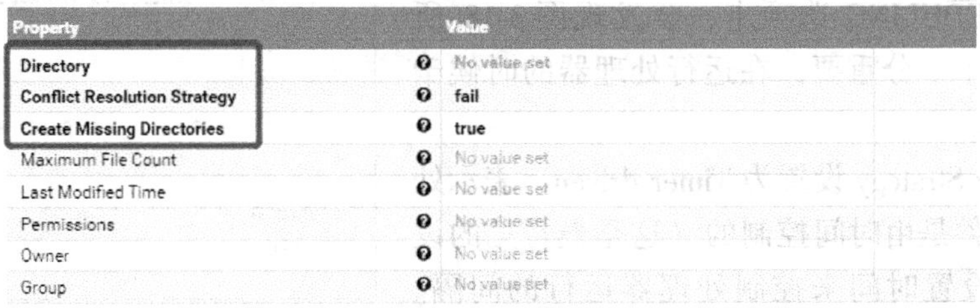
Property
Value
Directory
No value set
Conflict Resolution Strategy
fail
Create Missing Directories
true
Maximum File Count
No value set
Last Modified Time
No value set
Permissions
No value set
Owner
No value set
Group
No value set

图 3-14　Property 设置界面

将鼠标指针悬停在处理器上出现图 3-15 所示箭头，拖动箭头到下一级处理器上，并选择路由到该线路的关系。

配置完成以后发现处理器左上角出现黄色叹号，这说明处理器部分配置错误或者配置未完成，将鼠标指针悬停在上方就会出现对应的

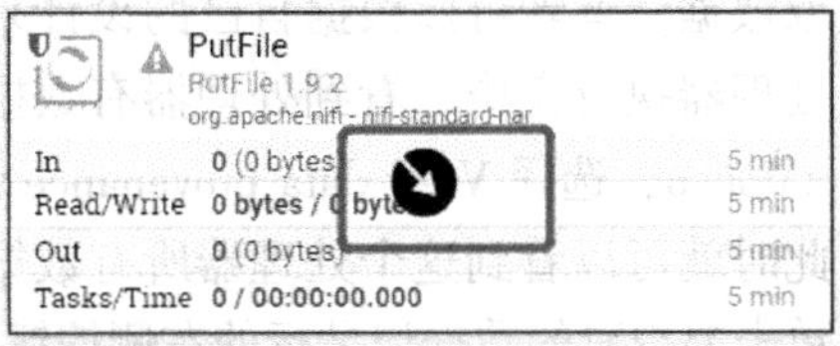

图 3-15　鼠标指针悬停在处理器上出现的箭头

错误提示，如图 3-16 所示。

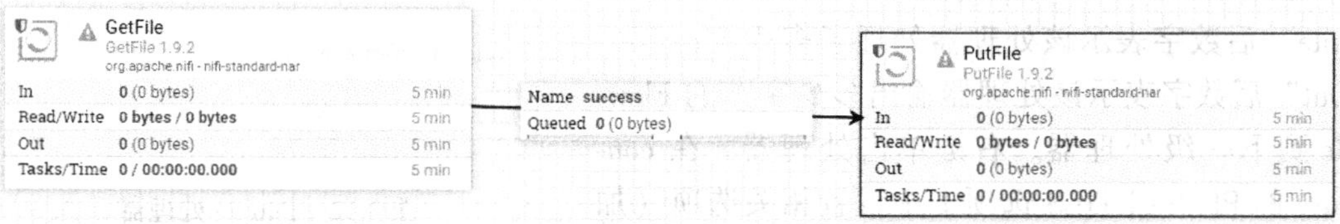

图 3-16 处理器报错界面

处理器设置结束以后右键单击处理器，在弹出的快捷菜单中选择 Start 命令运行即可（最好以从数据流的最下游开始，一直到数据流的进口处理器这个顺序启动）。在本章，使用 GetFile 从设定的 Directory（处理器的属性设置）中获取全部文件，经过处理后从设定的关系到达下一个处理器 PutFile，PutFile 处理器将得到的 FlowFile 数据放置在指定的 Directory（处理器的属性设置）中，就完成了一个文件的剪切工作。

接下来进行一个简单的数据提取操作，从 MongoDB 中取出特定表的数据放到指定目录，如图 3-17 所示。可以看到处理器在实时运行，GetMongo 从数据库中取出数据，数据流经过 success 关系进入 PutFile 处理器存储。

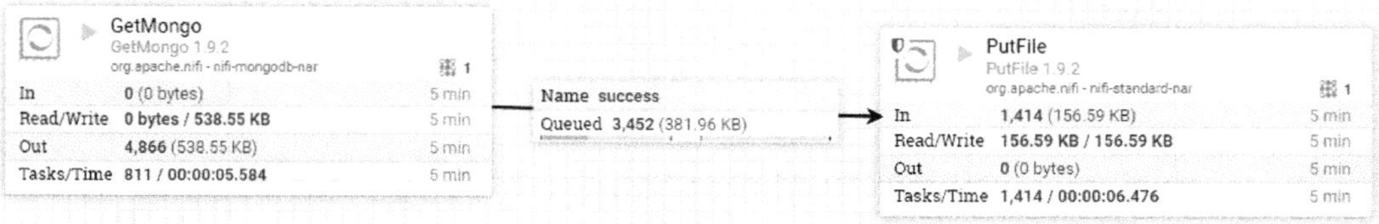

图 3-17 从 MongoDB 中取数据

值得注意的是，单击 GetMongo 处理器，打开 Config 的 SCHEDULING 选项卡，会发现图 3-18 所示的设置。这个十分重要，在运行处理器的时候千万要注意设置。

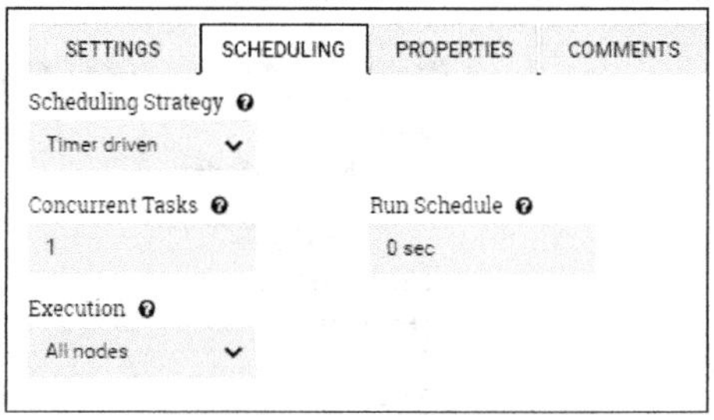

图 3-18 SCHEDULING 选项卡

Scheduling Strategy 设置为 Timer driven，表示处理器运行的条件是由时间控制的（这是最常见的设置），即通过设置时间来控制处理器运行的间隔。Run Schedule 设置运行的间隔，在本例中设置为 0sec，意思是不间断运行处理器，即不断从数据库中获取数据。读者可以根据自己的设计来设置间隔，达到定时执行的目的。

处理器执行完毕，看到处理器有数据输出时，回到主界面，再次右键单击一个处理器，如 GetMongo，选择 View data provenance 命令，如图 3-19 所示。

此时就可以看到这个处理器所有数据处理的历史记录，如图 3-20 所示。

单击要查看的数据记录行的右侧按钮，可以看到某次数据处理的全部关系“血缘图”。如图 3-21 所示，右键单击每一层，并选择 View details 命令，可以查看某一层数据的全部内容。

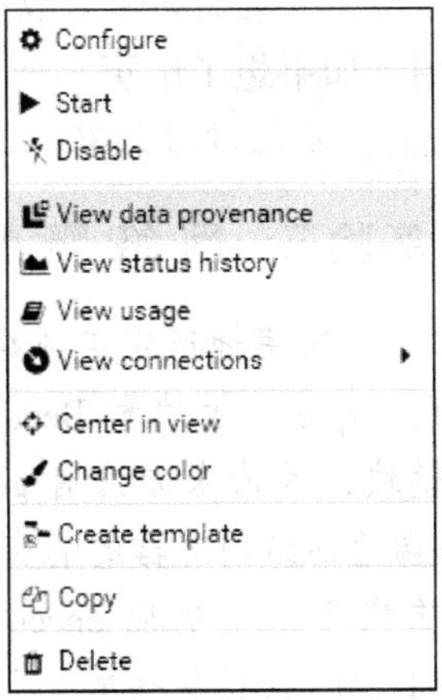

图 3-19　选择 View data provenance 命令

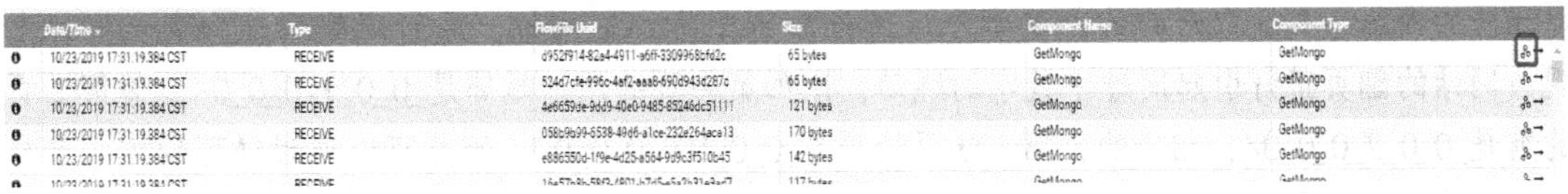

Date/Time	Type	FlowFile Uuid	Size	Component Name	Component Type
10/23/2019 17:31:19.384 CST	RECEIVE	d952f914-82a4-4911-a6ff-3309968bfd2c	65 bytes	GetMongo	GetMongo
10/23/2019 17:31:19.384 CST	RECEIVE	524d7cfe-996c-4af2-aaa8-690d943d287c	65 bytes	GetMongo	GetMongo
10/23/2019 17:31:19.384 CST	RECEIVE	4e6659de-9dd9-40e0-9485-85246dc51111	121 bytes	GetMongo	GetMongo
10/23/2019 17:31:19.384 CST	RECEIVE	058b9b99-6538-49d6-a1ce-232e264aca13	170 bytes	GetMongo	GetMongo
10/23/2019 17:31:19.384 CST	RECEIVE	e886550d-1f9e-4d25-a564-9d9c3f510b45	142 bytes	GetMongo	GetMongo

图 3-20　处理器的数据记录

最后介绍一个常见的多源流数据融合的处理器组，如图 3-22 所示。GetMongo、GetFTP、ExecuteSQL 分别从 MongoDB、FTP、MySQL 中获取流数据，经过中间的数据格式转换统一存放到 MySQL 数据库中，以下是 3 条处理器流数据的流程图：

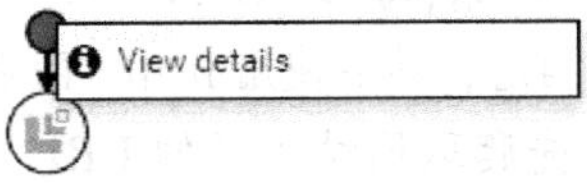

图 3-21　查看每一层数据的内容

1）ExecuteSQL→ConvertAvroToJSON→ConvertJSONToSQL→PutSQL

2）GetMongo→ ConvertJSONToSQL→PutSQL

3）GetFTP→ConvertRecord→ConvertAvroToJSON→ConvertJSONToSQL→PutSQL

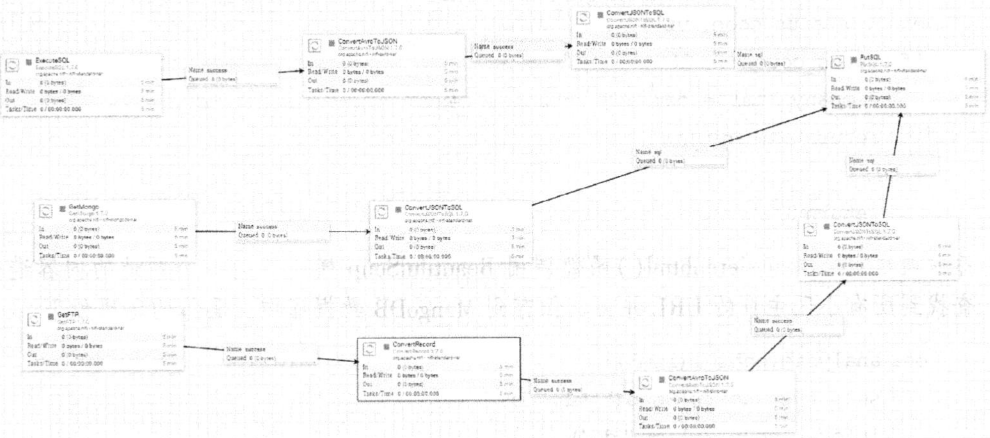

图 3-22　多源流数据融合

通过图 3-22 所示的处理器就可以实现实时多源流数据的简单存储融合。

以上就是 NiFi 的简单入门使用，如果想了解更多使用方法及相关处理器配置，请查阅官网的相关文档。本书由于篇幅限制，不做过多介绍。

实验三　网络爬虫

本实验采用网络爬虫的方式来获取某房地产销售网站的数据集，该网站的小区类型包括住宅、别墅等。在 Python 中可使用 requests 模块和 BeautifulSoup 模块来实现简单网页的爬虫。requests 是 Python HTTP 请求模块，其请求方法有 get、post、put、delete 等，请求返回 Response 对象，是对 HTTP 中服务端返回给浏览器的响应数据的封装，响应的主要元素包括状态码、原因短语、响应首部、响应 URL、响应 encoding、响应内容等。BeautifulSoup 是 Python HTML 解析模块，是将复杂 HTML 文档转换成一个复杂的树形结构，然后通过 BeautifulSoup 类的基本元素来提取 HTML 中的内容。

本实验的爬取分成两个步骤，首先爬取网站上每个小区主页的网址，然后通过具体的网址爬取相应的内容。先获取网站的住宅类小区网址和别墅类小区网址，通过观察网址的变化规律发现，网站的翻页正好引起网址中数字的跳动，比如第一页的网址尾部是_0_0_1_0_0_0/，而第 2 页的则是_0_0_2_0_0_0/，相应的，第 100 页的则是_0_0_100_0_0_0/。因此可以通过循环的方式产生每一页的网址，通过 requests 模块对每个网址进行请求，然后经过 BeautifulSoup 模块进行解析，查找所有 class 为“plotTit”的链接并保存到 MongoDB 数据库中。而每个小区的详情信息的网址都是以/xiangqing/结尾的，因此在每个小区主页的链接后加上“/xiangqing/”即可爬取每个小区的详细信息，然后使用 find( )函数和每个信息版块的 class 来提取对应的信息。

首先爬取网站小区的 URL，通过定义 openurl( )函数来调用 requests 模块请求传入的网址并返回网站的内容。

```
def openurl(url):
    headers = {'User-Agent':'Mozilla/5.0 (Windows NT 6.1; rv:2.0.1) Gecko/20100101 Firefox/4.0.1'}
    company_response = requests.get(url, headers=headers)
    status_code = company_response.status_code
    print(status_code, url)
    if status_code == 200:
        company_html = company_response.text
        return company_html
    else:
        return 0
```

然后通过定义 analysierenhtml( )函数调用 BeautifulSoup 模块来对每个网址的内容进行解析，查找到所有小区主页的 URL 并将其保存到 MongoDB 数据库中。具体的源码如下。

```
def analysierenhtml(html):
    soup = BeautifulSoup(html,'lxml')
    infox = soup.select('dd')
    name_list=[]
```

```
url_list = []
for info in infox:
    try:
        nameurl = info.find('a', class_="plotTit")
        name = nameurl.get_text().replace('', '')
        name_list.append(name)
        url = nameurl.get('href')
        url_list.append(url)
    except Exception as msg:
        name = 'None'
        url = 'None'
    for name, url in zip(name_list, url_list):
    resoldapartment.insert({'name':name, 'url':url})
```

获取到所有的小区主页的URL之后，同样的通过定义openurl()函数来请求网址并返回网站内容，然后通过定义主函数来对每个网址内容进行爬取并存到字典中，最后输出到MongoDB数据库中。具体的源码如下。

```
def main():
    for loupan in resoldapartment.find():
        try:
            if ('/esf/' in loupan['url']):
                url =  loupan['url'].replace('/esf/', '/xiangqing/')
            else:
                url = loupan['url'] + 'xiangqing/'
            name = loupan['name']
            company_html = openurl(url)
            if company_html! = 0:
                soup = BeautifulSoup(company_html.encode("iso-8859-1").decode('
                    gb18030'), 'lxml')
                table_all = soup.select('div.box')
```

实验四　Kafka 操作

本实验采用的数据集是某电商双十一期间的用户行为日志的数据（下载链接为https：//pan.baidu.com/s/1cs02Nc)，下面列出数据中的字段定义：

1）user_id：买家id。

2）item_id：商品id。

3）cat_id：商品类别id。

4）merchant_id：卖家id。

5）brand_id：品牌id。

6）month：交易时间：月。

7）day：交易事件：日。

8）action：行为。

9）age_range：买家年龄分段。

10）gender：性别。

11）province：收货地址：省份。

数据示例如下：

328862，323294，833，2882，2661，08，29，0，0，1，内蒙古
328862，844400，1271，2882，2661，08，29，0，1，1，山西
328862，575153，1271，2882，2661，08，29，0，2，1，山西
328862，996875，1271，2882，2661，08，29，0，1，1，内蒙古
328862，1086186，1271，1253，1049，08，29，0，0，2，浙江
328862，623866，1271，2882，2661，08，29，0，0，2，黑龙江
328862，542871，1467，2882，2661，08，29，0，5，2，四川
328862，536347，1095，883，1647，08，29，0，7，1，吉林

本实验实现男女生每秒购物人数的实时统计，因此针对每条购物日志，只需要获取 gender 即可，然后发送给 Kafka；接下来，Spark Streaming 接收 gender 进行处理。本实验使用 Python 对数据进行预处理，并将处理后的数据直接通过 Kafka 生产者发送给 Kafka，这里需要先安装 Python 来操作 Kafka 的代码库，安装命令如下：

```
pip install flask
pip install flask-socketio
pip install kafka-python
```

然后编写 Python 代码，文件名为 producer. py，实现读取用户数据，获取每个用户的性别数据，每隔 1s 向 Kafka 发送用户的数据。

```
#! /usr/bin/env python3
#-*-coding:utf-8-*-

import csv
import time
from kafka import KafkaProducer

#实例化一个 KafkaProducer 示例,用于向 Kafka 投递消息
producer = KafkaProducer(bootstrap_servers='localhost:9092')
#打开数据文件
csvfile = open("/home/kafka/data/user_log.csv","r")
reader = csv.reader(csvfile)
for line in reader:
    gender = line[9]  #获取每个用户的性别
    time.sleep(1)  #每隔 1s 发送一行数据
    #向 Kafka 发送数据,Topic 为"sex"
    producer.send('sex',line[9].encode('utf8'))
```

接着通过 Python 操作 Kafka 来获取上述步骤传递过来的消息，可通过编写 Python 代码（文件名为 consumer. py）来测试数据是否传递及 KafkaConsumer 端是否获取成功。

```
from kafka import KafkaConsumer

consumer = KafkaConsumer('sex')
for msg in consumer:
    print((msg.value).decode('utf8'))
```

在命令终端窗口将 KafkaConsumer 开启，执行命令如下：

```
python consumer.py #启动 Consumer,从 Kafaka 接收消息
```

在新的终端窗口中将 KafkaProducer 开启，执行命令如下：

```
python producer.py #启动 KafkaProducer,发送消息给 Kafaka
```

在返回之前的终端窗口中可看到，KafkaConsumer 不断地接收传过来的数据，如图 3-23 所示。

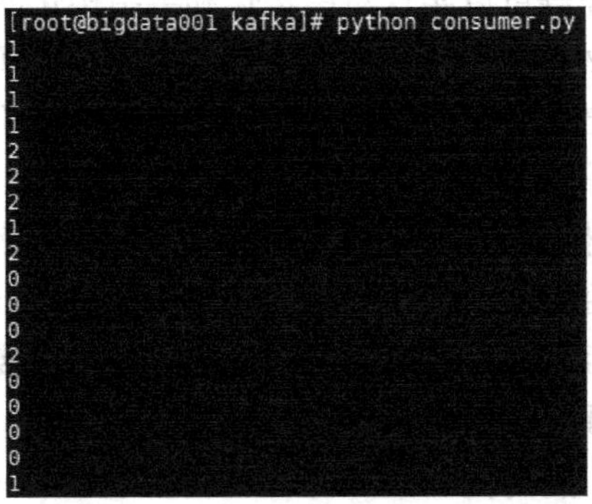

图 3-23　KafkaConsumer 接收数据

参 考 文 献

[1] 胡文俊，汪曲漪．大数据对企业经营活动的影响研究［J］．现代营销（学苑版），2016（5）：29-30.
[2] 周瑞华．沃尔玛大数据 WMX 落地：零售渠道启示性变革［J］．成功营销，2014（9）：34-35.
[3] 梁均军，程宇翔．“数字城市”中数据资源体系建设［J］．地理空间信息，2014，12（2）：38-40.
[4] 曾忠禄．大数据分析：方向、方法与工具［J］．情报理论与实践，2017（1）：5-9.
[5] 张子实．电子商务平台基于用户行为数据的消费预测研究［D］．北京：北京邮电大学，2018.
[6] 李周平．网络数据爬取与分析实务［M］．上海：上海交通大学出版社，2018.
[7] 冯悦．基于集成学习的区域人流密度预测研究［D］．广州：华南理工大学，2016.
[8] 蔡志鹏．利用虚拟混合云构建国家专业教学资源库弹性硬件平台［J］．冶金丛刊，2017（3）：232-233.
[9] 程序员大本营．Kafka 在 Linux 服务器上的安装与配置［EB/OL］．［2020-06-03］．http：//www.pianshen.com/article/2020330292/.
[10] 黄慧连．基于关联规则与孤立点的信息舞弊特征识别研究［D］．北京：华北电力大学．2013.
[11] 贺雅琪．多源异构数据融合关键技术研究及其应用［D］．成都：电子科技大学．2018.

第 4 章 数据存储与管理

4.1 数据存储简介

数据存储是一种信息保留方式，它采用专门开发的技术来保存相应数据并确保用户在需要时对其进行访问。数据以某种格式记录在计算机内部或外部存储介质上。数据存储的对象是数据应用过程中不断需要查找和计算的信息。利用分布式文件系统、数据仓库、关系数据库、NoSQL 数据库、云数据库等可以实现对结构化和半结构化海量数据的存储。

数据存储管理和备份技术源于 20 世纪 70 年代的主机计算模式，由于主机数据集中，海量存储设备——磁带库是当时数据存储的主要设备。80 年代以后，个人计算机迅速发展，到了 90 年代，客户机/服务器模式得到了普及，数据集中在网络上的文件服务器和数据库服务器里，个人的客户机数据积累也达到了一定的规模，因此数据的分散造成了数据存储管理的复杂化。传统的关系型数据库自 20 世纪 70 年代诞生以来，就一直是数据库领域的主流产品。传统的关系数据库可以较好地支持结构化数据存储和管理。它以完善的关系代数理论作为基础，具有严格的标准，支持事务 ACID 四性，即原子性（Atomicity）、一致性（Consistency）、隔离性（Isolation）与持久性（Durability），借助索引机制实现高效的查询。

互联网普及使得存储技术发生着革命性变化，传统的关系数据库难以应对 Web 2.0 以及大数据时代带来的挑战。传统数据库的问题主要表现在 3 个方面：第一，无法满足海量数据的管理需求；第二，无法满足数据高并发的需求；第三，无法满足高可扩展性和高可用性的需求。在大数据时代，数据类型繁多，包括结构化数据和各种非结构化数据，其中非结构化数据的比例更是高达 90% 以上。关系数据库由于数据模型不灵活、水平扩展能力较差等局限性，已经无法满足各种类型的非结构化数据的大规模存储需求。

研究机构 IDC 预言，大数据将按照每年 60% 的速度增加，包括结构化和非结构化数据。如何方便、快捷、低成本地存储这些海量数据，是许多企业和机构面临的严峻挑战。云数据库就是一个非常好的解决方案，云计算的发展推动了云数据库的兴起，目前云服务提供商正通过云技术推出更多可在公有云中托管数据库的方法，将用户从烦琐的数据库硬件定制中解放出来，同时让用户拥有强大的数据库扩展能力，满足海量数据的存储需求。此外，云数据库还能够很好地满足动态变化的数据存储需求和中小企业低成本数据存储需求。整体来说，云数据库具有高可扩展性、高可用性和支持资源有效分发等特点。

随着各大公司开始注重用户体验、物流效率等问题，数据存储在 2015 年左右进入数据仓库阶段。这个阶段主要按照数据模型对整个企业的数据进行采集和整理，提供跨部门、完整、一致的业务报表数据，并生成对业务决策更具指导性、更全面的数据。数据仓库（Data Warehouse）简称 DW 或 DWH，是数据库的一种概念上的升级，能为企业提供数据上的决策支持。数据仓库的主要功能是将经年累月所累积的大量资料，通过数据仓库理论所特有的资料储存架构进行系统性的分析整理，使用户利用各种分析方法从大数据中分析出有价值的信息，建构商业智能。

4.1.1　传统数据存储方式

1. 直接附加存储

DAS（Direct Attached Storage，直接附加存储）是直接连接到访问它的计算机的数字存储。DAS的典型案例包括硬盘驱动器、固态驱动器、光盘驱动器和外部驱动器上的存储。DAS和网络附加存储（NAS）之间的关键区别在于，DAS存储只能从与DAS连接的主机直接访问。DAS不包含任何网络硬件相关的操作环境。DAS提供给连接主机的存储可以由该主机共享。与NAS相比，存储区域网络（SAN）与DAS有更多的共同点，它们的主要区别在于，对于DAS，存储和主机之间是1∶1关系，而SAN是多对多关系。

DAS已经存在了很长时间。虽然在一些部门中，新的SAN设备已经开始取代DAS，但由于DAS在磁盘系统和服务器之间具有很高的传输速率，在要求快速访问的情况下，DAS仍然是一种理想的选择。

2. 网络附加存储

NAS（Network Attached Storage，网络附加存储）是一种网络文件存储，是连接到计算机网络的存储服务器。NAS系统是一种网络设备，包含一个或多个存储驱动器，对数据提供RAID各级别的保护。NAS免除了网络上其他服务器提供文件服务的责任。它们通常使用网络文件共享协议（如NFS、SMB）提供对文件的访问。20世纪90年代中期，NAS支持下的多台设备间的数据传输方式开始流行起来。

采用NAS进行存储，可以实现对多个主机的同时读写。在复杂的网络环境下，NAS易于部署的优势被放大。优秀的共享性能和扩展能力使得NAS至今还有一定的应用。然而，读写文件造成的网络开销又使得NAS不能成为普遍的存储方式。目前，NAS一般被应用于小型的视频监控系统等数据共享存储中。

3. 存储区域网络

SAN（Storage Area Network，存储区域网络）是一个用于数据存储的专用网络。除了存储数据之外，SAN还允许自动备份数据，监视存储和备份过程。SAN不提供文件抽象，只提供文件的块级操作。构建在SAN之上的文件系统提供了文件级访问，被称为共享磁盘文件系统。

SAN是硬件和软件的结合。它起源于以数据为中心的大型机架构，网络中的客户端可以连接到存储不同类型数据的多个服务器。为了解决DAS的单点故障问题，SAN实现了一种直接连接的共享存储体系结构，其中多个服务器可以访问同一个存储设备。存储区域网络采用网状通道技术，是通过交换机等连接设备将磁盘阵列与相关服务器连接起来的高速专用子网。SAN也可以对数据提供RAID各级别的保护。

存储区域网络（SAN）是一种计算机网络，它提供对整合的块级数据存储的访问。SAN主要用于增强存储设备（如磁盘阵列和磁带库）对服务器的可访问性，以便操作系统将这些设备视为本地连接的设备。SAN通常是由其他设备无法通过局域网（LAN）访问的存储设备组成的专用网络，从而防止了LAN通信对数据传输的干扰。

4.1.2 传统数据存储面临的挑战

1. 扩容方式

大数据时代存在的第一个问题就是“大容量”，即数据朝向 PB 级规模发展。因此，数据存储的扩容需求增加。同时，其扩展还必须简便，常见的扩容方式就是直接增加磁盘柜或者模块，以达到扩容的目的。这种扩容的方式被称为纵向扩容，在 SAN 或者 NAS 存储中非常容易实现。

然而，大数据的扩容不能像往常一样使用纵向扩容的方式。简单增加硬件所带来的运维成本是普通企业无法承担的，因此需要考虑横向扩容方式。横向扩容指的是按需动态分配空间，在存储需求较大的时候使用低价的日常机器进行存储。横向扩容的难点在于数据管理，如果采用主从结构，单节点的故障会导致整个存储设备的瘫痪；而如果采用分布式结构，数据管理软件的开发将会是巨大的难题。

2. 存储模式

大数据应用有很高的实时性需求。举例而言，2019 年双十一，在零点附近，阿里数据库的访问流量从每秒几千次瞬间上升到每秒 7000 万次。庞大的流量对数据库的硬件和软件都是一种考验，传统的 MySQL 或者 Postgres 完全不能满足。因此，需要全新的存储模式来应对这些考验。如果使用 SAN 或者 NAS 这样的网络存储模式，访问的规模永远无法超越带宽。当前大数据更多地采用 DAS 框架，但是 DAS 的跨节点访问和存储对存储软件提出了更高的要求。

3. 数据安全

大数据在金融、医疗以及政府情报等这些特殊行业的应用，都有自己的安全标准和保密性需求。同时，大数据分析往往需要多源数据的融合和参考，而过去并没有这样的数据混合访问的情况，因此大数据的应用催生了新的安全性问题。软件系统开发管理者必须对数据安全问题设置一定的标准准则。

4.1.3 大数据存储方式的特征

对于能正确控制的数据库，其特征可概括为“ACID”。ACID 是指数据库正确执行的 4 个基本要素，即原子性（Atomaicity）、一致性（Consistency）、隔离性（Isolation）和持久性（Durability）。但是，如果某一数据库系统运行在遍布世界的计算机上，那么当其中一台计算机出现故障时，服务器就需要在让系统暂时不可用和允许用户继续访问另一台计算机数据之间进行权衡。假如该系统是电商网站的后台，每分钟都有大量的订单需要完成，那么选择让系统暂时不可用无疑会造成巨大的损失。因此需要另外一种数据事务方法论帮助电商网站进行选择和权衡。

大数据存储方式具有与 ACID 完全不同的特征——BASE。BASE 即 Basically Available（基本可用）、Soft State（软状态）和 Eventually Consistency（最终一致性）。BASE 是对一致性和可用性权衡的结果，来源于对大规模互联网系统分布式实践的结论。BASE 的核心思想是即使无法做到强一致性（Strong Consistency），但每个应用都可以根据自身的业务特点，采用适当的方式来使系统达到最终一致性。

基本可用（BA）指的是分布式系统在出现不可预知故障的时候，允许损失部分可用性。

软状态（S）也称为弱状态，和硬状态相对，是指允许系统中的数据存在中间状态，并认为该中间状态的存在不会影响系统的整体可用性。最终一致性（E）是系统中所有的数据副本，在经过一段时间的同步后，最终能够达到一个一致的状态。因此，最终一致性的本质是需要系统保证最终数据能够达到一致，而不需要实时保证系统数据的强一致性。

与 ACID 不同，BASE 关注系统的可用性，希望系统能够持续提供服务，允许数据在短时间内有不一致的地方，同时也假设所有系统到最后都会变为一致。

4.1.4　数据存储框架

数据存储主要采用目前已有的分布式文件系统和 NoSQL 两类大数据存储技术。分布式文件系统用于存储半结构化和非结构化的数据，而 NoSQL 主要用于存储非结构化数据。

分布式文件系统将文件系统分配到不同节点，每个节点可以分布在不同的地点，所有节点组成一个文件系统网络，通过网络进行节点间的通信和数据传输，从而有效地解决数据的存储和管理问题。用户在使用分布式文件系统时，无须关心数据存储在哪个节点上或从哪个节点处获取，只需像使用本地文件系统一样管理和存储文件系统中的数据即可。常见的分布式文件系统有 GFS、HDFS、Lustre、Ceph、GridFS、mogileFS、TFS、FastDFS 等。

NoSQL 用于替代传统的关系数据库。NoSQL 并不排斥 SQL 技术，NoSQL 即 Not only SQL。以传统的关系型模型为基础，NoSQL 数据库弱化了其中的一致性要求，因此它的水平扩展能力得到了提升。SQL 技术被广泛使用的原因之一就是方便的 SQL 查询语句，NoSQL 继承了其语法，并水平扩展到更多类型的数据库，包括文档数据库、图数据库和键值数据库。由于具有模式自由、易于复制、提供简单 API、最终一致性和支持海量数据的特性，NoSQL 数据库能适应大数据带来的多样性和大规模的需求，从而逐渐成为处理大数据的标准。

由于数据源的多样异构特性，因此应用中常常采用混合存储策略及多平台集成技术。分布式 MySQL 用于存储结构化数据；分布式 MongDB 用于存储商品评论、社交媒体等文本数据；Neo4j 用于分布式存储大规模用户关系数据；扩展的 HBase 用于用户移动轨迹数据存储，并在各存储模块之上分别部署相应的检索系统，从而进一步提供批量查询翻译器。

大数据时代意味着需要新的存储技术来满足更大的数据存储需求，数据仓库即为新兴存储技术的重点。数据仓库是“面向主题的、集成的、随时间变化的、相对稳定的、支持决策过程的数据集合”，具有数据采集、数据存储与管理功能，并可以对结构化数据、非结构化数据和实时数据进行管理。在传统的数据仓库管理系统中，关系数据库是主流的数据库解决方案，而在当前大数据应用背景下，分布式文件的数据存储管理更加被广泛关注，它基于廉价存储服务器集群设备，能够满足容错性、可扩展性、高并发性等需求。

本章接下来将详细讲解分布式文件系统 HDFS、NoSQL 数据库 HBase、数据仓库 Hive、弹性搜索及数据质量、安全管理等，使读者将对大数据中的数据存储有初步的了解。

4.2　分布式文件系统

大数据时代必须解决海量数据的高效存储问题，为此，谷歌开发了分布式文件系统 GFS，通过网络实现文件在多台机器上的分布式存储，较好地满足大规模数据存储的需求。

Hadoop 分布式文件系统（Hadoop Distributed File System，HDFS）是针对 GFS 的开源实现，它是 Hadoop 两大核心组成部分之一，为分布式存储提供了一个架构。HDFS 的特点在于它拥有良好的容错能力，并且兼容廉价的硬件设备，因此可以以较低的成本利用现有机器实现大流量和大数据量的读写。

4.2.1 文件系统介绍

文件系统是操作系统用于存储设备（常见的是磁盘，也有基于 NAND Flash 的固态硬盘）或分区上的文件方法和数据结构，即在存储设备上管理文件的机构。操作系统中负责管理和存储文件信息的软件机构称为文件管理系统，简称文件系统。

常见的文件系统，如手机等移动设备的文件系统，由 3 部分组成：文件系统的接口、对对象操纵和管理的软件集合、对象及属性。文件系统通常负责存储设备的分配，并对其中的文件进行保护和检索。它的主要功能包括创建、存入、读出、修改、转储和删除文件。

随着互联网的普及与发展，数据信息进入爆炸式增长时期，海量数据对信息存储与处理提出了更大的挑战。传统的文件系统存储方式无法满足数据处理需求，分布式文件系统应运而生并飞速发展，其中 HDFS 就是一个具有代表性的例子。

文件系统最初设计时，仅仅是为局域网内的本地数据服务的，而分布式文件系统将服务范围扩展到了整个网络，不但改变了数据的存储和管理方式，而且具备了本地文件系统所没有的数据备份、数据安全等方面的优点。

分布式文件系统的设计思路十分简单：当数据存储量超过单个磁盘大小时，可以把数据文件进行分割并存储在多个计算机或者硬盘中，再将这些计算机进行组网管理，构成一个完整的系统。这不仅解决了在单台计算机上存储大量数据的技术难度大和成本高等问题，还可以将计算机进行网络组合，从而大大提高计算能力。

分布式文件系统具有以下优点：

① 可以有效解决数据的存储和管理难题。

② 将原本固定在某个地点的文件系统拓展到多个地点。

③ 将不同分布的文件节点通过网络整合为统一的文件系统网络。

④ 用户在使用分布式文件系统时，无须关心数据存储在哪个节点上或者是从哪个节点获取的，只需要像使用本地文件系统一样管理和存储文件系统中的数据即可。

⑤ 把文件数据切成数据块，将数据块存储在数据服务器上，多台数据服务器存储相同的文件，实现冗余及负载均衡。

4.2.2 HDFS

HDFS（Hadoop Distributed File System）是一个开源系统，其面向大规模数据使用，能够满足大文件处理的需求和流式数据的访问，可进行文件存储与传递，并且允许文件通过网络在多台主机上进行共享。HDFS 在本书第 2 章已做过简单介绍。

HDFS 的主要特点包括：

① 能够处理超大文件。

② 进行流式数据访问，即数据批量读取。

③ 能检测和快速应对硬件故障。

④ 具有简单一致的模型，为了降低系统复杂度，对文件采用一次性写多次读的逻辑设计，即文件一旦写入、关闭，就再也不能修改。

⑤ 程序采用数据就近原则分配节点并执行。

⑥ 高容错性：数据自动保存多个副本，副本丢失后自动恢复。

1. HDFS 系统架构

（1）数据文件存储

用户存储的数据都是文件形式的，当需要存储或者处理的数据量过大时，单个文件无法存储到一个计算机中，此时可以考虑将文件进行固定大小切割，切割产生的多个文件块存储在不同计算机中。使用这种方法可以提高存储数据量，突破单个硬盘的物理存储上限，但随之而来的是分布式文件系统的数据安全问题。HDFS 通过冗余备份方法有效解决了这个难题：在存储文件时，先对文件进行块切割，将产生的文件块进行复制以得到多个备份文件块，将同一文件的备份块放置在 HDFS 的不同节点或者机架存储中。当其中的一个文件块发生故障时，HDFS 可以迅速使用备份文件进行替换或者查询操作。这种存储方式解决了分布式文件的数据节点损坏问题。虽然 HDFS 的设计构架使得整个网络集群特别大，运行服务时总有数据节点会出现故障，但是 HDFS 可以立刻修复这些故障节点，所以 HDFS 对组成集群的计算机硬件设备要求并不高，这使得它可以运行在常见的廉价计算机设备上。

文件以“块”的形式存储在磁盘中，块的大小代表系统读写、可操作的最小文件大小，也就是说，文件系统每次只能操作其整数倍数量的数据。HDFS 的块是一个抽象概念，比操作系统中的块大得多，配置时默认块的大小为 128MB。HDFS 使用抽象块的优点在于：可以存储任意大的文件而不受网络中单一节点磁盘大小的限制，同时可以简化存储的子系统。

HDFS 数据块存储空间很大的原因主要有以下两点：

1）最小化查找时间，控制定位文件与传输文件所用的时间比例。假设定位到块所需的时间为 10ms，磁盘传输速度为 100MB/s。如果要将定位到块所用的时间占传输时间的比例控制在 1%，则块的大小约为 100MB。但是如果块配置过大，在 MapReduce 任务中，Map 或者 Reduce 任务的个数如果小于集群机器数量，那么作业运行效率将会很低。

2）降低内存消耗。如果块配置得比较小，就需要记录更多块的元数据信息，占用更多内存；如果块配置得比较大，由于 MapReduce 中的任务一次只处理一个块中的数据，则会导致任务数较少，这会造成作业分配不均匀，影响作业的运行速度。

（2）HDFS 架构及组件

HDFS 采用主从架构进行管理，一个 HDFS 集群有一个 NameNode，一个 SecondaryNode，至少一个 DataNode，这些节点分别承担 Master 和 Worker 的任务。

1）NameNode（名字节点）。NameNode 是主角色，相当于 HDFS 的核心大脑。它用于存储 HDFS 的元数据（数据的数据，包括文件目录、文件名、文件属性等），管理文件系统的命名空间以及保存整个文件系统的空间命名镜像（File System Image，FSImage），也称文件系统镜像。具体而言，NameNode 负责保存系统的目录树和文件信息，并且保存有空间命名镜像的编辑日志，它只记录元数据操作，而不记录数据块操作。当一个文件被分割成多个数据块时，这些数据块被放置在 DataNode 上，而 NameNode 负责执行操作，比如打开、关闭，以此确定数据块到 DataNode 的映射。从 NameNode 中可以获得每个文件的每个块所在的 DataNode，但是这些信息不会永久存储，NameNode 会在每次系统启动时动态重建这些信息。

2）**SecondaryNode**（备用主节点）。由于整个文件系统比较庞大，读写数据比较多，因此空间命名镜像会越变越大，频繁对其进行操作会使系统运行变慢。于是 HDFS 将每一次对数据节点的操作都记录在 NameNode 的空间命名镜像的编辑日志里，SecondaryNode 负责定期合并 FSImage 和编辑日志。SecondaryNode 通常运行在另一台机器上，因为合并操作需要耗费大量的 CPU 时间以及与 NameNode 相当的内存，其数据落后于 NameNode，因此当 NameNode 完全崩溃时会出现数据丢失。通常的解决方法是复制 NFS 中的备份元数据到 SecondaryNode，将其作为新的主 NameNode。从以上描述中可以看出：SecondaryNode 并不能被用作 NameNode，只是在高可用性（High Availability）中运行一个实时的备份，在活动 NameNode 出故障时替代原有 NameNode 成为新的活动 NameNode。

3）**DataNode**（数据节点）。它是 HDFS 主从架构的“从”角色、文件系统的工作节点、存储文件数据块的节点。它在 NameNode 的指示下进行 I/O 任务操作、存储和提取块。HDFS 工作时，DataNode 会周期性地向 NameNode 汇报自身存储的数据块信息，更新 NameNode 信息，接收 NameNode 的指令，完成对存储数据块的操作。

2. HDFS 容错机制

上文中提到过，对于一个庞大的 HDFS 集群，在运行时总会有节点发生故障，但是 HDFS 仍旧可以正常提供服务，这得益于它的容错机制。

DataNode 和 NameNode 之间会有一个类似通信的机制，称其为心跳机制。当网络发生故障导致 DataNode 发出的心跳信息没有被 NameNode 接收时，NameNode 会认为这个节点发生故障，存储的数据无效，同时从存储相应文件块的其他冗余备份中获取未损坏的文件块进行操作。因此 NameNode 会定期检测 HDFS 中的所有正常冗余备份数目是否小于设定值，假如小于设定值，则从其他备份中复制一定数量的新备份放入 DataNode 中存储，使所有节点的冗余备份数目达到设定值。

3. HDFS 的可靠性和文件安全性

副本存放和数据读取是 HDFS 可靠性和高性能的关键。HDFS 采用机架感知的策略来改进数据的可靠性。在读取数据时，HDFS 会尽量读取距离客户端程序最近的节点副本，减小读取距离和带宽。

HDFS 采用两种方法确保文件安全：第一种是将 NameNode 中的元数据存储到远程 NFS 上，在多个文件系统中备份 NameNode 节点的元数据；第二种是系统中同步运行一个 SecondaryNode，主要负责周期性合并日志中的命名空间镜像工作。

如上所述，HDFS 采用在多个文件系统中备份 NameNode 元数据和使用 SecondaryNode 以检查点的方式来防止数据丢失。但是由于 NameNode 是唯一存储元数据和文件到数据块映射的仓库，并没有提供高可用的文件系统，因此 NameNode 仍旧存在故障的可能。因此，若 NameNode 故障，所有的客户端将不能读写文件，Hadoop 将暂停服务直到有 NameNode 再次可用，此时管理员需要使用文件系统元数据的副本和 DataNode 的配置信息来启动一个新的 NameNode，并让客户端使用这个新的 NameNode。新的 NameNode 要在命名空间的镜像文件被加载到内存重做编辑日志并获得来自 DataNode 的报告后，才能继续提供服务。

因此，在含有大量文件和块的大集群中启动一个新的 NameNode 耗时巨大。为解决这种问题，从 Hadoop 2.0 版本开始为用户提供了 HDFS 的高可用，提供了一对 NameNode，其中一个作为活动节点，另一个作为备用节点，一旦活动节点出现故障，备用节点可以很快接管，继续为客户端提供服务，这期间不会出现明显的中断现象。

4. HDFS 的高可用性

高可用（High Avaliability）具体的实现方式为：NameNode 之间必须共享存储与编辑日志。当一个备用的 NameNode 启动完毕，它会读取标记日志文件，保持与活动 NameNode 状态的同步，然后继续读取由活动 NameNode 写入编辑日志文件中的新的状态。DataNode 必须向两个 NameNode 发送块报告，因为块的映射存储在 DataNode 的内存中，而不是磁盘上。客户端必须配置处理 NameNode 故障切换的机制，这对用户来说是透明的。SecondaryNode 需要设置检查点，定期检查活动 NameNode 的命名空间。对于高可用的共享存储有两个选择：一个是使用 NFS 文件服务器，另一个是仲裁日志管理器（Quorum Journal Manager，QJM）。HDFS 的实现使用的是 QJM，主要是为了提供高可用的编辑日志。QJM 运行一组日志节点（Journal Nodes），每一个编辑操作都会被记录到多个日志节点中，通常是 3 个日志节点，所以系统可以容忍部分日志的丢失。如果 NameNode 故障，而备用 NameNode 的内存存储着最新的状态，那么备用的 NameNode 可以很快接管。但是在实际的观察中，NameNode 之间的切换时间会较长些（1min 左右），因为系统需要确认 NameNode 是否已经失效。在活动 NameNode出现故障的时候，备用 NameNode 也可能出现故障，对于这种极端情况，管理员仍然可以重新启动备用 NameNode，但是这种情况出现的概率较小。

5. HDFS 的数据读写

（1）读操作

客户端使用 Java 程序打开文件，使用分布式文件系统调用数据节点，得到文件的数据块信息，元数据节点返回保存的对应数据块的数据节点信息，并由分布式文件系统返回给客户端。客户端得到文件数据块节点信息，通过 stream( )函数读取数据，分布式文件系统连接保存此文件第一个数据块的最近的数据节点，当客户端读取完成以后关闭读取通道。如果在读取数据过程中，存放数据块的数据节点出现故障，则该节点被记录为故障节点，NameNode对其进行处理，并尝试连接此存储数据块的下一个数据节点，操作流程如图 4-1 所示。

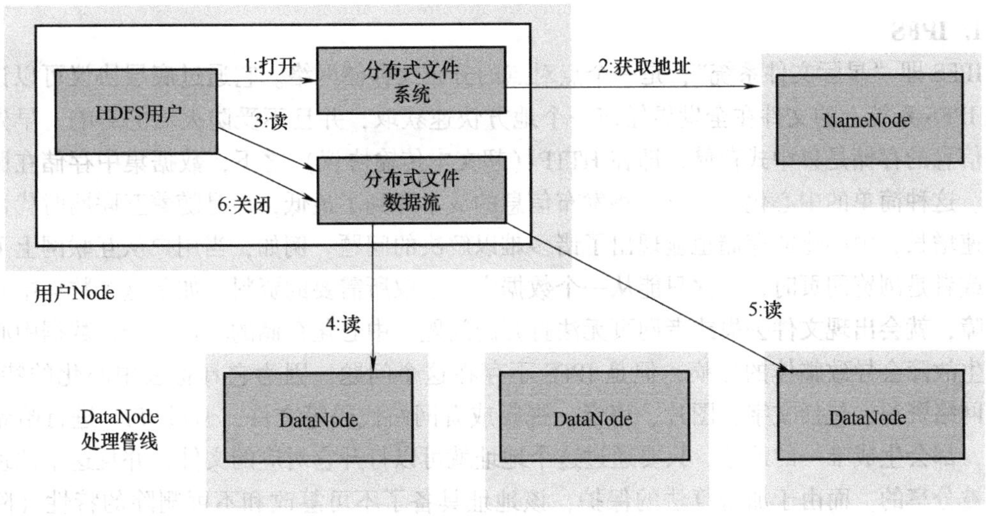

图 4-1　HDFS 读操作流程

(2) 写操作

写操作中，客户端调用 Java API 创建文件，使用分布式文件系统调用元数据节点后在命名空间创建一个新文件。元数据节点在确定该客户端的权限以后，创建响应文件并返回 DFSOutputStream 给客户端用于写数据。客户端使用返回的 DFSOutputStream 开始写数据，该 DFSOutputStream 将写入的数据文件切分并写入数据队列，数据流读取数据队列中的数据，并通知元数据节点分配数据节点存放文件及其副本。上述的数据节点进入处理管线（pipeline），并由数据流逐渐将数据块发送给下一步数据节点；DFSOutputStream 等待处理管线（pipeline）中的数据节点告知数据写入成功。具体操作流程如图 4-2 所示。

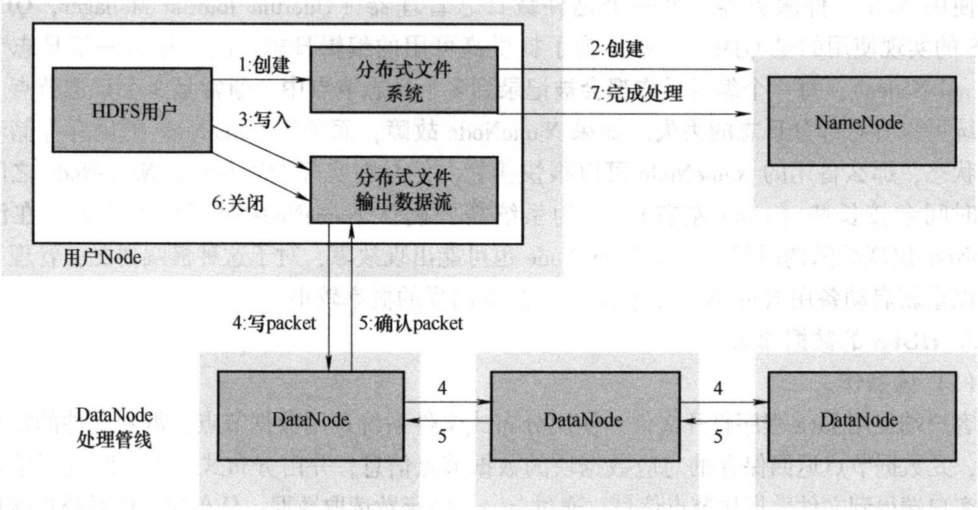

图 4-2 HDFS 写操作流程

4.2.3 其他常见的分布式文件系统

1. IPFS

IPFS 即“星际文件系统”，是一个点对点的分布式存储网络。它通过底层协议可以让存储在 IPFS 系统上的文件在全世界任何一个地方快速获取，并且不受防火墙的影响。早先互联网信息的存储是集中式存储，即在 HTTP（超文本传输协议）之下，数据集中存储在服务器上。这种简单的中心化存储方式将发布信息的成本降到了最低，但是随着互联网时代数据的快速增长，中心化的存储也显现出了诸多难以解决的问题。例如，当用户从互联网上下载文件或者是浏览网页时，一次只能从一个数据中心获取所需要的资料，如果这个数据中心出现故障，就会出现文件丢失或者网页无法打开的问题。中心化存储的不足在于，数据中心一旦发生故障会导致整体的瘫痪，但是 IPFS 不存在这个问题，因为它具备去中心化的特征。任何网络资源，包括文字、图片、声音、视频或者网站代码等文件，通过 IPFS 进行哈希运算后，都会生成唯一的地址，只要通过这个地址就可以打开它对应的文件，并且这个地址是可以被分享的。而由于加密算法的保护，该地址具备了不可篡改和不可删除的特性（除非密码被破解，但概率极低）。一旦数据存储在 IPFS 中，它就具有永久性，即使网站关闭，只要存储该站点信息的网络依然存在，该网页就可以被正常访问。同时存储站点的分布式网络越多，它的可靠性也就越强。

（1）设计初衷

IPFS 的目标是打造一个更加开放、快速、安全的互联网，利用分布式哈希表解决数据的传输和定位问题，把点对点的单点传输改变成 P2P 传输。每一个 IPFS 节点都会存储一个地图，各个地图之间互相连接，所有 IPFS 节点地图加起来构成一个分布式哈希表。当向这个网络请求数据的时候，可以根据数据本身的哈希值，采用一种数学计算的方式，来查找所需资源在哪台机器上，然后建立连接，下载这些数据。

总体而言，IPFS 旨在让网络数据文件实现分布式存储和读取。现在网上的所有信息，都存储在服务器里，为了防止信息丢失，IPFS 会把文件打碎，分散地存储在不同的硬盘里，下载的时候，再从这些散落在全球各地的硬盘里读取。这种方式类似于 BT 下载的一种升级，如果每个人都贡献出自己闲置的存储空间，那么云存储的安全性将得到提升，存储的成本和价格也会降低。

（2）IPFS 的优势

1）IPFS 的特性决定了它可以解决数据存储的过度冗余问题。例如，如果用户喜欢某部电影，又担心之后找不到，通常会把这部电影下载到本地。那么一个无法避免的问题是：同样的一部电影被反复存储在不同的服务器，造成了内存资源的极大浪费，这就是 HTTP 的弊端，即同样的资源备份次数过多所造成的过度冗余问题。而 IPFS 会将要存储的文件做一次哈希计算，完全相同的两个文件其哈希值相同，用户只需要使用相同的哈希值就可以访问该文件。在查找文件时，只要通过文件的哈希值就可以在网络上查找到存储该文件的节点并且找到该文件，从而实现真正的共享资源。因此基于近似于永久存储特性，用户不必担心某一文件资源找不到，全球计算机上只要有服务器存储资料，用户就可以找到它，而不需要重复存储几十万份，从而避免内存资源极大浪费。

2）IPFS 基于内容寻址，而非基于域名寻址。IPFS 的网络上运行着一条区块链，即用来存储互联网文件的哈希值表。当 IPFS 用户需要使用一个资源时，它会通过 DHT 分布式哈希表找到其所在的节点，通过 BitSwap 协议（基于 BT 协议）回传资源并在本地使用。

3）IPFS 存储的数据文件（内容）**具有存在的唯一性**。当一个文件存入 IPFS 网络，IPFS 将基于计算对内容赋予一个唯一加密的哈希值。当文件内容一致时，这个哈希值是唯一的，同时它还可以提供文件的历史版本控制器（类似 Git），并且让多节点使用保存为不同版本的文件。

4）存在节点存储激励以及代币分成。它通过代币（Filecoin）的激励作用来激励各节点存储数据。Filecoin 是一个由加密货币驱动的存储网络。提供存储的用户通过为网络提供开放的硬盘空间获得 Filecoin，而用户则用 Filecoin 来支付去中心化网络中存储加密文件的费用。

2. GFS

GFS 是 Google 公司开发的可扩展的分布式文件系统，和 HDFS 一样，可以用于大量数据的访问。

（1）GFS 架构

GFS 架构比较简单，一个 GFS 集群一般由一个 master（主节点）、多个 chunkserver（chunk 服务器）和多个 client（客户端）组成。在 GFS 中，所有文件被切分成若干个组块

(chunk)，并且每个组块拥有唯一不变的标识（在组块创建时由 master 负责分配）。所有组块实际都存储在 chunk 服务器的磁盘里，为了容错，每个组块都会被复制到多个 chunk 服务器中，GFS 架构如图 4-3 所示。

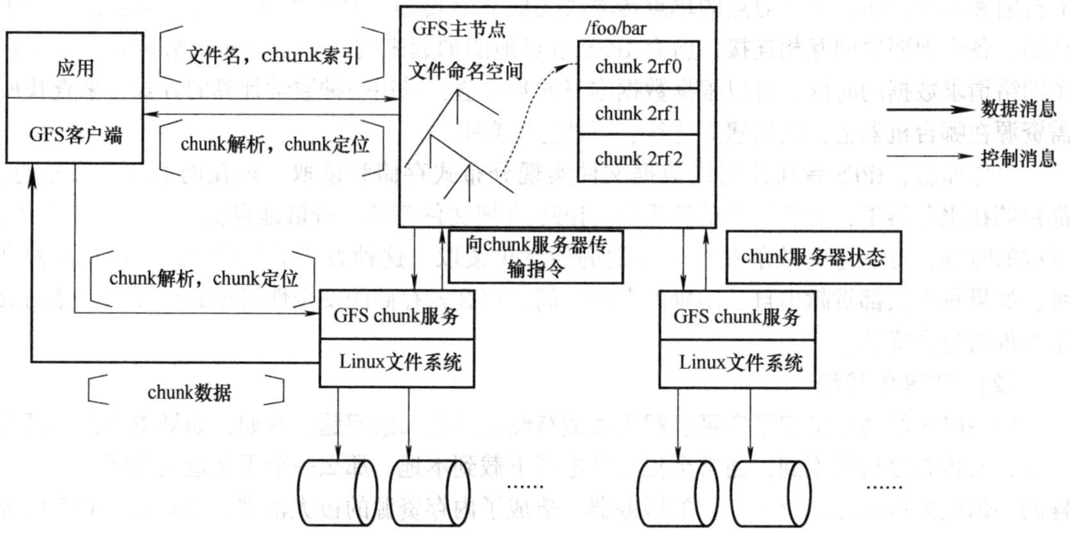

图 4-3 GFS 架构

GFS 中有 4 个主要部件，分别是 GFS chunkserver、GFS master、GFS client 以及 Application（应用）。

1）GFS chunkserver。依托于 Linux 文件系统，所以它本身不需要缓存文件数据，可以直接利用 Linux 系统的数据缓存，这简化了 GFS 的设计。在服务器中，文件都是分成固定大小的组块来存储的，每个组块通过全局唯一的 64 位的 chunk handle 来标识。chunk handle 在组块创建的时候由主节点分配。GFS 服务器把文件存储在本地磁盘中，读或写的时候需要指定文件名和字节范围，然后定位到对应的组块。为了保证数据的可靠性，一个组块一般会在多台 GFS 服务器上存储，默认为 3 份，但用户也可以根据自己的需要修改这个值。

2）GFS master。主节点是 GFS 的元数据服务器，负责维护文件系统的元数据，以及控制系统级活动，是系统中最核心的部分。为了简化设计，主节点是单节点。

3）GFS client。客户端是 GFS 应用端使用的 API 接口，GFS 客户端通过和 GFS 主节点交互来获取元数据信息，但是所有和数据相关的信息都是直接与 GFS chunk 服务器进行交互的。

4）Application。GFS 应用通过 GFS 客户端与 GFS 后端（GFS 主节点和 GFS chunk 服务器）打交道。

（2）GFS 数据的优势

1）完整性。GFS 使用了大量的磁盘，当某个磁盘出错导致数据被破坏时，可以用其他副本来恢复数据，但首先必须能检测出错误。chunksever 使用校验和来检测错误数据。每一个组块都被划分为 64KB 的单元（block），每个单元对应一个 32 位的校验和。校验和与数据分开存储，内存一份，然后以日志的形式在磁盘备份一份。chunkserver 在发送数据之前会核对数据的校验和，防止错误的数据传播出去。如果校验和与数据不匹配，就返回错误，并且向主节点反映情况。主节点会进行复制副本的操作，完成后就命令该 chunk 服务器删除非法副本。

2）一致性。GFS 数据的一致性指的是主节点的元数据和 chunk 服务器的数据是否一致，多个数据块副本之间是否一致，以及多个客户端看到的数据是否一致。

3）可用性。为了保证数据的可用性，GFS 为每个数据块存储了多个副本，避免了一个元数据服务器承担太多压力和出现单点故障的问题。主节点为了能快速从故障中恢复过来，采用了 log 和 checkpoint 技术。

4.3　数据库和数据仓库

4.3.1　数据库及常用操作

1. 数据库简介

数据库可以被认为是存储电子文件的库房，用户可以对文件中的数据进行新增、查询、更新、删除等操作，是一个以一定方式储存在一起、能与多个用户共享、具有尽可能小的冗余度的数据集合。数据库由很多表组成，表是二维的，一张表里面有很多字段，各个字段一字排开，数据一行一行地写入表中，数据库的表能够用二维表现多维的关系。

数据库分为关系型数据库和非关系型数据库。

2. 关系型数据库

在数据存储管理的历史中，传统关系型数据库是一座里程碑。关系型数据库采用关系模型来组织数据。关系模型是一种二维表格模型。表 4-1 展现了关系模型中的一些常用概念。关系型数据库中，数据以行和列的形式储存，读取非常方便。具体而言，关系型数据库优点包括：

① 数据结构化。

② 数据一致性严格。

③ 查询语言简单。

④ 数据分析能力强大。

⑤ 程序和数据独立。

主流的关系型数据库包括 Oracle、Microsoft SQL Server、MySQL、PostgreSQL、DB2、Microsoft Access、SQLite、Teradata、MariaDB（MySQL 的一个分支）、SAP 等。

表 4-1　关系模型中常用的概念

概　念	详细内容
关系	一张二维表
元组	二维表中的行，在数据库中被称为记录
属性	二维表中的列，其个数称为关系的元或度
域	属性的取值范围
关键字	一组可以唯一标识元组的属性
关系模式	指对关系的描述，在数据库中称为表结构

但随着数据量的不断扩大，需要管理的数据已经远远超出了关系型数据库的管理范畴，各种非结构化数据逐渐成为需要存储和挖掘的重要组成部分。关系型数据库在目前数据分析中的不足主要体现在以下几点：

① 应用场景局限。

② 海量数据造成无法快速访问。

③ 难以处理非结构化数据。

④ 扩展性差。

3. 非关系型数据库

NoSQL 是 Not Only SQL 的英文简写，泛指非关系型数据库，它不代表某一个产品或某种技术，而是一种概念，代表一系列数据存储与技术的集合。不同于关系型数据库，NoSQL 强调键值存储和文档数据库的优点，其数据存储不需要固定的表格，具有横向的可扩展性。NoSQL 实现有两个重点，一个是主要使用硬盘作为存储载体，另一个是尽可能把随机存储器当作存储载体。

（1）非关系型数据库的特点

1）运行在 PC 服务器集群上：PC 集群的扩充成本很低，避免了传统数据库共享的高额成本。

2）突破了性能瓶颈：NoSQL 可以省去将 Web 或 Java 应用和数据转换为 SQL 格式的时间，提高了效率。

3）没有过多的操作：NoSQL 能够满足企业的具体需求。

4）开源：NoSQL 的开源得到了开发者社区的支持，有利于其发展。

5）弹性扩展：随着负载的增加，数据库将会分配到各个主机。NoSQL 自提出就考虑到了横向扩展。

6）大数据量：NoSQL 可以存储与处理大数据量。

7）灵活的数据模型：NoSQL 的键值存储允许应用程序在一个数据单元中存入任何结构。

（2）非关系型数据库的分类

非关系型数据库都是针对某些特定的应用需求出现的，因此，对于该类应用，具有极高的性能。依据结构化方法及应用场合的不同，非关系型数据库主要分为以下几类。

1）键值数据库。是一张简单的哈希表（Hash Table），主要用在所有数据库访问均通过主键（Primary Key）来操作的情况下。它有两个列，可称为 key 与 value，key 列代表关键字，value 列存放值。主流代表有 Redis、Amazon DynamoDB、Memcached、Microsoft Azure Cosmos DB 和 Hazelcast 等。

2）文档数据库。文档是处理信息的基本单位。文档可以很长，很复杂，可以无结构，与字处理文档类似。一个文档相当于关系型数据库中的一条记录。文档格式可以是 XML、JSON、BSON 等。文档数据库可视为其值可查的键值数据库。主流代表有 MongoDB，CouchDB、RavenDB 等。

3）列族数据库。该类数据库可存储关键字及其映射值，并且把值分成多个列族，让每个列族代表一张数据映射表。主流代表有 Cassandra、HBase 等。

4）图数据库。该类数据库用于存放实体与实体间的关系。实体也叫"节点"，关系叫

“边”，节点和边都有属性。边具备方向性，节点按关系组织起来。用图将数据一次性组织好，根据“关系”以不同方式解读图或者数据。主流代表有 Neo4J、Infinite Graph、Orient-DB 等。

（3）NoSQL 的不足

1）成熟度。传统的关系型数据库系统更加稳定，而且功能也更加丰富，而 NoSQL 数据库正在快速发展中，许多关键性的功能还有待实现和完善。

2）支持。用户希望得到产品的维护与支持，但大多数的 NoSQL 项目都是开源项目，即使有小公司支持，也不能和 Oracle、IBM 等大型公司比较。

3）分析与商务智能化。NoSQL 数据库几乎没有提供专用的查询和分析工具，即使是一个简单的查询，也需要编写复杂的代码。常用的商务工具也不能直接和 NoSQL 相连。

4）管理。NoSQL 的设计目标是提供一个零管理的解决方案，目前还远没有达到这个目标。安装和维护 NoSQL 在目前都需要很大的工作量。

4. HBase

HBase 基于 HDFS 存储数据。HDFS 不支持随机读写，而 HBase 在 HDFS 的基础上可以实现随机读写数据。HBase 被设计在 Hadoop 集群中存储数据，具有许多特点：可扩展、可伸缩、高可靠等。不同于 MySQL 数据库，HBase 是面向列的非关系稀疏数据库。

（1）HBase 结构简介

HBase 是面向列存储的数据库，类似于 Excel 表格，不过 HBase 的列是列族形式的，列族里面有许多列（数据），列就是存储在里面的数据。如果此列的某个数据不存在，HBase 则默认其列不占用存储空间。MySQL 中，即使数据字段为空，依旧会占据存储空间。所以说 HBase 是面向列的非关系稀疏数据库。HBase 的可扩展能力基于上层能力和存储的扩展，前者依托 HRegionServer 实现，后者依托 HDFS 实现。表 4-2 所示是 HBase 相关概念的介绍。

表 4-2 HBase 相关概念

HBase 相关概念	解释/说明
RowKey	是表中每条记录的“主键”，方便快速查找。RowKey 的设计非常重要，一张表中的 RowKey 必须唯一
Column Family	列族，拥有一个名称（String），包含一个或者多个相关列
Column	列，属于某一个 Column Family
Version Number	类型为 Long，默认值是系统时间戳，可由用户自定义
Cell	由{RowKey,Column Family,Version Number}唯一确定的单元
Time Stamp	时间戳，用于记录 Cell 的变化过程

为了避免数据存在过多版本造成的管理（包括存储和索引）负担，HBase 提供了两种数据版本回收方式：保存数据的最后 n 个版本；保存最近一段时间内的版本（比如最近 7 天）。用户可以针对每个列族进行设置。

（2）HBase 的特点

1）容量大。传统关系型数据库的单表不会超过 500 万，容量较小；HBase 中的单个数据表的行列数可以达到数百万，并且十分支持扩展。

2）**面向列**。HBase 支持面向列的存储和权限控制，并支持独立检索，可以动态增加列，即可单独对列进行各方面的操作。这是一种有利于小规模查询的特点。

3）**多版本**。HBase 的每一个列的数据存储有多个版本，比如某个列可能有多个变更，所以该列可以有多个版本，默认取出最新版本的数据。

4）**稀疏性**。为空的列并不占用存储空间，表可以设计得非常稀疏。不必像关系型数据库那样需要预先知道所有列名，然后再进行 null 填充。

5）**拓展性**。底层依赖 HDFS，当磁盘空间不足的时候，只需要动态增加数据节点服务（机器）就可以了。

6）**高可靠性**。WAL 机制保证了数据写入的可靠性；Replication 机制保证了数据在存储过程中不会丢失；底层使用 HDFS，本身带有备份。

7）**高性能**。对 Rowkey 的查询能达到毫秒，并具备一定的随机读取性能。

（3）HBase 的架构

如图 4-4 所示，HBase 底层是 HDFS，元数据的入口地址存放在 Zookeeper 中，HRegionServer 是数据操作命令的执行者。以下重点介绍各个组件的作用。

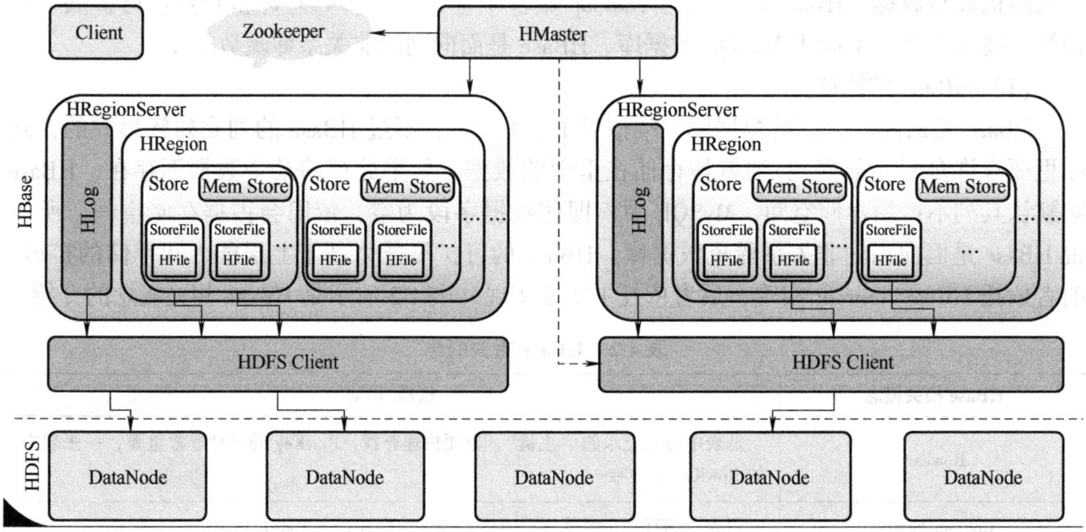

图 4-4　HBase 架构图

1）**HMaster**。它相当于 HBase 的大脑，掌握集群的所有信息。当 HRegionServer 中存储的数据表过大时，HMaster 负责通知 HRegionServer 对表格进行切割，以达到集群的负载均衡。同时，整个 HBase 的数据读写操作都是通过 HMaster 进行管理和通知的，当 HRegionServer 发生故障失效时，HMaster 负责此节点上所有数据的迁移。

2）**Zookeeper**。其存在是 HBase 实现高可用的原因，它保证集群中只有一个 HMaster 工作，同时还监视 HRegionServer 的工作状态。当 HRegionServer 处理客户端的数据读写出现异常时，Zookeeper 会通知 HMaster 进行处理。

3）**HRegionServer**。它是 HBase 的核心组件，负责执行 HBase 的所有数据读写操作，HRegionServer 包含了 HLog、HRegion、Store 等组件。

4）**HRegion**。它是 HRegionServer 中存储数据的组件，一个 HRegionServer 对应一张数据

表，但是由于集群负载均衡的原因，数据表会被等量切分，所以一张完整的数据表可能会对应多个 HRegion，而 HRegion 又由多个 Store 和 HLog 组成。

5）Store。Store 也是存储数据的核心组件，它包含 Mem Store 和 StoreFile 两个内部组件，前者以内存形式存储数据，后者以 HDFS 文件形式存储数据。

6）Mem Store。它是数据存储的首选方式，当内存空间满了后，HBase 会将内存中的数据一次性刷写到 HDFS 上以文件形式存储。空间大小并不是刷写数据的唯一条件，当数据在内存中的存储时间达到设定时间时，HBase 也会进行数据刷写操作。

7）StoreFile。这是存储数据的文件形式，基于 HDFS 存储。

8）HLog。HLog 文件保证了 HBase 的可靠性，它记录 HRegionServer 的数据读写等操作的编辑日志。当 HRegionServer 发生故障时，HMaster 接收到 Zookeeper 的通知后，可以通过 HLog 对数据进行恢复。

9）Meta 表。它用于保存集群中 HRegions 的位置信息（region 列表）。Zookeeper 存储着 Meta 表的位置。

（4）HBase 的读写

读操作是指客户端发出读取数据文件请求，数据库系统进行处理。图 4-5 展示了 HBase 读数据的流程，其中的 RS 为 RegionServer 的英文缩写。Zookeeper 返回存储 Meta 表（元数据）的地址节点（RegionServer 所在 Hadoop 的节点），客户端访问节点，读取元数据后得到存储 RowKeys（需要读取数据所在数据表的行号）所在的节点，客户端向存储节点发起请求，对应节点先查找数据是否存储在内存，然后查找 HDFS 磁盘存储，最后返回数据给客户端。

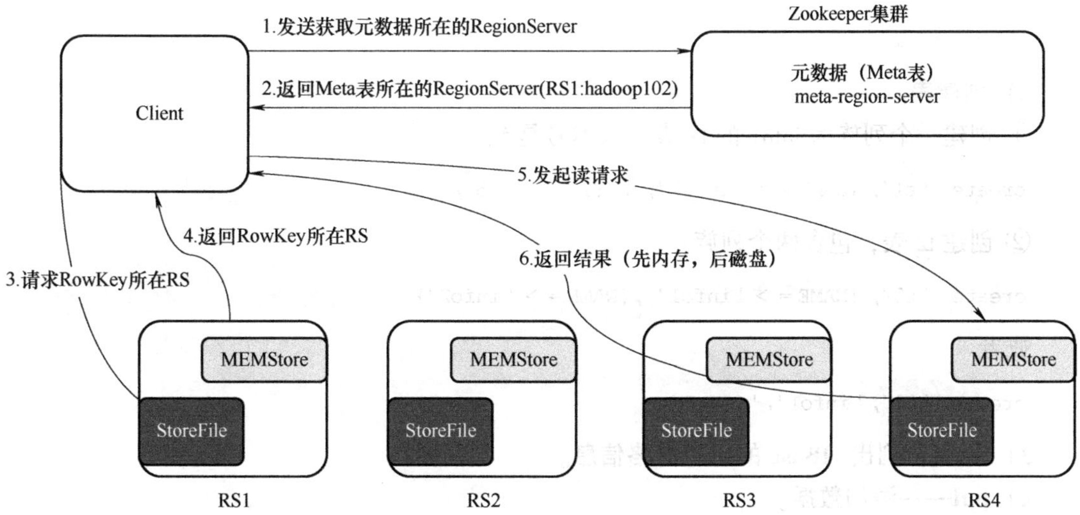

图 4-5　HBase 读数据流程

写（增删改）操作是指客户端发出写数据文件请求，数据库进行处理。图 4-6 展示了 HBase 写数据流程。Zookeeper 返回元数据的入口地址节点（RegionServer 所在 Hadoop 的节点），客户端访问对应节点，得到 Meta 表（元数据），按照需要写入的信息更新 Meta 表，同时根据 Meta 表访问要写入的数据节点，发起写数据请求，更新 HLog，优先将数据写入 Mem

Store，然后等待将数据刷写到 StoreFile 中。

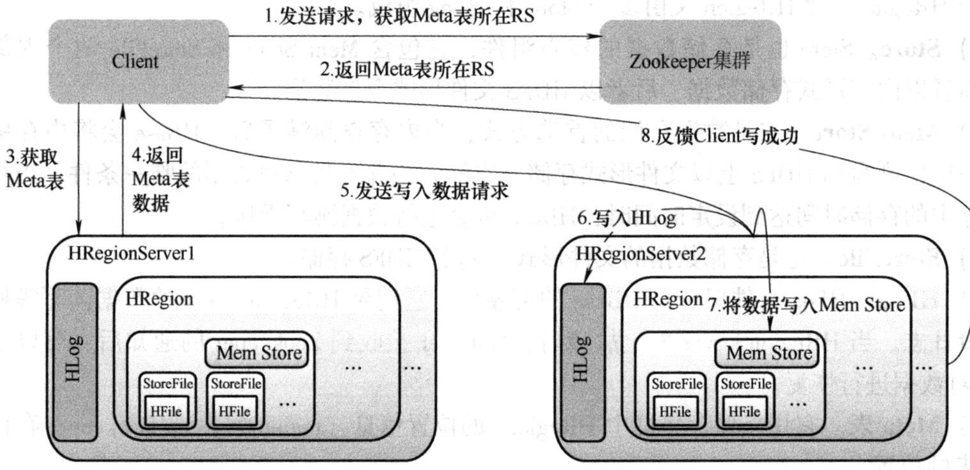

图 4-6　HBase 写数据流程

（5）HBase 数据库操作

对 HBase 数据库的操作一般有两种方式，在 Linux 系统上通过 shell 脚本，也就是以命令行的方式对 HBase 进行增删改查等操作，或者可以基于 Java 的 API 连接数据库进行操作。本书主要对第一种方法进行介绍。

1）启动 HBase 数据库（默认环境配置已经完成）。

在命令行输入“hbase shell”启动。

```
hbase shell
```

2）创建表。

① 创建一个列族为 info1 的 t1 表，版本号是 5：

```
create  't1', {NAME => 'info1',VERSIONS => 5 }
```

② 创建 t2 表，包含两个列族：

```
create  't2', {NAME => 'info1'},{NAME => 'info2'}
```

或者

```
create  't2','info1','info2'
```

3）list——列出 HBase 的所有表格信息。

4）put——添加数据。

向 t1 表的 row1 行和 info1:name 对应的单元格中添加数据 alex，时间戳为 ts1：

```
put 't1','row1','info1:name','alex',1
```

5）get——获取指定单元格数据。

① 获得表 t1、row1 行、name 列时间戳范围为［ts1,ts2］、版本号为 1 的数据：

```
get 't1','row1',{COLUMN =>'c1',TIMERANGE =>[ts1,ts2],version =>1}
```

② 获得表 t1、row1 行、name 列、age 上的数据：

```
get 't1','row1','name','age'
```

6）scan——浏览指定表的数据。

浏览表 t1、row1 列、时间戳范围为［ts1,ts2］的数据：

```
scan  't1', {COLUMN=>'row1',TIMERANGE=>[ts1,ts2]}
```

7）alter——修改列族模式。

① 向表 t1 中添加列族 info1：

```
alter  't1', NAME=>'info1'
```

② 删除表 t1 的 info1 列族：

```
alter 't1',NAME=>'info1',METHOD=>'delete'
```

8）count——统计表中的行数。

统计表 t1 的行数：

```
count  't1'
```

9）enable/disable——使表有效或者无效。

```
enable 't1'
```

10）Delete——删除指定单元格的数据。

删除表 t1、row1 行、时间戳为 ts1 的数据：

```
delete  't1','row1', ts1
```

11）drop——删除表，用法和 delete 类似，在使用该命令前必须使表无效。

12）exit——退出 HBase 集群。

13）status——显示 HBase 集群状态信息，可以设置 detailed、simple、summary 这 3 个参数指定显示信息的详细程度。

```
status 'summary'
```

4.3.2　分布式数据库

1. 分布式数据库简介

分布式数据库与传统数据库的不同在于，分布式数据库是物理分散的，它只保持了计算机网络的联通。与集中式数据库的相比，分布式数据库的特点为数据库数据经过分割和分配存储在不同的节点（场地），但在逻辑上还是一个整体，数据库文件有多份，进行查询需要连接多个服务器，就得实现数据的跨服务器访问。而集中式数据库的特点为数据库数据只存储在一个节点（场地），数据库文件只有一份，进行查询都在一个数据库中进行，比较简单。图 4-7 和图 4-8 所示为分布式数据库示意图与集中式数据库示意图。

2. 分布式数据库的特点

（1）数据透明性

如图 4-9 所示，分片的调用无须考虑数据本身，而由系统自动完成。通过采用这种方法，数据库系统向用户隐藏了细节，实现了数据的透明。

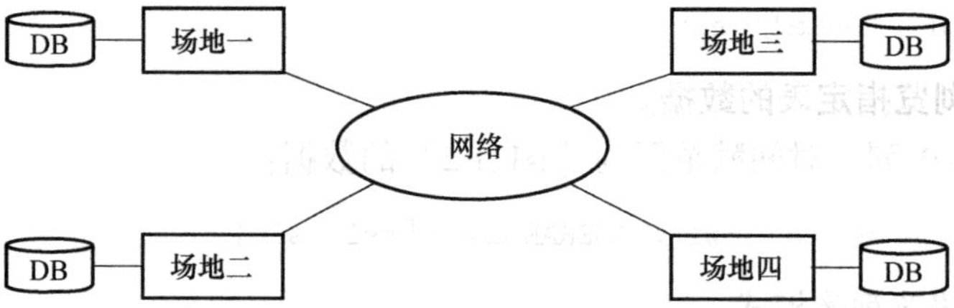

图 4-7　分布式数据库示意图

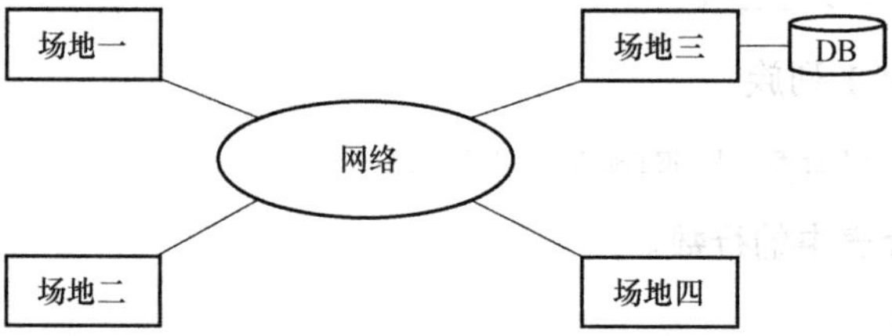

图 4-8　集中式数据库示意图

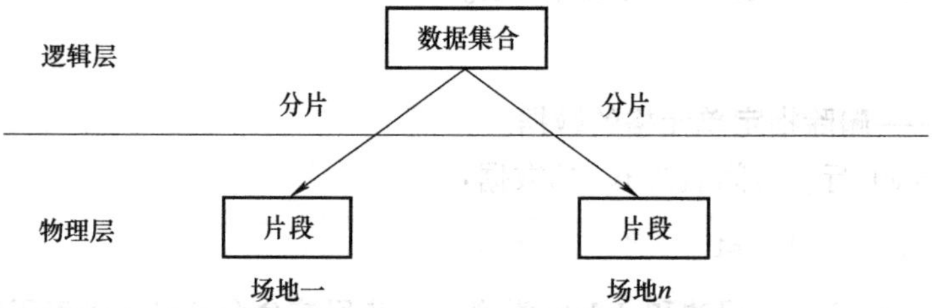

图 4-9　映射示意图

具体而言，数据透明性体现在以下几个方面。

1）**分布透明**：用户可以看到数据的全局分布。

2）**复制透明**：用户可重复复制不同的数据。

3）**分片透明**：分片可以存储在不同的场地。

（2）场地自治性

场地自治性指的是用户在局部进行自我治理的性质。用户只使用本地的数据库，如果要使用全局应用，只需要通过逻辑关系就可以为所有用户提供服务。其中，数据库的设计、通信和执行都由局部用户自治完成。

4.3.3　数据仓库

1. 数据仓库简介

数据仓库，由数据仓库之父比尔·恩门（Bill Inmon）于1990年提出，主要功能仍是将组织信息系统的联机事务处理（OLTP）长期积累的大量资料，通过数据仓库所特有的资料储存架构进行系统的分析整理，以利于各种分析方法如联机分析处理（OLAP）、数据挖掘（Data Mining）的采用，进而支持如决策支持系统（DSS）、主管资讯系统（EIS）的创建，帮助决策者快速、有效地自大量资料中分析出有价值的资讯，以利于决策拟定及快速回应外在环境变动，帮助建构商业智能（BI）。简单来说，数据仓库是一个面向主题的、集成的、随时间变化的、信息本身相对稳定的数据集合。数据仓库的数据反映的是一段相当长的时间内的历史数据内容，是不同时点的数据库快照的集合，以及基于这些快照进行统计、综合和重组的导出数据，而不是联机处理的数据。

2. 数据仓库的特点

（1）数据仓库的数据是面向主题的

面向主题是指数据仓库仅需要与该主题相关的数据，其他的无关细节数据将被排除。主题是一个抽象的概念，是企业信息的数据整合和归类。数据仓库是面向主题的，它在主题上进行抽象并分析利用数据。数据仓库与传统的数据库不同，传统的数据库更关注数据本身的性质。然而，数据仓库是针对企业中宏观分析对象的。这样，数据仓库能在较高的层次上对企业中的对象数据进行一个全面的描述。这里所说的较高层次，是针对数据的组织方式而言的，更高的层次代表了数据有更高维度的抽象。

（2）数据仓库的数据是集成的

集成是指从不同的数据源采集数据整合到同一个数据源，此过程会有一些 ETL（抽取、转换、加载）操作。数据仓库来源于数据库，但更需要满足数据的集成。上文也提到，数据仓库是面向主题的，单一主题的数据可以来源于不同的数据库，因此将不同数据库的数据集成起来是数据仓库的重要原则。一旦数据源有所冲突，数据仓库就需要对其有逻辑判断能力。另外，数据在进入数据仓库之前必须经过整合，以保证主题中不包含歧义数据。

（3）数据仓库的数据是不可更新的

数据仓库用于企业决策，一般涉及查询的数据都不可更新。这是因为数据仓库更在乎历史中数据的衍化，对不同时间点的数据进行保留是数据仓库的特点。这一特点虽然导致了数据仓库空间的极度冗余，但是却为了支持企业决策。对历史数据进行重组和导出，能够分析出更有价值的商业智能。当然，数据仓库也可以设置一定的时间窗来管理数据，将超出范围的数据从中删除。

（4）数据仓库的数据是随时间不断变化的

数据仓库的不可更新是针对应用而言的，并不是指数据进入数据仓库后就保持不变。数据仓库的数据是随时间的变化而不断变化的，这一特征表现在以下 3 方面：

① 数据仓库会随着时间变化不断存入新的数据。

② 数据仓库会删除超过存放时间的数据。

③ 数据仓库中面向业务的综合数据会因为数据的变化而不断发生变化。因此，数据仓库的数据一定包含时间特征，以保证数据整合的正确性。

3. 数据仓库架构分层

数据仓库的数据是冗余的，因为要利用多余的空间对数据进行预处理并存储，保证用户体验。一旦底层业务的规则发生变化，整个数据处理的流程改变，不分层造成的工作量是巨大的。数据分层管理的本质是将数据清洗的过程拆分为多个黑盒，在这种条件下，只需保证黑盒输入/输出的正确性，即可保证整体的正确性，有利于数据清洗中逻辑问题的追溯。图 4-10 所示为数据仓库架构。

1）ODS 层。它是一个临时的存储层，从数据源接收数据后，ODS 层保持与数据源同构

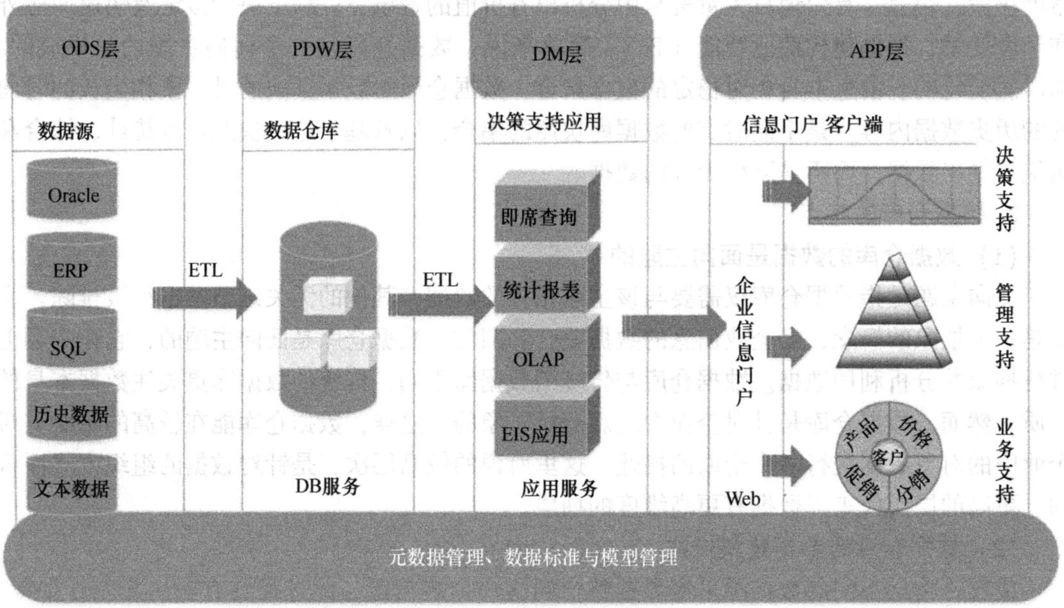

图 4-10 数据仓库架构

以便后续的加工和分析。为了保证数据安全，ODS 层不仅会包含当前加载的数据，还会保存历史数据，并根据问题的规模选择是否全量保存和保存多少时间。

2）**PDW 层**。它是数据仓库层，是对 ODS 层进行数据清洗后保留的数据。这一层的数据是遵循数据库第三范式的，通常和 ODS 层的粒度相同。此外，PDW 层还会保留商业智能（BI）的历史信息。

3）**DM 层**。它是数据集市层，是面向主题来组织数据的。从数据粒度来说，DM 层的数据已经不是明细数据了，而是为了满足不同客户要求的业务数据。DM 层保留的数据信息也不需要全量和全时间，通常来说，近 3 年的数据即可。

4）**APP 层**。它是应用层，是为了满足分析需求而构建的数据，是数据的高度汇总。APP 层不一定会包含 DM 层的所有数据，极端来说，每一张报表都可以在 APP 层构建一个模型来支持。虽然会造成空间的浪费，但是在时间上大大降低了成本。

数据仓库的分层标准只是一个建议性质的标准，实际实施时需要根据实际情况确定数据仓库的分层，不同类型的数据也可能采取不同的分层方法。

4. Hive

Hive 由 Facebook 公司实现并开源，是基于 Hadoop 的一个数据仓库工具。它可以将结构化的数据映射为一张数据库表，并提供 HQL（Hive SQL）查询功能，其底层数据存储在 HDFS。Hive 的本质是将 SQL 语句转换为 MapReduce 任务运行，是一种基于 HDFS 的 MapReduce 计算框架，方便不熟悉 MapReduce 的用户使用 HQL 处理和计算 HDFS 上的结构化数据，并适用于离线批量数据计算。

（1）Hive 的特点

其优点如下：

可扩展性：Hive 可以根据用户需求自由扩展集群规模，一般情况下不需要重启服务。

Hive 可以通过分担压力的方式横向扩展集群的规模。

良好的延展性：Hive 支持自定义函数，用户可以根据需求编写函数来实现既定任务。

良好的容错性：即使节点出现问题，Hive 仍可以保障使用 SQL 语句完成数据库相关操作。

良好的可操作性：Hive 接口采用类似 SQL 的语法，提供了快速开发的能力。

其缺点如下：

Hive 不支持记录级别的增删改操作：数据在加载的过程中都已被确定，但是用户可以通过查询生成新表或者将查询结果导入文件。

Hive 的查询具有延时性：因为 MapReduce Job 的启动过程消耗很长时间，所以不能用在交互查询系统中。Hive 在百兆级的数据集上进行查询，延迟会达到分钟级别，不能实现在大规模数据集上低延迟的快速查询，因此 Hive 适用于实时性要求不高的场合。

Hive 不支持事务：因为没有增删改操作，所以 Hive 主要用来进行 OLAP（联机分析处理），而不是 OLTP（联机事务处理）。

（2）Hive 的架构（如图 4-11 所示）

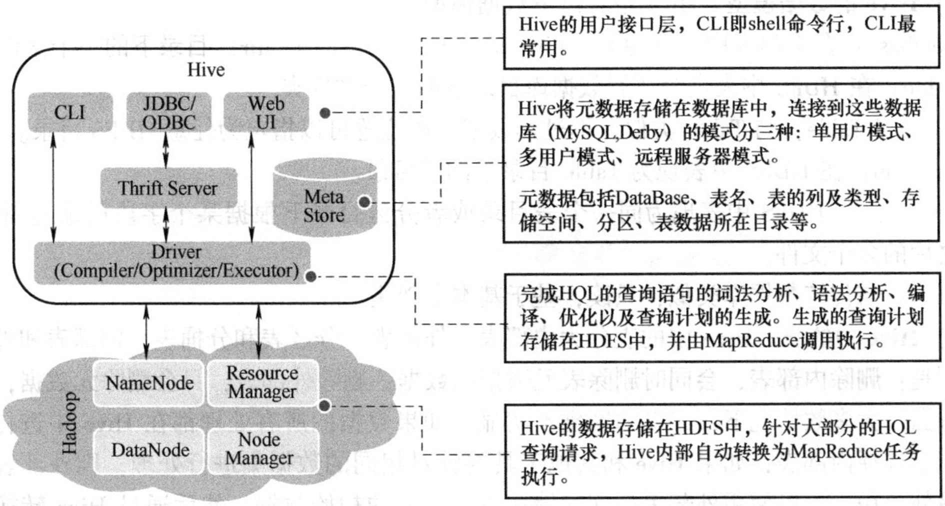

图 4-11 Hive 的架构

1）用户接口：主要有三部分，CLI（命令行接口）、客户端（JDBC 客户端和 ODBC 客户端）以及 Web UI（网络接口）。具体来说，CLI 采用交互形式使用 Hive 命令行与 Hive 进行交互。JDBC/ODBC 是 Hive 基于 JDBC 或 ODBC 操作提供的客户端，用户（开发人员、运维人员）可以通过客户端连接至 Hive Server。针对网络访问需求，Web UI 则可以让用户通过浏览器访问 Hive。

2）Thrift Server（跨语言服务）：方便用户用多种不同的语言来操纵 Hive。Thrift 是 Facebook 开发的一个软件框架，被用来进行可扩展且跨语言的服务的开发，Hive 集成该服务以让不同的编程语言调用 Hive 的接口。

3）Driver（底层驱动器）：包括编译器 Compiler、优化器 Optimizer、执行器 Executor。Driver 组件完成 HQL 查询语句的词法分析、语法分析、编译、优化以及查询计划的生成。生成的查询计划存储在 HDFS 中，由 MapReduce 调用执行。

4）**Meta Store**（元数据存储系统）：存储 Hive 中的数据描述信息。Hive 中的元数据通常包括表的名称、表的列和分区及其属性、表的属性（是内部表还是外部表）、表的数据所在目录。Hive 将元数据通常存储在 MySQL、Derby 等的关系型数据库中，除元数据外的其他所有数据都基于 HDFS 存储。默认情况下，Hive 元数据保存在内嵌的 Derby 数据库中，只能允许一个会话连接，只适合简单的测试，实际生产环境中不适用。为了支持多用户会话，需要一个独立的元数据库，可使用 MySQL 作为元数据库。Hive 内部对 MySQL 提供了很好的支持。

（3）Hive 的数据组织

1）**Hive 的存储结构**。Hive 的存储结构包括数据库、表、视图、分区和表数据等。数据库、表、分区等都对应 HDFS 上的一个目录。表数据对应 HDFS 目录下的文件。Hive 中所有的数据都存储在 HDFS 中，没有专门的数据存储格式。Hive 可支持 TextFile、SequenceFile、RCFile 或者自定义格式等。用户在创建表的时候只需要告诉 Hive 数据中的列分隔符和行分隔符，Hive 就可以解析数据。Hive 的默认列分隔符是控制符（Ctrl + A）；Hive 的默认行分隔符是换行符（\ n）。

2）**Hive 的数据模型**。Hive 中有以下数据模型。

Database：在 HDFS 中表现为 $ {hive. metastore. warehouse. dir} 目录下的一个文件夹。

Table：在 HDFS 中表现为所属数据库目录下的一个文件夹。

External Table：与 Table 类似，不过其数据存放位置可以指定为任意 HDFS 目录。

Partition：在 HDFS 中表现为 Table 目录下的子目录。

Bucket：在 HDFS 中表现为同一个表目录或者分区目录下根据某个字段的值进行 Hash 散列之后的多个文件。

View：与传统数据库类似，只读，基于基本表创建。

3）**Hive 中的表**。Hive 中的表分为内部表、外部表，分区表和分桶表。内部表和外部表的区别是：删除内部表，会同时删除表元数据和数据；删除外部表，只会删除元数据，而不删除数据。大多数情况下，二者的区别不明显。如果数据的所有处理都在 Hive 中进行，那么倾向于选择内部表；如果 Hive 和其他工具要针对相同的数据集进行处理，则外部表更适用。另外，用户可以使用外部表访问存储在 HDFS 上的初始数据，然后通过 Hive 转换数据并存储到内部表中。通过外部表和内部表的区别及使用选择的对比可以看出，Hive 其实仅仅对存储在 HDFS 上的数据提供了一种新的抽象，而不是管理存储在 HDFS 上的数据。所以不管创建内部表还是外部表，都可以对 Hive 数据存储目录进行增删改操作。

分区表和分桶表的区别是：Hive 数据表可以根据某些字段进行分区操作，细化数据管理，可以让部分查询更快，表和分区也可以进一步被划分为不同的桶，分桶表的原理和 MapReduce 编程中的 HashPartitioner 的原理类似。分区和分桶都是细化数据管理，但是分区表是手动添加区分的。由于 Hive 是读模式的，所以对添加进分区的数据不做模式校验，分桶表中的数据是按照某些分桶字段进行 Hash 散列形成的多个文件，所以数据的准确性也高很多。

4.3.4 弹性搜索

1. 简介

除了存储数据，数据仓库另外一个重要功能就是检索数据，其中，弹性搜索（Elastic Search，ES）是当前最稳定的搜索引擎之一。ES 基于 Lucene（全文检索引擎工具包）构建，是一个开源的分布式实时搜索引擎，也可以被看作分布式的实时文件存储，同时可以扩展到上百台服务器，处理 PB 级的结构化或非结构化数据。ES 由弹性网络演化而来，同时避免了弹性网络的训练过程，允许外部能够直接搜索访问路径最短的节点，从而降低搜索的时间复杂度。另外，ES 支持有多个节点的分布式集群，外部可以通过 ES 集群内的任意一个节点与整个集群通信。具体来说，ES 具有高可用、易扩展和近实时的优势。

（1）高可用性

当集群中删减或新增节点时，其内部索引的分片、索引副本的重新分配等，对用户和开发者都是完全透明的。另外，即使某节点失效，ES 也能够保持检索服务的稳定运行，而不会使整个集群崩溃。

（2）易扩展性

扩展包括水平扩展和垂直扩展。不断增加 ES 集群的节点数可对其进行水平扩展，而提高集群内各节点的硬件性能则能够在垂直方向提升弹性搜索的性能。集群节点的硬件性能总会达到极限，而集群的节点数却可以无限制地增加，因此，ES 的易扩展性主要表现在其水平扩展方面。

（3）近实时性

ES 能够达到近实时的检索要求，主要是因为其文档的更新是近实时的。在 ES 中，更新的删除操作只是在磁盘上的 segment（数据段）中标记删除（而没有真正删除）；而新文档索引的重建操作也是直接在内存中的 segment 上进行的。这样使得新旧文档的索引都存储在内存中，保证了 ES 的近实时检索。

目前在开源和专有领域，Lucene 都被认为是最先进、性能最好、功能最全的搜索引擎库之一。但是 Lucene 只是一套用于全文检索和搜寻的开源程式库，想要使用 Lucene，用户必须使用 Java 语言将其集成到应用中。ES 也使用 Java 开发并以 Lucene 为核心来实现所有索引和搜索的功能。相较于 Lucene 的复杂操作程序，ES 通过 RESTFul Style API 使全文搜索变得简单。

2. 技术架构

典型的 ES 技术架构如图 4-12 所示。

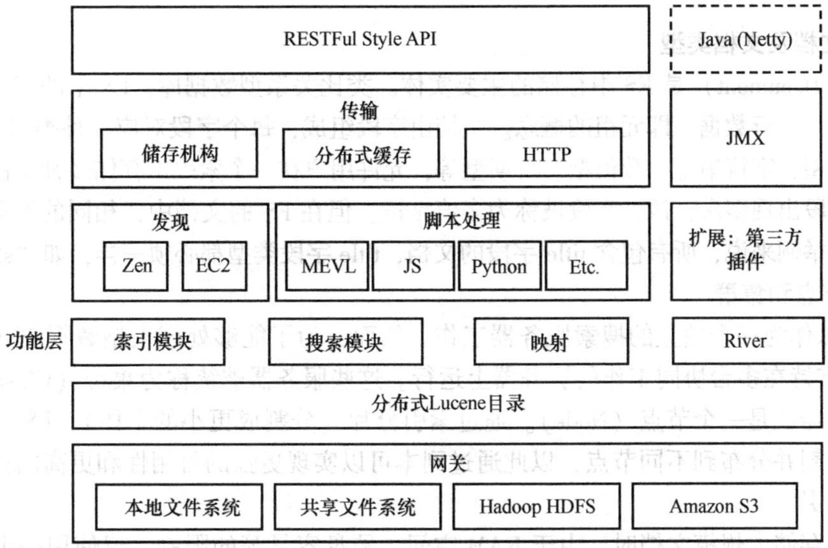

图 4-12　典型的 ES 技术架构

1）**Gateway**（网关）：ES 索引快照的存储方式，用来储存索引备份数据。目前，ES 支持本地文件系统、分布式文件系统、Hadoop 的 HDFS 和 Amazon 的 S3 云存储服务。

2）**Distributed Lucene Directory**（分布式 Lucene 目录）：Directory 是 Lucene 对文件操作的类，包括管理锁工厂及其锁实例、管理目录实例的基本属性、管理与操作该目录的相关流对象、索引文件的复制等。

3）**功能层**：包括 Index Module（索引模块）、Search Module（搜索模块）、Mapping（映射，即定义索引库中索引的字段名及其数据类型）和 River（ES 的一个数据源，也是数据库同步数据到 ES 的方法）。

4）**Discovery**（发现）：ES 的节点发现机制，包括 Zen（自动发现节点机制）与 EC2（Amazon 云平台）。

5）**Scripting**（脚本处理）：ES 支持 MVEL、JS、Python 等多种脚本语言。

6）**Transport**（传输）：ES 内部节点或集群与客户端的交互方式，支持 Thrift、Memcached、HTTP 等协议。

7）**RESTFul Style API、Java**（Netty）：RESTFul Style API 是具有 RESTFul 风格的接口；ES 也能通过 Java NIO 框架 Netty 提供 Java API。

8）**监控**（JMX）。ES 通过标准的 JMX 接口监测集群中各节点服务器的运行状态信息

9）**扩展**。ES 支持范围很广的插件，包括数据类型映射、分词器、功能脚本、自动发现机制、数据抽取、对外接口等。

3. 基本概念

（1）索引

索引（Index）是存放数据的地方，ES 将数据存储在一个或多个索引中。在关系型数据库中，索引是一种单独的、物理的对数据库表中一列或多列的值进行排序的一种存储结构，它是某个表中一列或若干列值的集合及相应的指向表中物理标识这些值的数据页的逻辑指针清单。索引的作用相当于图书的目录，可以根据目录中的页码快速找到所需的内容。与关系型数据库相比，ES 可以快速、高效地对索引中的数据进行全文检索，并且不需要存储原始数据。

（2）文档及文档类型

文档（Document）是 ES 中存储的主要实体。类比关系型数据库，ES 中的每个文档相当于数据库中的一行数据，即元祖的概念。文档由字段组成，每个字段对应一种类型（type）定义，如文本型、字符串型、数值型、日期型等，允许用户在一个索引中存储多种文档类型。ES 允许一个字段出现多次，该类字段被称为多值字段。但在 ES 的文档中，相同的字段必须有相同的类型。举例来说，所有包含 title 字段的文档，title 字段类型都必须一样，如“string”。

（3）节点和集群

ES 可以作为一个独立的搜索服务器工作。然而，为了能够处理大型数据集并实现容错功能，ES 支持在多台协同工作的服务器上运行。这些服务器被统称为集群（Cluster），集群的每个服务器就是一个节点（Node）。通过索引分片（分割成更小的个体），ES 可以将海量数据进行分割并分布到不同节点，以此通过副本可以实现更强的可用性和更高的性能。

（4）分片

当需要存储大规模文档时，由于 RAM 空间、硬盘容量等的限制，仅使用一个节点的算

力是不够的。在这种情况下，ES 可以将数据切分散布到多个物理 Lucene 索引上，每部分是一个单独的索引，这些索引即为分片（Shard）。当需要查询一个由多个分片构成的索引时，弹性搜索将该查询发送到每个相关的分片，并将结果合并，提升了查询效率。

（5）副本

为了提高查询的吞吐量或实现高可用性，可以启用分片副本（Replica）功能。副本分片是对原始分片的一个精确复制件，原始分片被称为主分片。当主分片不可用时，集群可以将一个副本分片提升为新的主分片。

4. 安装与配置

（1）安装和配置 ES 集群

第一步：在安装 ES 之前要确保正确安装了 Java SE 环境，ES 的运行需要安装 Java SE 6 或以上的版本，可通过 http：//www. oracle. com/technetwork/java/javase/downloads/index. html 下载。

第二步：下载、解压、安装 ES，推荐选择最新的稳定版本，可通过 http：//www. elasticsearch. org/download/下载。

第三步：执行简单操作。与 ES 交互的主要接口基于 HTTP 和 REST API，用户可以利用 Web 浏览器执行一些简单的查询和请求操作。

第四步：执行更复杂操作。以执行 cURL 命令为例，cURL 默认安装在 Linux 和 OSX 操作系统上，Windows 操作系统的用户则需要另行下载 cURL 工具，可通过 http：//curl. haxx. se/download. html 下载。

（2）目录结构

安装 ES 后新创建的文件目录及描述如表 4-3 所示。

表 4-3　安装 ES 后新创建的文件目录及描述

目　录	描　述
bin	运行 ES 和进行插件管理所需的脚本
config	ES 的配置文件所在目录
lib	ES 执行中用到的库

启动 ES 后创建的文件目录及描述如表 4-4 所示。

表 4-4　启动 ES 后创建的文件目录及描述

目　录	描　述
data	存储 ES 用到的数据
logs	存储 ES 执行过程中产生的事件信息和错误信息
plugins	已安装插件所在目录
work	存储临时文件

（3）配置 ES

对简单环境而言，因为 ES 具有合理的默认值和自动化配置，因此用户不需要对配置文件进行任何变动。下面介绍一些基本的可配置项来帮助读者更好地理解 ES 配置。

所有配置文件都位于config目录下。该目录包含两个文件：elasticsearch. yml（或者elasticsearch. json）和logging. yml。elasticsearch. yml文件负责设置服务器的默认配置。在运行时，用户不能改变的两个值是cluster. name和node. name。cluster. name保存集群名称。配置具有相同名称的节点将尝试形成一个集群，通过集群名称则可以区分不同的集群。node. name保存节点名称。当用户不指定节点名称时，ES会自动为节点选择一个唯一名称。logging. yml文件定义多少信息写入系统日志，定义日志文件，并定期创建新文件。仅在需要适配监视环境、备份解决方案或系统调试时，才有必要去更改logging. yml文件。

5. 基于REST API的数据操作

API（Application Programming Interface）即应用程序接口，是关于软件系统不同组成部分如何衔接的约定。REST（Representational State Transfer）即表述性状态传递，是一种针对网络应用的设计和开发方式，目的是降低软件开发的复杂性和提高系统的可伸缩性。REST也可以被看作一组架构约束条件和原则，而满足这些约束条件和原则的应用程序或设计就是RESTFul。REST通常使用HTTP、URI、XML及HTML这些现有的广泛流行的协议和标准。在REST的架构中，每个请求都被定向到地址路径部分所指示的具体对象上。例如，如果/books/表示图书馆中的一张图书清单，/books/1就表示标识符为1的那本书。这些对象是可以嵌套的，/books/1/chapter/6就表示图书馆中第一本书的第6章。ES使用请求的类型来表明操作的类型，例如使用GET获得所请求的对象当前状态、使用POST来改变当前对象的状态、使用PUT来创建对象、使用DELETE来销毁对象、使用HEAD请求来提取对象的基本信息。REST API可被用于各种任务，方便用户管理索引、更改实例参数、检查节点和集群状态、索引数据及搜索。REST API的优点在于能够提高响应速度，提高服务器扩展性，简化软件开发需求，提供更好的兼容性。

接下来将通过示例重点介绍REST API中的CRUD操作（创建/Create、检索/Retrieve、更新/Update、删除/Delete）。这些操作可以让用户通过类似于NoSQL数据库的使用方式来使用ES。

（1）创建新文档

假设需要为博客建立一个内容管理系统。其数据实体是博客中的文章。使用JSON语法，一个文档可表示为如下形式：

```
{
    "id":"1",
    "title":"New version of Elastic Search released!",
    "content":"...",
    "priority": 10,
    "tags": ["announce", "elasticsearch", "release"]
}
```

如例所示，JSON文档包含了一组字段，各字段可以有不同的形式。上面的例子中包含了数字（priority字段）、文本（title字段）和字符串数组（tags字段），在下面的例子中会展示其他类型。ES能猜到这些类型，并自动定制在内部结构中存储数据的方式。

现在将这个记录存储到索引中并使其可用于搜索。选择索引名blog和类型article，可以通过执行以下命令来实现：

```
curl-H"Content-Type:application/json"-XPUT http://localhost:9200/blog/arti-
cle/1-d "{"title":"New versionof Elastic Search released!", "content":... ", "tags":
["announce", "elasticsearch", "celease"]}"
```

如果一切正确，服务器将回复一个 JSON 响应，类似于：

```
{
  "ok":true,
  "_index":blog",
  "_type":"aticle",
  "_version":1
}
```

在上面的响应中，ES 返回了操作状态信息并显示新文档的存储位置。结果包含文档的唯一标识符以及当前版本信息，版本号将依据文档的变更情况自动递增。

在上面的例子中，指定了文档的标识符。ES 可以自动生成标识符，仅在索引是唯一的数据源时才可以这样。如果不是唯一数据源，例如使用数据库来存储数据，使用 ES 来做全文搜索，那么数据同步将会受阻，除非 ES 生成的文档标识符也存储在数据库中。下面的命令可以自动生成唯一标识符。

```
curl H"Content-Type:application/json"-XPOST http://localhost:9200/blog/arti-
cle/-d '{"title":"New version of Elastic Search released!" = "content":"... ". "tags":
["announce","elasticsearch", "release"] }'
```

需要注意，命令中使用的是 POST 而不是 PUT。此处是要改变索引中文档的列表，而不是创建新的实体，所以使用 POST 而不是 PUT。服务器的响应如下：

```
{
 "ok":true,
 "_index":"blog",
 "type":"article",
 " id":"XQmdeSe_ RVamFgRHMqcZQg",
 "version":1
}
```

（2）检索文档

已经将文档存在 ES 实例中，接下来尝试检索它们：

```
curl-XGET http://localhost:9200/blog/article/1
```

服务器返回如下响应：

```
{
  "index":"blog",
  "type":"article",
  "id":"1",
  "version":1,
  "exists":true,
```

```
    "source":{
    "title":"New version of Elastic Search released!",
    "content":"..."
    "tags":["announce", "elasticsearch", "release"]
  }
```

在响应中，除了索引、类型、标识符和版本外，还能看到表明文档被找到的信息以及文档来源。如果没有找到文档，会得到如下响应：

```
{
    "_ index":"blog",
    "_type":"article",
    "id":9999",
    "exists":false ?
}
```

其中没有关于版本和文档来源的信息。

（3）更新文档

更新索引中的文档是非常复杂的工作。ES 必须先提取文档、从_ source 字段获得数据、移除旧文档、应用变更，并作为一个新文档给它创建索引。ES 通过脚本传递参数来实现文档的更新，比简单更改字段更灵活。下面通过简单示例来展示它是如何工作的。

执行下面的命令：

```
curl-XPOST http://localhost:9200/blog/article/1/_ update -d "{
"script":"* ctx. _ source. content = \"new content \""
}'
```

服务器响应如下：

```
    {"ok":true,"_ index":"blog". "_ type":"article","_ id":"1"," version":2}
```

通过检索当前文档来确认文档是否已经更新：

```
    curl -XGET http://localhost:9200/blog/article/1
{
    "index":"blog",
    " type":"article",
    "id":"1",
    "version":2,
    "exists":true,
    "source":{
    "title":"New version of Elastic Search released!",
    "content":"new content",
    "tags":["announce", "elasticsearch", "release"] }
}
```

服务器更改了文档内容以及文档的版本号。

除此之外，当脚本中用到即将被更新的文档里的字段值时，假如此时该文档还没有这个字段的值，则可以设置一个将要用到的值。例如，如果要增加一个目前没有的文档计数字段，则可以在请求中使用 upsert 来提供默认值。例如：

```
curl -XPOST http://localhost:9200/blog/article/1/_update -d'{
"script":"ctx._source.counter += 1",
"upsert":{
    "counter":0
}
}
```

在上面的例子中，如果正在更新的文档在计数字段并没有赋值，则默认为 0。

(4) 删除文档

上面的案例介绍了如何创建（PUT）和检索（GET）文档，可以用类似的方式删除一个文档。执行以下删除命令即可：

```
curl-XDELETE http://localhost:9200/blog/article/1
{"ok":true,"found":true,"_index":"blog","_type":"article","id":"1","version":3}
```

6. 聚合数据操作

(1) 聚合操作简介

API-聚合（Aggregations）是 ES 的高级功能之一。聚合功能可以帮助 ES 实现统计分析，方便用户在面对大数据时提取所需的统计指标。同样的统计分析工作，Hadoop 用户可能需要写 MapReduce 或 Hive，Mongo 用户必须使用大段 MapReduce 脚本，而用户在 ES 中仅通过调用 API 就能实现。聚合的部分特性类似于 SQL 语言中的 Group by 语句和 avg( )、sum( ) 等函数。聚合 API 还提供了更加复杂的统计分析接口。掌握聚合功能需要理解两个重要概念。

1）桶（Buckets）：符合条件的文档的集合，相当于 SQL 中的 Group by。例如，在 users 表中按“地区”聚合，一个人将被分到北京 bucket、上海 bucket 或其他 bucket；按“性别”聚合，一个人将被分到男 bucket 或女 bucket。

2）指标（Metrics）：在 Buckets 的基础上进行统计分析，相当于 SQL 中的 count( )、avg( )、sum( ) 等。比如，按“地区”聚合，计算每个地区的人数、平均年龄等。

聚合的基本格式为：

```
GET /news/_search
{
  "size":0,
  "aggs":{
    "NAME":{
      "AGG_TYPE":{}
    }
  }
}
```

其中，NAME 表示当前聚合的名字，可以取任意合法的字符串；AGG_TYPE 表示聚合的类型，常见类型有多值聚合和单值聚合。

（2）聚合实例

下面创建一些对汽车经销商有用的聚合，数据是关于汽车交易的信息，包括车型、售价、出售时间等。

首先批量索引一些数据：

```
POST /cars/transactions/_bulk
{ "index":{}}
{ "price":1, "color":"red", "sold":"2019-01-01" }
{ "index":{}}
{ "price":2, "color":"red", "sold":"2019-1-02" }
{ "index":{}}
{ "price":3, "color":"green", "sold":"2019-01-03" }
{ "index":{}}
{ "price":1.5, "color":"green", "sold":"2019-01-01" }
{ "index":{}}
{ "price":1.5, "color":"green", "sold":"2019-01-01" }
{ "index":{}}
{ "price":2, "color":"green", "sold":"2019-01-02" }
{ "index":{}}
{ "price":8, "color":"blue", "sold":"2019-01-03" }
{ "index":{}}
{ "price":2, "color":"blue", "sold":"2019-01-04" }
```

有了数据，开始构建第一个聚合。如果汽车经销商想知道哪个颜色的汽车销量最好，用聚合可以轻松得到结果，用 terms 桶操作：

```
GET /cars/transactions/_search
{
    "size":0,
    "aggs":{
        "popular_colors":{
            "terms":{
              "field":"color"
            }
        }
    }
}
```

运行结果如下：

```
{
...
  "hits":{
    "hits":[]
```

```
  },
  "aggregations":{
      "popular_colors":{
        "buckets":[
            {
              "key":"red",
              "doc_count":2
            },
            {
              "key":"green",
              "doc_count":4
            },
            {
              "key":"blue",
              "doc_count":2
            }
        ]
      }
  }
}
```

① 因为设置了 size 参数，所以不会有 hits 搜索结果返回。

② popular_ colors 聚合是作为 aggregations 字段的一部分被返回的。

③ 每个桶的 key 都与 color 字段里找到的唯一词对应。它总会包含 doc_ count 字段，显示包含该词项的文档数量。

④ 每个桶的数量代表该颜色的文档数量。

响应包含多个桶，每个桶对应一个唯一颜色（如红或绿）。同时，每个桶所代表的文档数量也会显示。

如果要得到更复杂的度量关系，如每种颜色汽车的平均价格是多少，可以将度量嵌套在桶内，度量会基于桶内的文档计算统计结果。

继续在汽车的例子中加入 average 平均度量：

```
GET /cars/transactions/_search
{
  "size":0,
  "aggs":{
      "colors":{
        "terms":{
            "field":"color"
        },
        "aggs":{
            "avg_price":{
```

```
                "avg":{
                    "field":"price"
                }
            }
        }
    }
  }
}
```

① 为度量新增 aggs 层。

② 为度量指定名字：avg_price。

③ 最后为 price 字段定义 avg 度量。

基于前面的例子加入了新的 aggs 层后，这个新的聚合层就可以将 avg 度量嵌套于 terms 桶内，这就为每个颜色的汽车生成了平均价格。结果如下：

```
    "buckets":[
            {
                "key":"red",
                "doc_count":2,
                "avg_price":{
                    "value":1.5
                }
            },
            {
                "key":"green",
                "doc_count":2,
                "avg_price":{
                    "value":20000
                }
            },
            {
                "key":"blue",
                "doc_count":2,
                "avg_price":{
                    "value":5
                }
            }
```

尽管响应只发生很小的改变，但获得的数据是增长的。之前知道有 2 辆红色的车，现在通过增加度量，红色车平均价格是 1.5 的信息可以直接显示在报表中。

4.4 数据管理

4.4.1 数据质量管理

1. 数据质量评估

从 20 世纪 80 年代开始，国际上开始对数据质量进行定义，即以提高数据质量和准确性为基础。随着大数据的发展和应用，越来越多的企业开始关注数据质量，同时数据质量的定义也从单一概念转变为多维度概念。数据质量的内涵具有相对性，但从整体出发，数据质量的概念侧重于 3 个方面：一是从数据用户的角度出发衡量数据质量，二是通过建立有效的数据质量管理体系从多个角度评价数据质量，三是从多维度的评价因素来判定数据质量的优劣。

在数据仓库中，数据质量体现在数据仓库的采集、转换、存储、应用等各个方面，每个阶段对数据质量有不同的要求。具体来说，数据采集阶段侧重数据的完整性和及时性；数据转换重点要求数据是正确的、一致的；数据存储阶段重点关注数据的集成性；而数据应用方面更注重数据的有效性。

目前，数据质量的度量理论以麻省理工学院 Richard Y. Wang 等提出的数据质量度量维度为典型代表。在此基础上，结合当前大数据质量度量维度的研究，数据的度量维度可分为四大类 18 个维度，如表 4-5 ~ 表 4-8 所示。

表 4-5　大数据固有质量的度量维度

维度名称	维度描述
可信性	数据真实和可信的程度
客观性	数据无偏差、无偏见、公正中立的程度
可靠性	来源和内容方面的可信赖的程度
价值密度	大数据的价值可用性
多样性	大数据类型的多样性

表 4-6　大数据环境质量的度量维度

维度名称	维度描述
适应性	数据在数量上满足当前应用的程度
完整性	数据内容是否缺失，以及满足当前应用的广度和深度的程度
相关性	数据对于当前应用来说适用和有帮助的程度
增值性	数据对当前应用是否有益，以及通过数据使用提升优势的程度
及时性	数据满足当前应用对数据时效性要求的程度
易操作性	数据在多种应用中便于使用和操作处理的程度
广泛性	大数据来源的广泛程度

表 4-7　大数据表达质量的度量维度

维度名称	维度描述
可解释性	数据定义清晰的程度
简明性	数据简明扼要表达事物特征的程度
一致性	数据在信息系统中按照一致的方式存储的程度
易懂性	使用者能够准确地理解数据含义以避免产生歧义的程度

表 4-8　大数据可访问性质量的度量维度

维度名称	维度描述
可访问性	数据可用且使用者能方便、快捷地获取数据的程度
安全性	对数据的访问存取有严格的限制，达到相应安全等级的程度

2. 数据质量影响因素

大数据背景下的统计数据具有海量、非结构化、多元化等特点，从而导致影响大数据质量的因素较为复杂，既包括技术性的因素，还包括非技术性的因素。及时察觉可能影响数据质量的各种因素并采取相应措施是数据质量管理中的重要环节。关于数据管理，美国麻省理工学院的 Richard Y. Wang 教授等人提出了全面的数据质量管理理论，把数据质量的影响因素总结为 3 个方面。

(1) 流程方面

1）数据收集阶段。智能设备、传感器以及社交网络的应用和普及，使得数据的来源更加多样化。数据体量的增大和数据范围的扩大带来了多源数据融合等许多未曾出现过的问题。同时，广泛来源的数据更需要注重时效性问题，企业和组织需要通过智能设备和新兴的数据统计技术来进行数据的实时更新。

2）数据存储阶段。不同的数据存储方法有各自的特点和适用场景。传统的数据存储显然无法满足大数据存储的要求。大数据存储需要改变单一的数据存储结构。尤其是现在的数据中存在着大量视频、图片等非结构化数据，若要沿用传统的数据存储方法将非结构数据转换为结构数据，在这个过程中，数据的完整性、准确性等就会受到影响，因此要根据数据类型和具体需求建立相对应的数据库，从而实现对结构化数据、非结构化数据和实时数据的有效质量管理。

3）数据使用阶段。大数据时代数据的产生和传播速度更加迅速，事件瞬息万变，不断产生和更新数据，从而要求更加及时地进行数据提取和更新。这里对数据的及时性要求很高，数据使用阶段必须保证获取新鲜的数据，做出及时的数据处理分析，才能使管理者做出有价值的决策。

(2) 技术方面

传统的数据检测技术主要针对结构化数据，面对非结构化数据时效果会大打折扣，所以使用传统数据检测技术就会产生数据错误、丢失、失效、延迟等情况，这极大地增加了数据检测的时间成本和风险，降低了数据质量。因此，需要配备更高端的检测设备，满足大数据时代对结构化数据和非结构化数据不同的检测要求，从而及时发现数据存在的问题。

(3) 管理方面

人在数据管理中起着重要作用，这要求企业和组织重视数据库管理人员的配备、数据管理制度和统计数据标准等方面的内容。

1）管理者的认识。首先，企业和组织的高层管理者要在全局宏观层面上认识到大数据发展和应用的重要性，并结合自身业务需求进行大数据建设和落实工作。其次，管理者自身要具备大数据的战略思维，知晓如何用大数据才能有效地使分析和处理的结果发挥其价值，为企业制定利于发展的管理决策。

2）数据库人员的配备。企业应该设立专门的大数据部门，配备高素质的数据库专业人才。数据库人员不仅要精通技术，负责数据库日常的管理和维护来保证数据质量，还要熟悉业务，根据业务需求利用高质量的数据为公司决策提供帮助。

3）统计体制和标准的建立。大数据产业的发展推动着社会经济增长。政府部门对大数据质量非常重视并有严格要求，以保证行业健康发展，通过积极制定相关统计制度建立统计体制和标准，进一步保障大数据质量，促进大数据发展，适应国际发展形势。

3. 数据质量管理方法和工具

传统数据质量管理的 7 种方法和工具包含分层法、检查表、帕累托图、因果分析图、直方图、散点图、过程控制图。

1）分层法。分层法是整理数据的重要方法之一。分层法是把收集来的原始数据按照一定的目的和要求加以分类整理，以便进行比较分析的一种方法。该方法应用于大数据质量管理中，可以进行有目的的数据分类整理，以进一步了解整体数据特征的状况。

2）检查表。检查表是用来系统地收集资料（数字与非数字），确认事实并对资料进行粗略整理和分析的图表。将其应用于大数据质量管理中，可以用于大数据收集，并确保数据的完整性。

3）帕累托图。它又称为排列图、主次图。帕累托图根据质量改进项的重要程度，从高到低对项目进行排列。在大数据质量管理中，帕累托图主要用于发现影响大数据的主要因素和主要问题的排列、识别数据质量改进办法等。

4）因果分析图。因果分析图能简明、准确地表示事物间的因果关系，从而识别出问题的根源，明确改进方向。在大数据质量管理中，因果分析图可以用于分析大数据质量优劣，找到造成问题发生的具体原因。

5）直方图。直方图是描述特征值大小的图。该图应用于大数据质量管理中，可以了解大数据质量特征值的分布状态。

6）散点图。散点图是描述两个因素之间关系的图形，可以应用于大数据的分析研究，分析大数据不同维度变量的关系，是否具有相关性，并根据相关性进行预测分析。

7）过程控制图。过程控制图是区分过程中的异常波动和正常波动，并判断过程是否处于控制状态的一种工具。该图应用于大数据质量管理中，可以了解大数据特性的时间轴变化状态，从而揭示大数据特性的变化趋势和变化范围。

新型数据质量管理的 7 种方法和工具包含关联图、亲和图、系统图、矩阵图、矩阵数据分析法、过程决策程序图和矢线图。

1）关联图。它用于对原因—结果、目的—手段等复杂而相互纠缠的关系的表述，用箭头线连接各要素，将其因果关系表示出来，从而找出主要因素的方法。

2）亲和图。将收集到的各种数据资料按照相近性归纳整理，从而明确问题。在大数据质量管理中，亲和图可以用来整理收集到的意见、观点和想法等资料，并进行关联研究分析。

3）系统图。是一种树状图，表示某个质量问题与其组成要素之间的关系，从而明确问题的重点，寻求达到目的所应采取的最适当的手段和措施。

4）矩阵图。它是从问题事项中找出成对的因素群，分别排成行和列，在其交点上表示成对因素间相关程度的图形。该图应用于大数据质量管理中，可以用于分析不同因素的关系，确定研究的方向和方法。

5）矩阵数据分析法。当矩阵图上各要素之间的关系能够定量表示时，可以通过计算来分析及整理数据。该方法应用于大数据质量管理中，可以用于定量的大数据研究分析。

6）过程决策程序图。它是为实现某一目的进行多方案设计，以应对实施过程中产生的各种变化的一种计划方法。该图应用于大数据质量管理中，可以用于大数据研究计划的制订，在不同场景和变化中，模拟分析可能的结果，从而确定实施的计划。

7）矢线图。这是一种利用网络技术来制订最佳日程计划并有效管理实施进度的一种方法。该图应用于大数据质量管理中，可以用于大数据研究计划的制订，找到影响计划的关键路径，从而确定切实可行的计划安排。

4.4.2 数据安全和隐私管理

1. 数据安全和隐私的重要性

大数据时代，每个人都是大数据的使用者和生产者，同时也笼罩在信息泄露的风险中。数据泄露事件在全世界范围内层出不穷，不断加剧着用户对网络安全以及大数据环境下数据安全和隐私的担忧。2014年5月，美国电商巨头eBay公司遭遇网络攻击，全球范围内1.45亿条客户信息被泄露；2014年10月，由于公司计算机系统遭遇网络攻击，美国资产规模第一大银行摩根大通的7600万家庭和700万小企业相关信息被泄露；2014年5月，小米部分用户信息泄露。各种“安全门”的出现不断暴露着虚拟世界的安全隐患。频繁上演的信息泄露事件引发了大数据的信任危机，对大数据发展造成了不利影响。因此，解决数据安全和隐私问题是当今大数据管理的重要议题。

2. 数据安全和隐私的问题与挑战

大数据应用模式导致数据的所有权和使用权分离，产生了数据所有者、提供者、使用者三种角色，数据不再像传统技术时代时的那样在数据所有者的控制范围之内。数据是大数据应用模式中各方都共同关注的重要资产，黑客实施各种复杂攻击的目标就是盗取用户的关键数据资产。因此，围绕数据安全的攻防成了大数据安全关注的焦点，同时也牵动着各方敏感的神经。

技术性故障等问题在大数据时代依然存在，关联着个人隐私和大规模数据泄露。大数据将网络空间与现实社会更紧密地联系在一起，带来了新的数据安全的隐私风险，将信息安全带入一个全新、复杂和综合的时代。

(1) 大数据成为网络攻击的显著目标

不同行业领域都竞相利用大数据技术发展业务，而大数据技术也为不同行业之间实现数据资源共享提供了条件。大数据意味着大规模、更复杂、更敏感的数据，个人、企业或组织都可以在大数据的整合和分析中获取一些敏感、有价值的数据，从而达到个人私利或为组织获取更强的竞争力。这就意味着更多的潜在攻击者威胁数据安全，并且，数据的大量汇集，使得潜在攻击者在将数据攻破之后以此为突破口来获取更多有价值的信息，无形中降低了攻击者的进攻成本，增加了大数据网络攻击的“性价比”。

(2) 对大数据的分析利用可能侵犯个人隐私

大量采集、整合和分析个人数据，对企业而言是挖掘了数据的价值，但对个人而言，却将个人的生活情况、消费习惯、身份特征等暴露在他人面前，这极大地侵犯了个人隐私权。随着企业越来越重视挖掘数据价值，通过用户数据来获取商业利益将成为趋势，侵犯个人隐私的行为会越来越多。

(3) 大数据成为高级可持续攻击的载体

高级可持续攻击（Advanced Persistent Threat，APT）的特点是攻击时间长，攻击空间广，单点隐藏能力强。大数据为入侵者实施可持续的数据分析和攻击提供了极好的隐藏环境。传统的信息安全检测是基于单个时间点进行的针对威胁特征的实时匹配检测，而APT是一个过程，不具有被实时检测到的明显特征，无法被实时检测，因此隐藏在大数据中的APT攻击代码也很难被发现，从而带来更多数据泄露的风险。

（4）大数据存储带来新的安全问题

大数据环境下，数据数量呈非线性增长，并且种类复杂多样。大量多样的数据存储在一起，多种应用程序同时运行会导致数据杂乱无序、难以管理，从而造成数据存储管理混乱、信息安全管理不合规范。同时，数据的不合理存储也加大了事后溯源取证的难度。

3. 数据安全和隐私的常用防护技术

（1）数据发布运用匿名措施

对于结构化数据，应该对用户的数据发布状态以及次数做出明确规定，这也是数据保护的重要前提，也就是一次静态发布。在此形势下，对标识符进行属性分组，将相同属性分为一组，以便于集中处理匿名信息。站在理论的角度来看，这种数据匿名技术具有可行性，但在实际情况中却不能有效满足前提条件，不能一次性完成用户数据发布，进而为攻击者提供了可乘之机，让其可以从不同发布点收集整理各用户的信息。对于由边和点组成的图结构数据，应严格把控边和点的安全和保护。在进行用户信息点属性匿名处理的过程中，主要让其毫无可见性；针对边属性的匿名处理，应该将传递信息双方的连接关系设置成仅对方可见，这样攻击者就看不见隐藏的信息了。

（2）数据水印技术

水印技术将可标识信息用一些很难发现的方式在数据载体中嵌入。具体的实施可以借助集合的方式在某一固定的属性中嵌入数据，这种方式可以有效防止数据攻击者破坏水印。此外，可借助在水印中录入数据库指纹，将信息的所有者和被分发的对象识别出来，这样便可以在分布式环境下追踪信息泄露者。

（3）角色的挖掘技术

角色的访问控制基于现阶段使用的最为普遍的访问控制模型。角色访问控制最初运用的是“由上而下”的模式，现阶段人们发现，这种模式可以将算法的编制顺利完成，可以更好地完成角色的优化和自动提取，以对用户角色进行整合和分配的方式使用户的相关权限得到有效控制。角色挖掘技术还可以用来监控用户行为。

（4）访问控制技术

大数据访问控制技术主要用于防止非授权访问和保护重要的大数据资源。访问控制包括自主访问控制和强制访问控制。自主访问控制是指用户拥有绝对权限，能够生成访问对象，并能决定哪些用户可以访问。强制访问控制是指系统对用户生成的对象进行统一的强制性控制，并按已制定的规则决定哪些用户可以访问。大数据平台需要不断地接入新的用户终端、服务器、存储设备、网络设备和其他 IT 资源。当用户数量多、处理数据量巨大时，用户权限的管理任务就会变得十分沉重和烦琐，导致用户权限难以正确维护，从而降低了大数据平台的安全性和可靠性。因此，需要进行访问权限细粒度划分，构造用户权限和数据权限的复合组合控制方式，提高对大数据中敏感数据的安全保障。

实验五 HBase 操作

本实验的目的是练习并熟悉 HBase 的常用操作。

本实验使用 HBase 的 shell 命令完成以下操作：

① 列出 HBase 的所有表信息。

② 在 HBase 中创建表 1。

③ 向创建的表中添加表 1 的数据。

④ 打印创建的表 1 的信息。

⑤ 删除创建的表 1。

下面介绍具体步骤。

1）使用 hbase shell 启动 hbaselist，查看数据库中的所有表。

如图 4-13 所示，该数据库内没有任何表存在。

图 4-13　数据库中没有任何表

2）如图 4-14 所示，使用 create 'stu'，'info' 命令创建一个 stud 表，里面的列族名为 info。使用 list 查看创建好的表。

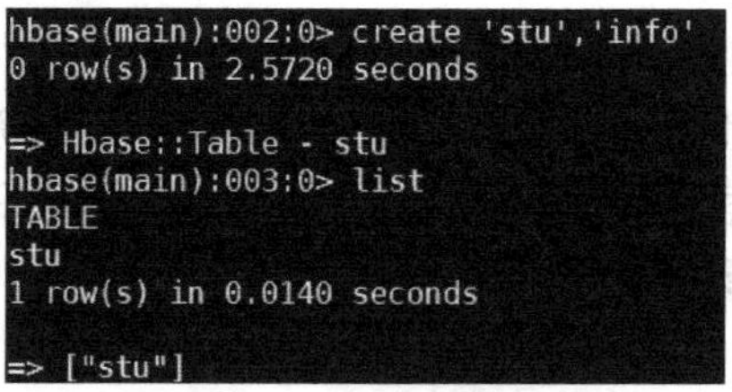

图 4-14　创建 stud 表

3）通过 put 操作添加需要的数据。

```
put 'stu','row1','info:stu_num','2019001'
put 'stu','row1','info:name','zhangsan'
put 'stu','row1','info:sex','male'
put 'stu','row1','info:age','22'
scan 'stu'
```

如图 4-15 所示，向表 stu 中添加第一行数据，并使用 scan 命令查看插入的结果。

图 4-15　添加数据

4）继续添加其他行数据，查看创建好的表信息。

```
scan 'stu'
```

此时的表如表 4-9 所示。

表 4-9　学生（stu）

学号（stu_num）	姓名（name）	性别（sex）	年龄（age）
2019001	Zhangsan	male	22
2019002	Alex	female	20
2019003	Wangwu	male	16

5）删除 stu 表，并退出 habse 命令行。

```
disable  'stu'
    drop  'stu'
exit
```

实验六　弹性搜索应用实例

本实验的目的是练习并熟悉弹性搜索的常用操作。

本实验应完成以下操作：

① 数据能够包含多个值的标签、数字和纯文本。

② 能够检索学生的所有信息。

③ 支持结构化搜索。

④ 支持全文搜索和短语（Phrase）搜索。

1. 创建数据

可以通过以下命令创建数据：

```
PUT /school/student/1
{
    "first_name":"San",
    "last_name":  "Zhang",
    "age":20,
    "about":      "I love Si Li",
    "interests":[ "sports", "music" ]
}
```

可以看到，path：/school/student/1 包含 3 部分信息，如表 4-10 所示。

表 4-10　/school/student/1 包含的信息

名　字	说　明
school	索引名
student	类型名
1	这个学生的 ID

请求实体（JSON 文档）包含学生的所有信息。他的名字为“SanZhang”，20 岁，喜欢 SiLi，兴趣是运动和音乐。

同理，加入更多的学生信息，代码如下。

```
PUT /school/student/2
{
   "first_name":  "Si",
   "last_name":  "Li",
   "age":19,
   "about":      "I like Wu Wang",
   "interests":  [ "music" ]
}

PUT /school/student/3
{
   "first_name":  "Wu",
   "last_name":  "Wang",
   "age":20,
   "about":       "I like San ",
   "interests":  [ "sports" ]
}
```

2. 搜索文档

现在的目标是对单个学生进行搜索。这对于 ES 来说非常简单。使用 GET 操作返回 JSON 文件。

```
GET /school/student/1
```

SanZhang 的原始 JSON 文档包含在_ source 字段中。

```
{
  "_index":  "school",
  "_type":   "student",
  "_id":     "1",
  "_version":1,
  "found":   true,
  "_source":  {
     "first_name":  "San",
     "last_name":  "Zhang",
     "age":20,
     "about":     "I love Si Li",
     "interests":  [ "sports", "music" ]
  }
}
```

尝试一个最简单的搜索全部学生的请求：

```
GET /school/student/_search
```

默认情况下，搜索会返回前 10 个结果。

在请求中依旧使用_ search 关键字，传递参数 query，就可以得到所有姓氏为 Zhang 的结果。

```
GET/school/student/_search
{
  "query":{
    "match":{
      "last_name":"zhang"
    }
  }
}
{
  ...
  "hits":{
      "total":      2,
      "max_score":  0.30685282,
      "hits":[
        {
          ...
          "_source":{
            "first_name":  "San",
            "last_name":  "Zhang",
            "age":        20,
            "about":       "I love Si Li",
            "interests":[ "sports", "music" ]
          }
        },
        {
          ...
          "_source":{
            "first_name":  "Si",
            "last_name":  "Zhang",
            "age":14,
            "about":       "I love San Li",
            "interests":[ "music" ]
          }
        }
      ]
  }
}
```

3. 更复杂的搜索

现在考虑更复杂的搜索情况，仍然考虑所有姓张的学生，同时加入年龄大于15岁的条件，代码如下。

```
GET /school/student/_search
{
    "query":{
        "filtered":{
            "filter":{
                "range":{
                    "age":{ "gt":15 } <1>
                }
            },
            "query":{
                "match":{
                    "last_name":"zhang" <2>
                }
            }
        }
    }
}
```

代码<1>部分，gt代表greater than，表示查询年龄大于15岁的人。

<2>部分代码与上文中的match语句作用相同。

于是只找到了一位同学：

```
{
  ...
  "hits":{
      "total":      1,
      "max_score":  0.30685282,
      "hits":[
        {
          ...
          "_source":{
            "first_name":  "San",
            "last_name":  "Zhang",
            "age":20,
            "about":      "IloveSiLi",
            "interests":[ "sports", "music"]
          }
        }
      ]
  }
}
```

4. 全文搜索

到目前为止的搜索都很简单：搜索特定的名字或者筛选年龄。现在尝试一下传统数据库难以实现的全文搜索。

搜索所有喜欢“SiLi”的学生：

```
GET /megacorp/employee/_search
{
    "query":{
        "match":{
            "about":"Si Li"
        }
    }
}
```

得到了两个匹配文档：

```
{
  ...
  "hits":{
      "total":      2,
      "max_score":  0.16273327,
      "hits":[
        {
            ...
            "_score":         0.16273327, <1>
            "_source":{
              "first_name":  "San",
              "last_name":  "Zhang",
              "age":20,
              "about":      "I love Si Li",
              "interests":[ "sports", "music" ]
            }
        },
        {
            ...
            "_score":         0.016878016, <2>
            "_source":{
              "first_name":  "Si",
              "last_name":  "Zhang",
              "age":14,
              "about":      "I like San Li",
              "interests":[ "music" ]
            }
        }
      ]
  }
}
```

<1> <2>结果相关性评分：

默认情况下，ES根据结果相关性评分来对结果集进行排序，可以看到，提到SiLi的同学相关性更高，但是ES同时也显示了提到了SanLi的同学。一旦提到了Li，全局搜索就会把两位学生的结果都返回。这一点在传统数据库中是不可想象的，在传统的数据库中只有匹配或者不匹配两种可能。

5. 聚合

ES有一个功能为聚合（Aggregations），聚合使得使用者可以对数据进行最简单的统计分析。

举个例子，找到所有学生中最大的共同点（兴趣爱好），代码如下。

```
GET /school/student/_search
{
  "aggs":{
    "all_interests":{
      "terms":{ "field":"interests" }
    }
  }
}
```

查询结果为：

```
{
  ...
  "hits":{...},
  "aggregations":{
      "all_interests":{
        "buckets":[
            {
              "key":      "music",
              "doc_count":2
            },
            {
              "key":      "forestry",
              "doc_count":1
            },
            {
              "key":      "sports",
              "doc_count":1
            }
        ]
      }
  }
}
```

如果想知道所有姓“Zhang”的人最大的共同点（兴趣爱好），只需要增加合适的语句既可：

```
GET /school/student/_search
{
  "query":{
    "match":{
      "last_name":"zhang"
    }
  },
  "aggs":{
    "all_interests":{
      "terms":{
        "field":"interests"
      }
    }
  }
}
```

all_ interests 聚合已经变成只包含与查询语句相匹配的文档：

```
  ...
"all_interests":{
"buckets":[
    {
        "key":"music",
        "doc_count":2
    },
    {
          "key":"sports",
          "doc_count":1
    }
  ]
}
```

参考文献

[1] 百度百科．数据仓库［EB/OL］．［2020-06-03］．https：//baike. baidu. com/item/数据仓库/381916? fr=aladdin.

[2] 百度百科．索引［EB/OL］．［2020-06-03］．https：//baike. baidu. com/item/索引/5716853? fr=aladdin.

[3] 百度百科．应用程序编程接口［EB/OL］．［2020-06-03］．https：//baike. baidu. com/item/应用程序编程接口/3350958? fr=aladdin.

[4] 百度百科．rest [EB/OL]．[2020-06-03]．https：//baike. baidu. com/item/rest/6330506? fr = aladdin.
[5] 大鱼．数据库和区块链的异同 [J]．金卡工程，2017 (4)：61-62.
[6] 曹方．大数据时代的“大安全” [J]．上海信息化，2014 (10)：22-25.
[7] 曹刚．大数据存储管理系统面临挑战的探讨 [J]．软件产业与工程，2013 (6)：34-38.
[8] 陈克非，翁健．云计算环境下数据安全与隐私保护 [J]．杭州师范大学学报 (自然科学版)，2014，13 (6)：561-570.
[9] 陈玺，马修军，吕欣．Hadoop 生态体系安全框架综述 [J]．信息安全研究，2016，2 (8)：684-698.
[10] 陈亚杰．基于弹性搜索的科学文献与科学数据存储检索研究 [D]．昆明：昆明理工大学，2016.
[11] 达呼．基于 HBase 的工业云系统架构研究 [D]．北京：北方工业大学，2018.
[12] 代乾坤．分布式日志采集系统设计 [J]．电脑知识与技术，2019，15 (17)：9-11.
[13] 华伟．视频数据存储技术探讨 [J]．中国安防，2009 (5)：33-37.
[14] 黄羿．数据挖掘在本科教学质量评估的研究与应用 [D]．贵阳：贵州大学，2007.
[15] 高宏，曹学义，边歆．存储今日掌握未来 [J]．中国计算机用户，2000 (43)：67-69，71-72，78.
[16] 郭媛媛．基于决策支持理论，数据仓库技术的海关风险管理平台 [D]．天津：天津大学，2003.
[17] 郭云鹏．云服务用户鉴权模型的研究与实现 [D]．北京：北京邮电大学，2017.
[18] 卢本新．数据仓库数据质量管理的研究 [D]．大连：大连理工大学，2013.
[19] 李城，童彬，刘应波，等．分布式检索在异构科技信息资源中的应用及优化 [J]．计算应用与软件，2017 (10)：78-84.
[20] 李翀，张彤彤，杜伟静，等．基于 Hive 的高可用双引擎数据仓库 [J]．计算机系统应用，2019，28 (9)：65-71.
[21] 林子雨，赖永炫，陶继平．大数据技术原理与应用 [M]，北京：人民邮电出版社，2018.
[22] 聂元铭．大数据及其安全研究 [J]．信息安全与通信保密，2013 (5)：15-16.
[23] 潘彪．元数据安全性研究 [D]．上海：上海交通大学，2009.
[24] 钱代友．浅谈数据存储与备份管理 [J]．广东金融电脑，1999 (5)：39-40.
[25] 谈佩文．云存储技术在食品安全视频监控领域的应用 [D]．南京：南京邮电大学，2017.
[26] 王明，张海洋，王步放，等．面向 HBase 的大数据脱敏技术实践 [J]．电子技术与软件工程，2019 (19)：164-167.
[27] 王倩，朱宏峰，刘天华．大数据安全的现状与发展 [J]．计算机与网络，2013，39 (16)：66-69.
[28] 王媛．大数据安全与隐私保护策略 [J]．数字通信世界，2019 (7)：145.
[29] 王占宏，王战英，顾国强，等．分布式弹性搜索研究与实践 [J]．微型电脑应用，2014，30 (7)：9-12.
[30] 吴长燕．基于数据仓库技术的税收分析系统的设计与实现 [D]．厦门：厦门大学，2013.
[31] 吴世忠．大数据时代的安全风险及政策选择 [J]．中国信息安全，2013 (9)：60-63.
[32] 辛金国，张亮亮．大数据背景下统计数据质量影响因素分析 [J]．统计与策，2017 (19)：64-67.
[33] 徐静．基于 Elasticsearch 的分布式媒体资源管理系统的设计与实现 [D]．天津：天津大学，2018.
[34] 杨宁．基于 Spark 的云化报表系统的设计与实现 [D]．南京：南京邮电大学，2016.
[35] 闫晓丽．大数据分析与个人隐私保护 [J]．中国信息安全，2014 (3)：105-107.
[36] 左谱军，朱晓民．基于 Hive 的数据管理图形化界面的设计与实现 [J]．电信工程技术与标准化，2014，27 (1)：89-92.
[37] 张德栋，祝咏升，司群．大数据环境下信息安全分析 [J]．铁路计算机应用，2015，24 (2)：76-78.
[38] 张洪磊．基于 Hadoop 的医院数据中心系统设计与实现 [D]．杭州：浙江大学，2014.
[39] 周齐．浅析数据库与数据仓库的内在区别 [J]．网络财富，2008 (12)：210.
[40] 朱星烨，何泾沙．大数据安全现状及其保护对策 [J]．信息安全与通信保密，2014 (10)：33-35.

第5章 大数据处理与分析技术

大数据处理与分析技术是随着数据量急剧膨胀而产生的从海量数据中提取有效信息的方法。本章对现有的大数据处理与分析技术进行综合介绍，以帮助读者快速掌握如何从海量数据中提取有价值的信息。

5.1 大数据计算框架概述

大数据由于具有海量性、多样性等特征，计算方式也区别于传统的数据计算，采用的是分布式计算框架。根据其在数据存储及计算速度等方面的不同，大数据计算框架可分为离线计算和实时计算两种类型。

5.1.1 离线计算

1. 离线计算的基本概念

离线计算是指解决一个问题后就要立即得出结果，计算开始前已知所有输入数据且在输入数据不会发生变化的前提下进行的计算。离线计算的特点包括：数据量巨大且保存时间长；可进行复杂的批量运算；数据在计算之前已经完全到位，不会发生变化；能够方便地查询批量计算的结果。离线计算多用于模型的训练和数据的预处理，最经典的就是 Hadoop 的 MapReduce 方式。此外，Spark 框架也适用于对大数据进行离线计算。

2. 离线计算框架

（1）Hadoop 框架

本书第 2 章已对 Hadoop 生态系统进行了介绍。Hadoop 框架最核心的设计是 HDFS 分布式文件系统（Hadoop Distributed File System）和 MapReduce 分布式计算框架。HDFS 是 Hadoop 用于存储数据、运行在通用硬件上的分布式文件系统。它和现有的分布式文件系统有很多共同点，如多网络节点存储、支持超大文件，但区别是 HDFS 具有更高的容错性、更高的数据吞吐量等优点。MapReduce 是 Hadoop 用于计算数据的框架，其基本思想是将问题分解成 Map（映射）和 Reduce（化简），Map 程序先将大批量的数据集分割为独立的区块，利用计算机集群进行分布式处理，然后通过 Reduce 程序将各节点的处理结果汇总输出。MapReduce 的作业流程是任务的分解与结果的汇总，适用于大规模数据集的并行运算以及离线快速处理。

（2）Spark 框架

Spark 是一个专为大规模数据处理而设计的快速、通用的计算引擎，由加州大学伯克利分校 APM 实验室开发。Spark 将数据存储在抽象的弹性分布式数据集（Resilient Distributed Datasets，RDD）中，并将 RDD 数据集的操作结果存到内存中，方便下次操作时直接从内存中读取数据，减少了大量磁盘 I/O 操作，提升了集群的数据处理速度。Spark 适用于离线数据处理，支持交互式计算和复杂算法，并且计算速度快、通用性强，也适用于多次迭代的计算模型（机器学习模型），但不能用于处理需要长期保存的数据。

Spark 框架的核心为 Spark Core，支持从 HDFS、Amazon S3 和 HBase 等系统读取数据，然后以 MESS、YARN 和自身携带的 Standalone 为资源管理器调度 Job 完成 Spark 应用程序的计算。这些应用程序可以来自于不同的组件，如实时处理应用组件 Spark Streaming、机器学习组件 MLlib/MLbase、图处理组件 GraphX 和数学计算组件 SparkR 等。Spark 还提供了基于内存的集群计算和 Scala、Java、Python 等 API，支持多种编程语言，对编程人员来说简单易用。

5.1.2 实时计算

1. 实时计算的基本概念

随着用户数据量的增加，离线计算越来越慢，难以满足用户在某些场景下的实时性要求，因此很多解决方案中引入了实时计算。例如，商用搜索引擎 Google 和 Bing 通常在响应用户查询中提供结构化的 Web 结果，同时插入点击付费模式的文本广告。在该场景中，商用引擎需要在每次的搜索事件中动态估计搜索结果中不同广告被点击的可能性，然后在页面上展示最有可能点击的广告。一个搜索引擎可能每秒钟处理上万次查询，而且每个页面都可能会包含多个广告。为了及时反馈，需要一个低延迟、可扩展、高可靠的处理引擎支持对持续到达的数据的处理计算，即处理引擎需要具备实时计算的能力。

在实时计算中，输入数据是以序列化的方式逐个输入并进行处理，也就是说，在计算开始的时候并不需要知道所有的输入数据。实时计算的特点包括无限数据、无界数据处理及低延迟，但由于实时计算不能在整体上把握输入数据，所以得出的结果可能不是最优解。实时计算的应用场景一般为数据源是实时不间断的，且要求实时响应用户，如日志分析、车联网、物联网等领域。目前，常用的工业级别的实时流计算框架有 Spark Streaming、Storm、Apache Samza 等。

2. 实时计算框架

（1）Spark Streaming 框架

Spark 最早采用 RDD 模型，具有比 MapReduce 计算快约 100 倍的显著优势，实现了对 Hadoop 能力的大幅升级。为持续降低使用门槛，Spark 社区开始开发高阶 API。Spark Streaming 是对核心 Spark API 的一个扩展，它能够实现对实时数据流的流式处理，并具有高吞吐量和很好的可扩展性、容错性。Spark Streaming 支持从多种数据源提取数据，如 Kafka、Flume、Twitter、ZeroMQ、Kinesis 及 TCP 套接字，并且可以提供一些高级 API 来表达复杂的处理算法，如 Map、Reduce、Join 和 Window 等。数据处理完成后，Spark Streaming 支持将处理完的数据推送到文件系统、数据库或者实时仪表盘中展示。Spark Streaming 里的 DStream 把实时进来的无限数据分割为小批数据集合，定时器定时通知处理系统去处理这些小批数据。但其劣势非常明显，即难以胜任复杂的流计算业务且不支持乱序处理。

（2）Storm 框架

Storm 是一个开源的分布式实时计算系统，可以实现简单又可靠的无界数据流处理与计算。Storm 对于实时计算的意义相当于 Hadoop 对于批处理的意义。Hadoop 提供了 Map 和 Reduce 原语，使用户对数据进行批处理变得非常简单。同样，Storm 也对流数据的处理计算提供了 Spout 和 Bolt 原语。Storm 运行在分布式集群上，与 Hadoop 相似，也采用主从式架构，可用于处理源源不断的消息和更新数据库（流处理），在数据流上进行持续查询，并以流的形式返回结果到客户端（持续计算）。Storm 的主要特点有：配置和操作简单，支持多种编程语言，容错性高，消息处理快速、可靠等。

（3）Apache Samza 框架

Apache Samza 也是一个开源的分布式流处理框架，它使用开源分布式消息处理系统 Apache Kafka 来实现消息服务，并使用资源管理器 Apache Hadoop YARN 实现容错处理、处理器隔离、安全性和资源管理。在 Samza 流数据处理过程中，每个 Kafka 集群都与一个能运行 YARN 的集群相连并处理 Samza 作业，这意味着默认情况下需要具备 Hadoop 集群（至少具备 HDFS 和 YARN），但同时也意味着 Samza 可以直接使用 YARN 丰富的内建功能。Samza 的主要特点有 API 简单、容错性高、可扩展性高，以及可插拔/开箱即用等，非常适用于实时流数据处理的业务，如数据跟踪、日志服务、实时服务等，能够帮助开发者进行高速信息处理。

5.2 文本数据处理与分析

近年来，文本作为人们传播和接收信息的重要途径之一，其数据量已呈现指数级增长，这便要求人们从海量的文本数据中分析、挖掘出有用的知识。而为了实现网络舆情监控、欺诈检测、情感分析等应用目标，如何对社交媒体、电子商务等平台的文本数据进行处理、分析与挖掘已变得十分重要。本节将介绍有关文本数据处理与分析的概念及步骤，常用的文本数据特征及应用举例，并进一步说明常用文本数据特征的提取方法。

5.2.1 文本数据处理与分析简述

文本是人们日常生活中信息交流的基本方式，它是最常见、结构化程度最低、最庞大的数据源之一，如电子邮件、短信、微博、社交媒体网站的帖子等，甚至可通过图像识别技术、语音识别技术将图像、语音数据转换成文本形式的数据。文本数据通常具有较高的价值，因此对文本数据进行处理、分析与挖掘一直是一个较热门的话题。

文本数据处理与分析主要包括文本数据预处理、文本数据特征提取以及基于机器学习等算法模型的文本挖掘。首先，由于文本信息中往往存在较多冗余，文本数据预处理的目的就是去除文本中无效的噪声。其次，文本数据特征提取的目的就是应用各种技术将非结构化的文本数据转换为词向量。向量中的元素通常是数值，表示每个单词在文本中的特定权重，可以是单词频率、是否出现（0/1）或其他权重。最后，基于机器学习等算法模型的文本挖掘即基于文本数据特征，利用机器学习等算法模型，从数据中获得有意义的模式，最终服务于商业智能及探索性、描述性、预测性分析。文本分析中常见的技术和算法包括文本分类、文本聚类、文本摘要、情绪分析、实体提取和识别、相似性分析和关系建模等，本书不详细介绍这些技术，感兴趣的读者可参考相关书籍。

文本数据处理的应用场景多种多样，比较流行的有垃圾邮件检测、新闻文章分类、社交媒体分析和监控、生物医学、安全情报、市场营销和客户关系管理、情绪分析、广告植入、聊天机器人和虚拟助理等。接下来，本书将对文本数据的常用特征及提取方法进行介绍，旨在让读者了解文本数据在管理学领域的常见处理方式及应用场景。

5.2.2 常用文本数据特征

文本数据通常由单词、句子、段落组成，没有较为整齐的结构化数据列，机器学习方法很难对此类非结构化数据直接进行处理。本小节将介绍一些表征文本数据的常用特征，包括文本层级的特征，如文本长度和文本情感；单词层级的特征，如词频和 TF-IDF（Term Frequency-Inverse Document Frequency）。基于应用需求，用户可以提取特征从而有效地表征文本的某些属性（如信息量、情感、内容等），进而用于构建、训练机器学习或深度学习模型。

1. 文本层级的特征

（1）文本长度

文本长度一般是指每个文本的词汇统计数量。文本长度特征在社交网络、电子商务等领域的研究中应用较广泛。文本字数可以从一定程度上体现文本内容的信息量及质量属性，一般情况下，具有较多字数的文本往往具有较高的信息量且具有较高的质量。例如，Korfiatis 等人在其研究中利用评论长度衡量评论的质量特征，发现评论长度与评论有用性之间存在正相关关系；Sahoo 等人分析了商品线上评论长度对商品购买及退货概率的影响。

（2）文本情感

文本情感分析又称文本倾向性分析。目前，淘宝等线上购物网站及微博等社交网络平台上产生了大量用户生成内容（User Generate Content，UGC），这些用户生成内容可以表达用户对产品、人物或服务的观点与态度，所以此类信息中往往包含用户的情感色彩和情感倾向性。关于文本情感的特征，较为常用的是文本情感极性，即积极和消极情绪两类。在社交网络、电子商务等相关领域，文本的情感极性是应用较为广泛的特征之一。例如，Deng 等人研究了微博文本的情感极性与股票收益之间的相互作用；Anindya 等人从社交媒体上关于酒店的用户生成内容中，提取内容的情感极性用来表征群众对于酒店的质量评价，并进一步探索了 UGC 对顾客决策的影响。

2. 单词层级的特征

（1）词频

词频（Trm frequency，TF）指的是单词在文本中出现的次数。词频是单词层级上最基础的特征，在社交网络研究领域也有较多的应用，例如，WEI 等人在对“分布式拒绝服务攻击”相关帖子中所包含的单词按照词频进行排序后，选取排名较前的单词作为“分布式拒绝服务攻击”帖子与其他帖子的区分依据，即若某帖子包含较多“分布式拒绝服务攻击”相关单词，则该帖子很可能是“分布式拒绝服务攻击”相关帖子。

（2）TF-IDF

由于词频仅考虑某单词在文本中的出现次数，并未考虑单词在文本中的重要性，因此，TF-IDF 值被引入以衡量单词在文本中的重要程度。例如，单词“is”可能在某文本中有较高的词频，但因为该词可能在每个文本中的词频都较高，所以单词“is”在文本中的重要程度并不高。TF-IDF 代表单词频率—反文档频率，它是两个度量（即单词频率（TF）和反向文档频率（IDF））的结合。如果某单词在各个文本中都有较高的频率，那么该单词在区分文本的能力方面便较弱，其重要程度低；如果某单词仅在某个文本中有较高的频率，在其他文本中几乎不出现，那么该单词在区分文本的能力方面较强，在对应文本中的重要程度较高。Wang 等人利用单词的 TF-IDF 值表征手机应用描述文本，并且基于所构建的文本向量来计算各手机应用描述的相似性，从而检测出相似的手机应用列表。

5.2.3 文本数据特征提取方法

本小节将介绍5.2.2小节中常用特征的具体提取方法及其代码实现（代码均在Python2环境下实现）。

1. 文本层级特征提取方法

（1）文本字数

文本字数统计较为简单，将文本进行分割后取长度即可。代码实现如下所示：

```
text1 = "I am very happy today. "
print "number of words:" + str(len(text1. split()))
```

结果如下：

```
number of words:5
```

（2）文本情感

这里介绍借助TextBlob包实现文本情感极性判别的方法。TextBlob是一个用Python编写的开源文本处理库，它可以用来执行很多文本处理及分析的任务，包括词性标注、成分提取、情感分析、文本翻译等（TextBlob的详细功能及使用教程可参考其官方文档）。文本情感分析的代码实现如下例：

```
from textblob import TextBlob
text1 = "I am very happy today. "
text2 = "I am happy today. "
text3 = "I am sad today"
#创建 TextBlob 对象
blob1 = TextBlob(text1)
blob2 = TextBlob(text2)
blob3 = TextBlob(text3)
#输出 TextBlob 对象的情感极性
print "text1 sentiment:" + str(blob1. sentiment. polarity)
print "text2 sentiment:" + str(blob2. sentiment. polarity)
print "text3 sentiment:" + str(blob3. sentiment. polarity)
```

结果如下：

```
text1 sentiment:1.0
text2 sentiment:0.8
text3 sentiment: -0.5
```

情感极性取值范围为[-1,1]，-1表示完全消极，1表示完全积极。从结果中可以看出，text1和text2为积极情绪文本，并且相较于text2，text1文本的积极情绪更高。text3为消极情绪文本。

2. 单词层级特征提取方法

（1）词频

词频即某单词在文本中出现的次数，这里借助于scikit-learn包实现文本内单词频率统计。scikit-learn 是基于 Python 语言的开源机器学习工具，整合了多种数据分析与挖掘算法。词频统计的实现代码如下例：

```
from sklearn.feature_extraction.text import CountVectorizer
corpus = [
    'My name is Xiaoming.',
    'His name is Xiaohong.',
    'Her name is Xiaodong',
    'You are welcome',
]
#将文本中的单词转换为词频矩阵
vectorizer = CountVectorizer()
#计算各单词出现的次数
X = vectorizer.fit_transform(corpus)
#获取文本中的所有词语
word = vectorizer.get_feature_names()
print word
#X[i][j]表示文本 i 中 j 词语的词频
print X.toarray()
```

结果如下：

```
[u'are', u'her', u'his', u'is', u'my', u'name', u'welcome', u'xiaodong', u'xiao-
hong', u'xiaoming', u'you']
[[0 0 0 1 1 1 0 0 0 1 0]
 [0 0 1 1 0 1 0 0 1 0 0]
 [0 1 0 1 0 1 0 1 0 0 0]
 [1 0 0 0 0 0 1 0 0 0 1]]
```

从结果可以看出，文本“My name is Xiaoming”中的“are”出现 0 次，“my”出现 1 次，其他同理（不区分大小写）。

（2）TF-IDF

这里同样基于 scikit-learn 库，实现文本内单词的 TF-IDF 值计算。代码实现如下例：

```
from sklearn.feature_extraction.text import TfidfTransformer
transformer = TfidfTransformer()
#将词频矩阵 X 计算成 TF-IDF 值
tfidf = transformer.fit_transform(X)
#tfidf[i][j]表示文本 i 中 j 词语的 TF-IDF 权重
print tfidf.toarray()
```

结果如下：

```
[u'are', u'her', u'his', u'is', u'my', u'name', u'welcome', u'xiaodong', u'xiao-
hong', u'xiaoming', u'you']
[[ 0. 0. 0. 0.38044393 0.59603894 0.38044393 0. 0. 0. 0.59603894 0.]
```

```
[ 0. 0. 0. 59603894 0. 38044393 0. 0. 38044393 0. 0. 0. 59603894 0. 0. ]
[ 0. 0. 59603894 0. 0. 38044393 0. 0. 38044393 0. 0. 59603894 0. 0. 0. ]
[ 0. 57735027 0. 0. 0. 0. 0. 0. 57735027 0. 0. 0. 0. 57735027]]
```

从结果可以看出，文本“My name is Xiaoming”中“are”词的 TF-IDF 值为 0，“my”词的 TF-IDF 值为 0. 38044393，其他同理（不区分大小写）。

5.3　图像数据处理与分析

随着科技、互联网、手机拍照等技术的普及，图像因其形象、易懂、直观、信息量大等特点成为人们多彩生活的一部分，如遥感图、B 超图、广告牌、表情包等。随着大数据时代的到来，图像数据集的规模和应用领域不断扩大，为了进一步提升视觉效果和挖掘图像潜在信息，图像数据处理和分析技术得到广泛发展。本节将介绍有关图像数据处理与分析的概念及常用的图像数据特征，阐明传统图像数据特征提取方法及人工智能化的图像数据处理等技术。

5.3.1　图像数据处理与分析简述

图像数据是指用数值表示的各像素（Pixel）灰度值的集合。像素是构成图像的最小信息单位。如图 5-1 所示，图像可以分解为很多小格子，这些小格子称为像素。可以用数来表示它的灰度。对于彩色图像，灰度值常用红、绿、蓝三原色（Trichromatic）分量表示；对于黑白图像，其值可以用单个 0 ~ 1 之间的数据表示。具体图像数字化过程如图 5-2 所示。

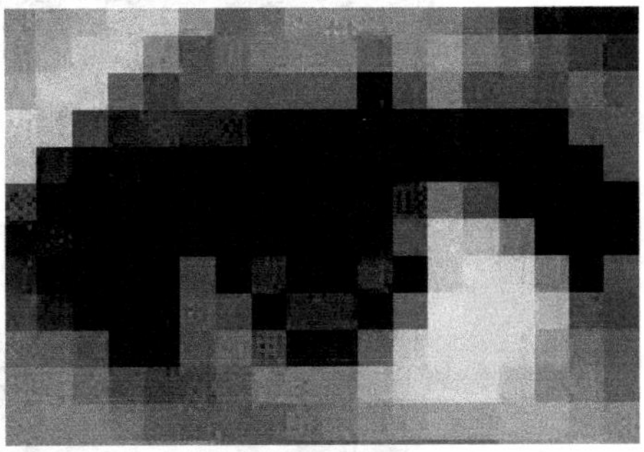

图 5-1　像素

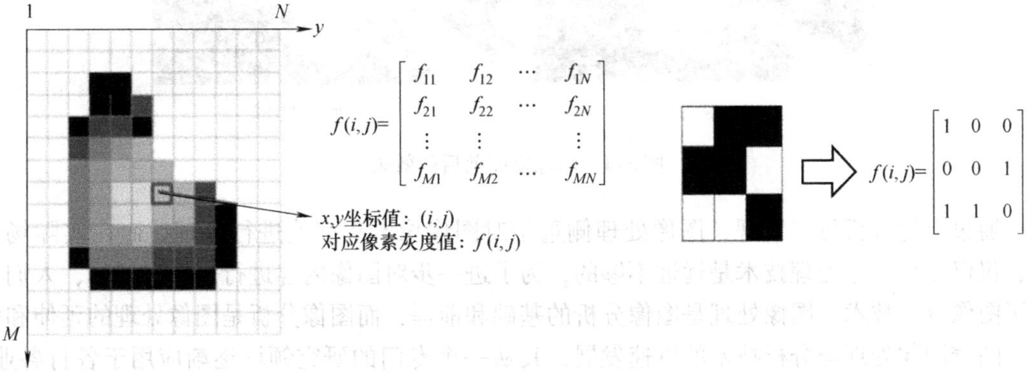

图 5-2　图像数字化过程

图像处理是指通过对图像中的像素灰度值进行处理和变换，它可以增强用户感兴趣的区域，达到提高图像视觉效果目的。例如，通过图像灰度值变换，重点突出某些感兴趣的特征，可以引起用户视觉关注点的变化。基于此，企业在设计广告牌时常采用相应的图像处理技术，以吸引更多人。图像处理主要包括图像滤波与去噪、图像变换、图像增强、图像复原和图像编码。图像滤波和去噪主要用于去除图像中多余、不必要的干扰信息，以提高图像质量，是图像预处理中最重要的一步。图像变换是将图像从空间域转换为频域或时域，通过上述变换处理以简化图像处理的计算问题，有利于图像特征的提取。图像增强是为了提高图像清晰度，突出图像中有用的或用户感兴趣的部分，加强图像识别的效果，如图 5-3 所示。图像复原处理技术则是将退化及模糊图像的原有信息进行恢复，需要根据退化或模糊产生的原因采用不同的图像恢复方法，以达到清晰化的目的，如图 5-4 所示。图像编码也称为图像压缩，是指在保证图像不失真的前提下，对图像的数据和视觉冗余进行压缩，以减小描述图像的数据量、简化图像的表示方式。

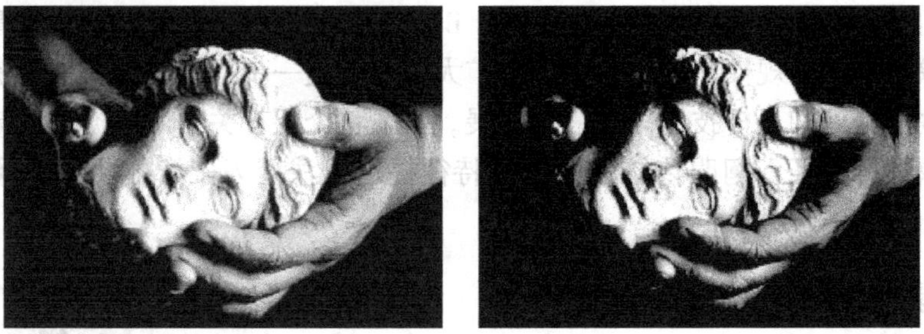

a）原图像　　b）增强后的图像

图 5-3　图像增强前后的效果

a）原图像　　b）复原后的图像

图 5-4　图像复原前后的效果

通过上述分析可以发现，图像处理侧重于对图像像素灰度值进行处理，而在实际场景中，仅仅依靠图像处理技术是远远不够的，为了进一步对图像内容进行分析和解释，人们开发了图像分析技术。图像处理是图像分析的基础和前提，而图像分析是图像处理的延伸和应用。随着图像处理与分析技术的迅速发展，其从一个专门的研究领域逐渐应用于各行各业。例如，对航空和卫星遥感图进行加工处理后可用于水、土、植被、地质、海洋及环境等资源调查；对医学图像进行处理和分析可以从不同角度挖掘图像中潜在的、有利于诊断的特征信息；对生产线上的产品图像进行处理，可对产品进行质量检测和分析；利用图像检索技术，可提升用户电子商务的满意度。

5.3.2　常用图像数据特征及其适用场景

图像特征是指通过计算机算法来获取图像中的某些关键信息，是图像分析的起点。根据不同的规则，图像特征可以进行多种分类。根据特征的计算区域大小，可以将特征分为局部特征和全局特征；根据特征的表现形式，可以分为点特征、线特征、区域特征；根据特征的语义理解，可以分为视觉特征、中层语义特征、高层语义特征。为了进一步区分上述 3 种语义特征的区别，这里给出一个简单易懂的例子。如图 5-5 所示，底层视觉层为一块块的区块，如像素点颜色等，中层语义为“蓝天”“白云”“沙子”和“海水”等，高层语义为“海滩”。中层和高层语义特征与底层视觉层特征之间存在一定的关联。本小节将主要对常用的视觉层图像特征及其应用场景进行介绍。

图 5-5　海滩图像

1. 常用图像数据特征

（1）颜色特征

颜色与物体、场景紧密相关，即同一类别的物体具有相同或相似的颜色特征，尤其是自然场景，如草地和沙滩等，因此颜色是人们识别图像的主要视觉感知特征之一。此外，相对其他图像特征而言，颜色特征具有一定的稳定性，不受图像的平移、缩放、旋转等改变而变化。

颜色特征的主要描述方法包括直方图、颜色矩和颜色一致向量。颜色直方图是根据图像中每个像素的颜色值将每种颜色出现的频率进行统计。直方图能够很好地描述颜色的分布情况，并且不受图像大小、方向、平移等影响。颜色矩也是一种简单的颜色特征，一般，对于颜色分布信息，只需计算颜色的一阶矩、二阶中心距和三阶中心距。颜色矩具有计算简单、占用空间少等优点，但颜色矩在单独描述颜色特征方面表现得比较弱，需要配合其他图像特征使用。颜色一致向量通过统计整个图像中每种颜色的像素数量和各种颜色最大区域的像素值来表示图像。该方法将颜色直方图的每个区域内的像素分为一致和不一致两个部分，这样就包含了颜色直方图和颜色矩中无法包含的颜色空间信息。

（2）纹理特征

纹理特征的本质是量化图像中区域内部灰色变化或色彩变化的某种规律，主要展现粒度、重复性和方向性，可分为人工纹理和自然纹理（如图 5-6 所示）。颜色特征表示的是图像的全局特性，而纹理特征表示的则是图像的局部特征，其主要描述局部区域相邻像素间的关系。纹理特征具有区域性质和旋转不变性，但受图像分辨率影响较大。

a）自然纹理

b）人工纹理

图 5-6　自然纹理与人工纹理

(3) 形状特征

形状特征也是描述图像内容、刻画物体的一个重要特征，通常不随图像颜色等特征的变化而变化，是描述物体最稳定的特征之一。形状特征的表示方法包括基于轮廓的形状特征和基于区域的形状特征。基于轮廓的形状特征只使用形状的边界信息来描述物体形状，这种方法与边缘和直线检测有直接关系，得到的描述结果为外部描述。由于外部轮廓形状容易获取且在许多应用中都能充分描述，因此，这种方法在实际生活中经常被用到，如验证码识别、图像转换成文字信息等。基于区域的形状特征利用形状区域内所有的像素来获取特征。通常，区域的形状特征采用基于矩的方法进行描述，主要包括几何矩、Legendre 矩和 Zemike 矩等。

2. 常用图像数据特征的适用场景

(1) 图像检索

随着互联网的发展，图像信息过载成为阻碍用户信息获取的一大障碍，如何快速且高效地获取图像信息成为一个研究热点，基于内容的图像检索技术应运而生。基于内容的图像检索技术是指计算机自动提取图像的各种特征（如颜色、纹理、形状等）作为一幅图像的索引，然后基于特征计算两幅图的相似度，相似度越大则两幅图像越匹配。颜色特征常用于自然景物检索，如在对沙滩图像进行检索时，可以通过设定以黄色为主色调的特征来有效检索包含沙滩图像的图像集。纹理特征则有助于实现医学图像的自动分析和检索，如基于超声医学图像的纹理频率和方向特性，实现对五类超声心动图像的检索。基于形状的图像检索常常用于网络引擎、电子商务、目标探测等场景，例如，可以根据用户对汽车形状喜好的不同为用户提供不同款式的汽车检索图像。随着图像数量的增多和用户需求的多样性，利用单一图像特征进行检索往往准确率较低，因此，基于多特征的图像检索可以提升用户满意度及实现更多商业化价值的挖掘。如现有的电商平台，基于用户输入的颜色和形状等特征可快速为其匹配符合条件的商品，从而帮助用户快速找到目标。

(2) 图像分类（识别）

图像分类（识别）属于模式识别的范畴，其主要步骤包括图像预处理、图像分割、特征提取、分类判决。图像分类被广泛应用于邮政系统中信函自动分拣；复杂背景下军事目标（飞机、军舰、坦克等）自动识别；在繁华的交通中心根据车辆的流量决定亮红灯或绿灯等。

在农作物生产中，植株的颜色变化是农作物长势的重要信息，因此，颜色特征常用于农作物分类识别和决策诊断。纹理是遥感图像的基本特征和重要信息，例如，在遥感图像中，不同植被的尺寸、散布形式，在图像中表现出不同类型、粗细、走向的纹理。此外，随着互联网的发展，验证码成为重要的网络安全防范措施，它被广泛应用于网银登录、账号注册、密码找回等验证环节。图像形状特征因其对验证码的局部形变、旋转和放缩具有较好的鲁棒性而得到广泛应用。通常，采用单一特征进行分类精度不高，而使用多特征融合的图像分类可以提高分类准确率，获得一个更高效的分类方法。例如，社交环境下，用户兴趣建模是好友推荐、精准营销的关键，可以利用微博用户分享的图像，使用图像的高层语义表达用户特征，从而更加准确地推测用户的真实兴趣。

(3) 图像情感分析

现实世界可以抽象地看成由一张张静态图像组成，图像中蕴含着丰富的情感，影响着人类的认知和决策。例如，有人可能会受一幅运动图像的激励而展开运动锻炼，受一幅肥胖消极图像的刺激而合理饮食。随着人工智能、情感计算、图像分析和理解等技术的发展，图像情感分析成为一个重要的研究方向。

颜色特征给予人们最直观、最强烈的视觉心理感受，因此，不同颜色的图像将带给人们不同的情感色彩。Mayank Amencherla 等通过心理学理论中色彩与情感之间的相关性对图像中的色彩进行检测分析，用于图像情感预测。此外，通过基于心理学的颜色研究发现，颜色与情感之间存在关联性，具体如表 5-1 所示。纹理和形状特征对情感的影响虽然不如颜色直接、强烈，但可以刺激人们产生不同的视觉效果和感性认识，与人们的情绪紧密相连，具体关联关系如表 5-2 所示。此外，考虑到单一模式的情感分析可能无法从中挖掘出足够的信息，因此申自强提出一种将文本和图像情感分析相融合的方法，以更好地处理图文融合的社交媒体情感分析问题。

表 5-1　颜色与情感对应关系表

颜　色	情　感
红色	兴奋、热情、强烈、好战、奋进
黄色	欢快、欣喜、喧闹、活泼、健康、奔放、开朗
蓝色	宁静、文静、冷静、理智、沉稳、清爽
橙色	辉煌、富贵、温暖
绿色	永远、和平、年轻、新鲜、清新、优雅
黑色	寂寞、神秘、含蓄、庄重、悲哀、稳重
白色	纯洁、洁白、纯真、淡雅、干净

表 5-2　纹理、形状和情感对照表

纹　理	情　感	形　状	情　感
光滑	细腻、放松	方形	端正集中
粗糙	苍老	圆形	圆顺松弛
柔软	温柔	弧形	松弛
坚硬	刚强	三角形	机械、冷漠

5.3.3　图像数据特征提取方法

本章前面提到，图像数据有多种特征，不同的特征代表了图像不同的属性。针对不同的处理任务，需要提取的特征也不同。比如对一个彩色图片进行分类，这个图片的内容可能是人或者汽车，颜色特征对于当前的分类任务贡献度很小，而因为人和汽车的轮廓是完全不同的，所以轮廓特征是一个可以显著区别人和汽车的特征，对当前的分类任务贡献度很大。在传统的图像应用场景中，针对不同的场景任务，需要研究人员针对当前任务的特殊性提取出最适合当前任务的特征。这种人工提取特征的方式大大增加了图像处理的困难，降低了处理效率。有很多研究人员一直专注于图像数据特征提取的研究，并且取得了一定的进展。然而，随着深度学习的发展，研究人员可以设计特定的网络结构，通过端到端的训练方式，让模型自动提取出最适合当前任务的特征，这些特征可能是研究人员之前用到过的特征，也可能是研究人员完全理解不了的高维特征，但是这些高维特征已被证实对解决当前的任务很有效。因此，本小节主要通过具体的代码示例来说明传统图像数据特征提取方法和目前流行的基于深度学习的图像数据特征提取方法。

1. 传统图像数据特征提取方法

传统图像数据特征提取常用的开源库是 OpenCV，它是一个历史悠久、功能丰富、社区活跃的开源视觉开发库。它提供了计算机视觉以及图像处理方面最常用和最基础的功能支持，是图像数据处理的必备工具。OpenCV 基于 C ++ 编写，但提供了 Python、Ruby、MATLAB 等多种语言接口。因为本书使用的语言是 Python，所以接下来将基于 OpenCV-Python 来介绍传统图像特征提取方法。

(1) 安装

不同平台安装不同版本的 OpenCV 可能会有一些差异，为了增加安装成功率，建议读者先安装 Anaconda，然后通过以下命令安装 OpenCV。

```
pip install opencv-python
```

安装完成之后运行代码 import cv2，若未报错则表示安装 OpenCV 成功。若安装不成功，可以直接下载安装文件进行安装（https://www.lfd.uci.edu/~gohlke/pythonlibs/#opencv），下载的文件要与计算机的 Python 版本和位数一致，然后通过以下命令安装。

```
pip install opencv_python 3.7.3 cp37 cp37m win_amd64.whl
```

(2) 基本的图像读写

首先利用 OpenCV 进行简单的图像读写操作，代码实现如下所示：

```
#-*-coding:utf-8-*-
import cv2 as cv
#读图片
img = cv.imread('img/Lenna.png')
#图片信息
print('图片尺寸:', img.shape)
print('图片数据:', type(img), img)
#显示图片
cv.imshow('Lenna', img)
cv.waitKey(0)
#添加文本
cv.putText(img, 'Learn Big Data', (50, 150), cv.FONT_HERSHEY_SIMPLEX, 1, (255, 255,
255), 4)
#保存图片
cv.imwrite('img/Lenna_new.png', img)
```

添加文本前后的效果如图 5-7 所示。

在该例子中，首先导入 OpenCV，读入图片的一般做法是调用 OpenCV 的 imread()方法，该方法的输入是图片的相对路径或者绝对路径，img 变量保存了图片的所有信息，包括图片尺寸和类型等。也可以在此基础上对图片进行相应的操作，比如通过 putText()方法在图片上的指定位置添加文本等。调用 imwrite()方法把修改后的图像存入指定的位置。假如不知道 cv.imshow()用法，可以在 Python 命令行中输入 help（cv.imshow）查询该函数用法，其

a) Lenna.png　　b) Lenna_new.png

图 5-7　在图片指定位置添加文本

他函数类似。

(3) 特征提取

这里主要展示两个基于 OpenCV 库的示例，分别是二值化图像和图像轮廓提取。

1) 二值化图像。二值化图像是将图像中像素点的灰度值设置为 0 或 255（0 表示全黑，255 表示全白），这样可以使图像呈现出明显的黑白效果。二值化图像使得图像处理变得简单，而且数据量也大大减少，OpenCV 提供了现成的函数来生成二值化图像，代码实现如下所示：

```
#-*-coding:utf-8-*-
import cv2 as cv
#读图片
img = cv.imread('img/Lenna.png')
#灰度图
img_gray = cv.cvtColor(img, cv.COLOR_BGR2GRAY)
#二值化图像
_, img_bin = cv.threshold(img_gray, 127, 255, cv.THRESH_BINARY)
cv.imwrite('img/Lenna_bin.png', img_bin)
```

二值化图像前后的效果如图 5-8 所示。

a) Lenna_new.png　　b) Lenna_gray.png　　c) Lenna_bin.png

图 5-8　二值化图像前后的效果

在该例子中，首先通过 cv. cvtColor( )方法把彩色图像变成灰度图，再通过 cv. threshold( )方法生成二值化图像。这些方法的具体用法和方法中参数的含义可以通过 help( )查询。

2）轮廓提取。图像的轮廓是图像的基本特征，经常被应用到高层次的图像处理场景中。图像的轮廓通常携带图像的大部分信息，OpenCV 提供了相应的函数来提取图像的轮廓，代码实现如下所示：

```
#-*-coding:utf-8-*-
import cv2 as cv
import numpy as np
#读图片
img = cv.imread('img/Lenna.png')
#灰度图
imgray = cv.cvtColor(img, cv.COLOR_BGR2GRAY)
#二值化图像
ret, thresh = cv.threshold(imgray, 127, 255, 0)
#轮廓提取
contours, hierarchy = cv.findContours(thresh, cv.RETR_TREE, cv.CHAIN_APPROX_SIM-
PLE)
img_cont = np.zeros(thresh.shape, np.uint8)
cv.drawContours(img_cont, contours, -1, 255, 3)
cv.imwrite('img/Lenna_cont.png', img_cont)
```

提取图像轮廓前后的效果如图 5-9 所示。

a) Lenna.png

b) Lenna_cont.png

图 5-9 提取图像轮廓前后的效果

在该例子中，用 NumPy 库的 ndarray 类型对图像进行管理，这便于对其进行各种数值计算和操作。进行轮廓提取前，需要对图像进行灰度处理和二值化处理，然后调用 cv. findContours( )方法找到图像的轮廓，再调用 cv. drawContours( )方法画出图像的轮廓并可视化。

2. 基于深度学习的图像特征提取方法

基于深度学习的图像特征提取方法通常是基于某个特定的任务设计网络结构，通过端到端的训练自动提取对当前任务最有效的特征。这里选取图像分类任务中经典的网络结构 VGGNet 进行分析，阐述该网络结构在对图像分类的过程中提取了图像的哪些高维特征。

（1）图像分类任务

对于图像分类任务，输入一幅图像，通过多个卷积层提取特征，再通过全连接层和 SoftMax 层输出输入图像属于每一类的概率，概率最大的类别即是当前模型预测输入图像的类别。基于深度学习的图像分类任务框架如图 5-10 所示。

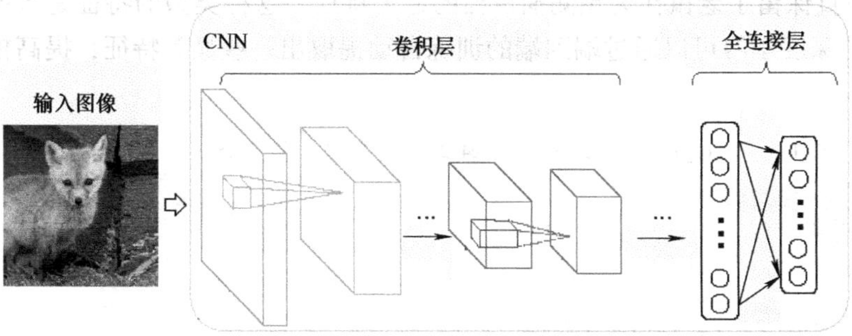

类别	概率
小狐狸	0.5956
赤狐	0.3576
灰狐	0.0439
丛林狼	0.0013
北极狐	0.0003

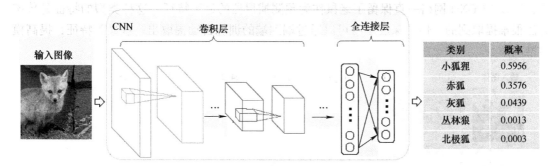

图 5-10　图像分类任务框架

在该图中，最后输出 5 类（小狐狸、赤狐、灰狐、丛林狼、北极狐）的概率分别是 0.5956、0.3576、0.0439、0.0013、0.0003。因此该模型以 0.5956 的概率预测输入图像属于“小狐狸”。

（2）基于 VGGNet 网络的图像分类

VGGNet 的网络结构图如图 5-11 所示。VGGNet 把网络分成了 5 段，每段都是把多个卷积网络串联在一起，每段最后连接一个最大池化层，最后面是 3 个全连接层和一个 SoftMax 层。

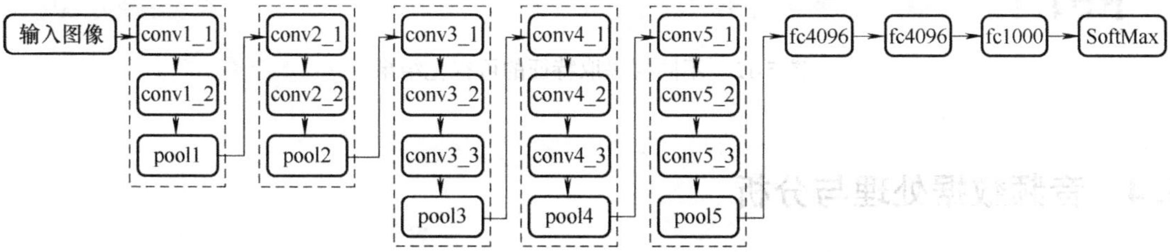

图 5-11　VGGNet 网络结构图

其中，conv1_1 表示在 VGGNet 第一段的第一个卷积网络，pool1 表示在 VGGNet 第一段的最大池化层。fc4096 表示在该全连接层中有 4096 个神经元，因为图像总共有 1000 类，所以最后一个全连接层有 1000 个神经元。最后通过 SoftMax 层计算输入图像属于每一类的概率。VGGNet 网络的核心参数有卷积核的大小 Size 及卷积核移动的步长 Stride，其具体含义和其他必要的参数可查阅官方说明文档。

VGGNet 详细完整的代码实现可参考链接 https：//github. com/machrisaa/tensorflow－vgg。

（3）特征可视化

VGGNet 网络在进行图像分类时对每一层网络提取的特征进行了可视化，如图 5-12 所示。在该图中，第一列是5张输入图像，接下来的7列是VGGNet每两个卷积层的提取特征的可视化结果，最后一列是最后一个全连接层的提取特征的可视化结果。

从可视化结果可看出，VGGNet生成了显著区别该图像和其他图像的表征空间。并且可以观察到，无关的信息从低层网络到高层网络逐渐消失（图中从左到右）。最后一层fc1000仅保留了最能区别该图像和其他图像的部分信息。最后一行展示了一个有趣的情况，因为老鼠和捕鼠器在训练图像中共同出现的概率很高，而且在该类图像中，老鼠更容易被识别出来，所以VGGNet网络一直保留了老鼠作为预测捕鼠器的显著特征。这种类型的特征是传统方法很难提取到的，但是深度学习可以通过端到端的训练自动提取出一些显著特征，提高模型准确率。

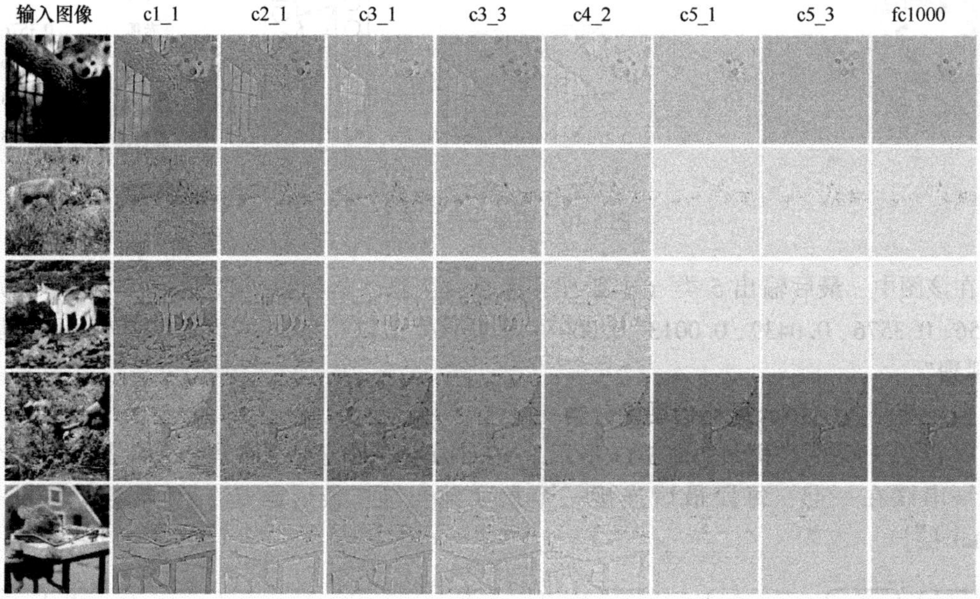

图5-12　不同层提取特征的可视化结果

5.4　音频数据处理与分析

音频数据作为多媒体数据中的重要一种，承载和传递着大量的信息。从日常谈话到在线音乐，再到黑匣子录音，音频数据随处可见，其复杂本质使得大数据时代的音频数据处理与分析工作显得困难却极富价值。要对音频数据进行探索，就需要综合自然科学和社会科学领域内的许多学科知识，如心理学、生物学、计算机科学等，这样才能充分把握音频数据的丰富内涵。本节主要介绍音频数据处理与分析的基本概念和常用的音频数据特征，并对音频数据特征的提取方法提供了简单示例。

5.4.1　音频数据处理与分析简述

简单来说，数字化的声音数据就是音频数据。声音以声波的形式在空气中传播，根据声波的特征，可以把音频分为规则音频和不规则音频。其中，不规则音频就是人们常说的噪声，而规则音频则可以被表示为连续变化的模拟信号，即音频信号。作为一种信息载体，音频信号又可以分为 3 类，即语音（Speech）、音乐（Music）和环境声（Environmental Sounds）。语音指人通过发音器官发出的具有一定社会意义的声音。音乐是以声音为表现手段的一种艺术形式，它通常是人类情绪的载体，可以分为声乐和器乐两大类型。环境声即除了语音和音乐之外的其他具有一定规律性的声音，包括机器运转的声音、动物发出的声音等。相比于环境声，语音和音乐的重要特点就是它们携带了更多的语义信息，如语音可以传递思想，音乐可以传递情感等。因此，目前与音频相关的研究大多都集中于解决语音和音乐的识别及分类问题上。音频信号的处理和分析通常包括信号观测、信号表示、信号变换、信号利用 4 个步骤。

信号观测是指采集音频数据并将其转换为计算机可以处理的形式，一般包括采样、量化、分帧、加窗等步骤。音频信号是一维模拟信号，其时间和幅度都是连续变化的。为了使用计算机对音频信号进行处理和分析，就要先进行采样和量化，将模拟信号变成时间和幅度都离散的数字信号。简单来说，采样就是按一定的规律采集模拟音频信号中某一时刻的状态。相邻两个采样点之间的间隔称为采样周期，采样周期的倒数称为采样频率。采样频率越大，得到的离散信号对实际模拟信号的还原度就越高，但相应的数据量也越大，处理起来就越困难。采样使得模拟信号在时域上拥有了离散的形式，但在幅度上还保持着连续的特点，因此还需要再进行量化操作，将整个信号的幅度值近似为有限多个离散值，从而真正实现模拟信号到数字信号的转换。此外，音频信号通常是非稳态信号，但在较短的时间范围内可以认为它是处于稳态（或称准稳态）的。这就是音频信号的短时平稳假设。由于计算机在进行信号处理时不可能对无限长的信号进行测量和运算，因此就需要在短时平稳的假设下，通过分帧和加窗得到短时的音频信号。具体操作时通常选定一个长度有限的窗函数来截取音频信号，形成分析帧。不同窗函数的选择会影响后续音频信号分析的结果。以帧长（即窗函数的长度）为例，帧长太短会导致一帧信号中包含的信息量太少，使得后续的分析失去意义；帧长太长又会导致无法获得稳态信号，影响特征提取。因此，窗函数的选择是非常重要的，需要结合音频信号的具体内涵进行决策。

信号表示是指通过绘制波形图等方法对音频信号建立初步认识。波形图的绘制是音频研究中最为基础的方法，可以较为直观地展示音频的重要特性，如振幅、频率等。由于音频信号是随时间变化的，因此时域波形图是音频信号的最直接表示方法。在绘制音频信号的时域波形图时，通常以时间为横轴，以幅度为纵轴。这里通过一个例子来说明携带不同情感的音乐之间的差别是如何体现在音频信号的时域波形图上的。我们对一首传递情感较为兴奋热烈的纯音乐片段，和一首传递情感较为平静柔和的纯音乐片段，进行了时域波形图的绘制（如图 5-13 所示）。可以发现，兴奋热烈的音乐片段波形起伏剧烈，有较大且快速的能量变化，体现出较强的音乐节奏感；平静柔和的音乐片段波形的包络线则整体相对平稳，没有很大波动，表明该段音乐的节奏相对平稳缓慢一些。

信号变换是指有目的地通过傅里叶变换等方法对音频信号进行处理，以方便更进一步的分析和计算。一般来说，信号都是随着时间的变化而变化的，但要深入理解信号的本质，就需要从多个角度研究信号的不同表示方式。时域分析和频域分析是信号分析的两种主要方式。对音频信号来说，频域分析比时域分析传递的有效信息更多。在绘制音频信号的频域波形图时，通常以时间为横轴，以频率成分分布为纵轴，并用颜色表示对应时刻的对应频率分

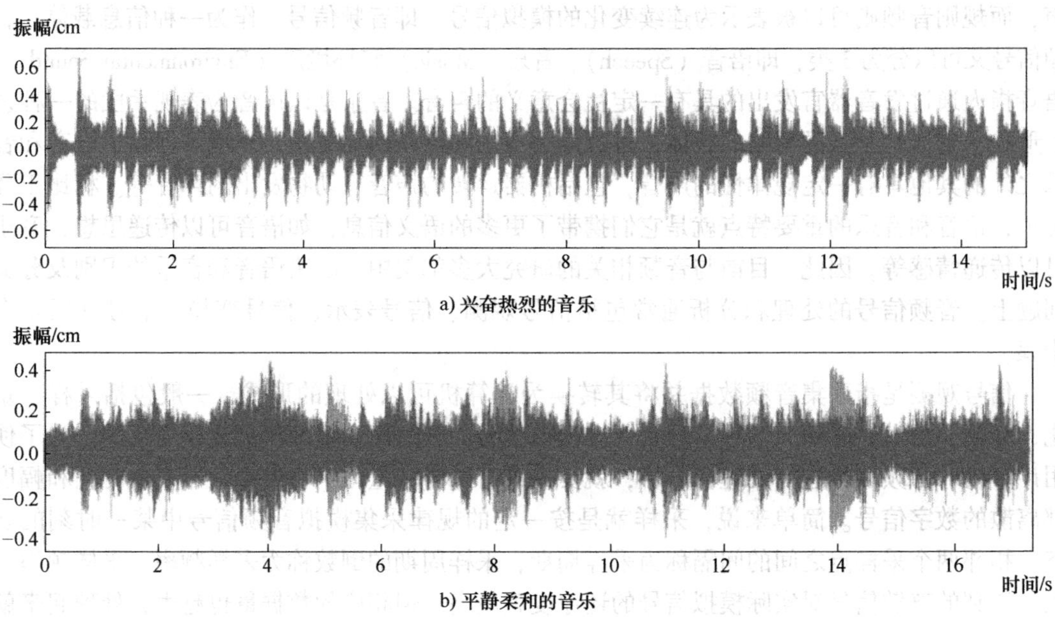

图 5-13 时域波形图对比示例

量的能量大小。同样以两个音乐片段为例（如图 5-14 所示）。从频域波形图来看，兴奋热烈的音乐片段波形在时间维度上具有明显的片段式分隔，各频率分量在短时间内的能量由大变小再由小变大（即图上颜色由深到浅再由浅变深），说明该音乐片段有较强的节奏感。相对的，平静柔和的音乐片段波形没有明显的片段划分，各频率分量的能量在时间维度上较为平稳。

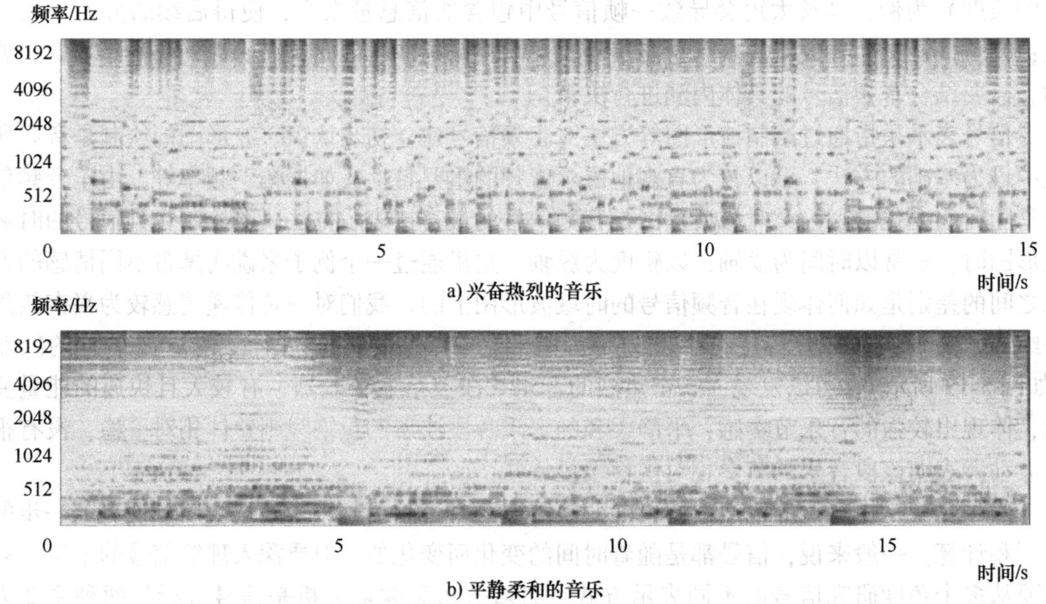

图 5-14 频域波形图对比示例

信号利用是指通过特征提取等方法提炼出音频数据中蕴含的有意义的信息。这是音频信号处理和分析的最后一步，也是最关键的一步。通过提取特征来表现一段音频信号的关键特质并将其应用于管理实践中，才能真正发挥音频数据的价值。

5.4.2 常用音频数据特征

1. 音频数据特征简述

常用的音频数据特征包括可直接度量的声学特征（Acoustical Features）和不可直接度量的心理声学特征（Psychoacoustical Features）。

（1）声学特征

从物理学的观点来看，声音是由物体振动产生的声波，具有振幅、周期、频率、相位、波长等物理特征。对这些基本特征进行数学运算就得到了声学特征。通常来说，可以将声学特征分为时域特征和频域特征两大类。时域特征是从音频信号的时域波形中直接提取得到的，处理直观，运算量小，因此应用十分广泛。常见的时域特征包括短时能量、短时平均过零率、短时自相关函数和短时平均幅度差等。但是，时域波形只能表现出声压随时间变化的关系，需要进一步通过傅里叶变换等时频变换技术对音频信号进行频域上的研究，才能将信号在时域上无法表现出来的更多特性显示出来。常用的频域特征包括频域能量、频谱质心、频谱带宽等。

（2）心理声学特征

心理声学（Psychoacoustics）是研究声音与其引起的听觉之间关系的一门边缘学科，其主要研究方向是学习“人脑解释声音的方式”。人在听到声音时，听觉系统会自动地对信号进行处理，从而获得对这段声音的感性认识。尽管人们并不能直接感受到声波在振幅等维度上的变化，但却可以将振幅的变化识别为响度的变化，将频率的变化识别为音高的变化。这说明人们的听觉系统在接收到一段音频信号后，自动进行了类似于傅里叶变换的时频变换操作，将存在于时域上的音频信号转换到了频域上，并进一步提取出了携带一定认知内涵的特征。通常将包括响度、音调、音色等在内的这些感知特征称为心理声学特征。心理声学尝试通过将音频信号所固有的物理特征和人的感知反馈联系起来，使计算机模拟人的听觉系统处理音频信号的机制，来自动识别音频信号里包含的高级语义信息（Higher Semantic Information）。

2. 常用音频特征

考虑到特征提取的根本目的在于通过这些特征凸显出一段信号最主要的和最有识别力的关键特质，也为了契合人作为数据分析主体的认知习惯，这里将主要介绍常用的心理声学特征。

（1）响度

通俗点说，响度表示的就是声音听起来有多响，它是声音强弱大小的感知量。响度的单位为宋（sone），强度为 40dB 且频率为 1000Hz 的纯音所引起的响度被定义为 1 宋。响度主要随声音的强度而变化，但也受频率的影响。不同频率的两个纯音，虽然强度相同，但产生的响度却不同。总的来说，中频纯音听起来比低频纯音和高频纯音的响度更大一些。为了在数量上估计一个纯音的响度，往往把这个纯音与 1000Hz 的某个声强级的纯音在响度上做比较。响度的客观评价尺度是声音的振幅大小，可以用音频信号的振幅的均方根来表示。响度作为人对声音最直接的认知维度之一，会对人的情绪状态产生影响。如 Michael Morrison 等人于 2011 年发表在 *Journal of Business Research* 上的研究表明，商场中音乐的响度对消费者的情绪和满意度有积极影响，并且能够使消费者在商场中停留更久、消费更多。

（2）音调

音调（或称音高）是声音听起来调子高低的程度。音调主要取决于声音的频率，它随频率的升降而升降。但同样，它也不是单纯地由频率决定，而是同时受声音强度的影响。低频纯音的音调随强度增加而下降，但高频纯音的音调却随强度增加而上升。音调的单位为美（mel），高于听阈 40dB、频率为 1000Hz 的纯音所产生的音调被定义为 1000 美。物理上通常通过获取一系列短时傅里叶频谱来估算音调，对于频谱中的每一帧，测量其峰值的频率和幅度，并使用近似最大公约数算法来获得音调的估计值。从感官上来说，低音表现为厚实、低沉的形式，而高音则表现为明亮、尖锐的形式。在音乐研究中，音调序列定义旋律；在语音研究中，音调提供有关韵律和说话者身份的信息。Ping Dong 等人于 2019 年发表在 *Journal of Marketing* 上的研究显示，高音调的音乐可以向人们传递与道德相关的暗示，并进一步促使人们做出健康的行为选择（如选择吃热量更低的食物）。

（3）音色

音色是人对声音音质的感觉。不同的发声体由于其材料、结构不同，发出声音的音色也不同。例如小提琴和钢琴发出的中央 C，尽管它们的响度和音调相同，但听起来还是不一样，原因就在于音色的差异。音色是伴随复合声出现的，纯音不存在音色问题。复合声多量纲的特点使得音色也具有多量纲性，不同于只有单个量纲的响度和音调。许多研究结果表明，音色主要取决于声音谐波振幅的不同，因此可以使用音频信号的频谱信息来描述音色。常用的频谱信息包括频谱质心、频谱带宽、频谱响应下降和频谱通量等。例如，频谱质心可以描述声音的亮度（Brightness）。具有阴暗、低沉品质的声音，频谱质心相对较低；具有明亮、欢快品质的声音，频谱质心相对较高。Kristal L. Spreadborough 和 Ines Anton-Mendez 于 2018 年发表在 *Psychology of Music* 上的研究表明，演唱者的声音音色会影响听众对唱词所传递的情感的感知。具体来说，当演唱者的声音音色传达的情感和唱词所传达的情感不一致时，听众对唱词所传达情感的判断变得缓慢且不准确。

5.4.3 音频数据特征提取方法

本书主要使用 librosa 进行特征提取方法的演示。librosa 是一个专门用于音频处理分析的 Python 包，提供了音频分析领域中各种常用特征的提取算法。对应于 5.4.2 小节介绍的响度、音调、音色 3 种常用特征，本小节主要提取用于表示这些心理声学特征的几种典型参数，包括时域分析中的短时能量（Short-Term Energy）均方根值，频域分析中的频谱质心（Spectral Centroid）、频谱带宽（Spectral Bandwidth），以及倒谱域分析中的梅尔频率倒谱系数（Mel-Frequency Cepstral Coefficients，MFCC）。需要说明的是，在使用 librosa 进行音频数据处理时，默认的采样频率、帧长和帧移分别为 22050Hz、2048 个采样点和 512 个采样点。当然，librosa 也提供了 librosa. resample() 等函数来帮助进行数据的重采样等工作，以满足不同的数据处理需求。具体可参见 librosa 的官方说明文档来更好地理解和学习。

接下来将首先介绍如何绘制音频信号波形图，然后介绍特征提取的具体操作。

1. 音频信号波形图绘制

首先通过使用 librosa. load ( ) 导入 librosa 内置示例音频文件。

```
import librosa.display
y, sr = librosa.load(librosa.util.example_audio_file())
```

绘制时域波形图的代码实现如下：

```
plt.figure()
librosa.display.waveplot(y, sr)
plt.show()
```

绘制结果如图 5-15 所示。

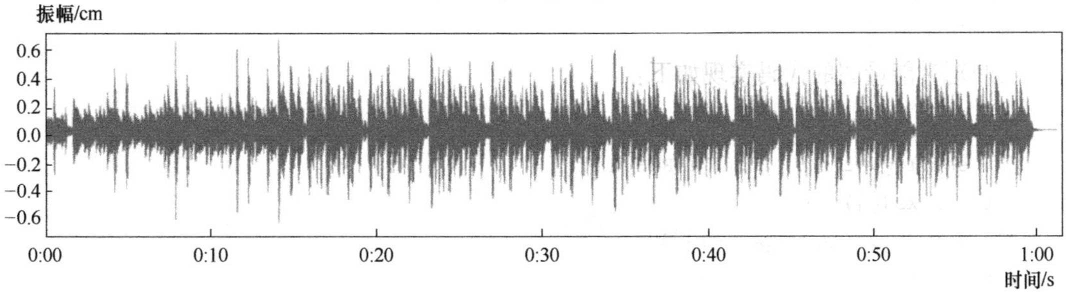

图 5-15　一段音频信号的时域波形图

绘制频域波形图的代码实现如下：

```
melspec = librosa.feature.melspectrogram(y,sr,n_fft = 1024,hop_length = 512,n_mels
 = 128)
logmelspec = librosa.power_to_db(melspec)
plt.figure()
librosa.display.specshow(logmelspec, sr = sr, x_axis = 'time', y_axis = 'mel')
plt.show()
```

绘制结果如图 5-16 所示。

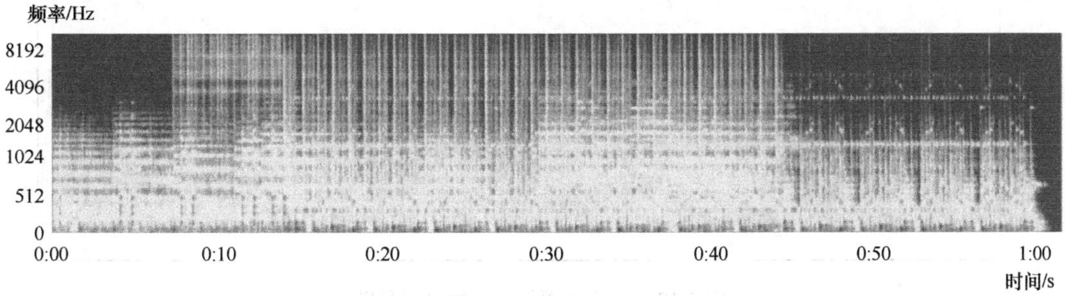

图 5-16　一段音频信号的频域波形图

2. 音频特征参数提取

(1) 短时能量均方根值

短时能量均方根值是描述音频的响度特征的重要物理参数之一。音频信号的能量会随时间而改变，具体表现为音频信号幅度的变化。短时能量分析给出了反映这些幅度变化的一个合适的描述方法。短时平均能量指一帧数据的信号幅值的平方和，它的数值往往比较大，变化范围也会比较广。通过求短时平均能量的均方根值，可以很好地平滑它的变化曲线，同时降低它的峰值及分布区间。

使用 librosa 提取短时能量均方根值的代码实现如下：

```
y, sr = librosa.load(librosa.util.example_audio_file())
rms = librosa.feature.rms(y=y)
print(rms)
```

结果如下：

[[6.6960063e-05 1.4454417e-02 2.9964667e-02... 8.9815367e-06 6.9573753e-06 3.7064449e-06]]

绘制短时能量图的代码实现如下：

```
plt.figure()
plt.semilogy(rms.T, label='RMS Energy')
plt.xticks([])
plt.xlim([0, rms.shape[-1]])
plt.legend()
plt.tight_layout()
plt.show()
```

绘制结果如图 5-17 所示。

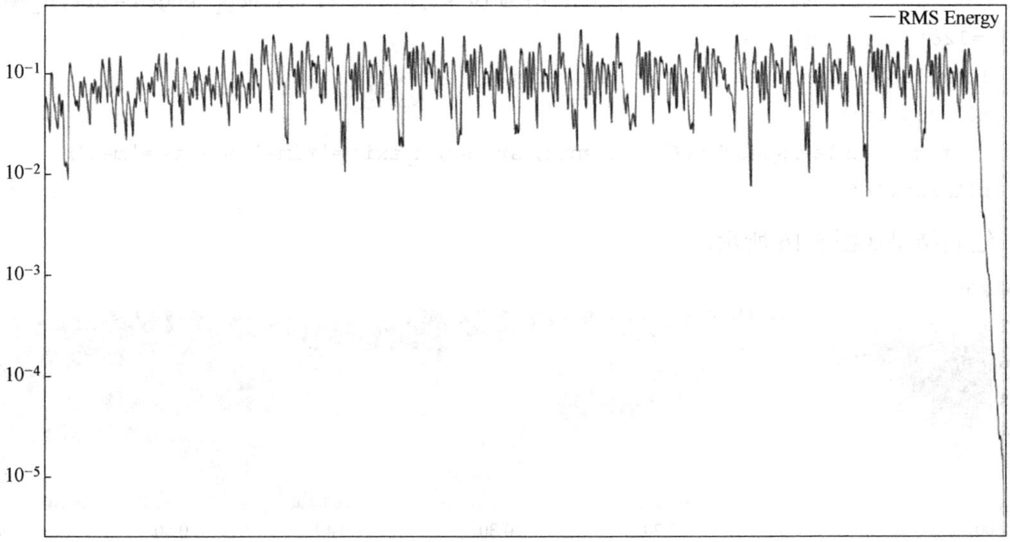

图 5-17　一段音频信号的短时能量图

(2) 频谱质心

频谱质心是描述音频的音色特征的重要物理参数之一，它表示的是频率成分的重心，同时反映了音频信号在频率分布和能量分布上的重要信息。

使用 librosa 提取频谱质心的代码实现如下：

```
y, sr = librosa.load(librosa.util.example_audio_file())
cent = librosa.feature.spectral_centroid(y=y, sr=sr)
print(cent)
```

结果如下：

[[2787.86845188　608.90038467　689.8576334...1905.28793791　1814.72180757 1787.64932224]]

绘制频谱质心图的代码实现如下：

```
plt.figure()
plt.subplot(2, 1, 1)
plt.semilogy(cent.T, label='Spectral centroid')
plt.ylabel('Hz')
plt.xticks([])
plt.xlim([0, cent.shape[-1]])
plt.legend()
plt.show()
```

绘制结果如图 5-18 所示。

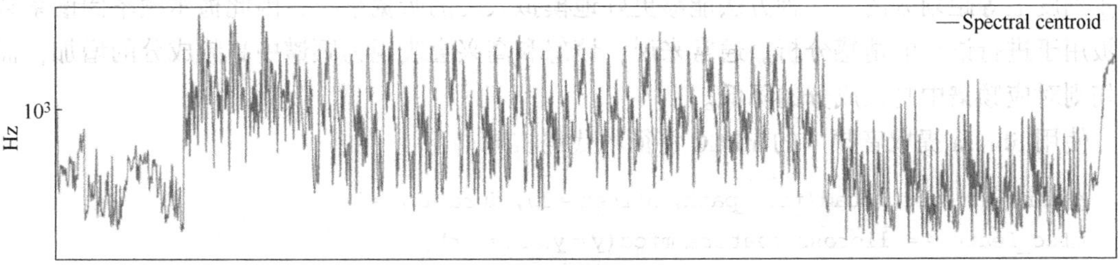

图 5-18　一段音频信号的频谱质心图

(3) 频谱带宽

频谱带宽同样是描述音频的音色特征的重要参数之一。通常将一个信号所包含谐波的最高频率与最低频率之差，即该信号所拥有的频率范围，称为带宽。

使用 librosa 提取频谱带宽的代码实现如下：

```
y, sr = librosa.load(librosa.util.example_audio_file())
spec_bw = librosa.feature.spectral_bandwidth(y=y, sr=sr)
print(spec_bw)
```

结果如下：

[[3069.62226061　1384.13962113　1562.99779271...2556.47819693　2516.18416187 2511.1737084]]

绘制频谱带宽图的代码实现如下：

```
plt.figure()
plt.subplot(2, 1, 1)
```

```
plt.semilogy(spec_bw.T, label='Spectral bandwidth')
plt.ylabel('Hz')
plt.xticks([])
plt.xlim([0, spec_bw.shape[-1]])
plt.legend()
plt.show()
```

绘制结果如图 5-19 所示。

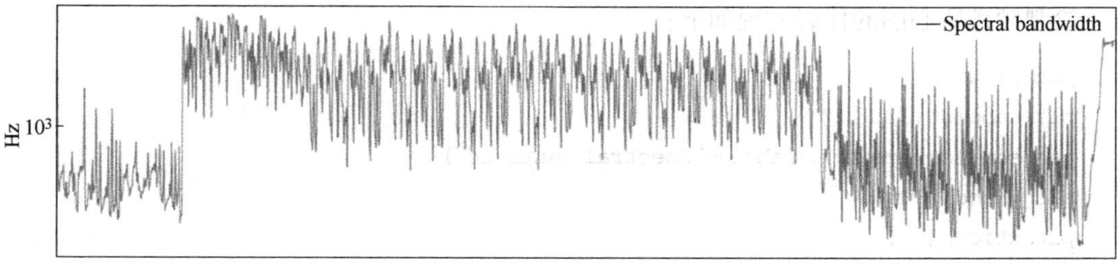

图 5-19　一段音频信号的频谱带宽图

(4) 梅尔频率倒谱系数

梅尔频率倒谱系数（MFCC）就是组成梅尔频率倒谱的系数。梅尔频率倒谱的频带是在梅尔刻度上等距划分的，这种方法能够更好地模拟人类的听觉系统，因此梅尔频率倒谱系数常被用于进行语音的情感分析。通常来说，愤怒和高兴会表现为频谱中高频成分的增加，而悲伤则对应频谱中高频成分的降低。

使用 librosa 提取音频中的 MFCC 特征的代码实现如下：

```
y, sr = librosa.load(file_path, offset=30, duration=5)
mfcc_feature = librosa.feature.mfcc(y=y, sr=sr)
print(mfcc_feature)
```

结果如下：

[[-1.62160189e+02 -1.02732391e+02 -8.68853474e+01... -2.80808572e+02 -2.44133036e+02 -2.13368156e+02] [1.18976841e+02 1.00430833e+02 9.05268822e+01... 1.93482689e+02 1.58098149e+02 1.35327835e+02] [6.98659438e+00 6.20264626e-01 8.05895659e+00... 3.49760070e+01 3.17265877e+01 3.39925839e+01] ... [7.30349393e+00 4.70767184e+00 1.31100483e+00... 1.29087681e+01 7.42336075e+00 4.86050556e+00] [1.31990321e+01 1.25031553e+01 7.71953221e+00... 5.50551931e+00 2.68581620e+00 1.57780663e-01] [2.46424636e+00 2.64775960e+00 4.44330065e+00... 1.85067260e+00 4.44003044e+00 7.84076542e+00]]

多组 MFCC 特征可视化的代码实现如下：

```
plt.figure(figsize=(10, 4))
librosa.display.specshow(mfccs, x_axis='time')
plt.colorbar()
plt.title('MFCC')
```

```
plt.tight_layout()
plt.show()
```

得到结果如图 5-20 所示。

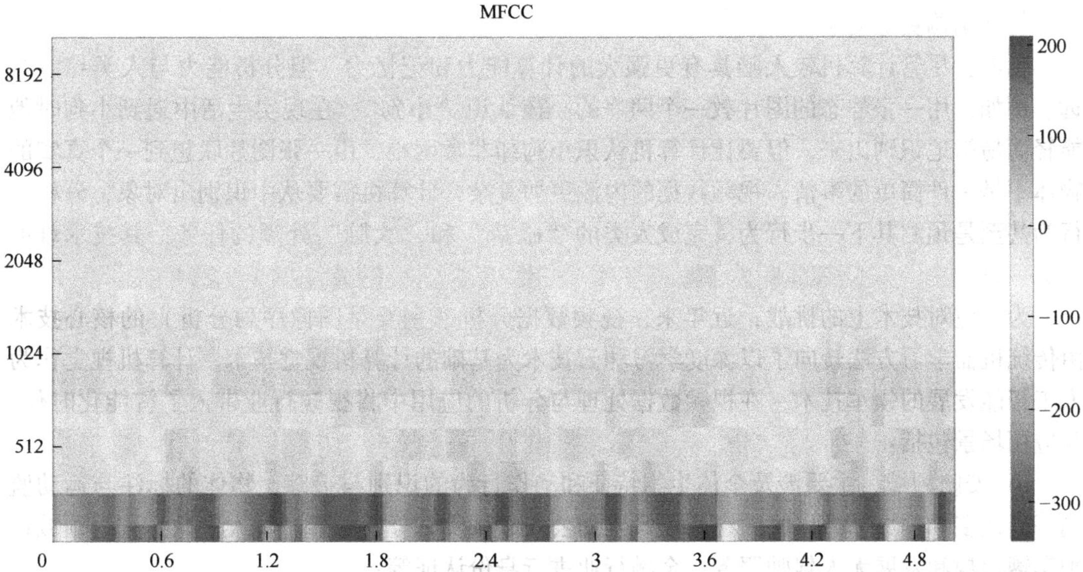

图 5-20　一段音频信号的 MFCC 图

5.5　视频数据处理与分析

视频是一种能够比文本、图片和音频传递更多信息的数字媒体，为人们记录和描绘了一个更加生动、真实的世界。尤其是随着自媒体行业（如视频直播、短视频等）的兴起，视频数据量更是爆炸式增长。本节将介绍视频数据处理与分析的基本概念，重点介绍视频数据处理与分析的常用特征，并对视频数据特征提取技术提供了简单示例。

5.5.1　视频数据处理与分析简述

视频数据是由一组连续的图像序列和音频数据构成的一种数据类型。根据层次结构划分，视频数据包括帧、镜头、场景和故事。帧是组成视频数据的最小单位，即一张静态的图像，因此对每一帧的分析可以参考图像数据的处理方法来进行。镜头是由一系列帧组成的视频单位，一段镜头通常描述了一个事件，由一次连续的摄像机操作拍摄而成，有摇镜头、移镜头、推拉镜头、跟踪等形式。场景是由多个相似性质的镜头组成的视频单元，这些镜头的拍摄角度和手法可能不同，但共同描述了某个环境下的某个主题。视频是指整个视频文件，是由多个场景构成的一个故事情节，具有叙事性。

视频数据处理与分析的挑战性在于视频数据除了具备一般大数据的典型特征外，还具有数据量更大、维度更高、结构化表征更复杂等问题。具体来说，首先，视频数据的数据量比文本数据、图像数据的数据量大约 7 个量级，即使是一小段视频数据，所需要的存储空间比字符型数据大得多，即使经过压缩，数据量依然很大。其次，视频数据具有时空二重性，相较图像数据增加了时间属性，场景间的关系复杂，对分析模型在维度上提出了更高的要求。最后，视频数据信息内容丰富，相较文本、图像、音频数据具有更高的多样性和更丰富的内涵，能够表达其他媒体无法表达的信息，所传递的信息量更大，因此结构化表征视频数据需要的特征结构更加复杂。

目前，尽管计算机较人脑具有更强大的计算能力和记忆力，但分析能力与人类相差甚远。例如，用一张静态的图片教一个两岁的小孩认识“小狗”，在现实生活中遇到小狗时他能轻而易举地识别出来，但要让计算机认识小狗却非常困难，由一张图片联想到一个真实的物体不是一件简单的事情。视频数据的内涵更加复杂，计算机需要从中识别出对象，分析其行为甚至是预测其下一步行为，完成人类的“眼睛”和“大脑”处理的任务，其技术难度可见一斑。

为了应对技术上的挑战，近年来，视频数据分析（主要是图像序列分析）的核心技术由传统机器学习方法转向了以深度学习和云技术为基础的计算机视觉技术。计算机视觉作为人工智能发展的领军技术，在视频数据处理与分析的应用中将视频行业带入了智能化时代。其应用场景包括：

1）安防领域，主要涉及个体生物特征和动作行为的识别与追踪、物体的标注与运动监测等，在多个领域都有广阔的应用场景，如公安领域实时分析犯罪嫌疑人信息、交通领域识别车辆违规和发展无人驾驶服务、金融行业进行身份认证等；

2）新零售领域，涉及个体属性识别、物体检测与计数等计算机视觉技术，采用大数据、云计算、人工智能等先进技术手段对传统零售行业的商品生产、流通和销售过程进行重塑和升级，构成线上服务、线下体验、现代物流协同发展和深度融合的新零售生态体系，提供个性化购物体验；

3）视频营销领域，涉及视频内容的理解，识别出明星、品牌、场景等结构化数据以作为投放点，在广告和电商的服务场景中进行精准营销，从而实现商业变现。

综上所述，视频数据含有丰富的信息，存在巨大的商业价值和市场潜能。视频大数据处理与分析的基础是从视频中提取特征，但是由于视频数据独特的复杂性，使得提取的过程较难，对技术和方法提出了更高的要求。

5.5.2 常用视频数据特征

视频数据的特征可分为声音特征和图像特征，而图像特征又分为静态特征和运动特征。声音特征的描述及处理方法在本书5.4节进行了介绍。视频图像的静态特征包括颜色特征、纹理特征、形状特征，这些特征从组成视频的图像数据中提取，依赖于对图像数据的处理与分析，在本书5.3节进行了详细阐述。本小节将主要介绍视频数据的运动特征。

运动特征不同于简单的静态图像在时间轴上的堆叠，它表现为视频图像在时空维度上具有很强的关联性。视频的拍摄需要摄像机和被拍摄的物体，它们任何一方的移动都会产生运动视频。不同的是，摄像机的运动产生全局运动视频，物体的移动产生局部运动视频。因此，通常将全局运动特征和局部运动特征分开处理。

1. 全局运动特征

全局运动特征指的是能够表达视频中所有对象运动信息的特征，一般由摄像机的运动

（镜头推拉、摇动、跟踪等操作）而形成，因此通常用来定位一段视频中的关键片段和关键帧。这种方式形成的图像运动通常是大而不连贯的，因此用来表征这种运动的全局特征具有整体性强、计算量小的特点，但受运动产生的噪声、光照变化等因素的干扰较大。最常用的全局运动特征包括摄像机运动特征、块运动特征和慢特征。

摄像机运动特征是描述摄像机运动情况的特征。根据 MPEG-7 标准，摄像机有 6 种操作，即扫视（Panning，水平旋转）、倾斜（Tilting，垂直旋转）、变焦（Zooming，改变焦距）、跟踪（Tracking，水平移动）、升降（Booming，垂直移动）、推拉（Dolling，前后移动）。摄像机的移动造成了视频图像中像素点的改变，因此摄像机运动特征表征了视频中由摄像机移动导致的运动信息，即用这类特征判断一个镜头中是否包含摄像机的运动，以及这个运动是由哪种操作产生的。这类特征通常用来分析摄像机运动情况下拍摄的视频，如移动机器人视觉自主导航应用、视频监测系统的自动检测等。

块运动特征通过将视频帧划分为许多互不重叠的小块，然后描述每个子块内的像素运动矢量（某一时刻到下一时刻的位移变化）。将视频帧划分为小块的原因是全局运动中的运动矢量通常较大，或者一帧里面存在多种运动，难以用统一的运动矢量表示。划分后的每个子块被视为一个运动对象，一个子块内所有像素的运动矢量视为相同（实际上并不相同，且不一定是平移，但当子块足够小时，产生的误差较小），通过匹配相似子块的方法，计算所有子块从某一时刻到下一时刻的运动矢量，以此来代表视频的全局运动。

慢特征也是一种典型的全局运动特征，其代表的是视频数据中缓慢变化的某些固有属性特征。这种近似于不变的特征对很多视频处理与分析的任务非常有用。例如，在很多视频中，摄像机的运动是为了跟踪某个目标对象的运动，而背景却是不断变化的，因此对于每个像素来说，运动特征是十分明显的，但对于这个目标对象来说，运动可能很微小。慢特征用来描述高层语义上物体的运动信息，因此对于缓慢运动物体的识别具有很大的意义。慢特征可以应用在汽车行驶记录仪所记录的视频分析中，用于从变化快速的非道路物体中分隔出变化缓慢的道路。

2. 局部运动特征

局部运动特征指的是能够表达视频中某个对象的局部或整体运动信息的特征，一般由镜头内部对象的运动（对象自身的运动、对象之间相对位移）而形成。局部运动特征独立于目标的检测和跟踪，受运动产生的噪声和光照变化等因素的干扰较少，但相对复杂，计算量大。如果说全局变量代表了画面的整体运动特性，那么局部运动特征才是表征视频运动语义分析的关键。局部运动特征主要包括动作模板特征、光流特征、时空联合特征以及特征学习特征等。

动作模板特征指的是将对象的运动动作从背景中分离出来，用三维轮廓或者将动作图像堆叠在时间轴上来描述目标的运动。动作模板特征通过在时间轴上累积动作图像来代表目标对象的运动，这一特征通常用来识别和分析人体的动作行为。

光流特征基于对象在一段视频图像上的瞬时速度，通过计算相邻图像帧之间的像素空间位置差异来描述目标的运动。当人们观察物体时，物体会在眼睛的视网膜上呈现一系列连续变化的图像，就像一种光的流动，表达了物体的变化，因此称这种特征为光流特征。光流特征由视频序列中灰度数据的时域变化和相关性来确定，这一特征被用于识别和分析足球运动员在比赛视频中的动作。

时空联合特征通过检测图像灰度变化，将变化显著的区域（如拐点、交叉点等）提取出来，单独构建向量空间，以量化目标的姿态改变。这种特征在背景及姿态变化时均有较高的表征准确性，常用于目标检测和分类。

特征学习特征是使用机器学习算法将运动情况抽象出来的特征，无须人工定义具体的特征。这种特征常用于目标动作识别领域。由于机器学习比人类的经验学习获取到了更为多样化的信息，因此特征学习特征在视频动作的识别上取得了比人工定义特征更好的效果。

5.5.3 视频数据特征的提取方法

目前，视频大数据分析技术在管理领域的应用研究尚处于起步阶段，主要被应用在营销学中。这类研究通常以营销或零售事件为触发点，通过视频数据获取客户针对一个营销事件的情绪反应和行为反应，为商家了解消费者行为和改善购物体验提供解决方案。情绪反应可以通过提取人的面部表情变化的特征来表示，行为反应则可通过手势分析、运动分析、行为追踪等方式来获得。表征情绪反应的特征通常对视频中的关键帧采用基于图像的人脸识别和情绪识别的方法来提取，行为反应则根据具体情境，提取视频数据中的全局或局部运动特征。

在全局特征的提取中，摄像机运动特征的提取可以采用镜头聚类、镜头边界检测、镜头突变双重比较等方法。不同的方法能够获取到的摄像机运动特征不同，因此通常会结合多种方法来提取特征。块运动特征需要解决子块匹配问题，常用灰度匹配算法、二维对数法、菱形法等。慢特征的提取主要依靠慢特征分析方法。

局部运动特征中的动作模板特征的提取方法有动作三维标本法、剪影能量图、剪影历史图、剪影重构形状、运动能量图和运动历史图等方法。光流特征的提取可以通过全局优化时空窗内视频像素的梯度累加和得到，也可以使用主成分分析方法。时空联合特征的提取方法有多尺度高阶梯度特征法、光流方向直方图特征法、梯度方向直方图特征法和三维梯度方向直方图特征法等。深度学习在提取运动特征时，有基于 CNN 扩展网络的方法、三维卷积核法（如 C3D）、双路 CNN 法及基于 LSTM 的方法等。

以零售事件为例，商场通常设有监控摄像头，如何在监控视频中识别出人是进行后续分析的第一步。这里将介绍一种通过提取局部运动特征中的光流特征来识别监控视频中运动个体的方法，并提供开源库 OpenCV-python 的代码示例（参考网址：https：//blog. csdn. net/lyq_12/article/details/87374437）。

1. 预处理初始帧

导入视频数据处理开源包 OpenCV，并读取视频文件。本示例中的视频文件来自 CAVIAR（Context Aware Vision using Image-based Active Recognition）开源项目网站，视频文件为 Walk1. mpg（参考网址：http：//homepages. inf. ed. ac. uk/rbf/CAVIAR/）。

```
import cv2                          #导入 cv2 包,如果未安装请先安装
vc = cv2.VideoCapture("E:\\Walk1.mpg")          #导入的视频数据所在路径
```

读取初始帧，并对其进行预处理：

```
firstFrame = vc.read()
firstFrame = cv2.resize(firstFrame, (640, 360))   #尺寸缩放
gray_firstFrame = cv2.cvtColor(firstFrame, cv2.COLOR_BGR2GRAY)  #灰度化
```

```
firstFrame = cv2.GaussianBlur(gray_firstFrame, (21, 21), 0)#高斯模糊,去除噪声
prveFrame = firstFrame.copy() #保存初始帧,用于后续迭代
```

2. 遍历视频所有帧

遍历视频的每一帧，将灰度化的图像与前一帧比较，找出运动物体的像素块：

```
while True:
(ret, frame) = vc.read()         #读取当前帧
#当所有帧都读取完毕,结束循环
if not ret:
break
#循环未结束,本部分之后的所有代码均须放在此循环内部
```

预处理当前帧：

```
frame = cv2.resize(frame, (640, 360), interpolation=cv2.INTER_CUBIC)
gray_frame = cv2.cvtColor(frame, cv2.COLOR_BGR2GRAY)
gray_frame = cv2.GaussianBlur(gray_frame, (3, 3), 0)
cv2.imshow("current_frame", gray_frame)#可视化当前帧
cv2.imshow("prveFrame", prveFrame)#可视化上一帧,第一次循环为初始帧
```

视频帧预处理可视化展示如图 5-21 所示。

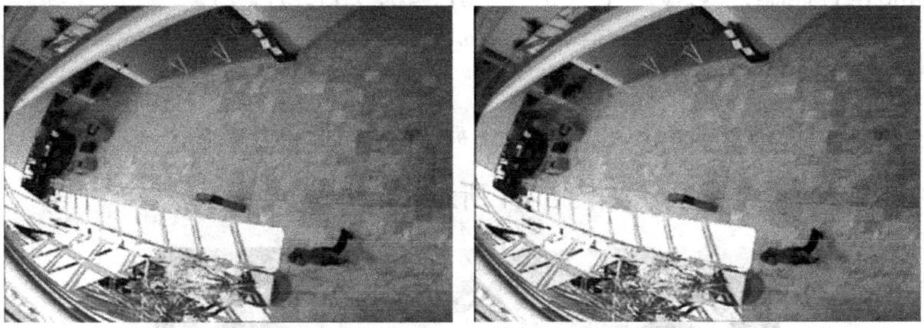

a) 当前帧　　b) 上一帧

图 5-21　视频帧预处理可视化展示

计算当前帧与上一帧的差别：

```
frameDiff = cv2.absdiff(prveFrame, gray_frame)
cv2.imshow("frameDiff", frameDiff) #可视化相邻帧差别
prveFrame = gray_frame.copy()#将当前帧设为上一帧以迭代
```

相邻帧差别可视化展示如图 5-22 所示。

像素块膨胀处理：

```
#忽略较小的差别
retVal, thresh = cv2.threshold(frameDiff, 25, 255, cv2.THRESH_BINARY)
# 对阈值图像进行膨胀处理,填充补洞
thresh = cv2.dilate(thresh, None, iterations=2)
cv2.imshow('thresh', thresh)#可视化膨胀处理后的差别图像
```

像素块膨胀处理可视化展示如图 5-23 所示。

图 5-22 相邻帧差别可视化展示

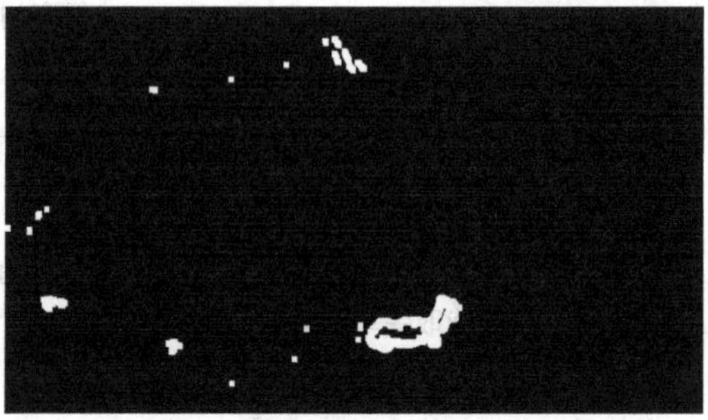

图 5-23 像素块膨胀处理可视化展示

绘制可视化图的代码实现如下：

```
#遍历轮廓
for contour in contours:
if cv2.contourArea(contour) < 50:  #如果轮廓小于阈值则跳过
continue
#计算包含轮廓的最小外接矩形(未旋转)
(x, y, w, h) = cv2.boundingRect(contour)
cv2.rectangle(frame, (x, y), (x+w, y+h), (0, 255, 0), 2)
cv2.putText(frame, "F{}".format(frameCount), (20, 30), cv2.FONT_HERSHEY_SIMPLEX,
1, (0, 0, 255), 2)
cv2.imshow('frame_with_result', frame) #可视化结果
```

识别运动物体效果可视化展示如图 5-24 所示。

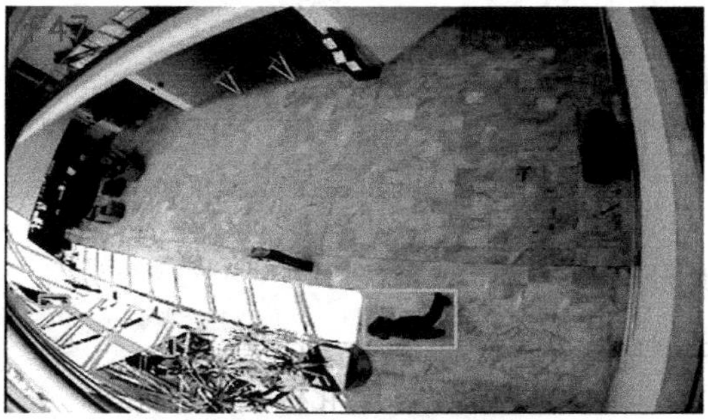

图 5-24 识别运动物体效果可视化展示

参考文献

[1] 单士华，曹社香. 基于 Hadoop 处理大数据分析 [J]. 创新科技，2013 (12)：66-67，75.
[2] 李兰凤，马佳荣. 大数据计算框架与平台分析 [J]. 网络安全技术与应用，2019 (9)：47-49.
[3] SAHOO，N，DELLAROCAS，C，SRINIVASAN S. The impact of online product reviews on product returns

[J]. Information Systems Research, 2018, 29 (3), 723-738.

[4] KORFIATIS N, Garcia-Bariocanal E, Sanchez-Alonso S. Evaluating content quality and helpfulness of online product reviews: the interplay of review helpfulness vs. review content [J]. Electronic Commerce Research and Applications, 2012, 11 (1-6), 205-217.

[5] 赵婕．图像特征提取与语义分析 [M]. 重庆：重庆大学出版社，2015.

[6] 吴富宁，杨子彪，朱虹，等．基于颜色特征进行农作物图像分类识别的应用研究综述 [J]. 中国农业科技导报，2003，5 (2)：76-80.

[7] 叶勋．基于对象颜色特征图像检索研究 [D]. 武汉：武汉理工大学，2010.

[8] 章毓晋，李勍，黄英，等．《图像处理和分析》计算机辅助多媒体教学课件的研制 [C] // 中国图像图形科学技术新进展——第九届全国图像图形科技大会论文集．1998.

[9] 阮秋琦．数字图像处理学 [M]. 北京：电子工业出版社，2013.

[10] UKA A, POLISI X, HALILI A, et al. Analysis of cell behavior on micropatterned surfaces by image processing Algorithms [C] // IEEE. Proceedingsof the IEEE EUROCON 2017-17th International Conference on Smart Technologies. 2017: 75-78.

[11] AHMAD A, GUYONNEAU R, MERCIER F, et al. An image processing method based on features selection for crop and weeds discrimination using RGB images [C] // MANSOURI A, El MOATAZ A, NOUBOUD F, et al. Proceedings of the Image and Signal Processing-8th International Conference. 2018: 3-10.

[12] Yu W, YANG K, BAI Y, et al. Visualizing and comparing convolutional neural networks [DB]. arXiv preprint: 1412. 6631, 2014.

[13] DONG P, HUANG X, LABROO A A. Cueing Morality: The effect of high-pitched music on healthy choice [EB/OL]. (2019-01-09) [2019-11-10]. https://journals. sagepub. com/doi/abs/10. 1177/0022242918813577.

[14] HUANG X, DONG P, ZHANG M. Crush on you: romantic crushes increase consumers' preferences for strong sensorystimuli [J]. Journal of Consumer Research, 2018, 46 (1): 53-68.

[15] KRUMHANSL C L. Music psychology: tonal structures in perception and memory [J]. Annual review of psychology, 1991, 42 (1): 277-303.

[16] KRUMHANSL C L. Rhythm and pitch in music cognition [J]. Psychological bulletin, 2000, 126 (1): 159-179.

[17] LEVITIN D J, GRAHN J A, LONDON J. The psychology of music: rhythm and movement [J]. Annual review of psychology, 2018, 69: 51-75.

[18] LIANG B, YAALI H, SONGYANG L, et al. Feature analysis and extraction for audio automatic classification [C] //IEEE. Proceedings of the 2005 IEEE International Conference on Systems, Man and Cybernetics. 2005, 1: 767-772.

[19] LOWE M L, HAWS K L. Sounds big: the effects of acoustic pitch on productperceptions [J]. Journal of Marketing Research, 2017, 54 (2): 331-346.

[20] LU L, ZHANG H J, JIANG H. Content analysis for audio classification andsegmentation [J]. IEEE Transactions on speech and audio processing, 2002, 10 (7): 504-516.

[21] MCFEE B, RAFFEL C, LIANG D, et al. Librosa: audio and music signal analysis in python [C] //KATHRYN HUFF, JAMES BERGSTRA. Proceedings of the 14th python in science conference. 2015: 18-25.

[22] OXENHAM A J. How we hear: the perception and neural coding of sound [J]. Annual review of psychology, 2018, 69 (1): 27-50.

[23] PFEIFFER S, FISCHER S, EFFELSBERG W. Automatic audio content analysis [J]. Technical Reports, 1996, 96 (8): 1-14.

[24] SHARMA G, UMAPATHY K, KRISHNAN S. Trends in audio signal feature extraction methods [J]. Applied Acoustics, 2020, 158 (107020): 1-21.

[25] TZANETAKIS G, COOK F. A framework for audio analysis based on classification and temporal segmentation [C] //IEEE. Proceedings of the 25th EUROMICRO Conference. Informatics: Theory and Practice for the New Millennium. 1999: 61-67.

[26] YASLAN Y, CATALTEPE Z. Audio music genre classification using different classifiers and feature selection methods [C] //IEEE. Proceedings of the 18th International Conference on Pattern Recognition. 2006: 573-576.

[27] 蔡宸．基于音频信号处理的音乐情感分类的研究 [D]．北京：北京邮电大学，2017.

[28] 胡耀文．音频信号特征提取及其分类研究 [D]．昆明：昆明理工大学，2018.

[29] 李亚玮．视频动作识别中关于运动特征的研究 [D]．南京：东南大学，2008.

[30] DU B, RU L, WU C, et al. Unsupervised deep slow feature analysis for change detection in multi-temporal remote sensing images [J]. IEEE Transactions on Geoscience and Remote Sensing, 2019, 57 (12): 9976-9992.

[31] Efros A A, Berg A C, Mori G, et al. Recognizing action at a distance [C] //IEEE. Proceeding of the IEEE International Contference on Computer Vision, 2003: 726-733.

[32] TAYLOR G, FERGUS R, LECUN Y, et al. Convolutional learning of spatio-temporal features [J]. Computer Vision-ECCV 2010, 2010: 140-153.

[33] LU S, XIAO L, DING M. A video-based automated recommender (VAR) system for garments [J]. Marketing Science, 2016, 35 (3): 484-510.

第 6 章　大数据决策支持

6.1　大数据决策概述

2012 年，达沃斯世界经济论坛将大数据列为和货币与黄金同等重要的新经济资产。2012 年，联合国发布的大数据白皮书指出，大数据是联合国和各国政府的一个历史性机遇，利用大数据进行决策，是提升国家治理能力，实现治理能力现代化的必然要求，可以帮助政府更好地参与经济社会的运行与发展。杨善林院士指出，大数据的价值在于其“决策有用性”，通过分析、挖掘来发现其中蕴藏的知识，可以为各种实际应用提供其他资源难以提供的决策支持。

随着全球各领域数据信息的交互、共享与开放程度持续加快，“大数据时代”如约而至。当今，大数据与人们的日常生活密切相关，社会经济相关领域的海量数据持续迸发。2017 年，滴滴用户数达 4.5 亿，提供了超过 74.3 亿次移动出行服务；2018 年，微信用户每日发送信息 450 亿次，新浪微博日活跃用户 2 亿，微博视频/直播日均发布量超过 150 万次；2019 年，京东“6・18”开场 1 小时下单金额达 50 亿元；2019 年的天猫“双十一”成交额达 2684 亿元；中国 3 万家综合性医院，每年新增数据量可达 20Zbit。大数据蕴藏着巨大的经济、社会和科研价值，已经成为一种战略资源。

大数据决策是以大数据为主要驱动的决策方式。随着大数据时代的到来，各领域行业的决策活动在频度、广度及复杂性上相较以往都有着本质的提高。决策问题的不确定性程度随着决策环境的开放程度以及决策资源的变化程度而变化。传统的基于人工经验、直觉及少量数据分析的决策方式已经远不能满足个性化、多样化、复杂化的决策需求。随着大数据技术的发展和广泛应用，传统的决策模式与思维方式正在发生着变革，大数据技术为人们提供了更广泛的决策资源和更强大的决策工具，基于大数据的决策方式正逐渐成为决策应用和研究领域的主旋律。

6.1.1　大数据决策的特点

大数据决策具有动态性、全局性、不确定性的特点。大数据的实时产生及动态变化决定了大数据决策的动态性。大数据的多方位感知，意味着通过多源数据的整合可以实现更加全面的决策。大数据潜在的不确定性，也使得决策问题的求解过程呈现不确定性特征。

1. 大数据决策的动态性

大数据是对事物客观表象和演化规律的抽象表达，其动态性和增量性是对事物状态的持续反映。人们在决策过程中的每一步行动都将影响事物的发展进程，大数据可以全程反映每一步决策的结果和影响。此外，对决策问题的描述以及决策问题的求解策略都要随着动态数据而及时调整。使用面向大数据的增量式学习方法，可以实现知识的动态演化和有效积累，进而反馈到决策执行中。大数据环境下的决策模式将更多地由相对静态转变为决策问题动态描述的渐进式求解模式。

2. 大数据决策的全局性

目前的决策支持系统，大多是面向具体领域中的某一环节或解决某一特定目标的局部决策问题，并不能进行全局决策的优化和多目标任务协同。在大数据时代，大数据的跨视角、跨媒介、跨行业等多源特性促使决策者进一步提升问题求解的关联意识和全局意识。因此，大数据环境下的决策分析更加注重数据的全方位性、生产流程的系统性、业务环节的交互性、多目标问题的协同性。决策者不能局限于单一问题的决策，需要优先考虑全局性的整体决策。

3. 大数据决策的不确定性

大数据决策的不确定性来源于3个方面。一是决策信息不完整、不确定会导致决策的不确定性。大数据的来源和分布广泛，关联复杂。企业即使借助先进的手段收集、整合数据，也难以确保数据的全面性和完整性。此外，大数据的动态特征会导致大数据的分布存在随时间变化的不确定性，大数据中普遍存在的噪声与数据缺失现象决定了大数据不完备、不精确。二是决策信息分析能力不足会导致决策不确定。现有的大数据分析处理技术还存在着不足，例如，多源异构数据融合分析、不确定性知识发现及大数据关联分析等方面仍是当前颇具挑战的研究方向。三是决策问题过于复杂而难以建模导致的不确定性。在决策问题建模方面，在一些非稳态、强耦合的系统环境下，建立精确的动态决策模型往往异常困难。现阶段面向大数据的决策问题求解，人们通常使用满意近似解代替精确解，以此保证问题求解的经济性和高效性。

6.1.2 大数据决策的趋势

大数据决策有两个主要的潜在趋势：一是相关分析或将代替因果分析，成为获取大数据隐含知识更有效的手段；二是用户的兴趣偏好在大数据时代将更受关注，更多的商业决策向满足个性化需求转变。

1. 从因果分析向相关分析转变

大数据对决策最直接的影响就是对决策思维方式的影响。由于大数据要分析与某事物相关的所有数据，即“样本 = 总体”，而不是依靠分析少量的样本数据，因此势必使人们的思维方式发生转变，就是放弃对因果关系的渴求，取而代之的是关注相关关系，最终迫使人们接受数据关系的复杂性和数据结构的多样性，而不再追求数据的精确性。也就是说，大数据决策只需知道“是什么”，而不需要知道“为什么”。这颠覆了千百年来人类的思维习惯，对人类的认知和与世界交流的方式提出了挑战。在面向大数据智能化分析的决策应用中，相关性分析技术可为正确数据的选择提供必要的判定依据，同时将其与其他智能分析方法相结合，可有效避免对数据独立同分布的假设，提高数据分析的合理性和认可度。

2. 决策向满足个性化需求转变

在大数据背景下，产品和服务的提供以及价值的创造将更加贴近于社会大众的个性化需求。应用大数据分析工具，可以对用户进行行为画像，并对用户进行精准的营销或干预，满足用户的个性化需求，这将是政府和企业提升用户价值和增强服务能力的有效手段。以市场营销为例，企业可以通过舆情分析、情感挖掘等以用户为中心的数据驱动方法，精准挖掘消费者的兴趣与偏好，做出有针对性的个性化需求预测，为用户提供个性化的产品和服务。另外，随着社会化媒体应用的深入，大数据可以打通企业和消费者之间的信息主动反馈机制，多元主体能够参与到决策过程中，传统的自上而下的精英决策模型将会改变，并逐渐形成面向公众与满足用户个性化需求的决策模式。

6.1.3 大数据分析方法

大数据决策是以大数据分析为基础的。Google首席经济学家Hal Varian指出，大数据创造的真正价值在于能否提供进一步的稀缺的附加服务。这种增值服务就是大数据分析。大数据正推动传统科学研究从假设驱动模式向基于大数据分析的数据密集型科学（Data-Intensive Science）模式转变，并形成继实验科学、理论科学及计算科学之后的新型数据科学范式。随着数据科学与管理学、经济学、心理学、社会学等领域的深度融合，可视化分析、机器学习方法和计量经济学方法已成为当前大数据环境下常用的研究领域和分析方法。

大数据分析过程需要机器和人的相互协作与优势互补，由此大数据分析方法可以展开为两个维度。一个维度是从以人作为分析主体和需求主体的角度出发，强调基于人机交互的、符合人的认知规律的分析方法，意图将人所具备的、机器并不擅长的认知能力融入分析过程中，这部分方法以大数据可视化分析为代表。另一个维度则是从计算机的角度出发，强调计算能力和人工智能，例如各类面向大数据的机器学习和计量经济学方法等。下面将介绍这些方法。

6.2 可视化分析方法

大数据可视化是大数据决策支持的重要工具和方法。下面将从大数据可视化的概念、实施步骤、主要方法、常用工具4个方面进行介绍。

6.2.1 大数据可视化的概念

在科学计算以及商业智能（Business Intelligence，BI）领域，数据可视化一直是重要的方法和手段。大数据可视化旨在利用计算机自动化分析能力的同时，充分挖掘人对于可视化信息的认知能力优势，将人、机进行有机融合，借助人机交互式分析方法，包括图形图像处理技术、计算机视觉及用户界面技术，通过表达、建模以及对立体、表面、属性及动画等图形化手段，帮助人们更好地理解和利用数据，找出大数据背后隐藏的信息并转化知识以及规律。大数据可视化已经在用户画像、社交网络分析、地理信息系统等领域得到广泛应用。例如，滴滴利用滴滴出行平台海量轨迹、起讫点（起点和终点）等出行数据，对全国重点城市交通运行状况和信号灯路口自适应控制状况进行了客观精细的可视化呈现。

在大数据时代下，传统的数据可视化技术，如折线图、饼状图等，已很难满足需求，原因如下。

① 首先数据可视化仍未深入地结合人机交互的理论和技术，因此难以全面地支持可视分析的人机交互过程。

② 数据规模不断变大、数据维度更高、非结构化数据层出不穷，大数据本身的特点也对数据可视化提出了更为迫切的需求。

大数据可视化技术面临的挑战主要体现在以下4个方面。

① 体量：大数据的数据体量过大，开发中难以找准最具有意义的图像效果来展示。

② 多源：大数据使用多种数据源，难以从多源异构数据中找出统一的范式来展示。

③ 高速：面对实际应用中海量的实时数据流时如何高速地生成可视化方案。

④ 质量：如何为用户创建有吸引力的信息图和热点图，如何为决策提供建议方案并创造商业价值。

6.2.2 实施步骤

大数据可视化的实施是一系列数据的转换过程。首先用户得到原始数据，通过对原始数据标准化、结构化的处理，把它们整理成数据表；将这些数据转换成视觉结构（包括形状、位置、尺寸、值、方向、色彩、纹理等），通过视觉的方式把它表现出来；将视觉结构进行组合，把它转换成图形传递给用户，用户通过人机交互的方式进行反向转换，去更好地了解数据背后的问题和规律。大数据可视化的实施步骤主要为 4 步：需求分析；建设数据仓库/数据集市模型；数据抽取、清洗、转换、加载（ETL）；建立可视化场景。

1. 需求分析

需求分析是大数据可视化项目开展的前提，要描述项目背景与目的、可视化目标、可视化范围、业务需求和功能需求等，明确实施单位对可视化的期望和需求。需求分析的内容包括需要分析的主题、各主题可能查看的角度、企业各方面的规律、用户的需求等。

2. 建设数据仓库/数据集市模型

数据仓库/数据集市模型是在需求分析的基础上建立起来的提供数据支持的战略集合。数据仓库/数据集市的建模除了数据库的 ER（实体-联系）建模和关系建模外，还包括专门针对数据仓库的维度建模。维度建模的关键在于明确哪些维度对主题分析有用，如何使用现有数据生成维表，选取适当的指标来“度量”主题，以及如何使用现有数据生成事实表。

3. 数据抽取、清洗、转换、加载（ETL）

数据抽取是指将数据仓库/数据集市需要的数据从各个业务系统中抽离出来，因为每个业务系统的数据质量不同，所以要对每个数据源建立不同的抽取程序，数据的抽取需要使用接口将源数据传送到清洗和转换阶段。数据清洗的目的是保证抽取的源数据的质量符合数据仓库/数据集市的要求并保持数据的一致性。数据转换是整个 ETL 过程的核心部分，主要是对源数据进行计算和放大。数据加载是按照数据仓库/数据集市模型中各个实体之间的关系将数据加载到目标表中。

4. 建立可视化场景

建立可视化场景是对数据仓库/数据集市中的数据进行分析处理的成果，用户能够借此从多个角度查看组织的运营状况，按照不同的主题和方式探查组织业务内容的核心数据，从而做出更精准的预测和判断。

6.2.3 主要方法

基于可视化信息对象的分类，大数据可视化包括文本可视化、网络可视化、时空数据可视化和多维数据可视化等。

1. 文本可视化

文本信息是大数据时代非结构化数据类型的典型代表，是互联网中最主要的信息类型，

图 6-1　标签云

也是物联网各种传感器采集后生成的主要信息类型，人们日常工作和生活中接触最多的电子文档也是以文本形式存在的。文本可视化的意义在于能够将文本中蕴含的语义特征（如词频与重要度、逻辑结构、主题聚类、动态演化规律等）直观地展示出来。如图 6-1 所示，典型的文本可视化技术是标签云（Word Clouds 或 Tag Clouds）、词云图。它将关键词根据词频或其他规则进行排序，按照一定规律进行布局排列，用大小、颜色、字体等图形属性对关键词进行可视化。目前，大多数标签云用字体大小代表该关键词的重要性，在互联网中多用于快速识别网络媒体的主题热度。

此外，文本中通常蕴含着逻辑层次结构和一定的叙述模式，为了对结构语义进行可视化，研究者提出了文本的语义结构可视化技术，以便于对聚类的关系予以展示。如图 6-2 所示，DocuBurst 以放射状层次圆环的形式展示文本结构。这种结构的图常被称为旭日图，它用环形布局巧妙地展示了文本语义结构的层级关系，外圈的单词是内圈单词的下一层，用颜色的深浅来体现词频的高低。

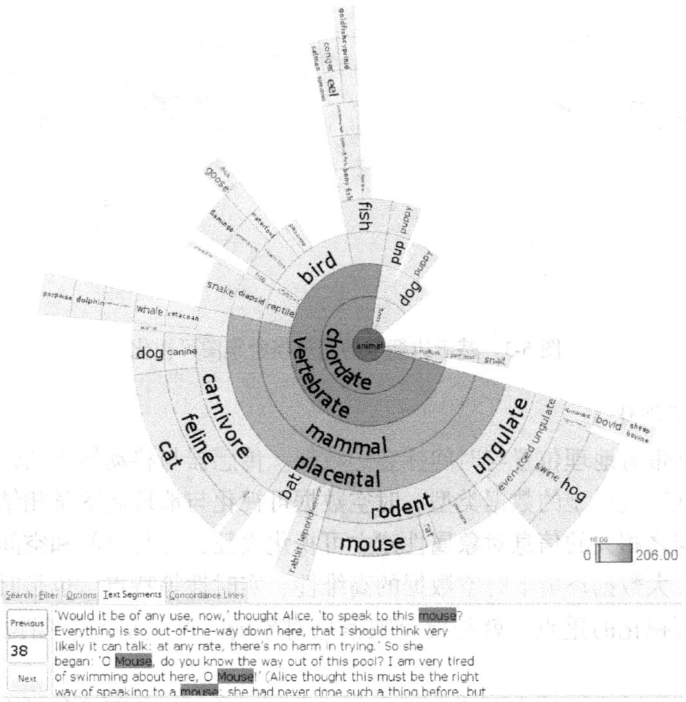

图 6-2　圆环文本语义结构树（旭日图）

2. 网络（图）可视化

网络关联关系是大数据中最常见的关系，如互联网与社交网络。层次结构数据属于网络信息的一种特殊情况。网络可视化的主要任务是基于网络节点和连接的拓扑关系，直观地展示网络中潜在的模式，例如节点或边聚集性。由于大数据相关的网络往往具有动态演化性，因此，如何在静态的网络拓扑关系可视化基础上对动态网络的特征进行可视化，也是重要的研究内容。传统的网络可视化技术有 H 状树（H-Tree）、圆锥树（ConeTree）、气球图（BalloonView）、放射图（RadialGraph）、三维放射图（3D Radial）、双曲树（Hyperbolic Tree）、树图（Tree Maps）等技术。然而对于具有海量节点和边的大规模网络，随着节点和边的数目不断增多，在规模达到百万以上时，可视化界面中会出现节点和边大量聚集、重叠和覆盖问题，使得分析者难以辨识可视化效果。

图简化（Graph Simplification）方法是处理此类大规模图可视化的主要手段，有两种方法：一种是聚集处理网络中的边，例如基于边捆绑（Edge Bundling）的方法，使得复杂网络可视化效果更为清晰（如图 6-3 所示）；另一种是通过层次聚类与多尺度交互，将大规模图转换为层次化树结构，并通过多尺度交互来对不同层次的图进行可视化，如 ASK-Graphview 能够对千万级别的点边图进行分层可视化。这些方法为大数据时代大规模图可视化提供了有力的支持。

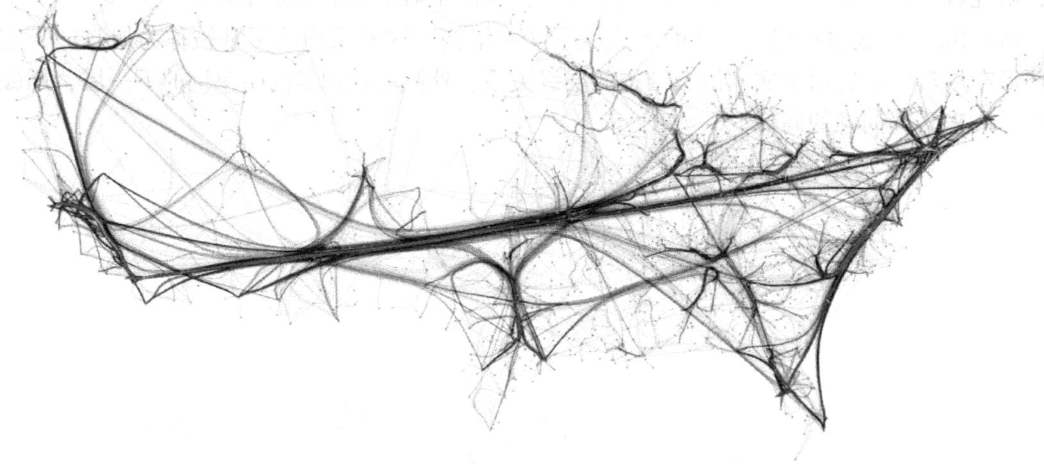

图 6-3　基于边捆绑的大规模密集图可视化

3. 时空数据可视化

时空数据是指带有地理位置与时间标签的数据。传感器与移动终端的迅速普及，使得时空数据成为大数据时代典型的数据类型。时空数据可视化与地理制图学相结合，重点对时间与空间维度以及与之相关的信息对象属性建立可视化表征，对与时间和空间密切相关的模式及规律进行展示。大数据环境下时空数据的高维性、实时性等特点，也是时空数据可视化的重点。时空数据可视化的重点，就是要反映信息对象随时间进展与空间位置所发生的行为变化。

流式地图 Flowmap 是一种典型的方法，可将时间事件流与地图进行融合。图 6-4 所示为使用 Flowmap 分别对北京市公交站牌商业价值可视化的例子。当数据规模不断增大时，传统 Flowmap 面临大量的图元交叉、覆盖等问题，这也是大数据环境下时空数据可视化的主要问题之一。

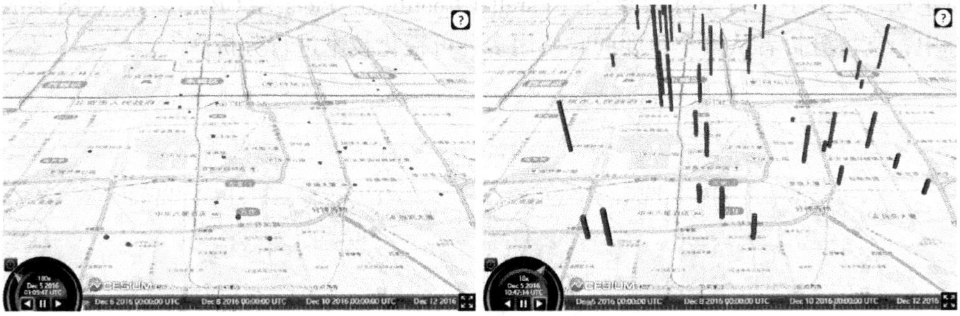

图 6-4 流式地图

4. 多维数据可视化

多维数据指的是具有多个维度属性的数据变量，广泛存在于基于传统关系数据库以及数据仓库的应用中，如企业信息系统以及商业智能系统。多维数据可视化的目标是探索多维数据项的分布规律和模式，并揭示不同维度属性之间的隐含关系。多维可视化的基本方法包括基于几何图形、基于图标、基于像素、基于层次结构、基于图结构以及混合的方法。其中，基于几何图形的多维可视化方法是近年来主要的研究方向。

散点图（Scatter plot）是最为常用的多维可视化方法。二维散点图（图 6-5a）将多个维度中的两个维度属性值集合映射至两条轴上，在二维轴确定的平面内通过图形标记的不同视觉元素来反映其他维度属性值，例如，可通过不同的形状、颜色、尺寸等来代表连续或离散的属性值。二维散点图使用二维坐标系，仅能绘制两个变量，它可以适当地扩展，以显示更多的信息或者推广到三维数据，如图 6-5 所示。散点图适合对有限数目的较为重要的维度进行可视化，通常不适于需要对所有维度同时进行展示的情况。大数据背景下，除了数据规模扩张带来的挑战外，数据高维问题也是研究的重点。

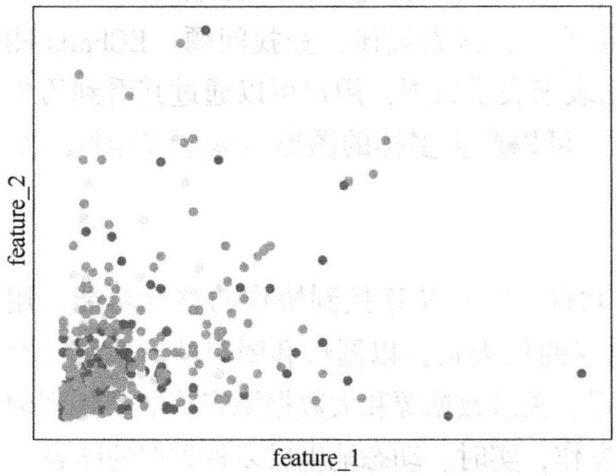

a) 二维散点图

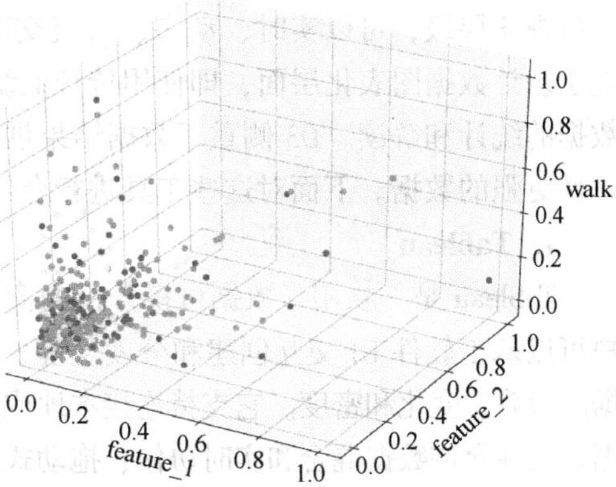

b) 三维散点图

图 6-5 二维和三维散点图

平行坐标（Parallel Coordinates）是应用最为广泛的一种多维可视化技术，将维度与坐标轴建立映射，在多个平行轴之间以直线或曲线映射表示多维信息，图 6-6 所示为利用机器学习鸢尾花数据集构造的平行坐标图。近年来，研究者将平行坐标与散点图等其他可视化技术进行集成，提出了平行坐标散点图（Parallel Coordinate Plots，PCP），将散点图集成在平行坐标中，支持分析者从多个角度同时使用多种可视化技术进行分析。

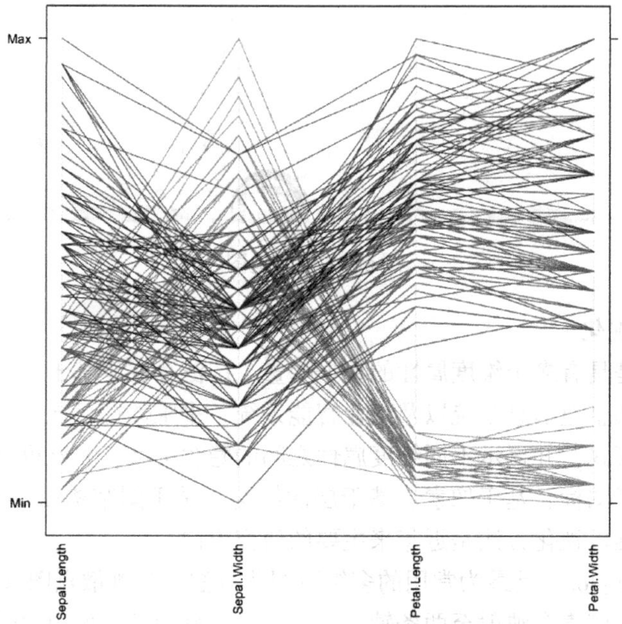

图 6-6　平行坐标图

6.2.4　常用工具

大数据可视化的常用工具主要包括 Tableau、ECharts、D3、Three. js 等。数据可视化的基本层级包括数据统计图表化、数据结果展示化和数据分析可视化。Tableau 侧重于数据分析可视化层级，可以实时、动态、人机交互地分析数据，探索规律，查找问题。ECharts 侧重于统计数据图表化层面，即使用传统的统计性图表来表示数据，用户可以通过其看到历史数据的统计和解读。D3 侧重于数据结果展示层级，可以产生多样的图形来展示多维度、交互性更强的数据。下面对这些工具进行介绍。

1. Tableau

Tableau 是一款用于数据可视分析的商业智能软件，提供从连接到协作的整套功能。用户可以基于软件 UI 交互创建和分发交互式及可共享的仪表板，以图形和图表的形式描绘数据的趋势、变化和密度。它支持连接本地或云端数据、关系数据源和大数据源来获取及处理数据。软件允许数据混合和实时协作、拖动式交互式操作，实时、动态地生成多种类型的图表。

Tableau 独特的特性让用户可以通过简单的拖动操作实现数据可视化。用户不需要编写任何复杂的脚本，任何理解业务问题的人都可以使用。Tableau 允许多个数据库的组合，可以帮助分析时段、维度，度量复杂的大数据。使用 Tableau 需要非常细致的规划来创建良好的仪表板，以下是创建有效仪表板时应该遵循的设计流程。

① 连接到数据源：它涉及定位数据并使用适当类型的连接来读取数据。

② 选择尺寸和度量：包括从源数据中选择所需的列进行分析。

③ 应用可视化技术：这涉及将所需的可视化方法（如特定图表或图形类型）应用于正在分析的数据。

以 Tableau Desktop 10.3 软件自带的超市数据为例，如图 6-7 所示，该数据包含了订单信息、区域信息、客户信息、产品信息以及销售利润信息。在导入超市数据后，Tableau 会自动把数据分为维度（可以理解为“定性”数据，如地区、客户、产品等）和度量（可以理解为“定量”数据，如销售额、利润等）。

行 ID	订单 ID	订单日期	发货日期	邮寄方式	客户 ID	客户名称	细分	城市	省/自治区	国家	地区	产品 ID	类别	子类别	产品名称	销售额	数量	折扣	利润
1	US-2018-1357144	2018/4/27	2018/4/29	二级	曾惠-14485	曾惠	公司	杭州	浙江	中国	华东	办公用-用品-10	办公用品	用品	Fiskars 剪刀，蓝色	129.696	2	0.4	-60.704
2	CN-2018-1973789	2018/6/15	2018/6/19	标准级	许安-10165	许安	消费者	内江	四川	中国	西南	办公用-信封-10	办公用品	信封	GlobeWeis 搭扣信封，	125.44	2	0	42.56
3	CN-2018-1973789	2018/6/15	2018/6/19	标准级	许安-10165	许安	消费者	内江	四川	中国	西南	办公用-装订-10	办公用品	装订机	Cardinal 孔加固材料	31.92	2	0.4	4.2
4	US-2018-3017568	2018/12/9	2018/12/13	标准级	宋良-17170	宋良	公司	镇江	江苏	中国	华东	办公用-用品-10	办公用品	用品	Kleencut 开信刀，工	321.216	4	0.4	-27.104
5	CN-2017-2975416	2017/5/31	2017/6/2	二级	万兰-15730	万兰	消费者	汕头	广东	中国	中南	办公用-器具-10	办公用品	器具	KitchenAid 搅拌机，	1375.92	3	0	550.2
6	CN-2016-4497736	2016/10/27	2016/10/31	标准级	俞明-18325	俞明	消费者	景德镇	江西	中国	华东	技术-设备-100C	技术	设备	柯尼卡 打印机，红色	11129.58	9	0	5783.78
7	CN-2016-4497736	2016/10/27	2016/10/31	标准级	俞明-18325	俞明	消费者	景德镇	江西	中国	华东	办公用-装订-10	办公用品	装订机	Ibico 订书机，实惠	479.92	2	0	172.76
8	CN-2016-4497736	2016/10/27	2016/10/31	标准级	俞明-18325	俞明	消费者	景德镇	江西	中国	华东	家具-椅子-100C	家具	椅子	SAFCO 扶手椅，可调	8659.84	4	0	2684.08
9	CN-2016-4497736	2016/10/27	2016/10/31	标准级	俞明-18325	俞明	消费者	景德镇	江西	中国	华东	办公用-纸张-10	办公用品	纸张	Green Bar 计划信息表	588	5	0	46.9
10	CN-2016-4497736	2016/10/27	2016/10/31	标准级	俞明-18325	俞明	消费者	景德镇	江西	中国	华东	办公用-系固-10	办公用品	系固件	Stockwell 橡皮筋，	154.28	2	0	33.88
11	CN-2015-4195213	2015/12/22	2015/12/24	二级	谢雯-21700	谢雯	小型企业	榆林	陕西	中国	西北	技术-设备-100C	技术	设备	爱普生 计算器，耐用	434.28	2	0	4.2
12	CN-2018-5801711	2018/6/1	2018/6/6	标准级	康青-19585	康青	消费者	哈尔滨	黑龙江	中国	东北	技术-复印-100C	技术	复印机	惠普 墨水，红色	2368.8	4	0	639.52
13	CN-2016-2752724	2016/6/5	2016/6/9	标准级	赵婵-10885	赵婵	消费者	青岛	山东	中国	华东	办公用-信封-10	办公用品	信封	Jiffy 局间信封，银色	683.76	3	0	88.62
14	CN-2016-2752724	2016/6/5	2016/6/9	标准级	赵婵-10885	赵婵	消费者	青岛	山东	中国	华东	技术-配件-100C	技术	配件	SanDisk 键区，可编程	1326.5	5	0	344.4
15	CN-2016-2752724	2016/6/5	2016/6/9	标准级	赵婵-10885	赵婵	消费者	青岛	山东	中国	华东	技术-电话-100C	技术	电话	诺基亚 充电器，蓝色	5936.56	2	0	2849.28
16	US-2017-2511714	2017/11/22	2017/11/25	一级	刘斯-20965	刘斯云	公司	徐州	江苏	中国	华东	办公用-器具-10	办公用品	器具	KitchenAid 冰箱，黑	10336.45	7	0.4	-3962.73
17	US-2017-2511714	2017/11/22	2017/11/25	一级	刘斯-20965	刘斯云	公司	徐州	江苏	中国	华东	办公用-标签-10	办公用品	标签	Novimex 圆形标签，红	85.26	3	0	38.22
18	CN-2018-5631342	2018/10/2	2018/10/4	二级	白鹄-14050	白鹄	消费者	上海	上海	中国	华东	技术-配件-100C	技术	配件	Memorex 键盘，实惠	2330.44	7	0	1071.14
19	CN-2018-5631342	2018/10/2	2018/10/4	二级	白鹄-14050	白鹄	消费者	上海	上海	中国	华东	办公用-用品-10	办公用品	用品	Acme 尺子，工业	85.54	1	0	23.94
20	CN-2018-5631342	2018/10/2	2018/10/4	二级	白鹄-14050	白鹄	消费者	上海	上海	中国	华东	办公用-装订-10	办公用品	装订机	Avery 孔加固材料，耐	137.9	5	0	2.1
21	CN-2018-5631342	2018/10/2	2018/10/4	二级	白鹄-14050	白鹄	消费者	上海	上海	中国	华东	办公用-装订-10	办公用品	装订机	Cardinal 装订机，回	397.32	6	0	126.84
22	CN-2018-5631342	2018/10/2	2018/10/4	二级	白鹄-14050	白鹄	消费者	上海	上海	中国	华东	技术-电话-100C	技术	电话	三星 办公室电话机，!	2133.46	7	0	959.42
23	CN-2018-5631342	2018/10/2	2018/10/4	二级	白鹄-14050	白鹄	消费者	上海	上海	中国	华东	技术-复印-100C	技术	复印机	Hewlett 传真机，数字	4473.84	3	0	1162.98
24	CN-2018-5631342	2018/10/2	2018/10/4	二级	白鹄-14050	白鹄	消费者	上海	上海	中国	华东	办公用-用品-10	办公用品	用品	Elite 开信刀，工业	269.92	2	0	118.72
25	US-2017-4150614	2017/6/7	2017/6/14	标准级	贾彩-10600	贾彩	公司	温岭	浙江	中国	华东	家具-书架-100C	家具	书架	Sauder 书架，金属	1638.336	4	0.4	-464.464
26	US-2017-4150614	2017/6/7	2017/6/14	标准级	贾彩-10600	贾彩	公司	温岭	浙江	中国	华东	家具-椅子-100C	家具	椅子	Office Star 摇椅，可	1204.56	3	0.4	60.06
27	US-2017-4150614	2017/6/7	2017/6/14	标准级	贾彩-10600	贾彩	公司	温岭	浙江	中国	华东	办公用-系固-10	办公用品	系固件	OIC 图钉，金属	198.66	5	0.4	-16.94
28	US-2017-4150614	2017/6/7	2017/6/14	标准级	贾彩-10600	贾彩	公司	温岭	浙江	中国	华东	办公用-系固-10	办公用品	系固件	Accos 图钉，混合尺寸	249.312	8	0.4	-58.688
29	US-2017-4150614	2017/6/7	2017/6/14	标准级	贾彩-10600	贾彩	公司	温岭	浙江	中国	华东	办公用-用品-10	办公用品	用品	Fiskars 剪刀，蓝色	389.088	6	0.4	-182.112
30	US-2017-4150614	2017/6/7	2017/6/14	标准级	贾彩-10600	贾彩	公司	温岭	浙江	中国	华东	技术-配件-100C	技术	配件	罗技 路由器，实惠	692.496	1	0.4	-34.664
31	US-2017-4150614	2017/6/7	2017/6/14	标准级	贾彩-10600	贾彩	公司	温岭	浙江	中国	华东	家具-用具-100C	家具	用具	Tenex 灯泡，黑色	106.008	2	0.4	-9.072
32	CN-2018-4364300	2018/12/12	2018/12/15	二级	马丽-15910	马丽	消费者	上海	上海	中国	华东	办公用-装订-10	办公用品	装订机	Wilson Jones 标签，	158.9	5	0	72.8
33	CN-2018-3230180	2018/9/28	2018/10/2	二级	宋栋-12310	宋栋	公司	唐山	河北	中国	华北	办公用-收纳-10	办公用品	收纳具	Fellowes 文件车，金	1272.88	2	0	585.48
34	CN-2018-3230180	2018/9/28	2018/10/2	二级	宋栋-12310	宋栋	公司	唐山	河北	中国	华北	家具-椅子-100C	家具	椅子	Harbour Creations	1738.1	5	0	799.4
35	US-2017-1966627	2017/11/19	2017/11/23	标准级	巩懿-13495	巩懿	公司	宁波	浙江	中国	华东	家具-书架-100C	家具	书架	Dania 书架，白色	1390.032	4	0.4	-486.528

图 6-7　超市数据示例

图 6-8 所示是客户气泡图，每一个气泡代表一个客户，横轴表示销售额，纵轴表示利润。

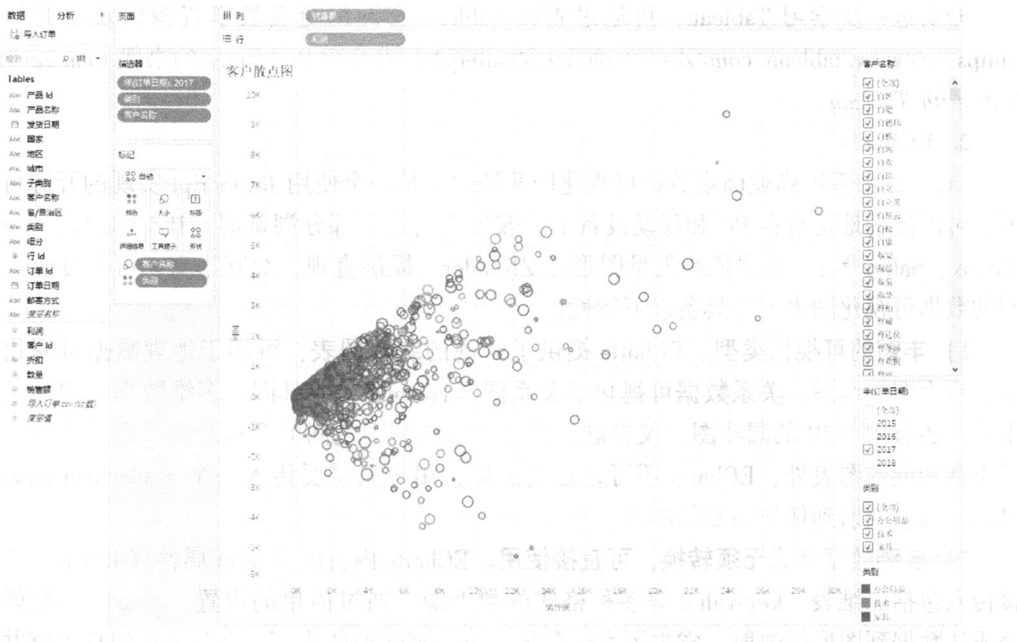

图 6-8　客户气泡图

图 6-9 所示是客户交易量排行柱状图，横轴是交易量，纵轴是客户名称。在仪表板中还可以根据地区、省份、年份进行筛选，交互式地实现对每个客户销售情况的把控，以便对不

同价值分类的客户采取不同的策略。

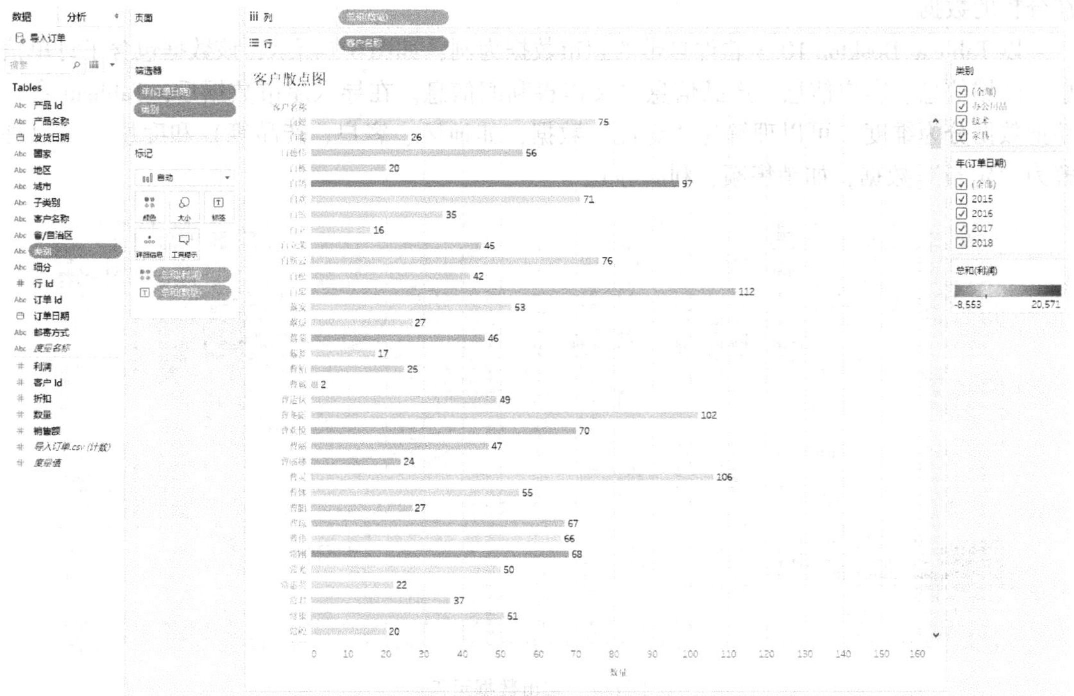

图 6-9　客户交易量排行柱状图

若要进一步学习 Tableau，可通过查阅 Tableau 官网的免费教学资源以及可视化案例（https：//www. tableau. com/zh-cn/solutions/gallery），或参考 Ben Jones 的书籍 *Communicating Data with Tableau*。

2. ECharts

ECharts 由百度商业前端数据可视化团队研发，是一个使用 JavaScript 实现的开源可视化库，可以流畅地运行在 PC 和移动设备上，兼容当前绝大部分浏览器（IE8 ~ IE11、Chrome、Firefox、Safari 等），底层依赖矢量图形库 ZRender，提供直观、交互丰富、可高度个性化定制的数据可视化图表。它具备以下特性。

1）丰富的可视化类型。ECharts 提供了常规的统计图表，可用于地理数据可视化的地图、热力图、线图，关系数据可视化的关系图、Treemap、旭日图，多维数据可视化的平行坐标，还有用于 BI 的漏斗图，仪表盘，并且支持图与图之间的混搭。除了已经内置的包含了丰富功能的图表外，ECharts 还可自定义图形，用户只需要传入一个 renderItem 函数，就可以从数据映射到任何想要的图形。

2）多种数据格式无须转换，可直接使用。ECharts 内置的 dataset 属性（4.0 +）支持直接传入包括二维表、key-value 等多种格式的数据源。通过简单的设置，encode 属性就可以完成从数据到图形的映射，省去了大部分场景下数据转换的步骤，而且多个组件能够共享一份数据而不用复制。

3）千万数据的前端展示。通过增量渲染技术（支持用户对数据分块后加载，参见 Echarts 官网示例：https：//www. echartsjs. com/examples/zh/editor. html？c = lines-ny），配合各

种细致的优化，ECharts 能够展现千万级的数据量，并且在这个数据量级下依然能够进行流畅的缩放、平移等交互操作。ECharts 同时提供了对流加载（支持交互的无阻塞，参见 Echars 官网实例：https：//www. echartsjs. com/examples/zh/editor. html？ c = lines-airline）的支持，用户可以使用 WebSocket 或者对数据分块后加载，不需要漫长地等待所有数据加载完再进行绘制。

4）移动端优化。 ECharts 针对移动端交互做了细致的优化，例如，在移动端小屏上支持用手指在坐标系中进行缩放、平移。细粒度的模块化和打包机制可以让 ECharts 在移动端不会占用太多前端内存。

5）深度的交互式数据探索。 ECharts 提供了图例、视觉映射、数据区域缩放、tooltip、数据刷等交互组件，可以进行多维度数据筛取、视图缩放、细节展示等交互操作。

6）动态数据。 ECharts 由数据驱动，数据的改变驱动图表展现的改变。因此动态数据的实现也变得异常简单，只需要获取并填入数据，ECharts 就会找到两组数据之间的差异，然后通过合适的动画去表现数据的变化。配合 timeline 组件，还能够在更高的时间维度上去表现数据的信息。

图 6-10 所示为 ECharts 柱状图的简单示例。

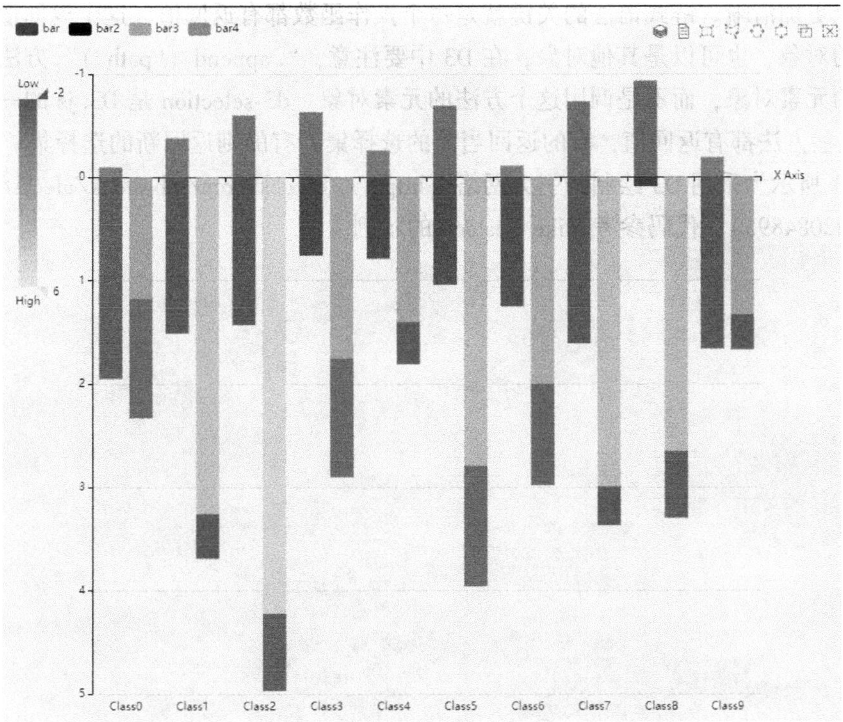

图 6-10　ECharts 柱状图绘制的简单示例

若要进一步学习 ECharts，可通过查阅 ECharts 官网的免费教学资源或 W3Cschool Echarts 教程（https：//www. w3cschool. cn/echarts_tutorial/）来进行。

3. D3

D3 的全称是 Data-Driven Documents，是一个基于 Web 标准的 JavaScript 库，JavaScript 文

件的扩展名通常为.js，故D3也被称为D3.js。D3借助HTML、SVG和CSS来处理数据，它结合了强大的可视化组件和数据驱动的DOM操作方法，使用户可以借助于目前浏览器的强大功能自由地对数据进行可视化。

D3提供了各种简单易用的函数，大大简化了JavaScript操作数据的难度。用户只需要输入简单的数据，就能将数据转换为丰富的图表，几乎可以满足所有的开发需求。由于它本质上是JavaScript，所以用户也可以用JavaScript实现所有D3的功能。D3不是一个框架，因此没有操作上的限制。没有框架的限制，用户可以完全按照自己的意愿来表达数据。但D3代码相对于之前介绍的几种可视化工具来说较为复杂，需要用户具有一定的JavaScript基础。

与ECharts相比，D3不会生成事先定义好的图表，而是给用户提供一些方法来生成带数据的标签，绑定可视化的属性，如何制作图表需要由用户自己来定义。例如，用户可以根据一组数据生成一个表格，也可以生成一个可以过渡和交互的SVG图形。另外，D3还提供了很多数据处理方法，用户可以通过这些方法生成优化的数据模型。总的来说，ECharts等可以提供更方便的图表组件，满足大部分的需求，而D3可以提供更丰富的自定义功能，适合定制化。D3的运行速度很快，支持大数据集和动态交互以及动画。

D3用了一种与jQuery一样的链式语法，这样通过“.”就能把多个操作链接起来，在执行逻辑上更加清晰。链式语法的关键就是每个操作函数都有返回值，这个返回值可以执行当前操作的对象，也可以是其他对象，在D3中要注意，“.append('path')”方法的返回值是新创建的元素对象，而不是调用这个方法的元素对象。d3-selection是D3.js的一系列选择集API，这些方法都有返回值，有的返回当前的选择集，有的则返回新的选择集。

图6-11所示为采用D3绘制的引力网络（http://bl.ocks.org/mbostock/afecf1ce04644ad9036ca146d2084895），代码参考Mike Bostock的示例。

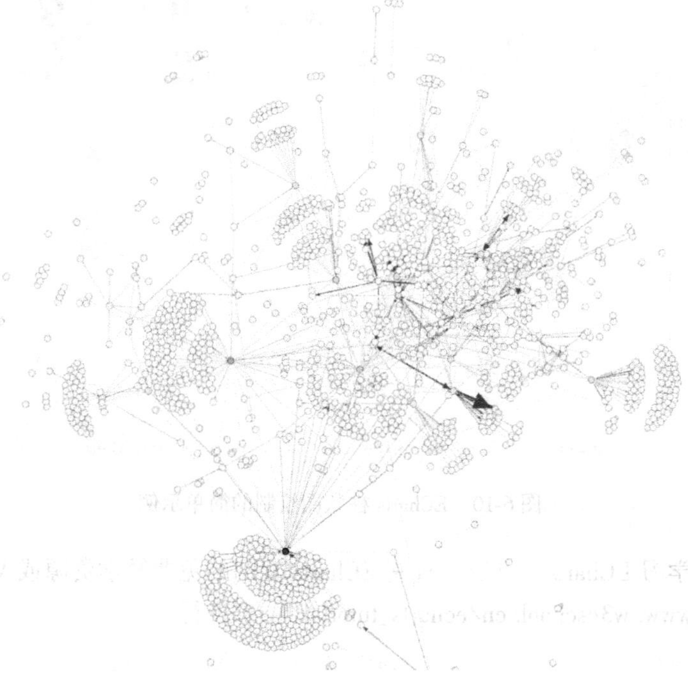

图6-11　D3引力网络绘制的简单示例

若要进一步学习 D3，可通过查阅 D3 官网的免费教学资源或项目文档（https：//github. com/d3/d3/wiki/Tutorials）进行。

4. Three. js

Three. js 是一款开源的主流 3D 绘图 JS 引擎，Three 表示 3D，js 表示 JavaScript。JavaScript 是运行在网页端的脚本语言，Three. js 和 D3. js 一样是运行在浏览器上的。Three. js 作为一款运行在浏览器中的 3D 引擎，用户可以用它创建各种三维场景，包括摄影机、光影、材质等各种对象。Three. js 作为 WebGL（Web Graphics Library）的开源框架，简化了 WebGL 编程。WebGL 是 HTML5 技术生态链中最为令人振奋的标准之一，把 Web 带入了 3D 时代。WebGL 是一种网页 3D 绘图协议，允许把 JavaScript 和 OpenGL ES 2. 0 结合在一起，WebGL 可以为 HTML5 Canvas 提供硬件 3D 加速渲染，Web 开发人员可以借助系统显卡在浏览器中更流畅地展示 3D 场景和模型，还能创建复杂的导航和数据视觉化。WebGL 技术标准免去了开发网页专用渲染插件的困扰，可用于创建具有复杂 3D 结构的网站页面及 3D 网页游戏等。图 6-12 所示为使用 Three. js 编写的行星系图。

图 6-12 Three. js 示例

若要进一步学习 Three. js，可通过查阅 Three. js 官网的免费教学资源或通过 GitHub 项目地址（https：//github. com/mrdoob/three. js/）进行。

6. 3 机器学习方法

6. 3. 1 概述

机器学习（Machine Learning，ML）是 21 世纪兴起的一门多领域交叉学科，涉及概率论、统计学、逼近论、凸分析、算法复杂度理论等学科。机器学习的理论主要是设计和分析一些让计算机可以自动"学习"的算法，是一类从数据中自动分析并获得规律，然后利用规律对未知数据进行预测的方法。因为机器学习算法中涉及了大量的统计学理论，因此机器学习与统计推断学的联系尤为密切，也被称为统计学习理论。

何谓"机器学习"，学术界尚未有统一的定义。来自卡内基梅隆大学的 Tom Mitchell 教授对机器学习的定义是，对于某类任务 T 和性能度量 P，如果一个计算机程序在 T 上以 P 衡量的性能随着经验 E 而自我完善，那么称这个计算机程序在从经验 E 中学习，如图 6-13 所示。在 Goodfellow、Bengio 和 Courville 合著的经典图书 *Deep Learning* 中，机器学习被定义为，其本质上属于应用统计学，更多地关注如何用计算机估计复杂函数，而不太关注如何为这些函数估算置信区间。

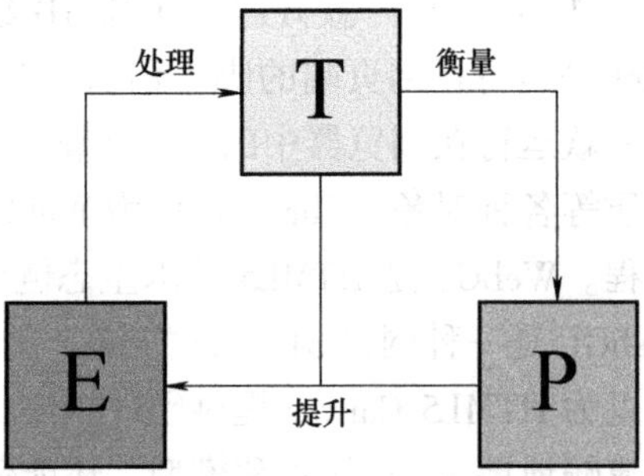

图 6-13 Tom Mitchell 对于机器学习的定义

在介绍具体的机器学习方法前，首先需要了解机器学习的基本术语，具体请参照周志华所著的《机器学习》。

1）数据集（Data Set）**和样本**（Sample）。数据集是记录的集合，其中的每一条记录都是对一个事件或对象的描述，称为一个示例（Instance）或样本。

2）属性（Attribute）、**属性空间**（Attribute Space）**和特征向量**（Feature Vector）。属性反映事件或对象在某方面的表现及性质的事项，又称为特征（Feature）。属性上的取值称为属性值（Attribute Value）。属性组成的空间，又称为属性空间或样本空间。由于空间中的每个点对应一个坐标向量，因此一个示例也称为一个"特征向量"。

3）训练（Training）**和训练集**（Training Set）。训练是从数据中学得模型的过程，又称为学习（Learning）。这个过程通过执行某个学习算法来完成。训练过程中使用的数据称为"训练数据"（Training Data），其中的每个样本称为一个训练样本（Training Sample）。训练样本组成的集合是训练集。

4）分类（Classification）**和回归**（Regression）。其预测的任务是希望通过对训练集进行学习，建立一个从输入空间到输出空间的映射。根据学习任务，机器学习可分为分类和回归，分类预测的是离散值，回归预测的是连续值。

5）测试（Testing）**和测试样本**（Testing Sample）。测试是在学得模型后，使用模型进行预测的过程。用来预测的样本称为"测试样本"。

6）聚类（Clustering）。将训练中的个体分成若干组，自动形成的簇可能对应一些潜在的概念划分，这些概念划分就是聚类。这些概念划分都是事先不知道的，通常，训练样本中也没有标记信息。

7）错误率（Error Rate）**和精度**（Accuracy）。错误率是分类错误的样本数占样本总数的比例，而相应的精度则是分类正确的样本数占样本总数的比例，其等于 1 − 错误率。

8）过拟合（Overfitting）**和欠拟合**（Underfitting）。当学习器把训练样本学得"太好"，很可能已经把训练样本自身的一些特点当作了所有潜在样本都会具有的一般性质，这样就会导致泛化性能下降，这种现象在机器学习中称为过拟合。与"过拟合"相对的是"欠拟合"（Underfitting），这是指对训练样本的一般性质尚未学好。

根据训练数据是否拥有标记（关于示例结果的信息），机器学习算法可以分为以下两类。

1）监督学习（Supervised Learning）：通过已有的一部分输入数据与输出数据之间的对应关系生成一个函数，将输入映射到合适的输出，如分类。监督学习用于训练有标签的数据，对于其他没有标签的数据，则需要预估。

2）非监督学习（Unsupervised Learning）：直接对输入数据集进行建模，如聚类。非监督学习用于对无标签数据集（数据没有预处理）的处理，需要发掘其内在关系的时候。

6.3.2 模型评估

1. 交叉验证法（Cross Validation）

交叉验证法先将数据集 D 划分为 k 个大小相似的互斥子集，即 $D=\mathrm{D1}\cup\mathrm{D2}\cup\cdots\cup\mathrm{D}k$，$\mathrm{D}i\cap\mathrm{D}j=0$（$i\neq j$）。每个子集 D$i$ 都尽可能保持数据分布的一致性，即从 D 中通过分层采样得到，然后每次用 $k-1$ 个子集的并集作为训练集，余下的那个子集作为测试集。此时可获得 k 组训练/测试集，从而可进行 k 次训练和测试，最终返回的是这 k 个测试结果的均值，通常把交叉验证法称为“k 折交叉验证”（k-fold Cross Validation）。k 最常用的取值是 10，此时称其为 10 折交叉验证。

2. 查准率（Precision）、**查全率**（Recall）**和 $F1$**（F-Measure）

查准率、查全率和 $F1$ 是机器学习的常用性能度量指标。此处首先介绍混淆矩阵，分类结果混淆矩阵如表 6-1 所示。

表 6-1 分类结果混淆矩阵

真实情况	预测结果	
	正 例	反 例
正例	TP（真正例）	FN（假反例）
反例	FP（假正例）	TN（真反例）

对于二分类问题，可将样例根据其真实类别与学习期预测类别的组合划分为真正例、假正例、真反例、假反例 4 种情形，令 TP、FP、TN、FN 分别表示其对应的样例数，查准率 P、查全率 R 及 $F1$ 的定义分别为：

$$P=\frac{\mathrm{TP}}{\mathrm{TP}+\mathrm{FP}} \tag{6-1}$$

$$R=\frac{\mathrm{TP}}{\mathrm{TP}+\mathrm{FN}} \tag{6-2}$$

$$F1=\frac{2\times P\times R}{P+R}=\frac{2\times\mathrm{TP}}{\text{样例总数}+\mathrm{TP}-\mathrm{TN}} \tag{6-3}$$

3. 查准率查全率（P-R）**曲线和受试者工作特征**（ROC）**曲线**

P-R 曲线是以查准率为 y 轴、查全率为 x 轴做的图，是综合评价整体结果的评估指标。图 6-14 所示是 P-R 曲线示意图。在进行比较时，若一个学习器的 P-R 曲线被另一个学习器的曲线完全包住，说明后者的性能优于前者，比如图 6-14 中的 A 优于 C。但是当两条曲线交叉时，例如图 6-14 中的 A、B 两条曲线，这时一般引入“平衡点”（BEP）来度量，即

“查准率=查全率”时的取值，值越大代表分类器性能越好，因此图 6-14 中的 *A* 优于 *B*。

ROC 曲线是以“真正比率”（TPR）为 *y* 轴，以“假正比率”（FPR）为 *x* 轴做的图，如图 6-15 所示。其中，对角线 *CD* 对应随机猜测的模型，而 *A* 点（0，1）则对应理想模型。

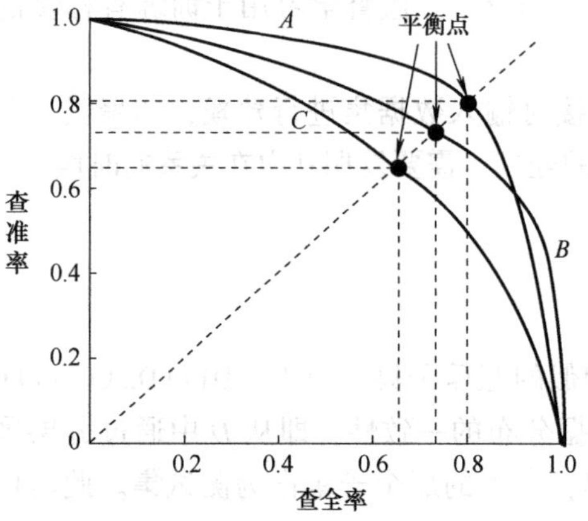

图 6-14　P-R 曲线示意图

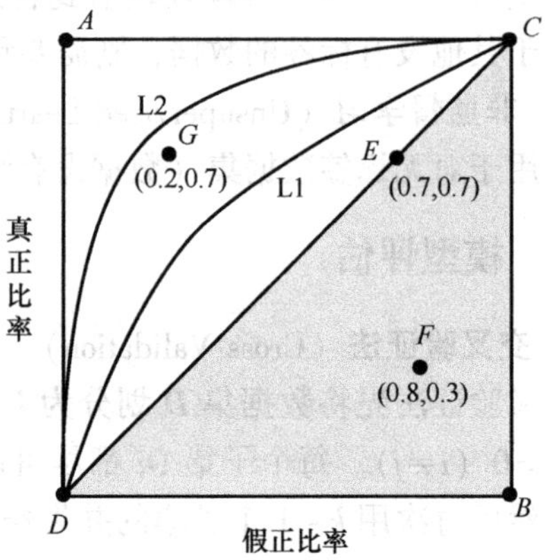

图 6-15　ROC 曲线示意图

TPR 和 FPR 的定义如下：

$$\mathrm{TPR}=\frac{\mathrm{TP}}{\mathrm{TP}+\mathrm{FN}} \tag{6-4}$$

$$\mathrm{FPR}=\frac{\mathrm{FP}}{\mathrm{TN}+\mathrm{FP}} \tag{6-5}$$

AUC（Area Under Curve）代表 ROC 曲线下面的面积，AUC 越大，机器学习模型的学习能力越好，一般 AUC 值在 0.5～1 之间。若 AUC＝0.5，即与图 6-15 中的线 *CD* 重合，表示模型的区分能力与随机猜测没有差别。

后文将对监督学习以及非监督学习的算法和 Python 实现过程进行简要的介绍。Python 作为解释性语言，其代码简单易懂，具有庞大的用户群体和活跃社区。此外，Python 具备很多便捷的数学运算第三方库，如 NumPy、SciPy、MatplotLib、SeaBorn、Pandas 等，目前 Python 中的 scikit-learn 项目几乎是机器学习的标准工具。

6.3.3　监督学习

监督学习是根据已标记的训练数据（有已知类别的样本）来学习，其主要任务涉及分类问题和回归问题。监督学习通过对训练样本的学习，得到从样本特征到样本的标签之间的映射关系（也被称为假设函数），利用该映射得到新的样本的标签，实现分类或回归。回归问题与分类问题的本质都是建立映射关系，其根本区别在于输出空间。回归问题的输出空间是一个度量空间，即定义了一个度量去衡量输出值与真实值之间的误差大小。分类问题的输出空间并不是度量空间，而是定性地区分分类结果的正确与否。下面介绍监督学习的几种常用算法。

1. 逻辑回归（Logistic Regression）

逻辑回归是一种被广泛使用的分类算法，是典型的线性分类器，通过训练数据中的正负样本，学习样本特征到样本标签之间的假设函数。由于算法具有复杂度低、容易实现等特点，因此在工业界得到了广泛的应用，例如，利用 Logistic Regression 算法实现广告的点击率预估。

分类问题通常可以分为线性可分与线性不可分两种。如果一个分类问题可以使用线性函数判别正确分类，则称该问题为线性可分问题，如图 6-16a 所示；否则为线性不可分问题，如图 6-16b 所示。

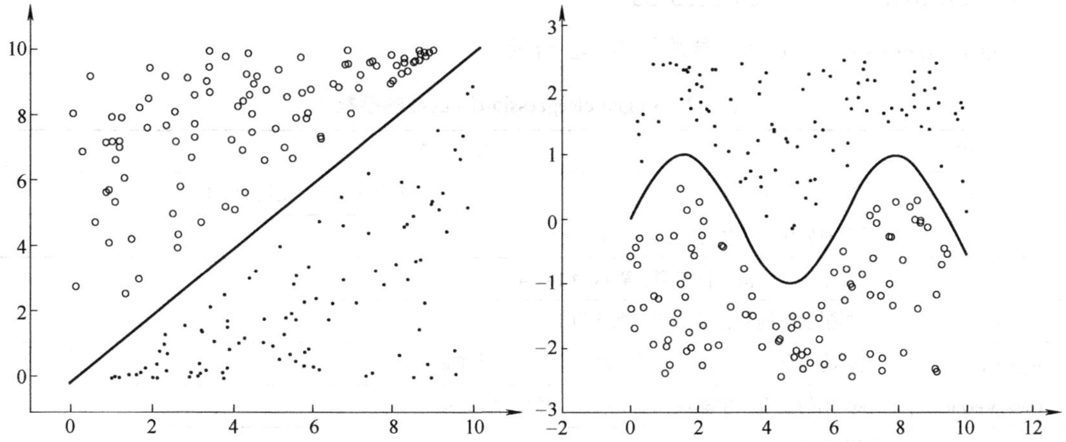

a) 线性可分　　　　b) 线性不可分

图 6-16　线性可分和线性不可分

逻辑回归模型是广义线性模型的一种。对于图 6-16 所示的线性可分问题，需要找到一条直线，能够将两个不同的类区分开，这条直线也称为超平面。

超平面可以使用如下线性函数表示：

$$\boldsymbol{w}^{\mathrm{T}}x + b = 0 \tag{6-6}$$

其中，$\boldsymbol{w}$ 为法向量，决定了超平面的方向；b 为位移项，决定了超平面与原点之间的距离。在逻辑回归算法中，通过对训练样本的学习，最终得到该超平面，将数据分成正负两个类别。此时，可以使用阈值函数将样本映射到不同的类别中，常见的阈值函数有 Sigmoid( ) 函数，其形式如下：

$$f(x) = \frac{1}{1 + \mathrm{e}^{-x}} \tag{6-7}$$

现在介绍 Python 中逻辑回归算法的实现（以 sklearn 自带的鸢尾花数据集为例）。采用逻辑回归算法进行分类，首先从 sklearn 模块中载入数据集和逻辑回归算法，设置 7 : 3 的比例划分训练集和测试集，由于 sklearn. linear_model 中的 LogisticRegression 封装了逻辑回归算法，直接调用 fit( ) 函数对训练集 X_train 和 y_train 进行拟合，最后输出模型的预测效果 preision≈0. 93。

```
>>> from sklearn import datasets
>>> from sklearn.linear_model import LogisticRegression
>>> from sklearn.model_selection import train_test_split

>>> iris = datasets.load_iris()
>>> X_train, X_test, y_train, y_test = train_test_split(iris.data, iris.target,
test_size =0.3, random_state=23)
```

```
>>> clf = LogisticRegression(multi_class='multinomial',penalty='l2', solver='saga', tol=0.1)
>>> clf.fit(X_train, y_train)
>>> print("precision:", clf.score(X_test, y_test))
#precision:  0.9333333333333333
```

LogisticRegression()函数的参数如表 6-2 所示。

表 6-2 LogisticRegression()函数的参数

参　数	内　容
penalty	正则化项，字符串，分别是“l1”“l2”“elasticnet”或“none”，默认为“l2”
dual	是否对偶化，逻辑型，默认为 False
tol	算法停止的阈值，浮点型，默认为 1e−4
C	正则强度的倒数，浮点型，默认为 1.0
fit_intercept	是否将常量添加到决策函数，逻辑型，默认为 False
class_weight	各类别的权重，字典或“balanced”，默认为 None
random_state	随机数种子，整数，默认为 None
solver	求解算法，字符串，分别是“newton-cg”“lbfgs”“liblinear”“sag”“saga”，默认为“liblinear”
multi_class	多类别的求解算法，字符串，分别是“ovr”“multinomial”“auto”，默认为“ovr”
verbose	输出显示，整数，默认为 0
warm_start	是否初始化，逻辑型，默认为 False
n_jobs	使用 CPU 内核数量，整数，默认为 None
l1_ratio	Elastic-Net 混合参数，浮点型，默认为 None

2. 支持向量机（Support Vector Machines，SVM）

支持向量机是由 Vapnik 等人于 1995 年提出的一种二分类算法。SVM 是公认的比较优秀的分类模型。在分类问题中，能在样本空间中将训练集分开的超平面可能有很多。假设超平面（w,b）能将训练样本正确分类，即对于（x_i,y_i）$\in D$ 有：

$$\begin{cases} w^{\mathrm{T}}x_i+b\geqslant +1, & y_i=+1 \\ w^{\mathrm{T}}x_i+b\leqslant -1, & y_i=-1 \end{cases} \tag{6-8}$$

如图 6-17 所示，距离超平面最近的这几个训练样本点使式（6-8）的等号成立，它们被称为支持向量（Support Vector）。

两个异类支持向量到超平面的距离之和被称为间隔（Margin）：

$$\gamma=\frac{2}{\|w\|} \tag{6-9}$$

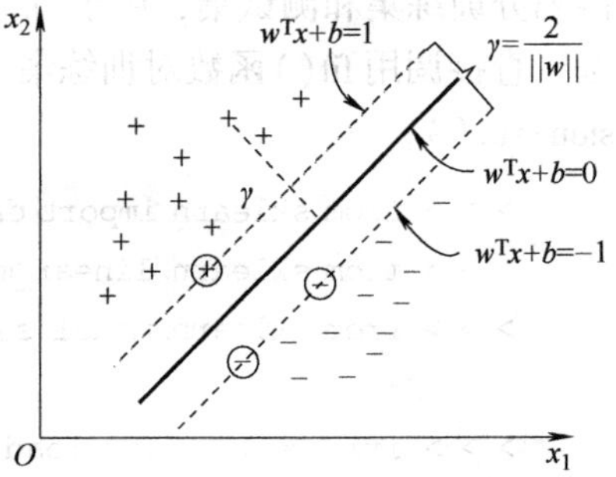

图 6-17　支持向量和间隔

在确定最终的分隔超平面时，只有支持向量起作用，其他的样本点并不起作用。由于支持向量在确定分割超平面中起着重要的作用，因此，这种分类模型被称为支持向量机。在支持向量机（Support Vector Machines，SVM）中求解出的超平面不仅能够正确划分训练数据集，还能使间隔最大。

Python 中的 sklearn 库封装了 SVC、NuSVC 和 LinearSVC 3 种方法，可实现 SVM 算法，皆可在数据集中实现多分类。以鸢尾花数据集为例，此处使用 SVC 函数实现 SVM 算法，首先从 sklearn 模块中载入数据集和 SVM 算法，按照 7∶3 的比例划分训练集和测试集，设置 SVC 中的参数值，然后调用 fit 函数对训练集 X_train 和 y_train 进行拟合，最后输出模型的预测效果 precision = 1.0。

```
>>> from sklearn import datasets
>>> from sklearn.linear_model import LogisticRegression
>>> from sklearn.model_selection import train_test_split
>>> iris = datasets.load_iris()
>>> X_train, X_test, y_train, y_test = train_test_split(iris.data, iris.target,
test_size =0.3, random_state=23)
>>> clf = svm.SVC(decision_function_shape='ovo',gamma='scale',random_state=
23,tol=0.1)
>>> clf.fit(X_train, y_train)
>>> print("precision:", clf.score(X_test, y_test))
```

SVC 函数的参数如表 6-3 所示。

表 6-3　SVC 函数参数

参　数	内　容
C	正则强度的倒数，浮点型，默认为 1.0
kernel	核函数，字符串，分别是“linear”“poly”“rbf”“sigmoid”“precomputed”，或者是自定义函数，默认为“rbf”
degree	ploy 核函数的度，整数，默认为 3
gamma	rbf、poly、sigmoid 核的系数，浮点数，默认为“auto”
coef0	ploy、sigmoid 核函数的常数项，浮点数，默认为 0.0
shrinking	是否使用收缩式启发算法，逻辑型，默认为 True
tol	算法停止的阈值，浮点型，默认为 1e-3
cache_ size	内核缓存的大小（以 MB 为单位），浮点数
class_ weight	各类别的权重，字典或“balanced”，默认为 None
verbose	是否允许冗余输出，逻辑型，默认为 False
max_ iter	最大迭代次数，整数，默认为 -1，表示无限制
decision_ function_ shape	多分类任务的融合策略，字符串，分别是“ovo”“ovr”，默认为“ovr”
random_ state	随机数种子，整数，默认为 None

SVM 算法也可以用于回归问题，这里以模拟生成数据为例，分别使用线性核和非线性核对数据进行拟合回归并将结果可视化呈现。

```
>>> import numpy as np
>>> from sklearn.svm import SVR
>>> import matplotlib.pyplot as plt
#模拟生成数据
>>> X = np.sort(5 * np.random.rand(30, 1), axis=0)
>>> y = np.cos(X).ravel()
>>> y[::5] += 3 * (0.5 - np.random.rand(6))
#使用3种不同的核函数进行SVM回归
>>> svr_rbf = SVR(kernel='rbf', gamma=0.1, epsilon=.1)
>>> svr_lin = SVR(kernel='linear', gamma='auto')
>>> svr_poly = SVR(kernel='poly', gamma='auto', degree=3, epsilon=.1,coef0=1)
```

Python 中通过 Matplotlib 模块将 3 种不同核函数的效果进行展示，如图 6-18 所示。由cos 函数加噪声模拟出的数据，使用径向基核函数的回归效果较好，使用线性核函数存在欠拟合的风险，使用多项式核函数则可能造成过拟合。

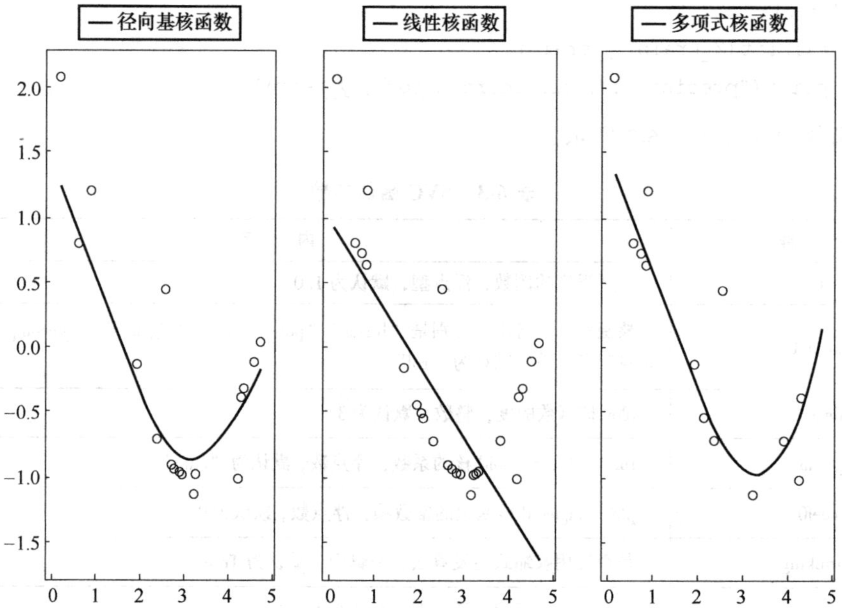

图 6-18　SVM 回归的效果

```
>>> svrs = [svr_rbf, svr_lin, svr_poly]
>>> kernel_label = ['径向基','线性','多项式']
>>> model_color = ['m', 'c', 'g']
>>> plt.rcParams['font.sans-serif']=['SimHei']
>>> fig, axes = plt.subplots(nrows=1, ncols=3, figsize=(12,8), sharey=True)
>>> for ix, svr in enumerate(svrs):
        axes[ix].plot(X, svr.fit(X, y).predict(X), color=model_color[ix], lw=3,
                label='{}核函数'.format(kernel_label[ix]))
    axes[ix].scatter(X[svr.support_], y[svr.support_], facecolor="none",
```

```
            edgecolor=model_color[ix], s=50)
    axes[ix].legend(loc='upper center', bbox_to_anchor=(0.5, 1.1),
            ncol=1, fancybox=True, shadow=True)
>>> fig.suptitle("SVM 回归", fontsize=14)
>>> plt.show()
```

3. 决策树（Decision Tree）

在分类问题中，决策树算法通过样本中某一维属性的值将样本划分到不同的类别中。以二分类问题为例，数据集如表 6-4 所示。

表 6-4　示例数据集

	是否用鳃呼吸	有无鱼鳍	是否为鱼
鲨鱼	是	有	是
鲱鱼	是	有	是
河蚌	是	无	否
鲸鱼	否	有	否
海豚	否	有	否

示例数据有 5 个样本，样本属性为“是否用鳃呼吸”和“有无鱼鳍”。决策树算法是基于树形结构来进行决策的。对如表 6-4 所示的数据，首先通过属性“是否用鳃呼吸”判断样本是否为鱼。如图 6-19 所示，通过属性“是否用鳃呼吸”可将一部分样本区分，即不用鳃呼吸的不是鱼；再对剩下的样本利用第二维属性“有无鱼鳍”进行划分，得到了最终的决策，即不用鳃呼吸的不是鱼，用鳃呼吸但是没有鱼鳍的也不是鱼，用鳃呼吸同时有鱼鳍的才是鱼。对于一个新的样本“鲸鲨”，其样本属性为{用鳃呼吸,有鱼鳍}，符合上述对鱼的判断，因此认为鲸鲨为鱼。利用学习到的决策树模型，对于一个新的样本，算法可以正确地做出决策，判断其是否为鱼。

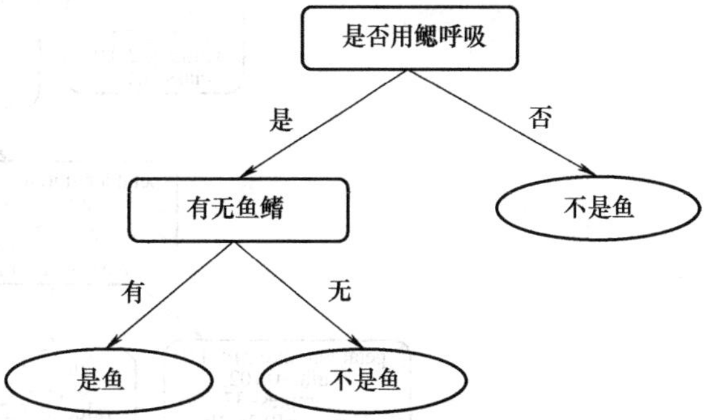

图 6-19　决策树示例

在 Python 中的 sklearn 库中，可以使用 DecisionTreeClassifier 函数实现决策树算法，并应用于分类问题中。DecisionTreeClassifier 既可以用于二分类问题，也能用于多分类的场景。此处以鸢尾花数据集为例，从 sklearn 模块中载入数据集和决策树算法，按照 7∶3 的比例划分训练集和测试集，最后输出模型的预测效果 precision≈0.98。

```
>>> from sklearn import datasets
>>> from sklearn import tree
>>> from sklearn.model_selection import train_test_split
>>> iris = datasets.load_iris()
>>> X_train, X_test, y_train, y_test = train_test_split(iris.data, iris.target,
test_size =0.3, random_state=23)
```

```
>>> clf = tree.DecisionTreeClassifier()
>>> clf.fit(X_train, y_train)
>>> print("precision:", clf.score(X_test, y_test))
precision:  0.9777777777777777
```

Python 可通过 export_ graphviz 导出器以 Graphviz 格式导出决策树的结构，需要预先安装 graphviz 和 Python 模块，命令如下：

```
#安装 Anaconda 以管理 Python 包和环境
conda install python-graphviz
```

以下是将上述训练得到的决策树模型的结构导出的示例：

```
>>> import graphviz
>>> dot_data = tree.export_graphviz(clf, out_file=None)
>>> graph = graphviz.Source(dot_data)
>>> graph.render("iris")
```

输出的决策树模型如图 6-20 所示。

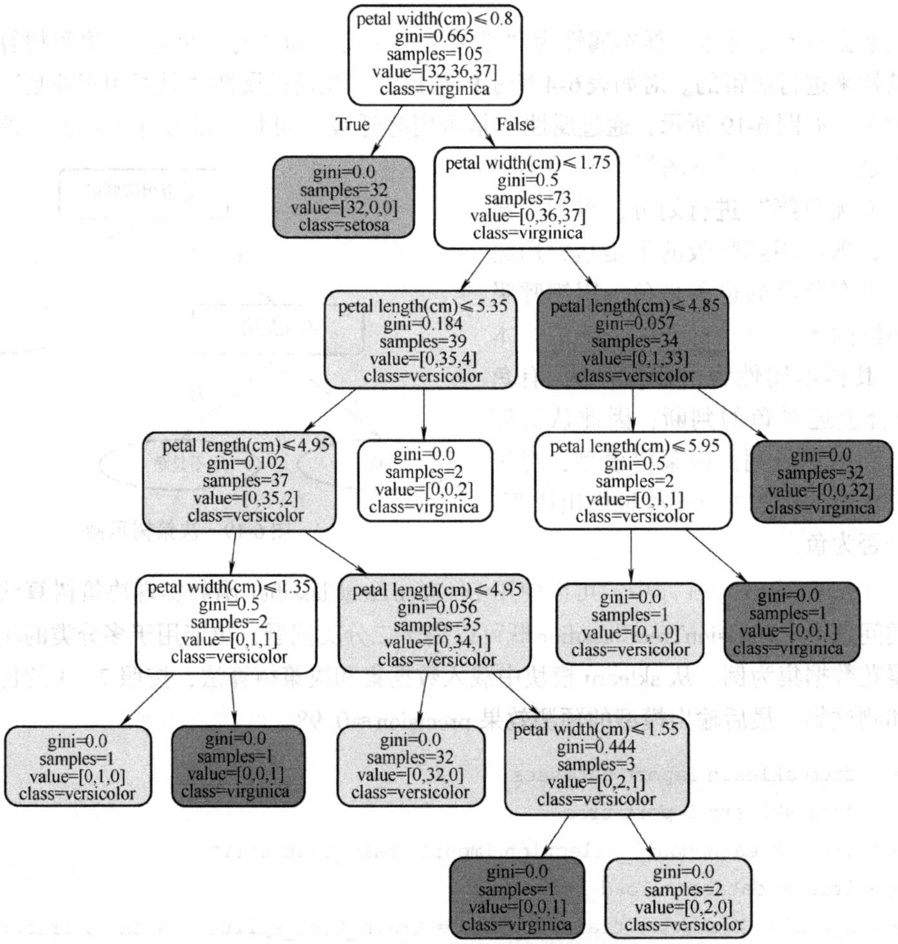

图 6-20　决策树输出示例

DecisionTreeClassifier 函数的参数如表 6-5 所示。

表 6-5　DecisionTreeClassifier 函数的参数

参　数	内　容
criterion	节点分裂的度量，字符串，默认为“gini”
splitter	节点分裂的度量，字符串，默认为“best”
max_ depth	树的最大深度，整数或 None，默认为 None
min_ samples_ split	拆分内部节点所需的最少样本量，整数或浮点数，默认为 2
min_ samples_ leaf	节点的最小样本数，整数或浮点数，默认为 1
min_ weight_ fraction_ leaf	叶子节点所有样本权重和的最小值，浮点数，默认为 0
max_ features	最大特征数量，整数、浮点数、字符串或 None，默认为 None
random_ state	随机数种子，整数，默认为 None
max_ leaf_ nodes	最大叶子节点数量，整数或 None，默认为 None
min_ impurity_ decrease	树增长的阈值，浮点数，默认为 0
min_ impurity_ split	算法停止的阈值，浮点数，默认为 1e－7
class_ weight	类别的权重，字典或“balanced”，默认为 None
presort	是否对数据进行预排序，逻辑型，默认为 False

决策树算法也可用于回归问题，以模拟生成数据为例，分别对深度为 3 和 6 的决策树进行拟合，如图 6-21 所示，树的深度过深存在过拟合的风险。

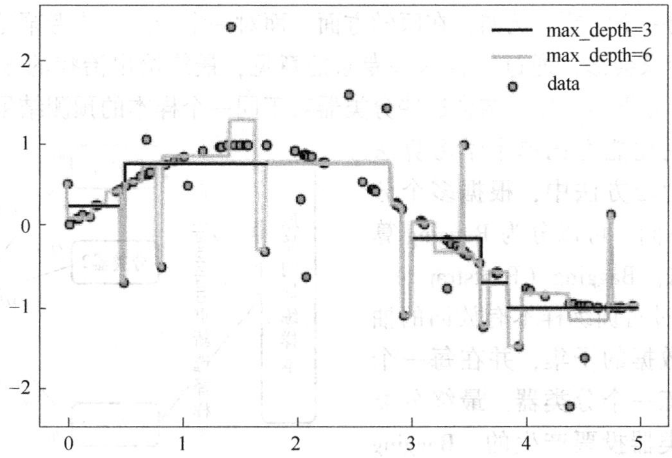

图 6-21　决策树回归可视化结果

```
>>> import numpy as np
>>> from sklearn.tree import DecisionTreeRegressor
>>> import matplotlib.pyplot as plt
#模拟生成数据
>>> rng = np.random.RandomState(1)
>>> X = np.sort(5 * rng.rand(100, 1), axis=0)
```

```
>>> y = np.sin(X).ravel()
>>> y[::5] += 3 * (0.5 - rng.rand(20))
#使用不同深度的决策树进行回归
>>> regr_1 = DecisionTreeRegressor(max_depth=3)
>>> regr_2 = DecisionTreeRegressor(max_depth=6)
>>> regr_1.fit(X, y)
>>> regr_2.fit(X, y)
>>> X_test = np.arange(0.0, 5.0, 0.01)[:, np.newaxis]
>>> y_1 = regr_1.predict(X_test)
>>> y_2 = regr_2.predict(X_test)
#展示预测效果
>>> plt.figure()
>>> plt.scatter(X, y, s=20, edgecolor="black",c="darkorange", label="data")
>>> plt.plot(X_test, y_1, color="black",label="max_depth=2", linewidth=2)
>>> plt.plot(X_test, y_2, color="yellowgreen", label="max_depth=5", linewidth
=2)
>>> plt.title("决策树回归")
>>> plt.legend()
>>> plt.show()
```

4. 集成学习（Ensemble Learning）

集成学习是一种新的学习策略，对于一个复杂的分类问题，可训练多个分类器，利用这些分类器来解决同一个问题。例如，在医学方面，面对一个新型的或者罕见的疾病时，通常会组织多个医学专家会诊，通过结合这些专家的意见，最终给出治疗的方案。在集成学习中，首先学习多个分类器，然后结合这些分类器对于同一个样本的预测结果给出判断。

集成学习的泛化能力比单个学习算法强得多。在集成学习方法中，根据多个分类器学习方式的不同，可以分为 Bagging 算法和 Boosting 算法。Bagging（Bootstrap Aggregating）算法通过对训练样本有放回的抽取产生多个训练数据的子集，并在每一个训练集子集上训练一个分类器，最终分类结果是由多个分类器投票产生的。Bagging 算法的整个过程如图 6-22 所示。

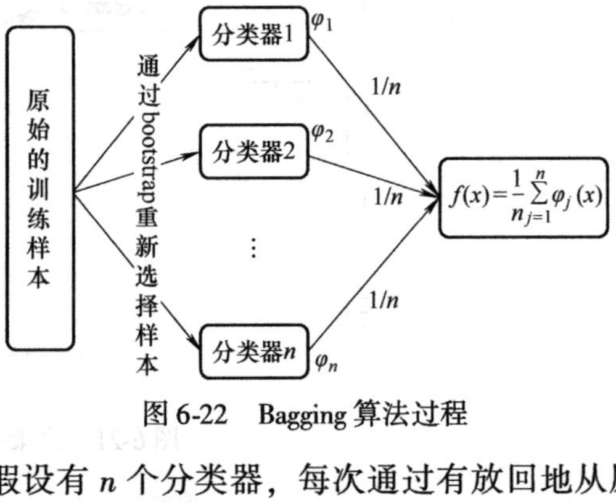

图 6-22 Bagging 算法过程

如图 6-22 所示，对于一个分类问题而言，假设有 n 个分类器，每次通过有放回地从原始数据集中抽取训练样本，分别训练这 n 个分类器 $\{\varphi_1,\varphi_2,\cdots,\varphi_n\}$，最终，通过组合 n 个分类器的结果作为最终的预测结果。

Boosting 算法的整个过程如图 6-23 所示。与 Bagging 算法不同，Boosting 算法通过顺序地给训练集中的数据项重新加权创造不同的基础学习器。Boosting 算法的核心思想是重复应用一个基础学习器来修改训练数据集，这样在预定数量的迭代下可以产生一系列的基础学习器。在训练开始，所有的数据项都被初始化为同一个权重，在这次初始化之后，每次增强的迭代都会生成一个适应加权之后的训练数据集的基础学习器。每一次迭代的错误率都会计算出来，而且正确划分的数据项的权重会被降低，然后错误划分的数据项权重将会增大。Boosting 算法的最终模型是一系列基础学习器的线性组合，而且系数依赖于各个基础学习器的表现。Boosting 算法有很多版本，目前使用最广泛的是 AdaBoost 算法和 GBDT（梯度提升）算法。

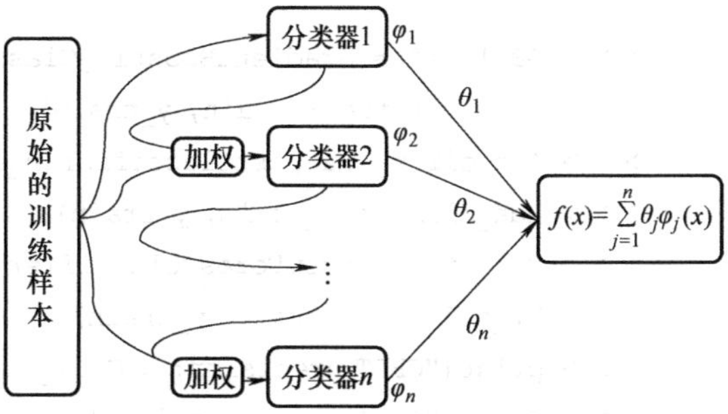

图 6-23 Boosting 算法过程

随机森林（Random Forest，RF）是 Bagging 的一个扩展变体。RF 在以决策树为基础学习器构建 Bagging 集成的基础上，进一步在决策树的训练过程中引入随机属性选择。具体来说，传统决策树在选择划分属性时是在当前节点的属性集合（假定有 d 个属性）中选择一个最优属性；而在 RF 中，对于基决策树的每个节点，先从该节点的属性集合中随机选择一个包含 k 个属性的子集，然后从这个子集中选择一个最优属性用于划分，这里的参数 k 控制了随机性的引入程度：若令 $k=d$，则基决策树的构建与传统决策树相同；若令 $k=1$，则是随机选择一个属性用于划分。一般情况下，推荐值 $k=\log_2 d$。

随机森林算法只需要两个参数：构建的决策树的个数n_{tree}；在决策树的每个节点进行分裂时需要考虑的输入特征的个数 k，通常 k 取$\log_2 n$，其中 n 表示的是原数据集中特征的个数。对于单棵决策树的构建，可以分为如下的步骤。

1）假设训练样本的个数为 m，则对于每一棵决策树的输入样本的个数都为 m，且这 m 个样本是通过从训练集中有放回地随机抽取得到的。

2）假设训练样本特征的个数为 n，对于每一棵决策树的样本特征，是从该 n 个特征中随机挑选 k 个，然后从这 k 个输入特征里选择一个最好的进行分裂。

3）每棵树都一直这样分裂下去，直到该节点的所有训练样本都属于同一类。决策树分裂过程不需要剪枝。

在 Python 的 sklearn 库中，可以使用 GradientBoostingClassifier、AdaBoostClassifier、RandomForestClassifier 函数分别实现梯度提升（GBDT）算法、AdaBoost 算法和随机森林算法。此处以鸢尾花数据集为例，从 sklearn 模块中载入数据集，展示了包含 1000 个弱分类器的 AdaBoost、梯度提升和随机森林这 3 种算法应用到鸢尾花数据集上的结果。从最终输出的模型结果可知，梯度提升算法 precision≈0.98，AdaBoost 算法 precision = 1.0，随机森林算法 precision≈0.98。

```
>>> from sklearn import datasets
>>> from sklearn.model_selection import train_test_split
>>> from sklearn.ensemble import GradientBoostingClassifier
>>> from sklearn.ensemble import GradientBoostingClassifier
>>> from sklearn.ensemble import RandomForestClassifier
>>> iris = datasets.load_iris()
>>> X_train, X_test, y_train, y_test = train_test_split(iris.data, iris.target,
test_size =0.3, random_state=23)
```

```
>>> GBDT_clf = GradientBoostingClassifier(n_estimators=1000)
>>> GBDT_clf.fit(X_train, y_train)
>>> Ada_clf = AdaBoostClassifier(n_estimators=1000)
>>> Ada_clf.fit(X_train, y_train)
>>> Rf_clf = RandomForestClassifier(n_estimators=1000)
>>> Rf_clf.fit(X_train, y_train)
>>> print("GBDT precision:", GBDT_clf.score(X_test, y_test))
>>> print("AdaBoost precision:", Ada_clf.score(X_test, y_test))
>>> print("RandomForest precision:", Rf_clf.score(X_test, y_test))
>>> GBDT precision:  0.9777777777777777
>>> AdaBosst precision:  1.0
>>> RandomForest precision:  0.9777777777777777
```

AdaBoostClassifier 函数的参数解释如表 6-6 所示。

表 6-6 AdaBoostClassifier 函数的参数

参　数	内　容
base_estimator	基分类器，默认为 None
n_ estimators	迭代次数，整数，默认为 50
learning_ rate	学习率，浮点数，默认为 1
algorithm	Boosting 算法，取值分别有"SAMME"和"SAMME. R"，默认为"SAMME. R"
random_ state	随机数种子，整数，默认为 None

GradientBoostingClassifier 函数的参数解释如表 6-7 所示。

表 6-7 GradientBoostingClassifier 函数的参数

参　数	内　容
loss	损失函数，取值有"deviance""exponential"，默认为"deviance"
learning_rate	学习率，浮点型，默认为 0.1
n_ estimators	迭代步数，整数，默认为 100
subsample	子采样比例，浮点型，默认为 1.0
criterion	节点分裂的度量，字符串，默认为"friedman_mse"
min_ samples_ split	拆分内部节点所需的最少样本量，整数或浮点数，默认为 2
min_ samples_ leaf	节点的最小样本数，整数或浮点数，默认为 1
min_ weight_ fraction_ leaf	叶子节点所有样本权重和的最小值，浮点型，默认为 0.0
max_ depth	树的最大深度，整数，默认为 3
min_ impurity_ decrease	树增长的阈值，浮点型，默认为 0
min_ impurity_ split	子树划分的阈值，浮点型，默认为 1e-7
random_ state	随机数种子，整数，默认为 None
max_ features	最大特征数量，整数、浮点数、字符串或 None，默认为 None
verbose	是否允许冗余输出，整数，默认为 0

（续）

参　数	内　容
max_ leaf_ nodes	最大叶子节点数量，整数或 None，默认为 None
warm_ start	是否初始化，逻辑型，默认为 False
presort	是否对数据进行预排序，逻辑型或“auto”，默认为“auto”
validation_ fraction	浮点型，可选，默认为 0. 1
tol	算法停止的阈值，浮点型，默认为 1e－4
n_ iter_ no_ change	是否使用早期停止来终止训练，整数，默认为 None

RandomForestClassifier 函数的参数解释如表 6-8 所示。

表 6-8　RandomForestClassifier 函数的参数

参　数	内　容
n_estimators	迭代步数，整数，默认为 10
criterion	节点分裂的度量，字符串，默认为“gini_mse”
max_depth	树的最大深度，整数，默认为 3
min_samples_split	拆分内部节点所需的最少样本量，整数或浮点数，默认为 2
min_samples_leaf	节点的最小样本数，整数或浮点数，默认为 1
min_weight_fraction_leaf	叶子节点所有样本权重和的最小值，浮点型，默认为 0
max_features	最大特征数量，整数、浮点数、字符串或 None，默认为“None”
max_leaf_nodes	最大叶子节点数量，整数或 None，默认为 None
min_impurity_decrease	树增长的阈值，浮点型，默认为 0
min_impurity_split	子树划分的阈值，浮点型，默认为 1e－7
init	初始的弱分类器，默认为 None
bootstrap	是否有放回地采样，逻辑型，默认为 False
oob_score	是否使用现成的样本来估计泛化精度，逻辑型，默认为 True
random_state	随机数种子，整数，默认为 None
n_jobs	使用的进程数，整数或 None，默认为 None
verbose	是否允许冗余输出，整数，默认为 0
warm_start	是否初始化，逻辑型，默认为 False
class_weight	类别的权重，字典或“balanced”，默认为 None

AdaBoost、梯度提升、随机森林等集成算法比单个的决策树更为广泛地应用到回归问题上，这 3 种算法在模拟数据集上的回归效果如图 6-24 所示，梯度提升和随机森林的回归效果非常相近。

```
>>> import numpy as np
>>> import matplotlib.pyplot as plt
>>> from sklearn.ensemble import GradientBoostingRegressor
>>> from sklearn.ensemble import AdaBoostRegressor
>>> from sklearn.ensemble import RandomForestRegressor
```

```
#模拟生成数据集
>>>rng = np.random.RandomState(1)
>>> X = np.linspace(0, 6, 100)[:, np.newaxis]
>>> y = np.sin(X).ravel() +np.sin(6 * X).ravel() +rng.normal(0, 0.1, X.shape[0])
>>> est = GradientBoostingRegressor(n_estimators=500, random_state=23)
>>> regr = AdaBoostRegressor(n_estimators=500, random_state=23)
>>> rfreg= RandomForestRegressor(n_estimators=500, random_state=23)
>>> est.fit(X, y)
>>> regr.fit(X, y)
>>> rfreg.fit(X, y)
>>> y_1 = est.predict(X)
>>> y_2 = regr.predict(X)
>>> y_3 = rfreg.predict(X)
>>> plt.rcParams['font.sans-serif']=['SimHei']
>>> plt.figure()
>>>plt.scatter(X, y, c="k")
>>>plt.plot(X, y_1, 'r--', label="GBDT 拟合曲线", linewidth=2)
>>>plt.plot(X, y_2, 'bs', label="AdaBoost 拟合曲线", linewidth=2)
>>>plt.plot(X, y_3, 'g^', label="Random Forest 拟合曲线", linewidth=2)
>>> plt.title("GBDT、AdaBoost 和 RandomForest 回归")
>>> plt.legend()
>>> plt.show()
```

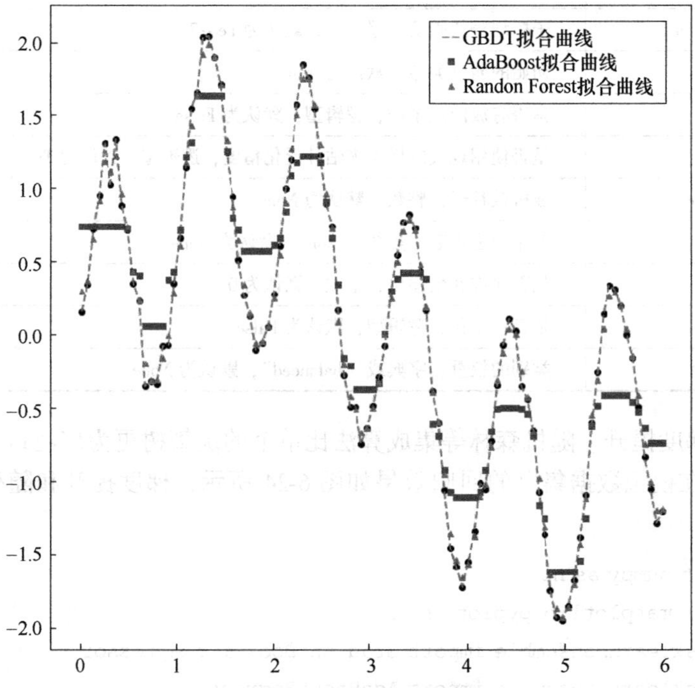

图 6-24　3 种算法的回归结果

6.3.4　无监督学习

无监督学习的输入数据中没有任何标签。无监督学习的关键特点是传递给算法的数据的内部结构非常丰富，而训练的目标和奖励却非常稀少。无监督学习方法主要包括降维和聚类，以下分别就降维和聚类介绍几种常用算法及其实现过程。

1. 降维

(1) 主成分分析（Principal Components Analysis，PCA）

在研究实际问题时，为了全面系统地分析和研究问题，必须考虑许多指标，这些指标能从不同的侧面反映人们所研究对象的特征，但在某种程度上存在信息的重叠，具有一定的相关性。

主成分分析就是把原有的多个指标转换为少数几个代表性较好的综合指标，这少数的几个指标能够反映原来指标大部分的信息，并且各个指标之间保持独立，避免出现重叠信息。主成分分析主要起降维和简化数据结构的作用。

主成分分析的基本思想与方法举例说明如下：

如果用x_1，x_2，…，x_p表示 p 门课程，c_1，c_2，…，c_p表示各门课程的权重，那么加权之和就是：

$$s = c_1x_1 + c_2x_2 + \cdots + c_px_p \tag{6-10}$$

人们希望选择适当的权重，从而能更好地区分学生的成绩。每个学生都对应一个这样的综合成绩，记为s_1，s_2，…，s_n，n 为学生人数。如果这些值很分散，表明区分得好，也就是说需要寻找这样的权重 c_p，能使s_1，s_2，…，s_n尽可能地分散。下面来看它的统计定义。

设X_1，X_2，…，X_p表示以x_1，x_2，…，x_p为样本观测值的随机变量，由于方差反映了数据差异的程度，如果能找到c_1，c_2，…，c_p，使得 $\mathrm{Var}(c_1X_1 + c_2X_2 + \cdots + c_pX_p)$ 的值达到最大，则表明抓住了这 p 个变量的最大变异。当然，$\mathrm{Var}(c_1X_1 + c_2X_2 + \cdots + c_pX_p)$必须加上某种限制，否则权值可选择无穷大而没有意义，通常规定：

$$c_1^2 + c_2^2 + \cdots + c_p^2 = 1 \tag{6-11}$$

在此约束下，求 $\mathrm{Var}(c_1X_1 + c_2X_2 + \cdots + c_pX_p)$的最优解。

由于这个解是p 维空间的一个单位向量，代表一个“方向”，因此称它为主成分方向。

由于一个主成分不足以代表原来的 p 个变量，因此需要寻找第 2 个乃至第 3、4 个主成分，第 2 个主成分不应该再包含第 1 个主成分的信息，统计上的描述就是让这两个主成分的协方差为零，几何上的描述就是这两个主成分的方向正交。具体确定各个主成分的方法如下：

设Z_i表示第 i 个主成分，$i=1$，2，…，p，可设：

$$\begin{cases} Z_1 = c_{11}X_1 + c_{12}X_2 + \cdots + c_{1p}X_p \\ Z_2 = c_{21}X_1 + c_{22}X_2 + \cdots + c_{2p}X_p \\ \vdots \\ Z_P = c_{P1}X_1 + c_{p2}X_2 + \cdots + c_{pp}X_p \end{cases} \tag{6-12}$$

其中对于每一个 i，均有$c_{i1}^2 + c_{i2}^2 + \cdots + c_{ip}^2 = 1$，且 $(c_{11}, c_{12}, \cdots, c_{1p})$ 使得 $\mathrm{Var}(Z_1)$的值达到最大；$(c_{21}, c_{22}, \cdots, c_{2p})$ 不仅垂直于 $(c_{11}, c_{12}, \cdots, c_{1p})$，而且使 $\mathrm{Var}(Z_2)$的值达到最大；

$(c_{31},c_{32},\cdots,c_{3p})$ 同时垂直于 $(c_{11},c_{12},\cdots,c_{1p})$ 和 $(c_{21},c_{22},\cdots,c_{2p})$，并使 $\mathrm{Var}(Z_3)$ 的值达到最大。以此类推，可得到全部 p 个主成分。这项工作用手做是很烦琐的，但借助于计算机则很容易完成。

(2) 奇异值分解（SVD）

矩阵分解又称矩阵因子分解，而奇异值分解（SVD）是最著名的和使用最广泛的矩阵分解方法，可应用于很多领域，如图像压缩、去噪、数据压缩等。由于对于任意矩阵都可以使用 SVD 方法，因此 SVD 方法比其他的特征分解方法更为稳定和具有普适性。SVD 的直观解释如下。

对于矩阵 $\boldsymbol{M}$，定义其 SVD 为：

$$\boldsymbol{M}=\boldsymbol{U}\boldsymbol{\Sigma}\boldsymbol{V}^{\mathrm{T}} \tag{6-13}$$

$\boldsymbol{U}$ 的列向量是 $\boldsymbol{M}\boldsymbol{M}^{\mathrm{T}}$ 的特征向量，一般称为 $\boldsymbol{M}$ 的左奇异向量；$\boldsymbol{V}$ 的列向量是 $\boldsymbol{M}^{\mathrm{T}}\boldsymbol{M}$ 的特征向量，一般称为 $\boldsymbol{M}$ 的右奇异向量；$\boldsymbol{\Sigma}$ 矩阵对角线上的元素是奇异值，可视为在输入与输出间进行的标量的“膨胀控制”。

在 Python 的 sklearn 库中，可分别使用 decomposition. PCA( )、svd( ) 函数实现主成分分析和奇异值分解。以鸢尾花数据集为例，首先从 sklearn 模块中载入鸢尾花数据集，由于数据集的维度超过 3，无法直接可视化特征和类别的信息，因此可以考虑先使用主成分分析方法对特征进行降维，然后选取前两个主成分（累计方差贡献率超过了 97%）作为图形的横轴和纵轴，最后将类别信息标注成不同的颜色，如图 6-25 所示。

```
>>> import numpy as np
>>> from sklearn import decomposition
>>> from scipy.linalg import svd
>>> from sklearn import datasets
>>> from sklearn.preprocessing import scale
>>> from matplotlib import pyplot as plt
>>> iris = datasets.load_iris()
>>> iris_X = scale(iris.data,with_mean=True,with_std=True,axis=0)
#使用 decomposition.PCA()函数
>>> pca = decomposition.PCA(n_components=2)
>>> iris_X_prime = pca.fit_transform(iris_X)
>>>pca.explained_variance_ratio_
#使用 svd()函数
>>> U,S,V = svd(iris_X,full_matrices=False)
>>> x_t = U[:,:2]
#绘图
>>> plt.rcParams['font.sans-serif']=['SimHei']
>>> f, ax = plt.subplots(1,2, sharex=True, sharey=True)
>>> ax[0].scatter(iris_X_prime[:,0], iris_X_prime[:, 1], c=iris.target)
>>> ax[0].set_title("选取前两个主成分")
#为更好地展示效果,将 x、y 轴缩放 10 倍
>>> ax[1].scatter(x_t[:,0]*10, x_t[:, 1]*10, c=iris.target)
>>> ax[1].set_title("选取前两个奇异值")
```

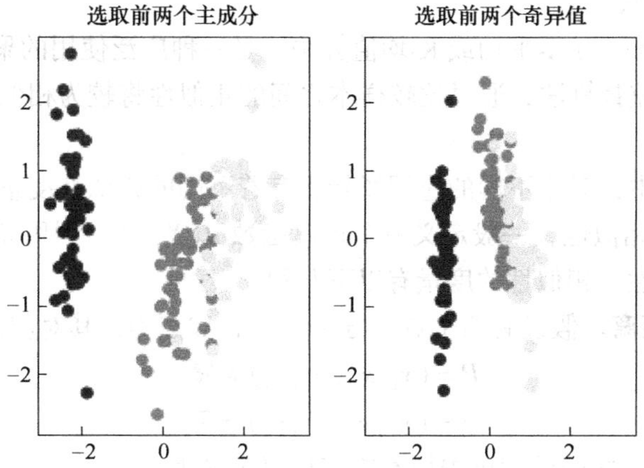

图 6-25 PCA 及 SVD 可视化实例

decomposition. PCA 函数的参数解释如表 6-9 所示。

表 6-9 decomposition. PCA 函数的参数

参 数	内 容
n_ components	要保留的维度，整数、浮点数、无或字符串
copy	是否复制原始数据一份，逻辑型，默认为 True
whiten	是否标准化，逻辑型，默认为 False
svd_ solver	指定 SVD 的方法，取值包括 "auto" "full" "arpack" "randomized"
tol	计算的奇异值的公差，浮点型，默认为 0. 0
iterated_power	svd_solver = " randomized" 时计算出的幂方法的迭代次数，整数或 "auto"，默认为 "auto"
random_state	随机数种子，整数，默认为 None

svd 函数的参数解释如表 6-10 所示。

表 6-10 svd 函数的参数

参 数	内 容
a	要分解的矩阵（M，N），M 行 N 列
full_matrices	逻辑型，默认为 True
compute_uv	逻辑型，默认为 True
overwrite_a	是否覆盖原矩阵，逻辑型，默认为 False
check_finite	是否检查输入矩阵仅包含有限数，逻辑型
lapack_drivers	计算 SVD 的方法，取值包括 "gesdd" "gesvd"，默认为 "gesdd"

2. 聚类

聚类算法是一种典型的无监督的学习算法，其训练样本中只包含样本的特征，不包含样本的标签信息。聚类算法利用样本的特征将具有相似属性的样本划分到同一个类别中。

（1）K-Means 算法

K-Means 算法也被称为 K-平均或 K-均值算法，是一种广泛使用的聚类算法。K-Means 算法是基于相似性的无监督算法，通过比较样本之间的相似性将较为相似的样本划分到同一个类别中。

在 K-Means 算法中，对于不同的应用场景，有着不同的相似性度量的方法。为了度量样本 X 和样本 Y 之间的相似性，一般定义一个距离函数 $d(X,Y)$，利用 $d(X,Y)$ 来表示样本 X 和样本 Y 之间的相似性。相似性的度量有以下几种。

1）**闵可夫斯基距离**。假设有两个点，分别为点 P 和点 Q，其对应的坐标分别为：

$$P=(x_1,x_2,\cdots,x_n)\in\mathbb{R}^n$$
$$Q=(y_1,y_2,\cdots,y_n)\in\mathbb{R}^n \tag{6-14}$$

那么，点 P 和点 Q 之间的闵可夫斯基距离可以定义为：

$$d(P,Q)=\left[\sum_{i=1}^{n}(x_i-y_i)^p\right]^{1/p} \tag{6-15}$$

2）**曼哈顿距离**。上述点 P 和点 Q 之间的曼哈顿距离可以定义为：

$$d(P,Q)=\sum_{i=1}^{n}|x_i-y_i| \tag{6-16}$$

3）**欧氏距离**。上述点 P 和点 Q 之间的欧氏距离可以定义为：

$$d(P,Q)=\sqrt{\sum_{i=1}^{n}(x_i-y_i)^2} \tag{6-17}$$

由曼哈顿距离和欧氏距离的定义可知，曼哈顿距离和欧氏距离是闵可夫斯基距离的具体形式，即在闵可夫斯基距离中，当 $p=1$ 时，闵可夫斯基距离即为曼哈顿距离，当 $p=2$ 时，闵可夫斯基距离即为欧氏距离。

在样本中，当特征之间的单位不一致时，利用基本的欧氏距离作为相似性的度量方法会存在问题。例如，样本的形式为(身高,体重)，身高的度量单位是 cm，而体重的度量单位是 kg。此时可以利用标准化的欧氏距离：

$$d(P,Q)=\sqrt{\sum_{i=1}^{n}\left(\frac{x_i-y_i}{s_i}\right)^2} \tag{6-18}$$

其中，s_i 表示的是第 i 维的标准差。在本文的 K-Means 算法中使用欧氏距离作为相似性的度量，在实现的过程中使用的是欧氏距离的平方$d(P,Q)^2$。

K-Means 算法是基于数据划分的无监督聚类算法，首先定义常数 k，常数 k 表示的是最终的聚类的类别数，在确定了类别数 k 后，随即初始化 k 个类的聚类中心，通过计算每一个样本与聚类中心之间的相似度，将样本点划分到最相似的类别中。

对于 K-Means 算法，假设有 m 个样本$\{X^{(1)},X^{(2)},\cdots,X^{(m)}\}$，其中$X^{(i)}$表示第 i 个样本，每一个样本中包含 n 个特征$X^{(i)}=\{x_1^{(i)},x_2^{(i)},\cdots,x_n^{(i)}\}$。首先随机初始化 k 个聚类中心，通过每个样本与 k 个聚类中心之间的相似度确定每个样本所属的类别，再通过每个类别中的样本重新计算每个类的聚类中心，重复这样的过程，直到聚类中心不再改变，最终确定每个样本所属的类别以及每个类的聚类中心。

以模拟数据为例，使用 K-Means 算法对其进行聚类，设定 $k=3$，聚类效果如图 6-26 所示。

```
>>> import numpy as np
>>> import matplotlib.pyplot as plt
>>> from sklearn.cluster import  KMeans
>>> from sklearn.metrics.pairwise import pairwise_distances_argmin
>>> from sklearn.datasets.samples_generator import make_blobs
#模拟生成数据
>>> centers = [[1, 1], [-1, -1], [1, -1]]
>>> X, labels_true = make_blobs(n_samples=5000, centers=centers, cluster_std
=0.8)
#使用 K-Means 算法
>>> k_means = KMeans(init='k-means++', n_clusters=3, n_init=10)
>>> k_means.fit(X)
>>> k_means_cluster_centers = np.sort(k_means.cluster_centers_, axis=0)
>>> k_means_labels = pairwise_distances_argmin(X, k_means_cluster_centers)
#绘制聚类结果
>>> fig = plt.figure(figsize=(16,6))
>>> plt.rcParams['font.sans-serif']=['SimHei']
>>> fig.subplots_adjust(left=0.02, right=0.98, bottom=0.05, top=0.9)
>>> colors = ['#4E9A06','#4EACC5', '#FF9C34']
>>> ax = fig.add_subplot(1, 3, 1)
>>> for k, col in zip(range(3), colors):
  my_members = k_means_labels == k
  cluster_center = k_means_cluster_centers[k]
  ax.plot(X[my_members, 0], X[my_members, 1], 'w',markerfacecolor=col, marker='.')
  ax.plot(cluster_center[0], cluster_center[1], 'o', markerfacecolor=col,mark-
eredgecolor='k', markersize=8)
>>> ax.set_title('K-Means 聚类')
>>> ax.set_xticks(())
>>> ax.set_yticks(())
>>> plt.show()
```

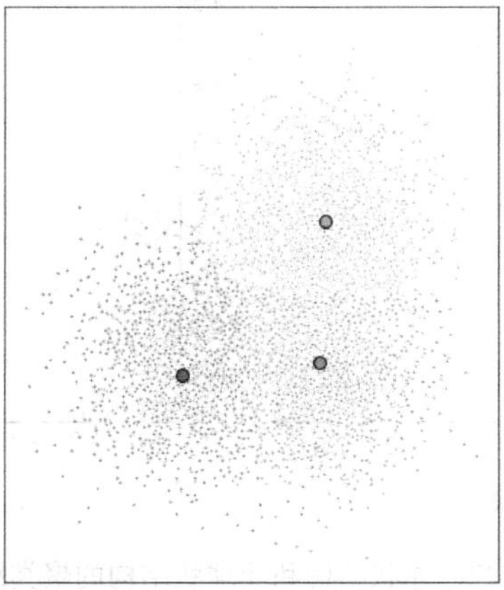

图 6-26　使用 K-Means 算法进行聚类的效果

KMeans 函数的参数解释如表 6-11 所示。

表 6-11　KMeans 函数的参数

参　数	内　容
learning_rate	学习率，浮点型，默认为 0.1
init	初始化方法，取值为"k-means ++""random"或向量，默认为"k-means ++"
n_init	用不同的质心初始化值运行算法的次数，整数，默认为 10
n_cluster	形成的聚类类别数或生成的聚类中心数，默认为 8
max_iter	最大迭代步数，整数，默认为 300
tol	算法停止的阈值，浮点型，默认为 1e－4
precompute_distances	是否预计算距离，取值为 auto、True 或 False
verbose	是否允许冗余输出，整数，默认为 0
random_state	随机数种子，整数，默认为 None
copy_x	是否修改原数据，逻辑型
n_jobs	使用的进程数，整数或 None，默认为 None

（2）DBSCAN 算法

DBSCAN（Density-Based Spatial Clustering of Application with Noise）是一种典型的基于密度的聚类算法。基于密度的聚类算法通过在数据集中寻找被低密度区域分离的高密度区域，将分离出的高密度区域作为一个独立的类别。

K-Means 算法是基于距离的聚类算法，当数据集中的聚类结果是球状结构时，基于距离的聚类算法能够得到比较好的结果，球状结构的聚类结果如图 6-27a 所示。然而，除了上述球状结构的聚类数据外，有一些数据集的聚类结果是非球状的结构，数据点在图中呈现上下两个弧形，在两个弧形中，数据点较为密集，而两个弧形彼此之间较为疏远，如图 6-27b 所示。

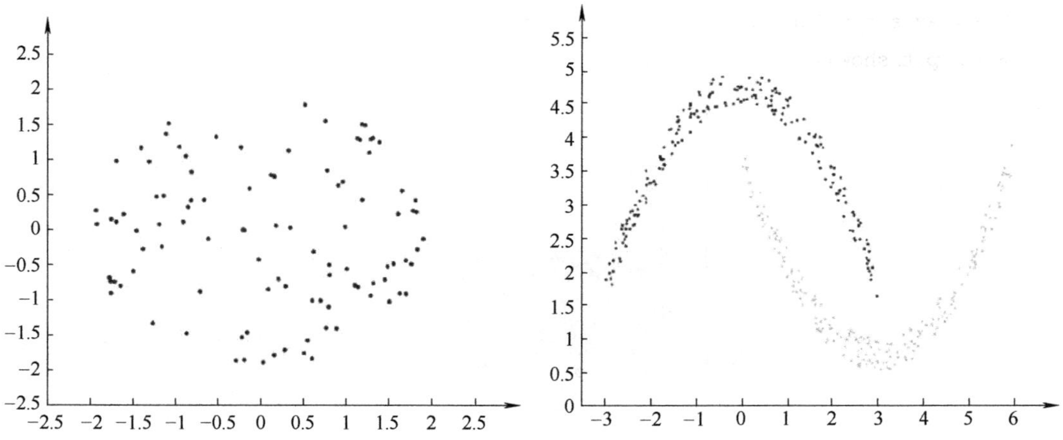

a) 球状结构的聚类结果　　b) 非球状结构的聚类结果

图 6-27　球状结构和非球状结构的聚类结果

对于非球状结构的聚类数据，基于距离的 K-Means 算法并不能得到正确的聚类结果。利用 K-Means 聚类算法对图 6-27b 中的数据进行聚类，设置聚类中心的个数为 2，得到图 6-28 所示的聚类结果。

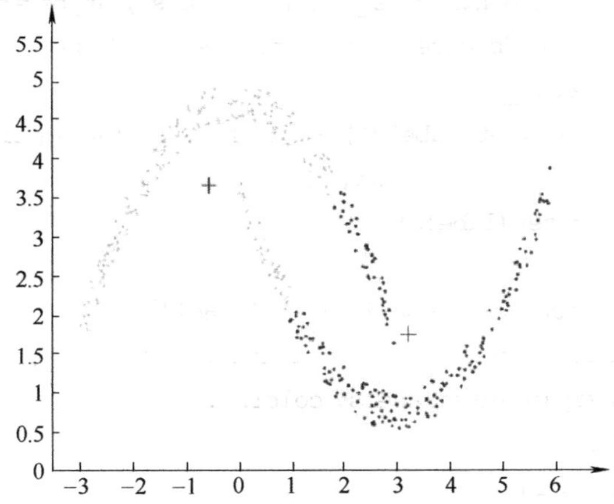

图 6-28　K-Means 算法的聚类结果

以 3 个点为中心，模拟生成 3000 多个样本，并进行标准化，然后使用 DBSCAN 算法进行聚类，并将聚类的结果绘制，具体如图 6-29 所示。

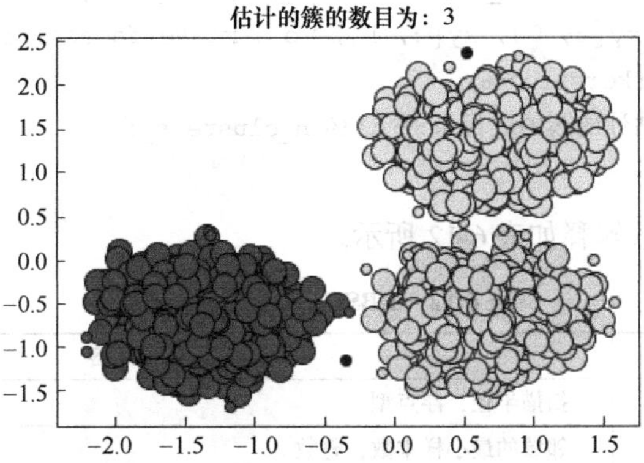

图 6-29　DBSCAN 算法的聚类结果

```
>>> import numpy as np
>>> from sklearn.cluster import DBSCAN
>>> from sklearn.datasets.samples_generator import make_blobs
>>> from sklearn.preprocessing import StandardScaler
>>> import matplotlib.pyplot as plt
#模拟生成数据
>>> centers = [[1, 1], [-1, -1], [1, -1]]
>>>X, labels_true = make_blobs(n_samples = 3000, centers = centers, cluster_std =
0.3, random_state = 23)
```

```
>>> X = StandardScaler().fit_transform(X)
#使用 DBSCAN 进行聚类
>>> db = DBSCAN(eps=0.3, min_samples=10).fit(X)
>>> core_samples_mask = np.zeros_like(db.labels_, dtype=bool)
>>> core_samples_mask[db.core_sample_indices_] = True
>>> labels = db.labels_
>>> n_clusters_ = len(set(labels)) - (1 if -1 in labels else 0)
>>> n_noise_ = list(labels).count(-1)
>>>unique_labels = set(labels)
#绘图
>>> plt.rcParams['font.sans-serif']=['SimHei']
>>> colors = [plt.cm.Spectral(each)for each in np.linspace(0, 1, len(unique_labels))]
>>> for k, col in zip(unique_labels, colors):
      if k == -1:
      col = [0, 0, 0, 1]
      class_member_mask = (labels == k)
      xy = X[class_member_mask & core_samples_mask]
       plt.plot(xy[:, 0], xy[:, 1], 'o', markerfacecolor=tuple(col),marker-
edgecolor='k', markersize=14)
      xy = X[class_member_mask & ~core_samples_mask]
       plt.plot(xy[:, 0], xy[:, 1], 'o', markerfacecolor=tuple(col),marker-
edgecolor='k', markersize=6)
>>> plt.title('估计的簇的数目为:%d' % n_clusters_)
>>> plt.show()
```

DBSCAN 函数的参数解释如表 6-12 所示。

表 6-12　DBSCAN 函数的参数

参　数	内　容
eps	扫描半径，浮点型
min_samples	邻域的最小样本数，整数
metric_params	距离度量，字典型
algorithm	近邻算法，取值有“auto”“ball_tree”“kd_tree”“brute”
tol	算法停止的阈值，浮点型，默认为 1e-4
leaf_size	叶子的大小，整数，默认为 30
p	距离参数，浮点数
n_jobs	使用的进程数，整数或 None，默认为 None

6.4　计量经济学方法

6.4.1　概述

计量经济学是经济学的一个分支学科，利用经济理论、数学、统计学定量地分析经济现象并揭示其中的因果关系。计量经济学不是单纯的数学、统计学或者经济理论，而是三者的有机融合，并逐渐演化为一门独立的学科。

根据研究对象和侧重点的不同，计量经济学可以分为理论计量经济学和应用计量经济学。理论计量经济学侧重于利用数理统计的方法证明与推导计量经济学的理论与方法，介绍计量经济学模型的数学理论基础，以及研究计量经济学模型的参数估计方法与验证方法。应用计量经济学则侧重于利用应用计量经济学模型的经济学和经济统计学基础，处理建立与应用模型过程中的实际问题。

计量经济学常见的应用包括对国内生产总值、股票市场价格、利率等经济变量进行预测。以对家电市场情况的定量分析为例，首先可以考虑家电的销售量，观测销售量的变动状况。其次，分析影响销售量的主要因素以及各种因素与家电销售量间的相关关系和定量关系。再次，对以上分析结果的可靠性加以检验。最后，利用研究结论对今后家电行业的发展前景做出预测，并提出相关产业政策建议。

因此，计量经济学中研究一个经济问题的数量关系，可以从以下 7 个方面进行分析：

① 确定所研究的经济问题的度量方法及相关变量；

② 根据经济理论确定主要影响因素；

③ 分析各影响因素与所研究的经济问题的相关关系，确定数学关系式；

④ 运用数量分析方法确定各影响因素与所研究的经济问题的具体数量关系；

⑤ 运用统计检验方法检验数量结果的可靠性；

⑥ 根据数量结果对所研究的经济问题进行分析和预测；

⑦ 根据分析和预测结果提出管理或政策建议。

6.4.2　大数据计量经济学方法

1. 特点

传统的计量经济学研究使用的是小样本数据，受限于最低样本量的要求，研究往往需要等待较长时间来观测某一事件的完整周期以累积充足的数据。同时，传统的经济数据也受限于采集工具和采集人员的能力，数据中存在着噪声过多、信息重复、数据失真、数据遗失等问题，大大降低了研究结果的准确性和可靠性。传统的计量经济学分析方法陷入了以下困境：第一，数据量少及来源单一，很难对所研究的经济现象做出准确预测；第二，经济是一个动态的过程，收集到的某一经济周期的统计数据具有滞后性，无法用来解释未来的经济发展状况；第三，数据质量无法保证，导致预测准确度低下。

随着大数据时代的来临，大数据提供了容量庞大的样本以及大量潜在的解释变量，为解释复杂经济系统的复杂关系提供了丰富的资源，但是如何将多源异构数据汇聚统合并寻找高维变量之间的复杂关系，对于计量经济学方法来说是一个巨大的挑战。大数据带来了先进的采集、存储和处理技术来实时地分析大规模复杂实时数据，分析经济行为的最新动态，从而及时对所研究的经济现象做出早期干预，更具前瞻性。

大数据计量经济学方法是指在计量经济学的应用与研究中，采用大数据的手段和思维对传统计量经济学方法进行深化。大数据计量经济学方法具有以下特点。

第一，大数据拓展了计量经济学的研究范围，增加了计量经济学研究的实用性，有助于揭示产生大数据的复杂经济系统的运行规律。例如，利用大数据信息可以预测与防范系统性金融风险、及时并精准预测宏观经济走势与波动、分析微观经济行为、精准评估社会经济政策。

第二，大数据提供了包含大量有价值的信息的新型数据，包含区间数据、函数数据、符号数据等。经济系统逐渐表现出复杂性、时变性、异质性、非平稳性的特点。现有的计量经济学方法已经难以准确表现变量之间的复杂关系，需要提出针对适合新型数据的模型及相关理论方法。

第三，大数据计量经济学方法更加强调从大数据中提取有效信息。大数据分析手段的加入使可供研究的数据增加的同时也增大了对有效信息的筛选难度。利用大数据进行经济计量分析时，给定样本中可供分析的变量维度会很高，大数据计量经济学需要将多维数据组合交叉，运用计算机技术和其他交叉学科的理论方法从中提取有效信息来构建新变量。

2. 理论比较

在大数据环境下，计量经济学方法与机器学习方法最大的不同在于对数据的理解。计量经济学方法关注数据内部因果关系的推断和归纳，通过工具变量（Instrument Variable）、断点回归（Regression Discontinuity）、DID（Difference - in - Differences）实验、自然实验（Natural Experiment）等手段验证。机器学习则关注模型的预测能力，往往会牺牲模型的可解释性以获取更精准的预测结果。此外，计量经济学方法和机器学习方法在模型的基本假设、处理方法、检验方法3个方面有着以下区别。

（1）基本假设

为确保假设检验和参数估计的可靠性，计量经济学方法的模型是建立在诸多假设之上的。以最简单的计量经济模型为例，它仍需要满足经典线性回归模型的所有基本假设，包括模型线性、干扰项均值的期望值为零、干扰项同方差性（给定解释变量，干扰项的方差不变），干扰项序列不相关性（干扰项之间相互独立）以及所有解释变量与干扰项不相关等。然而，在多数情况下，真实的数据分布往往难以完全符合模型的所有基本假设，研究中也难以根据复杂的现实状况利用有限的数据和模型加以描述解释。

机器学习方法的基本假设包括样本独立同分布（样本之间不会相互影响）、数据分布平稳（数据集内的分布不会发生变化）等。以监督学习为例，模型假设输入变量 X 和标记 Y 遵循联合概率分布，训练数据和测试数据也遵循联合概率分布，但是在机器学习过程中仅仅假定联合概率分布存在，其具体的定义未知。相较于计量经济模型繁多的各类假设，机器学习的模型假设相当宽松。

（2）处理方法

计量经济学的处理方法主要为参数估计，包括普通最小二乘法（OLS）、最大似然法（ML）、矩估计法（MM）等，用于查看干扰项是否存在异方差、自相关和多重共线性等情况。计量经济学模型一般首先考虑使用普通最小二乘法查看扰动项是否存在异方差，在判断出扰动项存在异方差的情况下则考虑使用广义最小二乘法（Generalized Least Squares，GLS）以及考察稳健标准误等方法。如果扰动项存在内生性，则考虑使用两阶段最小二乘法（Two-Stage Least Squares，2SLS）或广义矩估计（Generalized Method of Moments，GMM）。

机器学习方法在应用中往往需要处理模型过拟合的问题。以监督学习的线性回归为例，模型中可以加入成百上千个变量，复杂度较高。为此，机器学习利用正则性（Regularization）的思维，在参数估计的损失函数（Loss Function）中加入关于模型复杂度的惩罚项，通过对模型复杂度惩罚成本的量化，实现对复杂模型的惩罚。

（3）检验方法

计量经济模型的检验方法主要为假设检验。假设检验是一种利用样本结果来证实假设真伪的常用方法，其核心是利用小概率事件原理来反证。常用的检验方法包括 F 检验、t 检验、Z 检验、卡方检验等。其思想是通过建立一组互斥的假设，包括原假设（Null Hypothesi）和备择假设（Lternative Hypothesis），根据构造的检验统计量的大小与分布确定检验假设成立的可能性。如果检验统计量落在接收域外，说明在相应的概率水平下应该放弃原假设而选择备择假设，这也被称为统计上的“显著”。

机器学习的模型检验是将数据集划分为训练集和测试集后，在测试集中测试模型对新样本的判别能力或准确性。机器学习模型常见的检验方法包括留出法（Hold-out）、交叉验证法（Cross Validation）、自助法（Bootstrapping）等。数据量充足时，一般采用交叉验证法（尤其是 10 折交叉验证），数据集较小时，一般采用自助法。

6.4.3　数据类型及分析方法

计量经济学研究通常无法像自然科学那样进行控制实验，因而经济数据一般不是“实验数据”（Experimental Data），而是自然发生的“观测数据”（Observational Data）。由于个人行为的随机性，所有经济变量原则上都是随机变量。

经济数据按照其性质，可大致分成横截面数据、时间序列数据、面板数据 3 种类型。以下简要介绍这 3 类数据的类型与分析方法。

1. 横截面数据

（1）概述

横截面数据（Cross-Sectional Data）是一个总体的一批（或全部）经济个体发生在同一时间截面上的同一变量的取值。例如，2019 年中国各省 GPD 数据、人口普查数据、家庭收入调查数据等。横截面数据对于经济个体的对象及其范围要求较为宽松，但要求统计的时间点相同。横截面数据收集的成本较低，是计量经济学分析中的一种常见数据类型。

由于横截面数据结构本身的限制，在计量经济学分析中隐含着的假设条件是每一个经济个体的未观测到变量（误差项）不存在系统性差异。横截面数据的一个重要特点是离散性高，通常可以假定它们是从总体中通过随机抽样得到的，而随机抽样是经典计量经济学模型对横截面数据最基本的要求。

针对横截面数据进行计量经济学分析时，应注意两点：一是干扰项的异方差问题，由于数据是在某一时间截面上对个体进行采集的，因此不同的个体本身存在差异；二是数据的一致性问题，包括样本与总体的统计标准是否一致、变量的样本容量是否一致、样本的取样时期是否一致。

（2）分析方法

1）集中趋势。集中趋势是指总体中各单位的次数分布从两边向中间集中的趋势，主要用平均指标来表示。常用的集中趋势包括算术平均数、加权平均数、调和平均数、中位数、众数和分位数等。测量数据分布的集中趋势可以反映总体的一般水平，同时可以对比同类现象在不同时间、不同地点和不同条件下的一般水平。另外，还可以分析不同现象之间的相互作用关系。

2）离中趋势。离中趋势是指总体中各单位标志值背离分布中心的规模或程度，主要用标志变异指标来表示，分为绝对量指标和相对量指标。绝对量指标包括全距、平均差、标准差、四分位差；相对量指标包括全距系数、平均差系数、标准差系数。离中趋势与集中趋势的关系表现为变异指标值越大，平均指标的代表性越小，也即离中趋势越大，集中趋势越小，两者呈现负相关关系。因此，测量数据分布的离中趋势可以衡量和比较平均数代表性的大小，可以反映社会经济活动过程的均衡性和节奏性，还可以对变量数列次数分布与正态分布的偏离程度进行测度。

3）偏度与峰度。偏度（Skewness）是反映数据相对于正态分布的偏斜程度的指标，以及数据分布不对称的方向和程度。其测量方法具体包括算术平均数和众数比较法（偏斜度）、皮尔逊偏斜系数法、四分位数比较法和矩法（偏态系数）。峰度（Kurtosis）是反映频数分布曲线顶端弧度尖锐或平缓程度的指标。其测量方法具体包括分位数法和矩法（峰度系数）。

2. 时间序列数据

（1）概述

时间序列数据（Time Series Data）是某个经济个体的变量在不同时间点上的取值，反映了所描述现象或事物随时间变化的状态或程度，如2009—2019年我国国内生产总值的数据。时间序列数据的应用范围广，是人们观察、分析各种现象的动态过程及其演化规律的主要依据。

时间序列数据的时间单位可以是天、周、月、季度、年等任何时间形式。其中，许多按照周、月、季度报告的数据都体现出很强的季节特征，这也是时间序列分析需要考虑的一个重要因素。虽然时间序列数据的变化周期不尽相同，但是整体的变化趋势都是按照周期变化的。时间序列数据的构成可以分为长期趋势（Trend）、季节变动（Seasonal）、循环变动（Cycling）和不规则变动（Irregular）4个部分。

1）长期趋势（T）：也称趋势变动，是指在较长时期内受某种根本性因素作用而形成的总的变动趋势。长期趋势因受到某种根本性的支配因素的影响，呈现出各时期发展水平不断递增、不断递减或水平变动的趋势。例如，国家实行改革开放政策，使经济规模逐步扩大，国内生产总值呈长期递增的趋势。

2）季节变动（S）：是指在一年内随着季节变化而发生的有规律的周期性变动，如农产品的生产销售趋势等。另外在实际分析中，季节变动也可以理解为随政治、经济、社会、文化等因素的变化而呈现的有规律的周期性重复变动。例如，受学校寒暑假影响导致的客运流量年复一年的有规律的变化等。

3）循环变动（C）：是指以若干年为周期（变动周期大于一年）所呈现出的波浪起伏形态的有规律的变动。循环变动各个周期的长短和波动幅度一般不相一致，其波动规律较难识别。例如，商业发展周期的繁荣、衰退、萧条、复苏4个阶段的循环变动。

4）不规则变动（I）：是指一种无规律可循的变动，包括严格的随机变动和不规则的突发性变动两种类型。不规则变动是因受到众多具有偶然性的、难以预测或人为控制的影响而出现的随机变动。

时间序列分析中最大的问题是数据的平稳性。如果数据是平稳的，则可以使用最小二乘法模型分析。如果数据非平稳，回归系数的标准差则不服从标准正态分布，从而造成了所谓的伪回归（Spurious Regression）问题，系数的显著性加大，原假设更容易被拒绝，这种情况非常复杂，此处不做过多介绍。

（2）分析方法

1）描述性时序分析。描述性时序分析是指通过直观的数据比较或绘图观测来寻找时间序列中蕴含的发展规律，其操作简单易懂且直观有效，通常是时间序列数据分析的第一步。

2）水平分析。在时间序列数据中，发展水平是指各指标数值在所属时间反映的社会经济现象。为了综合说明经济现象在一段时期内的发展水平，需要对不同的时间序列数据求均值来计算序时平均数。根据时间序列数据的不同性质，序时平均数可以分为时期指标的序时平均数、时点指标的序时平均数以及相对指标或平均指标的序时平均数。

水平分析也经常考查增长量，即报告期发展水平与基期发展水平的差值，表现形式有逐期增长量、累积增长量和平均增长量。

3）速度分析。发展速度是社会经济发展快慢的相对指标，是报告期水平与基期水平之比，根据数据对比的基期差异，可以分为环比发展速度与定基发展速度，此外还有平均发展速度，是各个时期环比发展速度的序时平均数。

增长速度是增长量与基期水平之比，也称增长率，是用于反映经济现象增长程度的相对指标，根据数据对比的基期差异，可以分为环比增长速度和定基增长速度。在进行增长率分析时，要注意结合具体的研究目的适当选择基期，结合基期水平进行分析。

4）长期趋势变动分析。长期趋势是指时间序列在较长时期中表现出的总态势。其分析方法包括时距扩大法和移动平均法。

时距扩大法是测定长期趋势最基础的方法。它通过将原来时间序列中较小时距的多个数据进行合并，得出有较大时距的数据。这种处理方法可以让时距较短的数据因受到偶然因素而引起的波动相互抵消，从而显现出发展变化的基本趋势。

移动平均法是一种采用历史数据进行未来一期或多期预测的方法。它采用逐期递推的方法对原数列按一定时距扩大，得出一系列扩大时距的序时平均数。运用这种方法时应注意确定选取合适的时间长度。例如，针对存在周期性的经济现象，应以该周期长度作为移动平均的项数，才能消除周期变动的影响，从而更准确地反映其长期趋势。

5）季节波动与循环波动分析。季节波动按一定周期重复显现，每个周期变化大致相同。季节波动分析的主要测定方法有同期平均法和趋势剔除法。

循环波动通常存在于一个较长的时期内，表现为经济指标从低到高又从高到低的周而复始的接近规律性的变化。它没有固定的周期，形成原因也难以事前预知与识别。对于循环波动的分析，需要借助统计学分析手段以及定性的理论分析和历史经验。其分析思路主要是先消除时间序列中长期趋势和季节变动的影响，再消除不规则变动，以揭示循环波动的规律。

3. 面板数据

（1）概述

面板数据（Panel Data），也称平行数据或纵列数据（Longitudinal Data），是指在不同时期跟踪由给定个体组成的样本而获取的数据集。它包含样本中的每个个体在不同时间点上的多个观测值。它既有时间维度（T个时期），又有横截面维度（n位个体），反映了时间和空间两个维度的经验信息。

对于面板数据$y_{it}(i=1,2,\cdots,N,t=1,2,\cdots,T)$，如果每个时期在样本中的个体完全一样，则称此面板数据为平衡面板数据（Balance Panel Data）；如果每个时期在样本中的个体不一样，则称此面板数据为非平衡面板数据（Unbalance Panel Data）。

以 2009—2019 年我国所有直辖市的国内生产总值为例，面板数据与横截面数据和时间序列数据的区别在于，横截面数据是在一个时点观测各个直辖市的国内生产总值的不同；时间序列数据是选择某个直辖市观测一段时间内该市的国内生产总值的不同。由此可见，采用面板数据作为样本比单纯采用横截面数据或时间序列数据能更充分地利用更多的样本信息，使对经济模型的分析更有效，但也因此使得采用面板数据建立的模型更为复杂。

面板数据分析方法作为近几十年发展起来的新统计方法，利用其建立经济模型有以下特点。

第一，观测值增加，增加了数据的自由度并降低了解释变量间的共线性程度，进而提高了计量模型估计的有效性。

第二，比单纯的横截面数据或时间序列数据提供更多的动态信息，利用跨期动态信息和调查对象的个体信息，能够为更加复杂变化的经济情况提供动态系数的准确估计。

第三，利用面板数据可以有效降低或消除遗漏变量的问题，构建并检验更复杂的行为模型，通过观察其他个体的行为对某个体结果做出更精确的预测。

（2）分析方法

1）分析数据的平稳性。面板数据包含了时间序列数据维度，因此在用面板数据模型进行回归分析之前，需要对面板数据进行平稳性分析。一些非平稳的时间序列数据也会变现出相近的变化趋势，此时尽管有较高的拟合优度，但是这种结果也是没有意义的。面板数据的平稳性分析最常用的方法是单位根检验，具体步骤为：第一，对面板序列绘制时序图；第二，观察时序图中通过观察值描点做出的变量折线是否含有趋势项和截距项；第三，根据时序图情况选择单位根检验的检验模式。

2）协整检验或模型修正。协整检验是检验变量间的长期均衡关系的方法。其中，协整是指两个或两个以上的非平稳变量序列，通过某种线性组合后的序列呈现平稳性。若通过单位根检验后变量之间是同阶单整的，就可以采用协整检验的方法；若通过单位根检验后变量之间不是同阶单整的，即面板数据中同时存在序列平稳和序列不平稳的情况，则可以对模型进行修正，消除序列不平稳对回归分析造成的影响。

6.4.4 评估方法

1. 拟合优度（Goodness of Fit）

（1）判定系数

拟合优度是指样本回归线对样本数据的拟合程度。度量拟合优度的统计量是判定系数 R^2（R-squared），R^2 的取值范围是 [0,1]。R^2 的值越接近 1，说明样本回归线对样本数据的拟合越好；反之，R^2 的值越小，说明样本回归线对样本数据的拟合越差。

$$R^2=\frac{\mathrm{SSE}}{\mathrm{SST}}=1-\frac{\mathrm{SSR}}{\mathrm{SST}} \tag{6-19}$$

其中，SST 为总平方和，SSE 为被解释部分的平方和，SSR 为残差平方和。在对 R^2 进行分析时，要注意当回归模型中增加一个变量时，R^2 通常会上升。因为 R^2 会随着自变量的个数增加而增加，它并不适合作为比较各个不同模型的工具。因此，判定系数高的回归模型不一定是可信任的，R^2 只是说明模型中的所有自变量对因变量的联合影响的程度，并不反映模型中的单个自变量对因变量的影响程度。

（2）校正判定系数（Adjusted R-squared）

校正判定系数是调整后的判定系数，是为了去除解释变量增加对 R^2 的增大作用。上文提到，在增加自变量个数后，R^2 值也会随之增大，而调整后的 R^2 把模型中自变量的个数考虑了进来，因此调整后 R^2 的值可能会随自变量个数的增加而增大或减小。

$$\bar{R}^2 = 1 - \frac{\mathrm{SSR}/(n-k-1)}{\mathrm{SST}/(n-1)} = 1 - \frac{\hat{\sigma}^2}{\mathrm{SST}/(n-1)} = 1 - \frac{(1-R^2)(n-1)}{n-p-1} \tag{6-20}$$

其中，n 为样本数量，p 为特征数量。$\bar{R}^2$ 消除了样本数量对 R^2 的影响，在取值范围［0,1］内，数值越接近 1，样本回归线对样本数据的拟合越好。当增加的变量有意义时，调整后的 R^2 将会增大；当增加的变量是冗余变量时，调整后的 R^2 将会减小。

2. 皮尔森相关系数（Pearson Correlation Coefficient）

皮尔森相关系数是用来反映两个变量线性相关程度的统计量，通常用 r 或 Pearson's r 表示。r 的取值范围为 $-1 \sim 1$，若 $r>0$，表明两个变量正相关，即一个变量的值越大，另一个变量的值也会越大；若 $r<0$，表明两个变量负相关，即一个变量的值越大，另一个变量的值反而会越小。r 的绝对值越大表明相关性越强，若 $r=0$，表明两个变量间不是线性相关的，但有可能是其他方式的相关。随机变量 X 与 Y 的相关系数表达式为：

$$r = \frac{\sum(X_i - \bar{X})(Y_i - \bar{Y})}{\sqrt{\sum(X_i - \bar{X})^2 \sum(Y_i - \bar{Y})^2}} \tag{6-21}$$

其中，X_i和Y_i分别为变量 X 和 Y 的样本观测值；$\bar{X}$和$\bar{Y}$分别为变量 X 和 Y 的样本值的平均值。

3. 参数检验（Parameter Test）

（1）概念

参数检验是指对参数平均值、方差进行的统计检验，是数理统计学中根据一定的假设条件由样本推断总体的一种方法。参数检验的基本思想是小概率反证法思想。小概率思想是指小概率事件（$P<0.01$ 或 $P<0.05$）在一次试验中基本上不会发生。具体的检验步骤为：

① 提出一组互斥的假设，包括原假设H_0（又称零假设，一般是希望证伪的结论）和备择假设H_1（一般是希望证明的结论），首先假设H_0正确；

② 选定检验统计量，用于决定是否拒绝原假设，如 t 统计量、F 统计量等；

③ 设定拒绝区域，即在一定显著性水平 α（如 1%、5% 或 10%）下拒绝原假设的区域；

④ 计算检验统计量的值，如果检验统计量的值落入显著性水平 α 的拒绝域内，说明被检验的参数之间在所约定的显著性水平 α 下在统计上存在显著性差异；如果计算的统计量值落入约定显著性水平 α 的接受域内，说明被检验的参数之间在统计上不存在显著性差异。

（2）*t* 检验（Student's t test）。

t 检验是模型中变量的显著性检验，通过 t 分布理论推断差异发生的概率来判断两个样本或样本与群体的平均值差异是否显著。该检验的适用条件为样本量较小且总体分布服从正态分布，当进行两个样本的平均值比较时，还要求两个样本的总体方差相等。

t 检验的一般步骤如下：

① 建立检验假设，确定检验水平。假设包括原假设H_0以及备择假设H_1，两者的假设内

容是相互对立的。检验水平又称显著性水平，是指错误拒绝正确的原假设的可能性，通常取检验水平 $\alpha=0.05$；

② 确定检验类型，计算 t 统计量。根据 3 种不同的 t 检验类型，选择所对应的 t 统计量计算公式；

③ 确定 P 值，做出结论。此处的 P 值是指原假设为真时所得到的检验统计量值或其极端值出现的概率。当 $P\leqslant\alpha$ 时，即在原假设成立的条件下，出现大于或等于现有检验统计量值的可能性小于检验水平，属于小概率事件，则可以在检验水平 α 下拒绝原假设；反之，当 $P>\alpha$ 时，则接受原假设，均值差异无统计学意义。

(3) *F* 检验（F-test）

F 检验又称联合假设检验（Joint Hypotheses Test），主要应用于模型中的β_1，β_2，…，β_k 是否不为零的显著性检验，判断含多个参数模型中的部分或全部参数是否合适估计总体，或模型中的因变量与自变量之间的线性关系在总体上是否成立。另外，F 检验还可以用于检验两组数据的方差是否存在显著差异，因此 F 检验又称为方差齐性检验或方差比率检验。

$$Y_i=\beta_0+\beta_1X_{i1}+\beta_2X_{i2}+\cdots+\beta_kX_{ik}+\mu_i,i=1,2,\cdots,n \tag{6-22}$$

F 检验的一般步骤如下。

① 建立检验假设，确定检验水平 α。检验假设包括原假设 H_0 和备择假设 H_1，假设内容为：

$$H_0:\beta_1=\beta_2=\cdots=\beta_k=0 \tag{6-23}$$

$$H_1:\beta_j(j=1,2,\cdots,k)\text{不全为零} \tag{6-24}$$

② 计算 F 统计量。F 统计量的计算公式为：

$$F=\frac{\mathrm{ESS}/k}{\mathrm{RSS}/(n-k-1)} \tag{6-25}$$

或

$$F=\frac{S_1^2}{S_2^2} \tag{6-26}$$

其中，S_1^2和S_2^2分别为两组数据的方差，其计算公式为：

$$S^2=\frac{\sum(x-\bar{x})^2}{n-1} \tag{6-27}$$

③ 查表比较计算得到的 F 统计量与$F_\alpha(k,n-k-1)$，做出结论。F 统计量服从自由度为 $(k,n-k-1)$ 的 F 分布。对于给定的检验水平 α，通过查表得到$F_\alpha(k,n-k-1)$，若计算得到的 $F>F_\alpha(k,n-k-1)$，则拒绝原假设 H_0，表明在回归模型中解释变量与被解释变量存在显著的线性关系，或进行比较的两组数据存在显著差异；若 $F\leqslant F_\alpha(k,n-k-1)$，则接受原假设 H_0，表明在回归模型中解释变量与被解释变量不存在回归关系，或进行比较的两组数据没有显著差异。

另外，也可以通过 F 统计量相对应的 P 值对假设检验结果做出判断。同样的，对于给定的检验水平 α，若 $P\leqslant\alpha$，则拒绝原假设，说明模型整体的线性关系是显著的；反之，若 $P>\alpha$，则接受原假设，表明模型整体的线性关系并不显著。

(4) *P* 值（P-value）

P 值是用来判定假设检验结果是否具有统计学意义的一个参数，也是一种判断结果的真实程度（能否代表总体）的估计指标。在假设检验问题中，能通过样本观测值来拒绝原假设的最小显著性水平称为 P 值。通常来说，P 值是一个表示结果可信度的递减指标，P 值越小，说明原假设的情况是真实的概率越小，因此错误拒绝原假设的可能性越低，人们就越有理由认为样本中变量的关联是总体中各变量关联的可靠指标。

P 值的一般检验步骤如下：

① 选定一个检验统计量 $T(X)$，在假定原假设为真的基础上，根据样本数据计算出检验统计量的值 $T(x_0)$ 和概率 P；

对于双边检验，则有 $P=P\{|T(X)|\leqslant T(x_0)\}=2P\{|T(X)|\geqslant T(x_0)\}$；

对于单边检验，则有左侧检验 $P=P\{T(X)\leqslant T(x_0)\}$ 或右侧检验 $P=P\{T(X)\geqslant T(x_0)\}$。

② 结果判断。一般认为若计算得出的 P 值小于预先设定的显著性水平 α，则可以拒绝原假设；反之，若计算得出的 P 值大于预先设定的显著性水平 α，则接受原假设。

4. 鲁棒性分析（Robustness Analysis）

（1）概念

鲁棒是“Robust”的音译，意为健壮和强壮。鲁棒性（Robustness）又称稳健性，最早于 20 世纪 70 年代初出现在控制理论中，用于表述控制系统对参数扰动的不敏感性。鲁棒性强调系统在面对环境条件扰动时允许发生某种结构或成分的变化，但其基本结构和特殊功能仍能保持不变。实现保持特殊功能不变的相互独立的方法越多，该系统的鲁棒性越强。鲁棒性是复杂系统在面对内外部环境不断扰动的情况下得以演化的基本属性，而这种演化的路径选择又是基于能够增强系统自身的鲁棒性而决定的。

计量经济学方法中的鲁棒性分析是指对统计结果的可靠性进行检验和评估。鲁棒性分析的常用做法是增加或减少回归量，从而在模型设定改变的情况下观察核心变量参数估计是否有明显的变化。核心变量的参数估计应该对回归变量的增加或减少不敏感，鲁棒性分析为确定理论结果是否真正依赖于模型的核心提供了技术基础，可应用于多个模型的检验以及寻找各模型共同的预测结果。

（2）作用

1）稳定整体理论结构。鲁棒性分析具有的多重可推导性使研究人员所构建的科学理论得到更稳固的基础，使理论结构更加可靠。那些无论受到何种扰动都不变化的结构部分具有很好的鲁棒性，而理论的鲁棒性就越强，稳定性也就越高。同时，每个具有鲁棒性的部分，其支持模式并非唯一的，哪怕其中的一个支持模式被破坏，还会有其他的支持模式存在，不会导致结构崩溃。因此，鲁棒性分析对于理论的构建是必不可少的。

2）找到模型核心因素。鲁棒性分析能通过对大量研究同一现象的具有相似性但又有区别的模型进行分析，找到这些模型对所研究现象共同的预测结果。尽管不同的模型拥有不同的假设，如果这些模型都导致相同的结果，说明结果来源于这些模型的共同成分，这一共同成分是模型的核心机制，应当被测试或验证。因此，鲁棒性分析对找到模型核心因素有决定性作用。

3）判别理论实体。鲁棒性分析能够提供所研究事物是否真实存在的判别标准，正如当细胞结构被不同类型的显微镜观察到时，研究者就有了更多的证据认为细胞结构是真实存在的。

4）证明理论的正确性。鲁棒性分析通过验证理论的多样性与独立性增强了理论自身的可靠性与安全性。因为要避免理论出现错误的一种重要手段是使得尽量多的理论假设能够被尽量多的方式验证，从而拥有多样化且相互独立的证据。当实验结果具有鲁棒性时，则为该实验所验证的理论提供了有力的证据支持。

鲁棒性分析的常用方法包括采用不同的样本或抽样方法、针对核心构念替换测量变量、增加或减少回归变量，以及应用不同的计量经济学模型等。具体的方法应该视分析的问题而定，此处不做详细的介绍。

6.4.5 常见问题

1. 多重共线性（Multicollinearity）

（1）概念

多重共线性是指在多元线性回归模型中，解释变量之间存在高度相关关系。多重共线性经常出现在时间序列数据模型和横截面数据模型中。这一问题违背了线性回归模型中对于解释变量之间相互独立的假设。多重共线性对估计结果的影响包括：第一，估计量的精度大大降低，估计量及其标准差非常敏感，观测值稍微变化，估计量就会产生较大的变动；第二，估计量的方差变大，相应标准差增大，进行 t 检验时，接受零假设的可能性增大，从而将重要的解释变量排除在模型之外，使模型的预测功能失去意义。

多重共线性产生的原因有3点：第一，经济变量在时间上有共同变动的趋势（例如，收入、消费、投资之间存在近似的比例关系）；第二，某一变量及其滞后变量同时作为解释变量（如居民消费不仅受当期收入的影响，还受前期消费的影响，而当期收入和前期消费之间存在着较强的多重共线性）；第三，样本资料的限制（完全符合理论模型要求的样本数据难以收集，现有数据条件下的特定样本往往存在多重共线性）。

（2）检验方法

① 对于存在两个解释变量的模型，可以直接利用相关系数进行判定。

② 对于存在多个解释变量的模型：

a. 利用变量间的样本判定系数。首先，分别以其中一个解释变量对其他所有解释变量进行回归，并得出样本决定系数。然后，找出样本决定系数中最大的一个，如果它接近于1，则存在多重共线性。

b. 利用不包含某一解释变量的样本判定系数。首先，求出原来模型的判定系数。其次，每次去除一个解释变量进行回归，重新构建回归方程。最后，若其中最大的判定系数接近原模型的判定系数，则存在多重共线性。

c. 判定系数 R^2 很高，但回归系数在统计上不显著，即 t 检验值过小，则可能存在多重共线性。另外，如果参数估计值的符号不符合经济理论或实际情况，则可能存在多重共线性。

（3）处理方法

① 增加样本容量。该方法可处理由样本引起的多重共线性，适用于如测量误差、偶然因素等引起但解释变量的总体不存在多重共线性的情况。

② 排除不重要的解释变量。对于由不重要的解释变量引起的多重共线性，可以从模型中删除该变量以达到减弱多重共线性的效果。

③ 用被解释变量的滞后值代替解释变量的滞后值。

④ 差分法。以变换方程模型的形式把原模型转换成差分模型，重新定义变量的形式。

⑤ 合并同类的变量。

⑥ 岭回归法（Ridge Regression），减小参数估计量的方差。

2. 异方差性（Heteroscedasticity）

（1）概念

异方差性是相对于同方差性而言的，是指对于不同的样本点，随机误差项的方差不再是常数，而是随解释变量取值的变化而变化。同方差性是经典线性回归方程的一个重要假设，总体回归函数中的随机误差项围绕其零平均值变化，不随解释变量的变化而变化，每个误差项都有相同的方差。如果这个假设不成立，称随机误差项存在异方差。异方差性对估计结果的影响包括：第一，参数估计量仍然具有线性、无偏性，但是不具备有效性；第二，变量的显著性检验中构造的统计量是建立在随机干扰项共同的方差不变的基础上的，异方差性将导致参数方差出现偏误，参数检验失去意义；第三，异方差的产生会导致参数估计不再是方差的最小估计量，从而造成预测误差变大及模型的预测失效。

异方差产生的原因有 4 个：第一，模型中省略了对因变量有影响的自变量；第二，模型中的变量观测值存在测量误差；第三，模型数学形式存在偏差；第四，对因变量有影响的各种随机因素。

（2）检验方法

1）图示法。图示法即利用残差 e_i-$X(Y)$ 的散点图进行判断，观察是否存在明显的散点扩大、缩小或复杂型趋势（即不在一个固定的带形域中），如图 6-30 所示。图示法只能进行大概的判断，并不能作为严格的数理依据。

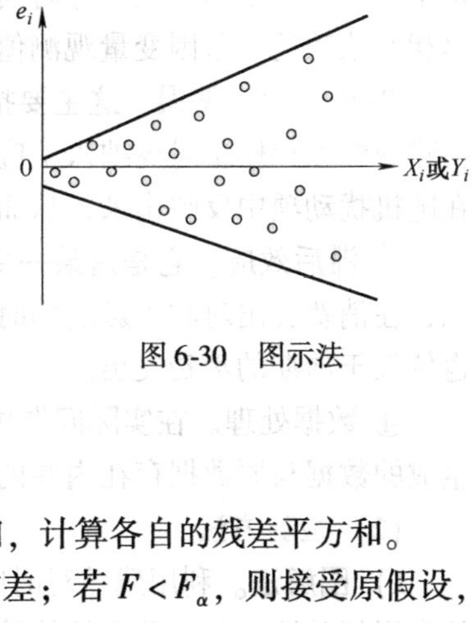

图 6-30 图示法

2）G-Q（Goldfeld-Quandt）检验。

① 按被认为可能引起异方差的解释变量观察值的大小排列样本观测值，去除序列中间的 c 个观测值（样本容量的 1/4 ~ 1/3），并将剩下的观察值划分为容量相同的两个子样本。

② 设置原假设（同方差）和备择假设（异方差）。

③ 利用 OLS（最小二乘法）估计对两个子样本进行回归，计算各自的残差平方和。

④ 进行 F 检验，若 $F > F_\alpha$，则拒绝原假设，即存在异方差；若 $F < F_\alpha$，则接受原假设，即同方差。

3）Glejser 检验。以残差作为被解释变量，以原模型的某一解释变量作为解释变量，利用 OLS 估计对残差和自变量进行估计和显著性检验，若存在某种函数形式使模型显著，则说明残差受到自变量的影响，即原模型存在异方差。

4）White 检验。首先利用 OLS 进行回归，计算残差；然后残差对各解释变量、各解释变量的平方、两两解释变量的乘积利用 OLS 做回归分析。对各回归方程进行统计检验，若拟合优度高，系数的 t 检验显著，则存在异方差。

（3）处理方法

对异方差的处理，最常见的方法是加权最小二乘法（Weighted Least Squares，WLS）。加权最小二乘法是对原模型加权，使之成为一个新的不存在异方差性的模型，然后采用 OLS

估计其参数。加权最小二乘法的思路是在采用 OLS 方法时，对较小的残差平方赋予较大的权数，对较大的残差平方赋予较小的权数，从而对残差提供信息的重要程度做出校正，提高参数估计的精度。

3. 序列自相关（Autocorrelation）

（1）概念

经典线性回归模型的基本假定之一是随机误差项相互独立或不相关，如果不能满足这一条件，则称为序列自相关。用符号表示为：

$$\mathrm{Cov}(\mu_i,\mu_j)=E(\mu_i\mu_j)\neq 0 \quad i\neq j \tag{6-28}$$

序列自相关一般情况下出现在时间序列数据中。若模型中出现序列自相关后仍使用 OLS 进行参数估计，会导致以下结果。

① OLS 参数估计量仍具有无偏性与一致性，但不具有有效性。

② 变量的显著性检验无效。例如在进行 t 检验时，其有效性的基础是参数方差的正确估计。而如果模型存在序列自相关，参数方差便会出现偏误，导致 t 统计量失效。

③ 预测失效。参数估计的方差值同样会影响模型的预测效果，因此，当模型存在序列自相关时，预测精度便会降低。

产生序列自相关的原因主要有以下几种。

① 经济变量的惯性。这是大多数经济时间数据的一个特点，例如，国内生产总值、价格指数、就业率和失业率等时间序列数据都呈现出周期循环的特征，一个序列的数据很可能是相互依赖的。若因变量观测值之间存在相关性，则随机误差项之间也就存在相关性。

② 模型设定偏误。这主要指的是模型设定存在偏差，如模型的数学形式不正确，或在构建回归方程模型时少纳入了应该含有的解释变量，若该解释变量本身存在自相关，其必然在随机扰动项中反映出来，从而导致序列自相关。

③ 滞后效应。它是指某一变量对另一变量的影响不仅限于当期，而是延续若干期。例如，在消费支出对收入影响的时间序列分析中，当期的消费支出除了依赖于收入等变量外，也依赖于前期的消费支出。

④ 数据处理。在实际问题中，研究者会因为某些原因对数据进行修正和内插处理，新生成的数据与原数据存在内在的联系，这可能导致自相关的产生。

（2）检验方法

1）图解法。利用残差对时间描点做时间序列图，利用残差的变化图形判断随机干扰项的序列相关性。若扰动项的估计值循环起伏，且没有频繁地改变正负符号，表明存在正自相关。若扰动项的估计值呈锯齿形排列（一个正接一个负），随时间频繁地改变符号，表明存在负自相关。

2）回归检验法。以 e_t 为被解释变量，以 e_{t-1}、e_{t-2} 等可能的相关量为解释变量，建立方程：

$$e_t=\rho\, e_{t-1}+\varepsilon_t \quad t=2,3,\cdots,T \tag{6-29}$$

$$e_t=\rho_1 e_{t-1}+\rho_2 e_{t-2}+\varepsilon_t \quad t=3,4,\cdots,T \tag{6-30}$$

对所建立的方程进行参数估计和显著性检验，若存在一种模型形式能使方程成立，则说明原模型中存在序列自相关，同时该函数形式为模型的相关形式。回归检验法适应性广，适合任何类型的序列自相关的检验。

3）DW 检验（Durbin-Watson）。该方法是检验序列自相关最常用的方法。该方法的假定条件包括：第一，回归模型中含有截距项；第二，解释变量是非随机的，与随机误差项不相关；第三，随机误差项为一阶自相关；第四，回归模型中不包含滞后变量。

① 提出原假设（不存在一阶自相关）和备择假设（存在一阶自相关）。

② 构造 DW 统计量。

$$d = \frac{\sum_{t=2}^{n}(\mu_t - \mu_{t-1})^2}{\sum_{t=1}^{n}\mu_t^2} \tag{6-31}$$

$$d \approx \begin{cases} 0 & \hat{\rho}=1\text{，序列正相关} \\ 2 & \hat{\rho}=0\text{，无序列自相关，}\rho \approx 1-\dfrac{d}{2} \\ 4 & \hat{\rho}=-1\text{，序列负相关} \end{cases} \tag{6-32}$$

③ 检验判断。对给定样本大小和给定解释变量个数查 DW 分布表，得到临界值 d_L 和 d_U，若 d 值的取值范围为（$0, d_L$），则存在正自相关；若 d 值的取值范围为（d_L, d_U）或 $(4-d_U, 4-d_L)$，则不能确定；若 d 值的取值范围为 $(d_U, 4-d_U)$，则无自相关；若 d 值的取值范围为 $(4-d_L, 4)$，则存在负自相关。

4）拉格朗日乘数（LM）检验。拉格朗日乘数检验解决了 DW 检验不能进行高阶自相关检验的问题。对于给定的显著性水平 α，查自由度为 p 的卡方分布中的对应临界值 $\chi_\alpha^2(p)$。若 LM 统计量的值大于 $\chi_\alpha^2(p)$，则模型可能存在直到 p 阶的序列自相关。

（3）处理方法

1）广义差分法。对于已知自相关系数 ρ 的取值，可以采用广义差分法来消除自相关。它通过变换原回归模型消除随机误差项中的序列自相关，将原模型转换为满足 OLS 的差分模型，随后采用 OLS 估计回归参数。

2）Durbin 两步法。若自相关系数 ρ 的取值未知，可以采用 Durbin 两步法。首先，运用 OLS 求出自相关系数 ρ 的估计值 $\hat{\rho}$。然后，对估计值 $\hat{\rho}$ 进行广义差分变换，对变换后的差分模型用 OLS 估计参数值，即原模型参数的有效且无偏估计量。

3）迭代法。该方法同样是在自相关系数 ρ 的取值未知时使用。首先，对原方程用 OLS 得出随机误差项的估计值。然后，对随机误差项估计值的表达式用 OLS 得出自相关系数的估计值，并对其进行差分变换。最后，对所得差分模型中的随机误差项进行自相关检验。若无自相关，则可使用 OLS 估计参数值；若自相关，则继续用 OLS 求出差分模型截距和斜率的估计值，重复对随机误差项估计值的表达式用 OLS 得出自相关系数的估计值，并对其进行差分变换。一般在迭代两次后，随机误差项的自相关性已很低，可以结束迭代过程。

6.4.6　常用模型

这里对计量经济学分析常用模型和 Stata 实现过程进行简要的介绍。计量经济学分析的常用工具包含 Stata、Eviews、SPSS、Matlab、R 等，其中 Stata 具有操作简单、功能强大的特点，其命令程序和版本更新较快，足以满足大部分计量分析方法的需求。这里仅介绍基本的模型及其实现方法，详细内容请参考陈强编著的《高级计量经济学及 Stata 应用》（第 2 版）。

1. 古典线性回归模型

（1）模型简介

古典线性回归模型主要包括一元线性回归模型和多元线性回归模型。一元线性回归模型只有一个解释变量，多元线性回归模型（Multivariable Linear Regression Model）则同时有多个解释变量。多元线性回归模型的一般形式为：

$$Y = \beta_0 + \beta_1 X_1 + \beta_2 X_2 + \cdots + \beta_k X_k + \mu \tag{6-33}$$

其中，k 为自变量的个数，β_0为常数项，$\beta_j(j=1,2,\cdots,k)$为回归系数（Regression Coefficient）。另外，β_j为其他解释变量保持不变的情况下X_j每增加一个单位对 Y 均值的效应，因此β_j也被称为偏回归系数（Partial Regression Coefficient）。线性回归模型最常见的估计方法为“最小二乘法”（Ordjnary Least Square，OLS）。

线性回归模型有 $E(\mu)=0$ 的基本假设，即 μ 是一个期望值为 0 的随机变量；Y 与X_1，$X_2,\cdots,X_k$之间的线性关系是客观存在的；对所有的取值$X_{i1},X_{i2},\cdots,X_{ik}(i=1,2,\cdots,N)$，随机误差项同方差且相互独立，并服从正态分布。

在建立多元线性回归模型时，应注意解释变量的选择以保证模型的解释能力，变量选择的准则是：第一，解释变量对被解释变量必须有密切的线性相关关系；第二，解释变量对被解释变量有显著的影响；第三，解释变量之间的相关程度不应高于解释变量与被解释变量之间的相关程度。

（2）Stata 命令

在 Stata 命令中，往往不需要输入命令的全部字母，只需要命令的前几个字母即可，例如“regress”命令，只需要输入前 3 个字母“reg”，“summarize”命令只需要输入前两个字母“su”。

线性回归模型的 stata 命令如下：

```
regress Y X1 X2… Xk
```

若要显示系数估计的协方差矩阵，可输入命令：

```
vec
```

若进行回归分析，不需要常数项，可加上选择项“noconstant”（noc）：

```
regress Y X1 X2… Xk, noc
```

若只对某子样本（如 $X_1>100$）进行回归，则可以输入命令：

```
regress Y X1 X2… Xk if X1 >100
```

如果要计算被解释变量的拟合值，可输入命令：

```
predict y̌
```

如果要计算残差，并将其记为 e1，可输入命令：

```
predict e1, residual
```

其中，选择项“residual”表示预测残差。如果没有任何选择项，则“默认值”（default）为计算拟合值$\check{y}$。

(3) 案例

本书采用陈强编著的《高级计量经济学及 Stata 应用》书中的数据集 nerlove. dta。首先输入如下命令进行线性回归分析：

```
regress lntc lnq lnpl lnpk lnpf
```

输出结果如图 6-31 所示。

```
. regress lntc lnq lnpl lnpk lnpf

      Source |       SS       df       MS              Number of obs =     145
-------------+------------------------------           F(  4,   140) =  437.90
       Model |  269.524728     4  67.3811819           Prob > F      =  0.0000
    Residual |  21.5420958   140  .153872113           R-squared     =  0.9260
-------------+------------------------------           Adj R-squared =  0.9239
       Total |  291.066823   144  2.02129738           Root MSE      =  .39227

------------------------------------------------------------------------------
        lntc |      Coef.   Std. Err.      t    P>|t|     [95% Conf. Interval]
-------------+----------------------------------------------------------------
         lnq |   .7209135   .0174337    41.35   0.000     .6864462    .7553808
        lnpl |   .4559645    .299802     1.52   0.131    -.1367602    1.048689
        lnpk |  -.2151476   .3398295    -0.63   0.528    -.8870089    .4567136
        lnpf |   .4258137   .1003218     4.24   0.000     .2274721    .6241554
       _cons |  -3.566513   1.779383    -2.00   0.047    -7.084448   -.0485779
------------------------------------------------------------------------------
```

图 6-31 线性回归输出结果

图 6-31 中最后一行的“_cons”表示常数项，“Coef.”列为变量系数的估计值，“Std. Err”列为变量估计系数的标准误差，“R-squared”为 0.9260，“Adj R－squared”为 0.9239。检验整个方程显著性的 F 统计量的 P 值（Prob > F）为 0.0000，说明回归方程的线性关系是显著的。但 lnpl 与 lnpk 这两个变量的 P 值（$P>|t|$）分别为 0.131 与 0.528，其系数均不显著。

当出现异方差或自相关问题时，普通的标准误无效，而 t 检验等要建立在标准误的基础上，因此需要使用稳健标准误。稳健标准误是指其标准误对于模型中可能存在的异方差或自相关问题不敏感，基于稳健标准误计算的稳健 t 统计量仍然是渐进分布（t 分布）的。在 Stata 中利用 robust 选项可以得到异方差稳健估计量。通过输入以下命令可计算稳健标准误：

```
regress lntc lnq lnpl lnpk lnpf, robust
```

输出结果如图 6-32 所示。

```
. regress lntc lnq lnpl lnpk lnpf, robust

Linear regression                                      Number of obs =     145
                                                       F(  4,   140) =  177.19
                                                       Prob > F      =  0.0000
                                                       R-squared     =  0.9260
                                                       Root MSE      =  .39227

------------------------------------------------------------------------------
             |               Robust
        lntc |      Coef.   Std. Err.      t    P>|t|     [95% Conf. Interval]
-------------+----------------------------------------------------------------
         lnq |   .7209135   .0325376    22.16   0.000      .656585     .785242
        lnpl |   .4559645    .260326     1.75   0.082    -.0587139    .9706429
        lnpk |  -.2151476   .3233711    -0.67   0.507    -.8544698    .4241745
        lnpf |   .4258137   .0740741     5.75   0.000     .2793653    .5722622
       _cons |  -3.566513   1.718304    -2.08   0.040    -6.963693   -.1693331
------------------------------------------------------------------------------
```

图 6-32 稳健标准误线性回归输出结果

在进行计量分析时，一般应尽量使用稳健标准误，此结果与没有使用稳健标准误的结果对比，可以发现回归系数的数值没有改变，仅系数的标准误有所改变，由普通标准误变成稳健标准误。

通过输入以下命令可计算去除常数项的估计结果：

```
regress lntc lnq lnpl lnpk lnpf, robust noc
```

输出结果如图 6-33 所示。

```
. regress lntc lnq lnpl lnpk lnpf, robust noc

Linear regression                               Number of obs =      145
                                                F(  4,   141) =  2056.81
                                                Prob > F      =   0.0000
                                                R-squared     =   0.9693
                                                Root MSE      =   .39644

------------------------------------------------------------------------------
             |               Robust
        lntc |      Coef.   Std. Err.      t    P>|t|     [95% Conf. Interval]
-------------+----------------------------------------------------------------
         lnq |    .715823   .0318534    22.47   0.000     .6528511     .778795
        lnpl |   .2859235   .2441385     1.17   0.244    -.1967216    .7685687
        lnpk |  -.8833212   .0529448   -16.68   0.000    -.9879895   -.7786529
        lnpf |   .4346492   .0740654     5.87   0.000      .288227    .5810713
------------------------------------------------------------------------------
```

图 6-33　去除常数项线性回归输出结果

建议在回归分析过程中应尽量放入常数项，因为如果真实模型有常数项，但回归方程中无常数项，则会导致偏差，而如果真实模型无常数项，但回归方程中有常数项，并不会有影响。

输入以下命令可对子样本（$q\geqslant1000$）进行回归：

```
regress lntc lnq lnpl lnpk lnpf if q> =1000, robust
```

输出结果如图 6-34 所示。

```
. regress lntc lnq lnpl lnpk lnpf if q>=500, robust

Linear regression                               Number of obs =       95
                                                F(  4,    90) =   481.79
                                                Prob > F      =   0.0000
                                                R-squared     =   0.9656
                                                Root MSE      =   .15767

------------------------------------------------------------------------------
             |               Robust
        lntc |      Coef.   Std. Err.      t    P>|t|     [95% Conf. Interval]
-------------+----------------------------------------------------------------
         lnq |   .9423987   .0228752    41.20   0.000      .896953    .9878443
        lnpl |   .3224575    .169323     1.90   0.060    -.0139322    .6588472
        lnpk |   -.298767   .2008441    -1.49   0.140    -.6977788    .1002448
        lnpf |   .4440635    .046364     9.58   0.000     .3519534    .5361736
       _cons |  -4.783419   1.115574    -4.29   0.000    -6.999701   -2.567137
------------------------------------------------------------------------------
```

图 6-34　子样本线性回归输出结果

2. 时间序列模型

(1) 模型简介

1) AR 模型（Auto Regressive Model）。AR 模型即自回归模型（记为 AR(p)），是最常

用的时间序列模型之一，假设变量的当期观测值和同一变量之前的各期观测值具有线性关系，例如利用 $x_1 \sim x_{t-1}$ 来预测本期 x_t 的观测值。

考虑一个时间序列 $y_1, y_2, \cdots, y_n$，P 阶自回归模型表明序列中的 y_p 是前 p 个序列的线性组合及误差项的函数，一般形式的数学模型为：

$$y_t = \varphi_0 + \varphi_1 y_{t-1} + \varphi_2 y_{t-2} + \cdots + \varphi_p y_{t-p} + \varepsilon_t \tag{6-34}$$

其中，φ_0 是常数项；$\varphi_1, \varphi_2, \cdots, \varphi_p$ 是模型参数；ε_t 是均值为 0、方差为 σ^2 的白噪声。

2）MA 模型（Moving Average Model）。MA 模型称为滑动平均模型（记为 MA(q)），MA 模型和 AR 模型大同小异，它并非是变量历史观测值的线性组合，而是历史白噪声的线性组合。与 AR 模型最大的不同之处在于，在 MA 模型中，历史白噪声是间接影响当期观测值的（通过影响历史观测值）。一般形式的数学模型为：

$$z_t = \varepsilon_t + \theta_1 \varepsilon_{t-1} + \theta_2 \varepsilon_{t-2} + \cdots + \theta_q \varepsilon_{t-q} \tag{6-35}$$

其中，ε_t 代表未观测的白噪声序列；z_t 是观测到的时间序列，表示现在和过去白噪声变量的加权线性组合。

3）ARMA 模型（Auto Regressive Moving Average Model）。ARMA 模型称为自回归移动平均模型，是 AR 模型和 MA 模型的混合（记为 ARMA(p,q)）。ARMA 模型由两部分组成，即自回归部分和移动平均部分，因此包含两个阶数，可以表示为 ARMA(p, q)，p 是自回归阶数，q 为移动平均阶数，回归方程表示为：

$$y_t = \varphi_0 + \varphi_1 y_{t-1} + \varphi_2 y_{t-2} + \cdots + \varphi_p y_{t-p} + \varepsilon_t + \theta_1 \varepsilon_{t-1} + \theta_2 \varepsilon_{t-2} + \cdots + \theta_q \varepsilon_{t-q} \tag{6-36}$$

ARMA 模型综合了 AR 模型和 MA 模型的优势。在 ARMA 模型中，自回归过程负责量化当前数据与前期数据之间的关系，移动平均过程负责解决随机变动项的求解问题。它比 AR 模型与 MA 模型的参数估计更为精确。

（2）Stata 命令

这里介绍 ARMA 模型的常用 Stata 命令。

```
arima y, ar (1/#) ma(1/#)
#或者如下形式
arima y,arima (#p,#d,#q)
```

其中，选择项“ar（1/#）”表示第 1 ~ #阶自回归；“ma（#）”表示第 1 ~ #阶移动平均；“#p”表示自回归的阶数；“#q”表示移动平均的阶数；“#d”表示原序列 $\{y_t\}$ 需要经过几次差分才是平稳过程（具体可参见陈强编著的《高级计量经济学及 Stata 应用》（第 2 版）第 21 章）。

为了检验残差项是否存在自相关，需要使用以下 Stata 命令：

```
predict e1, res  *计算残差,并将其命名为 e1
corrgram e1, lags(#)  *检验残差是否存在第 1 ~#阶自相关的 Q 检验
```

（3）案例

这里采用陈强编著的《高级计量经济学及 Stata 应用》（第 2 版）中的数据 pe. dta 作为时间序列模型的案例。

首先，定义一个时间序列数据，year 为时间变量。

```
tsset year
```

输出结果如图 6-35 所示。

```
. tsset year
        time variable:  year, 1871 to 2002
                delta:  1 unit
```

图 6-35　定义时间序列数据的输出结果

计算前 10 阶自相关与偏自相关系数：

```
g d_logpe = d.logpe
corrgram d_logpe, lags(10)
```

输出结果如图 6-36 所示。

```
. corrgram d_logpe, lags(10)

                                          -1       0       1 -1       0       1
 LAG       AC       PAC      Q     Prob>Q  [Autocorrelation]  [Partial Autocor]
-------------------------------------------------------------------------------
 1      0.0651   0.0652   .56741  0.4513
 2     -0.1661  -0.1723   4.2951  0.1168
 3     -0.0611  -0.0393   4.8031  0.1868
 4     -0.1796  -0.2117   9.2305  0.0556
 5     -0.0530  -0.0525   9.6196  0.0868
 6      0.0897   0.0232   10.741  0.0967
 7      0.1288   0.0927    13.07  0.0704
 8     -0.0050  -0.0425   13.074  0.1093
 9     -0.0163   0.0132   13.112  0.1576
 10     0.0583   0.0917   13.601  0.1920
```

图 6-36　计算自相关与偏自相关系数的输出结果

从图 6-36 中可知，直至第 4 阶的 Q 统计量较为显著（$p = 0.0556$），说明第 4 阶自相关与偏自相关系数在 5% 水平上显著地不为 0。

为了更直观地考察自相关与偏自相关的分布图，输入以下命令：

```
ac d_logpe, lags (10)
pac d_logpe, lags (10)
```

输出结果如图 6-37 所示。

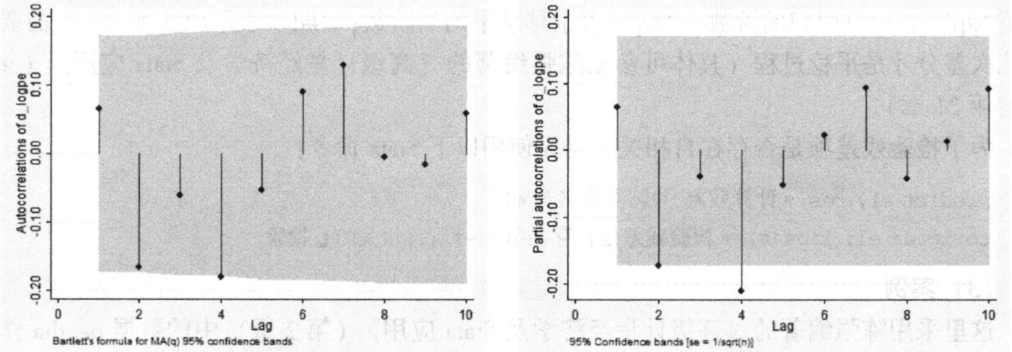

a) 自相关图　　　b) 偏自相关图

图 6-37　自相关图与偏自相关图的输出结果

从图 6-37 可以看出，第 4 阶以上的自相关与偏自相关系数为 0，所以自相关与偏自相关系数存在断尾，所以分别考虑 AR(4)和 MA(4)模型。

首先使用 AR(4)模型，Stata 命令如下：

```
arima d_logpe,ar (1 /4) nolog
```

输出结果如图 6-38 所示。

```
. arima d_logpe,ar (1 /4) nolog

ARIMA regression

Sample:  1872 - 2002                            Number of obs      =       131
                                                Wald chi2(4)       =     10.14
Log likelihood =  43.35448                      Prob > chi2        =    0.0382

------------------------------------------------------------------------------
             |                 OPG
     d_logpe |      Coef.   Std. Err.      z    P>|z|     [95% Conf. Interval]
-------------+----------------------------------------------------------------
d_logpe      |
       _cons |   .0084227   .0119439     0.71   0.481    -.0149868    .0318322
-------------+----------------------------------------------------------------
ARMA         |
          ar |
         L1. |   .0601002   .0832216     0.72   0.470    -.1030112    .2232117
         L2. |  -.2029129    .081432    -2.49   0.013    -.3625167   -.0433091
         L3. |  -.0228198   .0854787    -0.27   0.789    -.1903549    .1447153
         L4. |   -.206651   .0875637    -2.36   0.018    -.3782728   -.0350293
-------------+----------------------------------------------------------------
      /sigma |   .1736352   .0112072    15.49   0.000     .1516695     .195601
------------------------------------------------------------------------------
Note: The test of the variance against zero is one sided, and the two-sided confidence interval is truncated at zero.
```

图 6-38　AR(4)模型的输出结果

计算信息准则（衡量计量模型拟合优良性的标准）的命令如下：

```
estat ic
```

输出结果如图 6-39 所示。

```
. estat ic

-----------------------------------------------------------------------------
       Model |    Obs    ll(null)   ll(model)     df          AIC         BIC
-------------+---------------------------------------------------------------
           . |    131           .    43.35448      6    -74.70897   -57.45779
-----------------------------------------------------------------------------
               Note:  N=Obs used in calculating BIC; see [R] BIC note
```

图 6-39　AR(4)模型信息准则的输出结果

检验模型残差项是否存在自相关：

```
predict e1, res
corrgram e1, lags(10)
```

输出结果如图 6-40 所示。

```
. corrgram e1, lags(10)

                                          -1       0       1 -1       0       1
LAG       AC       PAC      Q     Prob>Q  [Autocorrelation]  [Partial Autocor]
-------------------------------------------------------------------------------
1       -0.0100  -0.0100  .01327  0.9083          |                  |
2       -0.0003  -0.0004  .01329  0.9934          |                  |
3        0.0103   0.0106   .0276  0.9988          |                  |
4       -0.0033  -0.0031   .0291  0.9999          |                  |
5       -0.0328  -0.0341  .17765  0.9993          |                  |
6        0.0256   0.0260  .26879  0.9996          |                  |
7        0.0912   0.0965  1.4376  0.9844          |                  |
8       -0.0211  -0.0190  1.5005  0.9927          |                  |
9       -0.0429  -0.0481  1.7638  0.9947          |                  |
10       0.0783   0.0801  2.6469  0.9886          |                  |
```

图 6-40　AR(4)模型自相关检验的输出结果

此时，图 6-40 显示可以接受残差项无自相关的原假设（前 10 阶自相关）。

使用 MA(4)模型，Stata 命令如下：

```
arima d_logpe,ma (1 /4) nolog
```

输出结果如图 6-41 所示。

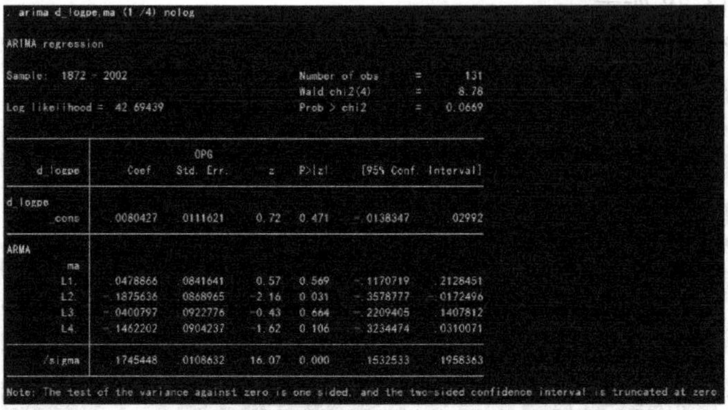

. arima d_logpe,ma (1 /4) nolog

ARIMA regression

Sample: 1872 - 2002　　Number of obs = 131

　　Wald chi2(4) = 8.78

Log likelihood = 42.69439　　Prob > chi2 = 0.0669

d_logpe	Coef.	OPG Std. Err.	z	P>|z|	[95% Conf.	Interval]
d_logpe						
_cons	.0080427	.0111621	0.72	0.471	-.0138347	.02992
ARMA						
ma						
L1.	.0478866	.0841641	0.57	0.569	-.1170719	.2128451
L2.	-.1875636	.0868965	-2.16	0.031	-.3578777	-.0172496
L3.	-.0400797	.0922776	-0.43	0.664	-.2209405	.1407812
L4.	-.1462202	.0904237	-1.62	0.106	-.3234474	.0310071
/sigma	.1745448	.0108632	16.07	0.000	.1532533	.1958363

Note: The test of the variance against zero is one sided, and the two-sided confidence interval is truncated at zero.

图 6-41　MA(4)模型信息准则的输出结果

计算信息准则的命令如下：

```
estat ic
```

输出结果如图 6-42 所示。

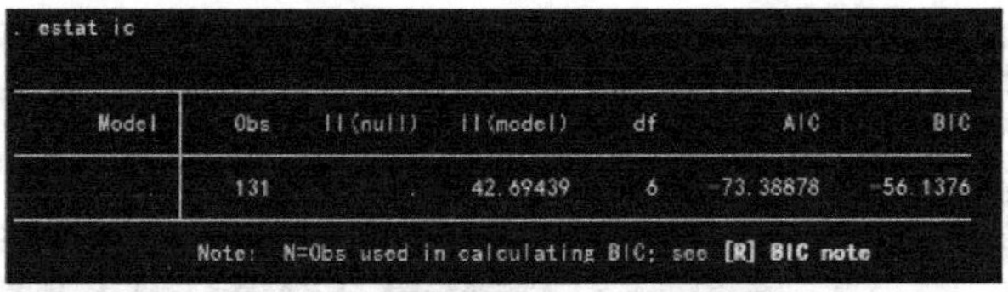

. estat ic

Model	Obs	ll(null)	ll(model)	df	AIC	BIC
.	131	.	42.69439	6	-73.38878	-56.1376

Note: N=Obs used in calculating BIC; see [R] BIC note

图 6-42　计算信息准则的输出结果

检验其残差项是否存在自相关，Stata 命令如下：

```
predict e2, res
corrgram e2, lags(10)
```

输出结果如图 6-43 所示。

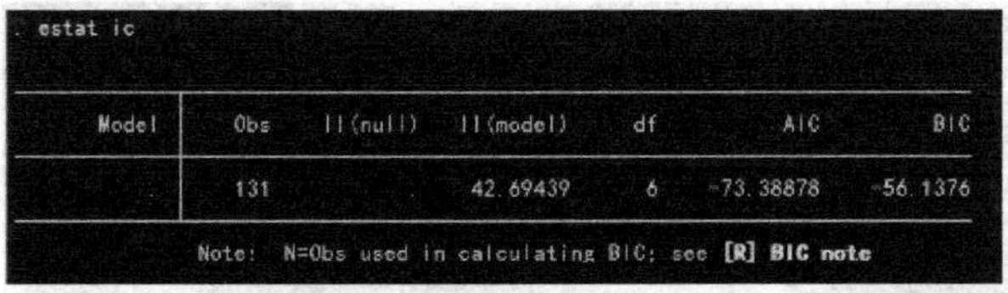

. estat ic

Model	Obs	ll(null)	ll(model)	df	AIC	BIC
.	131	.	42.69439	6	-73.38878	-56.1376

Note: N=Obs used in calculating BIC; see [R] BIC note

图 6-43　MA(4)模型自相关检验的输出结果

此时，图 6-43 显示可以接受残差项无自相关的原假设（前 10 阶自相关）。此外，根据 AR(4)与 MA(4)模型的信息准则值，AR(4)模型优于 MA(4)模型。

3. 面板数据模型

面板数据模型的一般形式为：

$$y_{it}=\alpha_i+\lambda_t+\beta x_{it}+\varepsilon_{it} \tag{6-37}$$

其中，y_{it}为被解释变量；x_{it}为解释变量；β为解释变量的系数，表示x_{it}对y_{it}的效应；α_i为个体效应，表示不受时间变化影响的个体特征；λ_t为时间效应，表示受时间变化影响的因素，α_i与λ_t通常是不可直接观测的或难以量化的，可统称为不可观测变量；ε_{it}为随机误差项，可以随时间和个体变化。

面板数据模型主要有混合估计模型、固定效应模型和随机效应模型。

（1）混合估计模型（Pooled Model）

1）模型简介。混合估计模型，又称不变系数模型，模型假定不同个体之间在时间上或者截面上都不存在显著差异，即各回归系数为常数且不随截面和时间的变化而变化，另外自变量与随机误差项不相关。该模型的一般形式为：

$$y_{it}=\alpha+\beta x_{it}+\varepsilon_{it} \tag{6-38}$$

其中，α为截距项；β为模型系数，$\alpha,\beta\in C$，$i=1,2,\cdots,N$，$t=1,2,\cdots,T$。

由于个体效应以两种不同的形态（即固定效应与随机效应）存在，混合回归的基本假设是不存在个体效应，首先必须对这个假设进行统计检验，然后将所有数据汇总，类似于对横截面数据进行 OLS 回归。

2）Stata 命令。设定面板数据的 Stata 命令为：

```
xtset panelvar timevar
```

命令“xtset”可设置 Stata 数据为面板数据，面板（个体）变量“panelvar”的取值必须为整数且不重复，“timevar”为时间变量。

显示面板数据统计特性的 Stata 命令为：

```
Xtdes            * 显示面板数据的结构,是否为平衡面板
Xtsum            * 显示组内、组间与整体的统计指标
xttab varname    * 显示组内、组间与整体的分布频率,tab 指的是 tabulate
xtline varname * 对每位个体分别显示该变量的时间序列图;如果希望将所有个体的时间序列图叠放在一起,可加上选择项 overlay
```

混合估计模型的 Stata 命令为：

```
reg y x1 x2 x3,vce (cluster id).
```

其中，“id”用来确定每位个体的变量。

3）Stata 案例。这里采用陈强编著的《高级计量经济学及 Stata 应用》（第 2 版）中的数据 traffic. dta 作为面板数据模型回归分析的案例。该面板数据集包含了美国 48 个州 1982—1988 年的“交通死亡率”（Traffic Fatality Rates）以及相关变量，包括 fatal（交通死亡率）、beertax（啤酒税）、spircons（酒精消费量）、unrate（失业率）、perinck（人均收入，以千美元为单位）、state（州）、year（年）。

首先，设定 state 与 year 为面板（个体）变量及时间变量：

```
use traffic.dta,clear
xtset state year
```

输出结果如图 6-44 所示。

```
. xtset state year
       panel variable:  state (strongly balanced)
        time variable:  year, 1982 to 1988
                delta:  1 unit
```

图 6-44 面板数据设置后的输出结果

如图 6-44 所示，这是一个平衡的面板数据。显示数据集结构的命令如下：

```
xtdes
```

输出结果如图 6-45 所示。

```
. xtdes

  state:  1, 4, ..., 56                                    n =         48
   year:  1982, 1983, ..., 1988                            T =          7
          Delta(year) = 1 unit
          Span(year)  = 7 periods
          (state*year uniquely identifies each observation)

Distribution of T_i:   min      5%     25%       50%       75%     95%     max
                         7       7       7         7         7       7       7

     Freq.  Percent    Cum. |  Pattern
 ---------------------------+---------
       48    100.00  100.00 |  1111111
 ---------------------------+---------
       48    100.00         |  XXXXXXX
```

图 6-45 数据集结构

如图 6-45 所示，$n=48$，$T=7$，个体数多于时期数，这是一个短面板数据（反之为长面板数据）。显示数据集中指定变量的统计特征的命令如下：

```
xtsum fatal beertax spircons unrate perinck state year
```

输出结果如图 6-46 所示。

```
. xtsum fatal beertax spircons unrate perinck state year

Variable         |      Mean   Std. Dev.       Min        Max |    Observations
-----------------+--------------------------------------------+----------------
fatal    overall |  2.040444    .5701938     .82121    4.21784 |     N =     336
         between |              .5461407   1.110077   3.653197 |     n =      48
         within  |              .1794253    1.45556   2.962664 |     T =       7
                 |                                            |
beertax  overall |   .513256    .4778442   .0433109   2.720764 |     N =     336
         between |              .4789513   .0481679   2.440507 |     n =      48
         within  |              .0552203   .1415352   .7935126 |     T =       7
                 |                                            |
spircons overall |   1.75369    .6835745        .79        4.9 |     N =     336
         between |              .6734649    8614286   4.388572 |     n =      48
         within  |               .147792   1.255119   2.265119 |     T =       7
                 |                                            |
unrate   overall |  7.346726    2.533405        2.4         18 |     N =     336
         between |              1.953377        4.1       13.2 |     n =      48
         within  |              1.634257   4.046726   12.14673 |     T =       7
                 |                                            |
perinck  overall |  13.88018    2.253046   9.513762   22.19345 |     N =     336
         between |              2.122712    9.95087   19.51582 |     n =      48
         within  |              .8068546   11.43261   16.55782 |     T =       7
                 |                                            |
state    overall |   30.1875    15.30985          1         56 |     N =     336
         between |              15.44883          1         56 |     n =      48
         within  |                     0    30.1875    30.1875 |     T =       7
                 |                                            |
year     overall |      1985    2.002983       1982       1988 |     N =     336
         between |                     0       1985       1985 |     n =      48
         within  |              2.002983       1982       1988 |     T =       7
```

图 6-46 变量的统计特征

如图6-46所示，变量state的组内（within）标准差为0，因为分在同一组的数据属于同一个州。另一方面，变量year的组间（between）标准差为0，因为不同组的这一变量取值完全相同。

输出被解释变量fatal在48个州的时间趋势图的命令如下：

```
xtline fatal
```

输出结果如图6-47所示。

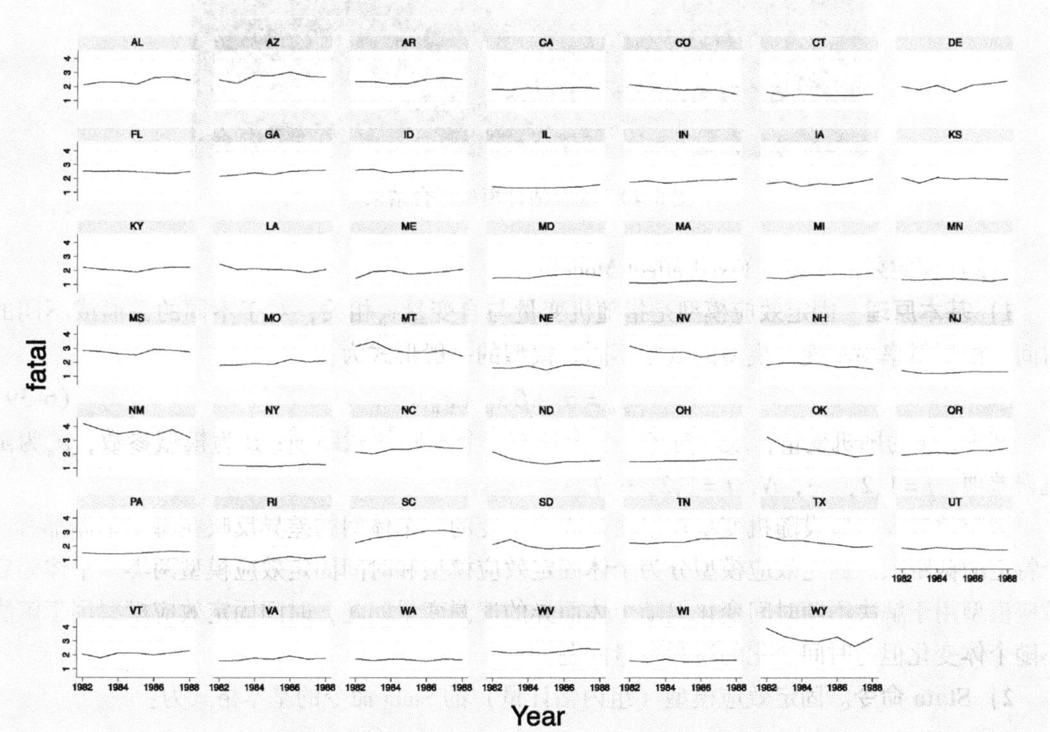

图6-47　被解释变量fatal在48个州的时间趋势图

从图6-47可以看出，不同州的交通死亡率（fatal）的时间趋势不尽相同，有些州很平稳（比如，佛罗里达州，FL），有些州呈下降趋势（比如，俄克拉何马州，OK），有些州呈上升趋势（比如，南卡罗来纳州，SC）。在一定程度上，交通死亡率的州际差异有助于估计决定交通死亡率的因素。

输入以下命令进行混合回归分析：

```
reg fatal beertax spircons unrate perinck,vce (cluster state)
```

输出结果如图6-48所示。

图6-48中的“_cons”表示常数项，“R-squared”为0.3019。检验整个方程显著性的F统计量之P值（Prob > F）为0.0000，表明这个回归方程线性关系是显著的。只有变量perinck的系数是负向显著的，P值（$P > |t|$）为0.000。其他的几个变量的系数均不显著，其P值（$P > |t|$）都大于0.1。

```
. reg fatal beertax spircons unrate perinck,vce (cluster state)

Linear regression                               Number of obs =        336
                                                F(  4,     47) =      17.43
                                                Prob > F      =     0.0000
                                                R-squared     =     0.3019
                                                Root MSE      =     .47929

                              (Std. Err. adjusted for 48 clusters in state)

             |               Robust
       fatal |      Coef.   Std. Err.      t    P>|t|     [95% Conf. Interval]
-------------+----------------------------------------------------------------
     beertax |   .0971997    .116884     0.83   0.410    -.1379406     .33234
    spircons |   .1623471   .1070988     1.52   0.136     -.053108   .3778021
      unrate |  -.0291014   .0208687    -1.39   0.170    -.0710838    .012881
     perinck |  -.1584291   .0371404    -4.27   0.000     -.233146  -.0837122
       _cons |   4.118674   .6765746     6.09   0.000     2.757581   5.479766
```

图6-48　混合估计模型拟合结果

（2）固定效应模型（Fixed effect Model）

1）基本原理。固定效应模型是指随机变量与自变量x_{it}相关，对于不同的截面或不同的时间，模型斜率项不变，模型的截距不同。模型的一般形式为：

$$y_{it}=\alpha_i+\beta x_{it}+\varepsilon_{it} \tag{6-39}$$

其中，α_i为随机变量，表示对于 i 个个体有 i 个不同的截距项；β 为模型参数；ε_{it}为随机误差项，$i=1,2,\cdots,N$，$t=1,2,\cdots,T$。

固定效应模型假设随机变量在组内是固定不变的，个体间的差异反映在每个个体都有一个特定的截距项。固定效应模型分为个体固定效应模型和时间固定效应模型两类，个体固定效应模型用于解决不随时间变化但随个体而异的遗漏变量问题，时间固定效应模型用于解决不随个体变化但随时间变化的遗漏变量问题。

2）Stata 命令。固定效应模型（组内估计量）的 Stata 命令的基本格式为：

```
xtreg y x1 x2 x3,fe r
```

3）Stata 案例。使用图 6-47 所示案例的 traffic. dta 数据集，固定效应模型拟合之前的所有命令与混合估计模型完全一致，此处省略。

由于每个州的州情不同，可能存在不随时间而变的遗漏变量，故考虑使用固定效应模型。输入如下命令：

```
xtreg fatal beertax spircons unrate perinck, fe r
```

输出结果如图 6-49 所示。

图 6-49 中，Stata 的输出结果中包括常数项（_cons），这是所有个体效应u_i的平均值。最后一行中，“rho≈0.98”，故复合扰动项（$u_i+\varepsilon_i$）的方差主要来自个体效应u_i的变动。

在固定效应模型中也可以考虑时间效应，即双向固定效应（Two-way FE）。为此，定义年度虚拟变量：

```
tab year, gen(year)
```

输出结果如图 6-50 所示。

```
. xtreg fatal beertax spircons unrate perinck, fe r

Fixed-effects (within) regression               Number of obs      =       336
Group variable: state                           Number of groups   =        48

R-sq:  within  = 0.3526                         Obs per group: min =         7
       between = 0.1146                                        avg =       7.0
       overall = 0.0863                                        max =         7

                                                F(4,47)            =     21.27
corr(u_i, Xb)  = -0.8804                        Prob > F           =    0.0000

                                 (Std. Err. adjusted for 48 clusters in state)
------------------------------------------------------------------------------
             |               Robust
       fatal |      Coef.   Std. Err.      t    P>|t|     [95% Conf. Interval]
-------------+----------------------------------------------------------------
     beertax |  -.4840728   .2218754    -2.18   0.034    -.9304285    -.037717
    spircons |   .8169652   .1272627     6.42   0.000     .5609456    1.072985
      unrate |  -.0290499   .0094581    -3.07   0.004    -.0480772   -.0100227
     perinck |   .1047103   .0341455     3.07   0.004     .0360184    .1734022
       _cons |  -.383783    .7091738    -0.54   0.591    -1.810457    1.042891
-------------+----------------------------------------------------------------
     sigma_u |  1.1181913
     sigma_e |  .15678965
         rho |  .98071823   (fraction of variance due to u_i)
------------------------------------------------------------------------------
```

图 6-49　固定效应模型拟合结果

```
. tab year, gen(year)

       Year |      Freq.     Percent        Cum.
------------+-----------------------------------
       1982 |         48       14.29       14.29
       1983 |         48       14.29       28.57
       1984 |         48       14.29       42.86
       1985 |         48       14.29       57.14
       1986 |         48       14.29       71.43
       1987 |         48       14.29       85.71
       1988 |         48       14.29      100.00
------------+-----------------------------------
      Total |        336      100.00
```

图 6-50　定义年度虚拟变量的输出结果

该命令将在 Stata 的变量窗口中生成时间虚拟变量 year1，year2，…，year7。

然后输入双向固定效应模型命令：

```
xtreg fatal beertax spirconsunrate perinck year2 - year7,fe r
```

输出结果如图 6-51 所示。

其中，year1 被作为基期，不包括在上述回归命令中。时间效应的符号均为负。只有 year3 和 year4 年度虚拟变量显著，其他都不显著。

（3）随机效应模型（Random effect model）

1）基本原理。随机效应模型是指随机变量α_i与自变量x_{it}不相关，并服从正态分布，模型斜率项不变，对于不同的截面或不同的时间，模型的截距也不同。模型的一般形式为：

$$y_{it} = \alpha_i + \beta x_{it} + \varepsilon_{it} \tag{6-40}$$

其中，α_i为随机变量，表示对于 i 个个体有 i 个不同的截距项；β 为模型参数，ε_{it}为误差项，$i=1,2,\cdots,N$，$t=1,2,\cdots,T$。

与固定效应模型的区别在于，固定效应模型中个体间的差异通过各自特定的截距项反

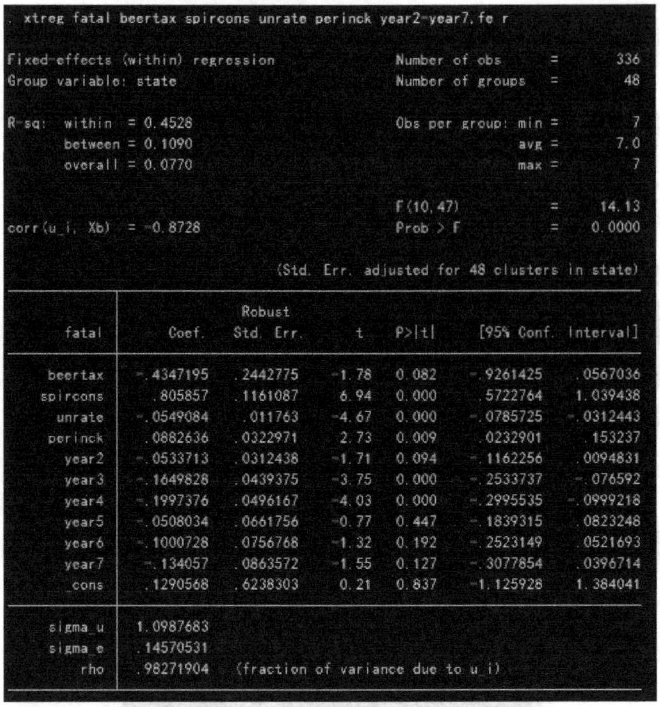

```
. xtreg fatal beertax spircons unrate perinck year2-year7,fe r

Fixed-effects (within) regression               Number of obs      =       336
Group variable: state                           Number of groups   =        48

R-sq:  within  = 0.4528                         Obs per group: min =         7
       between = 0.1090                                        avg =       7.0
       overall = 0.0770                                        max =         7

                                                F(10,47)           =     14.13
corr(u_i, Xb)  = -0.8728                        Prob > F           =    0.0000

                                  (Std. Err. adjusted for 48 clusters in state)

             |               Robust
       fatal |      Coef.   Std. Err.      t    P>|t|     [95% Conf. Interval]
-------------+----------------------------------------------------------------
     beertax |  -.4347195   .2442775    -1.78   0.082    -.9261425    .0567036
    spircons |    .805857   .1161087     6.94   0.000     .5722764    1.039438
      unrate |  -.0549084    .011763    -4.67   0.000    -.0785725   -.0312443
     perinck |   .0882636   .0322971     2.73   0.009     .0232901     .153237
       year2 |  -.0533713   .0312438    -1.71   0.094    -.1162256    .0094831
       year3 |  -.1649828   .0439375    -3.75   0.000    -.2533737    -.076592
       year4 |  -.1997376   .0496167    -4.03   0.000    -.2995535   -.0999218
       year5 |  -.0508034   .0661756    -0.77   0.447    -.1839315    .0823248
       year6 |  -.1000728   .0756768    -1.32   0.192    -.2523149    .0521693
       year7 |   -.134057   .0863572    -1.55   0.127    -.3077854    .0396714
       _cons |   .1290568   .6238303     0.21   0.837    -1.125928    1.384041
-------------+----------------------------------------------------------------
     sigma_u |  1.0987683
     sigma_e |  .14570531
         rho |  .98271904   (fraction of variance due to u_i)
```

图 6-51　双向固定效应模型拟合结果

映，而随机效应模型中个体间的差异是随机的，反映在随机不可观测变量及随机干扰项的设定上。另外，若模型中的一部分效应是固定的，另一部分效应是随机的，该模型则为混合模型（Mixed Model）。此外，固定效应模型中分析的是研究人员选中的特定项之间的交互作用，适合研究来自总体数目较小的样本。而随机效应模型是想通过对选中项目的分析推广到它们所代表的总体中，适合分析来自总体数目较大的样本。

2）Stata 命令。随机效应模型的 Stata 命令基本格式有两种，分别为：

```
xtreg y xl x2 x3, re r theta          *随机效应 FGLS(可行性广义最小二乘法)
xtreg y xl x2 x3, mle                 *随机效应 MLE(极大似然估计)
```

3）Stata 案例。使用之前介绍的 traffic. dta 作为随机效应模型回归分析的案例数据。随机效应模型拟合之前的所有命令与混合估计模型完全一致，因而此处省去。

随机效应模型的 Stata 命令如下：

```
xtreg fatal beertax spircons unrate perinck, re r theta
```

输出结果如图 6-52 所示。

作为对照，输入对随机效应模型进行 MLE 估计的命令：

```
xtreg fatal beertax spircons unrate perinck, mle nolog
```

输出结果如图 6-53 所示。

如图 6-53 所示，随机效应 MLE 的系数估计值与随机效应 FGLS 有所不同，但在性质上依然类似。另外，图中最后一行显示 *P* 值为 0. 000，强烈拒绝原假设，即认为存在个体随机

```
. xtreg fatal beertax spircons unrate perinck, re r theta

Random-effects GLS regression                   Number of obs      =       336
Group variable: state                           Number of groups   =        48

R-sq:  within  = 0.2263                         Obs per group: min =         7
       between = 0.0123                                        avg =       7.0
       overall = 0.0042                                        max =         7

                                                Wald chi2(4)       =     42.30
corr(u_i, X)   = 0 (assumed)                    Prob > chi2        =    0.0000
theta          = .85922063

                                 (Std. Err. adjusted for 48 clusters in state)
------------------------------------------------------------------------------
             |               Robust
       fatal |      Coef.   Std. Err.      z    P>|z|     [95% Conf. Interval]
-------------+----------------------------------------------------------------
     beertax |   .0442768   .1283189     0.35   0.730    -.2072237    .2957772
    spircons |   .3024711   .1080475     2.80   0.005     .0907019    .5142404
      unrate |  -.0491381    .009052    -5.43   0.000    -.0668798   -.0313964
      perinck |  -.0110727    .024949    -0.44   0.657    -.0599718    .0378263
       _cons |   2.001973   .5226507     3.83   0.000      .977597     3.02635
-------------+----------------------------------------------------------------
     sigma_u |  .41675665
     sigma_e |  .15678965
         rho |  .87601197   (fraction of variance due to u_i)
------------------------------------------------------------------------------
```

图 6-52　随机效应模型拟合结果

```
. xtreg fatal beertax spircons unrate perinck, mle nolog

Random-effects ML regression                    Number of obs      =       336
Group variable: state                           Number of groups   =        48

Random effects u_i ~ Gaussian                   Obs per group: min =         7
                                                               avg =       7.0
                                                               max =         7

                                                LR chi2(4)         =     67.39
Log likelihood  =  12.784035                    Prob > chi2        =    0.0000

------------------------------------------------------------------------------
       fatal |      Coef.   Std. Err.      z    P>|z|     [95% Conf. Interval]
-------------+----------------------------------------------------------------
     beertax |  -.1982558   .1505869    -1.32   0.188    -.4934007    .0968891
    spircons |   .5815301   .0871644     6.67   0.000     .4106909    .7523692
      unrate |  -.0381467   .0091776    -4.16   0.000    -.0561344   -.0201589
     perinck |   .0543694   .0223621     2.43   0.015     .0105405    .0981984
       _cons |   .6479714   .4682047     1.38   0.166    -.2696929    1.565636
-------------+----------------------------------------------------------------
    /sigma_u |   .8559797   .1147673                      .6581681    1.113243
    /sigma_e |    .159379   .0070215                      .1461946    .1737525
         rho |   .9664931   .0096949                      .9425673    .9815318
------------------------------------------------------------------------------
Likelihood-ratio test of sigma_u=0: chibar2(01)=  479.84 Prob>=chibar2 = 0.000
```

图 6-53　随机效应模型 MLE 估计结果

效应，不应进行混合回归。

需要注意，在处理面板数据时，往往需要考虑是选用固定效应模型还是随机效应模型，此时可以进行豪斯曼检验，Stata 命令如下：

```
xtreg y x1 x2 x3, fe(固定效应估计)
estimates store FE(存储结果)
xtreg y x1 x2 x3,re(随机效应估计)
```

```
estimates store RE(存储结果)
hausman FE RE, constant sigmamore(豪斯曼检验)
```

其中，选择项“constant”表示在比较系数估计值时包括常数项（默认设置不包括常数项），而选择项“sigmamore”表示统一使用更有效率的那个估计量（即随机效应估计量）的方差估计。

豪斯曼检验假定，在原假设H_0成立的情况下，随机效应模型是最有效率的；在拒绝原假设的情况下，固定效应模型是最有效率的。

参考文献

[1] 于洪，何德牛，王国胤，等．大数据智能决策［J/OL］．自动化学报，［2019-12-26］．https：//doi. org/10. 16383/j. aas. c180861.

[2] 任磊，杜一，马帅，等．大数据可视分析综述［J］．软件学报，2014，25（9）：1909—1936.

[3] 大数据产业生态联盟，赛迪顾问股份有限公司．2019 中国大数据产业发展白皮书［R/OL］．（2019-08-27）［2019-11-04］．http：//image. ccidnet. com/ccidgroup/2019dasuju0911. pdf.

[4] 李子奈，潘文卿．计量经济学［M］．4 版．北京：高等教育出版社，2015.

[5] 刘丽艳．计量经济学涵义及其性质研究［D］．大连：东北财经大学，2012.

[6] 伍德里奇．计量经济学导论：现代观点［M］．费剑平，林相森，译．北京：中国人民大学出版社，2013.

[7] 黄文良，统计学［M］．3 版．北京：中国统计出版社，2012.

[8] 冯鹏程．观计量经济学的局限性，望大数据背景下的计量经济学［J］．经济学家，2015（5）：78-86.

[9] 廉梦鹤，郑玉平．大数据环境下计量经济学与机器学习理论比较研究［J］．统计与管理，2016（12）：105-106.

[10] 汪寿阳，洪永淼，霍红，等．大数据时代下计量经济学若干重要发展方向［J］．中国科学基金，2019，33（4）：386-393.

[11] 刘芳，董奋义．P 值法及其在计量经济学中的应用［J］．河南教育学院学报（自然科学版），2019（3）：4-7，18.

[12] 安军．鲁棒性分析的方法论意义［J］．科学技术哲学研究，2011，28（5）：26-30.

[13] 高阳，陈世福，陆鑫．强化学习研究综述［J］．自动化学报，2004，30（1）：86-100.

[14] 陈强，高级计量经济学及 Stata 应用［M］．2 版．北京：高等教育出版社，2014.

[15] BALTAGI，BADI. Econometric analysis of panel data［M］．New Jersey：John Wiley & Sons，2008.

[16] DOUGLAS HJ. The insignificance of statistical significance testing［J］．The journal of wildlife management. 1999，63（3）：763-772.

[17] SAGE A P，MELSA J L. Estimation theory with applications to communications and control［R］．Southern Methodist UNIV Dallas TEX Information and Control Sciences Center，1971.

第 7 章 大数据应用研究案例

海量数据的积累使得洞察用户的微观行为成为可能，这种细粒度的发现促使管理决策向更精细化的方向发展。本章从近年发表在人工智能或管理科学领域的顶级期刊与顶级会议的文章中选取了 6 篇作为案例来研究和解读，分析大数据环境下机器学习和计量经济学方法在管理问题中的应用，让读者了解大数据环境下的研究问题，领会大数据环境下机器学习和计量经济学方法在管理问题中的应用，并掌握从海量数据中挖掘有价值的微观行为特征的方法。

7.1 大数据机器学习研究案例

7.1.1 使用强化学习求解车辆路径规划问题

1. 案例简介

随着电子商务的快速发展，尤其是网络购物的爆发式增长，快递物流正在成为社会商品流通的重要渠道。网络购物的兴起给快递行业带来发展机遇的同时，也对其服务能力提出了挑战。高效地规划配送路线以减少配送时间，对于快递企业提高服务质量和客户满意度具有关键作用。由于现实中以快递物流为业务的大数据往往很难通过传统的配送员经验或者启发式算法进行处理，因此使用基于强化学习的规划方法对提升配送效率有着重要意义。

本案例提出了一种使用强化学习求解车辆路径规划问题（Vehicle Routing Problem, VRP）的框架。在这个框架下，通过强化学习训练了一个端到端的模型，使得该模型能够高效地找出近似的最优规划方法。实验结果证明，本案例的方法在容量受限制的 VRP 问题上优于 Google 的 OR-Tools（Google 公司的运筹学软件）。并且，通过修改强化学习中的环境设置和奖励函数，此框架可以运用到各种 VRP 问题的变体，并有希望成为一种广泛的组合优化问题求解方案。

本案例于 2019 年发表在人工智能国际顶级会议 *Conference and Workshop on Neural Information Processing Systems*，作者为理海大学（Lehigh University）的 Mohammadreza Nazari、Afshin Oroojlooy、Martin Takáč及 Lawrence V. Snyder。

2. 研究背景及目的

VRP 问题是一个应用数学和计算机科学领域典型的组合优化问题。在 VRP 的最简单形式中，由一个配送中心的车辆负责将物品运送到多个客户节点，不同客户的需求量不同。所有车辆从配送中心出发进行配送服务，最后返回配送中心。由于车辆容量的限制，当车辆每次配送完所有物品后，必须返回配送中心装载其他物品。VRP 的优化目标是优化一组路径，使得所有路径均始于给定节点（称为仓库）并最终返回仓库，以获取最大可能的奖励。该奖励通常是总车辆距离或平均服务时间的相反数。图 7-1 所示是一个有时间窗的 VRP 实例，在初始问题基础上考虑每个客户对于车辆到达时间的要求。即使只有几百个客户节点，该问题在计算上也难以解决，无法达到最优，并且被归类为 NP-hard 问题。

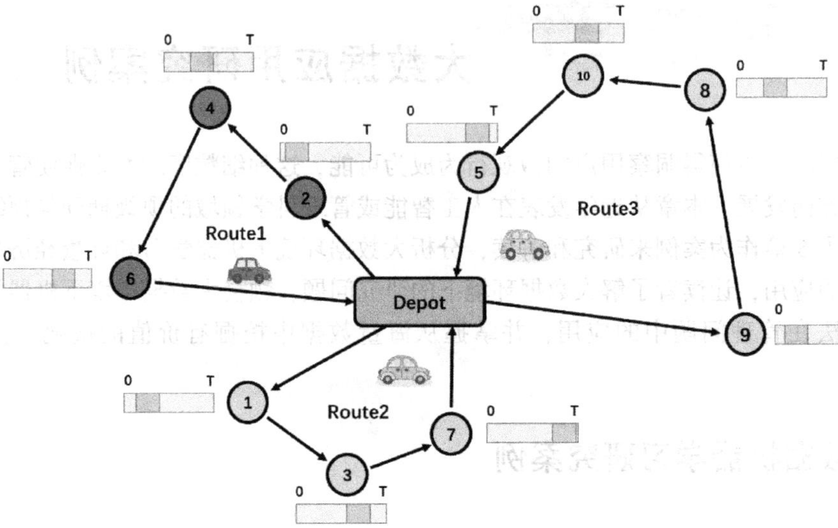

图 7-1 有时间窗的 VRP 实例

VRP 已经被研究了数十年，研究人员已经提出了广泛的求解策略和方法，包括精确算法和启发式算法。精确算法如分支定界法、列生成算法，它们从数学上证明了获得的解是最优解。但是，精确算法仅适用于小型问题，只能解决数十个节点的问题。随着 VRP 问题规模的扩大，计算复杂度指数级增加，在现有的计算条件下，即使是数百个点的问题，都无法在合理的时间内得到结果。启发式算法是当前求解 VRP 问题的主要方法。通过设计具有专家知识的人工特征和算子，启发式算法得到的解接近最优解，同时能够兼顾运算时间和效率。其中，领域搜索及其变体被广泛应用在当前最先进的运筹学研究中。通过设计运行算子，领域搜索可以在合理的时间内得到局部最优解。

但是，无论是精确算法还是启发式算法，它们都面临着人工设计的推理或计算过程。强化学习，作为一种端到端的学习方式，无须进行过多的人工干预，是解决 VRP 问题的可行方向。强化学习是机器学习的一个重要分支，它可以有效解决决策优化问题。所谓的决策优化问题，是指面临特定状态（State，S）应该采取什么样的行动（Action，A）才能使得收益（Reward，R）最大。决策优化问题在现实中有很多应用，包括围棋、游戏、自动驾驶、机器人训练等。2016 年，AlphaGo 的出现打败了几乎全球所有的围棋选手，而它的核心算法就是强化学习。不需要借助任何的人类经验，强化学习使得人工智能可以在几天内破解人类数百年积累的围棋战术。

本案例着眼于构建一个通用的策略。这意味着每当生成一个新的 VRP 实例，只要它的分布和训练时采样的分布近似，那么强化学习的模型就可以很好地解决这个问题。我们可以把这个模型当成一个黑箱，当输入任何新的 VRP 问题时，都能得到一个近似的精确解。

该模型完全是一种自我驱动的学习模型，由于强化学习的特性，只需要计算输出所获得的奖励就可以完成训练。与大多数的启发式算法不同，强化学习训练的模型具有鲁棒性。例如，当客户更改需求时，算法可以自动调整解决方案。然而，使用经典的启发式算法就必须重新计算整个距离矩阵并从头优化。这种数据驱动的方法在需要快速得到近似精确解的

VRP 的问题中具有重要意义。

3. 研究建模与算法

1）研究建模。给定一个 VRP 问题，有 $X=\{x^i,i=1,...,M\}$ 等输入。每个 x 代表一个客户点或者配送中心，包含了静态和动态的两种信息，s 代表静态，d 代表动态。

将最终的结果定义为 $Y=\{y_t,t=0,...,T\}$，并假设它的长度为 T，将中间的解定义为 $Y_t=\{y_0,y_1,...,y_t\}$。在每一步 t 时刻下，人们希望找到一个策略，使得这个策略能够通过输入当前的中间解来获得最优的下一步 Y。

$$P(Y\mid X_0)=\prod_{t=0}^{T}\pi(y_{t+1}\mid Y_t,X_t) \tag{7-1}$$

$$X_{t+1}=f(y_{t+1},X_t)$$

2）网络结构。如图 7-2 所示，该研究的网络模型采用了传统的编码器—解码器（Encoder-Decoder）模型。其中主要包括两个部分。第一部分是一组图嵌入（Graph Embedding），用于构成一个编码器，将输入编码成向量。在图嵌入的选择上，本案例使用了简单的卷积神经网络（Convolutional Neural Network，CNN）。它将客户点的本地信息（即静态信息）编码，映射成解码器可以识别的向量。可能有多个嵌入对应于输入的不同元素，但是它们在输入之间共享。另一部分是一个解码器，它的每个解码步骤都指向一个输入。

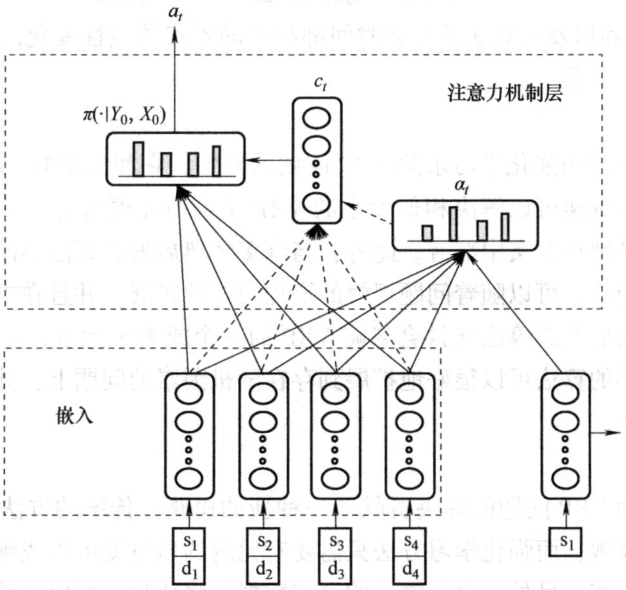

图 7-2　网络模型

3）注意力机制。注意力机制是一种常见的处理 Encoder-Decoder 模型的方法，被广泛应用在自然语言处理问题上。注意力机制是一种用于处理输入的不同部分的可微结构。图 7-2 表现了本案例中使用的注意力机制，其使用可变长度对齐向量 a_t，从输入中提取相关信息。

4）网络训练。本案例使用了强化学习中的策略梯度算法进行网络训练。策略梯度算法包含两个网络：一个是 actor 网络，即图 7-2 所示的网络结构，预测在任何给定决策步骤下下一动作的概率分布；另一个是 critic 网络，估算给定状态下任何问题实例的奖励的网络，用于减小训练的方差。将 actor 网络的参数设为 θ，将 critic 的网络参数设为 Φ。

训练方法的推导请参见文章 *Policy Gradient Methods for Reinforcement Learning with Function Approximation*。

4. 研究结果

1）测试数据。本案例考虑了限制货物量的 VRP 问题，测试数据服从以下分布生成：

客户点和配送中心都从一个 $[0,1]\times[0,1]$ 的正方形中随机生成。

每个客户点的货物量从 1 ~9 中随机生成一个整数。

车辆的最大载重是随客户点数量变化的，在客户点一定的情况下，载重一定。

2）结果。本案例将提出的框架和传统的启发式算法及 Google 公司的运筹学求解器 OR-Tools 进行对比。启发式算法包括节约里程算法（CW）、扫描算法（Sweep，SW）。上述方法在客户点 10、20、50 和 100 这 4 种情况下分别进行对比。每种客户点数量包含 1000 个 VRP 案例。

案例在 10 和 20 两种客户点数的情况下，对比使用不同方法的结果与最优解的差异，验证了该文提出的方法（Reinforcement Learning）在解的精确程度上都优于启发式方法和 OR-Tools。同时，案例在客户点数从 10 增加到 100 的情况下，对比了使用不同方法求解 1000 个案例问题所花的时间。结果发现无论强化学习测试过程使用何种搜索方法，搜索时间都低于随着点数线性变化的折线（如果是线性关系，那么方法所代表的折线应该是一条水平的直线）。相反，求解器和启发式算法的搜索时间都高于随着点数线性变化的折线，说明其算法时间复杂度超过线性关系。

5. 研究意义

本案例提出了一种用强化学习求解 VRP 问题的框架，它和最新的 VRP 启发式算法相比也具有竞争优势。本框架可以解决相似大小的 VRP 实例而无须为每个新实例重新训练，使得这种方法可以轻易地在现实中部署。此外，与许多经典启发式算法不同，本案例提出的方法不需要计算距离矩阵，可以随着问题规模的增加很好地扩展，并且在求解时间上具有优越的性能。此外，经典启发式算法通常会忽略 VRP 的一个或多个元素，在现实问题中是随机的，而本案例所提供的算法可以很好地扩展到存在随机因素的问题上，并且能成为一种通用的组合优化求解方法。

（1）理论意义

强化学习方法为 VRP 问题的解决贡献了一种新的思路。传统的方法主要依赖于人工设计规则来指导算法收敛，而强化学习方法只需要对比解的质量就可以找到神经网络的梯度更新方向，从而完成训练。另外，根据物流的真实数据，强化学习可以有效地探索隐藏在数据中的模式，基于强化学习的 VRP 不仅能求解一个具体问题的结果，还能在训练神经网络时更多地学习节点位置等信息的分布规律，学习最优解的节点顺序模式与节点信息（如位置、货物量）之间的关系。

训练好的神经网络可以有效、快速地解决大规模节点情况下的车辆路径规划问题。目前，商用的车辆路径规划问题求解器，如 OR-Tools，可以求解 100 以内个点的车辆路径问题，超过 100 个点时，解速度和解质量都不尽如人意。而训练好的深度增强学习网络可以快速地求出质量较好的解。

（2）应用价值

随着电子商务的快速发展，人们越来越依靠网络购物，给快递物流服务带来巨大的压力。传统配送路线主要依靠配送员的主观经验和程序优化，当配送地点越来越多时，配送员越来越倾向于机械地配送，无法考虑整体规划，从而使得配送效率不高，使配送成本增大。因此，使用计算机科学规划配送路线对提升配送效率有很大的帮助。智慧物流中使用的快递无人车也十分依赖于车辆路径规划，在客户需求发生临时变化时，快递无人车应该具有重新规划路径的能力，此时时效性就显得至关重要，而基于深度增强学习方法的车辆路径优化可以在秒级别内给出较优的路径方案，因此配送员或者快递无人车能够快速地按照新规划出来的路径进行配送。这对于减少时间等配送成本、减少配送延迟、提高服务质量都有至关重要的作用。

7.1.2　使用机器学习进行个性化搜索

1. 案例简介

消费者通常使用基于查询关键字的搜索来查找公司的信息或产品。本案例研究了查询结果最优排序的问题，以响应用户的个性化查询需求。例如，当用户在搜寻“Java”时，可能是想买一些咖啡，或查找一些关于编程语言 Java 的信息，或去 Java 岛度假。因此，搜索结果的相关性取决于用户的特定需求（例如，咖啡店与寻找咖啡的用户相关，但与寻找度假景点的用户无关），最佳排名顺序应当是基于特定搜索实例的个性化结果。基于此，本案例基于用户搜索和点击行为的历史记录，提出一种个性化排序的机器学习框架。该框架主要由 3 个模块组成：特征生成、基于归一化贴现累计增益的 Lambda - MART 算法和特征选择包装器。本案例提出的框架能指导营销人员使用个性化数据对推荐进行排名。最后，本案例证明了所提出框架的可扩展性，并获得了在最大化精度的同时最小化计算时间的最优特征集。

本案例于 2019 年发表于管理领域顶级期刊 *Management Science* 上，作者为 Hema Yoganarasimhan。

2. 研究背景及目的

（1）研究背景

随着互联网的发展，网站信息和产品数量呈指数级增长。例如，谷歌搜索索引了超过 130 万亿，网页，亚马逊销售了超过 5.62 亿件产品，YouTube 上每分钟有 400 多小时的视频上传。虽然庞大的产品种类为消费者提供了丰富的选择，但也使得用户难以准确地找到他们需要的产品或信息。因此，大量公司建立了基于查询的搜索模型，帮助用户找到满足他们需求的产品或信息。消费者在搜索框中输入查询（或关键字），销售者提供一组被认为与查询最相关的结果。然而，大量研究表明，搜索在时间和效率上都不如人意。经常的搜索不成功可能会使消费者离开网站放弃购买，因此，销售者一直在尝试改进搜索过程。

现有的搜索引擎都尝试部署个性化搜索算法以减少用户搜索成本。例如，Chrom 浏览器的个性化搜索功能可以筛掉一些用户在最近多次访问过的网站。然而，搜索个性化的程度和有效性却一直饱受争议。另外，考虑到存储用户长期的历史数据涉及隐私问题，搜索引擎需要了解是否基于以及基于多久的用户历史信息向用户提供个性化查询结果，能带来更高的利润及用户满意度，并确定哪些情况下更适合采用个性化搜索帮助用户。

（2）研究目的和挑战

基于上述研究问题，本案例通过提出一个机器学习的重排序框架来研究搜索结果的个性化，即在搜索结果首页给出最优搜索实例——特定结果排名顺序。本案例的目标是通过量化用户历史数据和查询层面的异质性对个性化的影响，建立一个可扩展的框架，从而实现个性化搜索并评估提供个性化搜索带来的收益。

3. 研究数据集及分类

（1）数据描述

本案例使用 Yandex（世界第五大搜索引擎，主要服务于欧洲用户）发布的公开匿名数据集进行个性化研究，该数据收集自 2011 年（具体日期未披露），是东欧一个大城市抽样出的 5659229 个用户 27 天的搜索活动，共 65172853 条查询和 64693054 次点击数据。基于用户历史数据，本案例根据用户点击行为和浏览时长，给出关于搜索结果的 3 种相关性的定义。

① 无关（$r=0$）：搜索结果的 URL 没有得到点击或者收到一个停留时间小于 50 个时间单位（出于隐私的考虑，Yandex 并未解释一个时间单位包含多少毫秒）的点击。

② 相关（$r=1$）：搜索结果的 URL 收到一个停留时间为 50 ~ 399 个时间单位的点击。

③ 高度相关（$r=2$）：搜索结果收到停留时间为 400 个单位或更多的点击；用户不再搜索。

（2）数据集分类

本案例为有监督的学习算法，需要将数据分为 3 个数据集：训练集、验证集和测试集。本案例使用前 25 天的数据生成全局特征，全局特征表示聚合个体级别特征或总体级别的信息。随后，将过去第 26、27 天观察到的所有用户分成 3 个随机样本（训练集、验证集和测试集）。

4. 研究算法

（1）特征生成函数

首先构造一系列的特征函数，用来简洁地生成大量的、变化的特性集。这些函数通常采用 $F(\theta_1,\theta_2,\theta_3)$的形式。$\theta_1 \in \{q,l_1,l_2,l_3,l_4,\varnothing\}$表示用户查询输入（查询语句，查询中的词），$\theta_2 \in \{u,d\}$表示搜索结果（URL，域名），$\theta_3 \in \{g,it,ijt\}$表示个性化程度（全局，用户，用户会话）。本案例共构造了 18 个特征函数，通过特征函数可以产生 293 个具体特征，如用户历史搜索查询次数、点击次数、停留时长等。为了帮助解释，本案例将这些特性集进行分组，分为查询特征 F_Q、查询词特征 F_T、URL 特征 F_U、域名特征 F_D、全局特征 F_G、用户特征 F_P 和会话特征 F_S。

（2）排序算法

为了评估特定的重排序算法是否改进了结果的排序，首先本案例定义了优化指标。本案例中采用归一化折损累计增益（Normalized Discounted cumulative gain，NDCG，一种搜索系统评估指标）来衡量和评价搜索结果算法，其被搜索引擎（包括 Yandex）广泛使用，是推荐系统文献中常用的度量标准。

（3）排序学习算法

考虑到 NDCG 是离散的，本案例采用 LambdaRank 算法来优化 NDCG。LambdaRank 的主要观点是，只要有损失梯度，并且这些梯度与希望最小化的损失函数一致，就可以直接训练模型，而无须指定精确的损失函数。此外，机器学习模型的性能取决于一组可调的参数，本案列中使用 LambdaRank 中的 RankLib 实现调参。RankLib 具有很好的并行性，提供了一组详尽的评估指标和学习排序算法。

5. 研究结果

(1) 收益评估

个性化可以使顶部搜索结果的点击率提升 3.5%，并且使点击排名的平均误差比基线减少 9.43%。

1) 错误率。本案例对搜索结果定义了一个基于位置的评价指标——AERC，此评价指标考虑用户所点击的文档的排序错误程度。在最优的搜索结果列表中，用户会点击列表上方的 URL，然而在未优化的搜索结果列表中（将相关性高的 URL 排列在列表下方），用户会点击列表中较低位置的 URL。本案例提出的个性化算法的 AERC 结果相比基线减少了 9.43%，显示了本案例的个性化算法的有效性。结果表明，个性化的搜索结果中，用户平均的点击位置会向上移动，并且搜索结果排名的平均错误也会减少。

2) 点击通过率（Click-Through Rates，CTR）。点击通过率又称点击率，是指用户点击并进入某搜索结果的次数占该搜索结果出现的总次数的比例。用户对于搜索结果的满意度取决于相关性最大的搜索结果是否出现在搜索引擎页面的顶部。本案例提出的个性化算法也能增加用户对于顶部结果的点击率。

如图 7-3 所示，y 轴描绘了个性化后和个性化之前点击通过率的差异，x 轴为搜索结果的位置。搜索结果列表中第 1 个位置的点击率增加了 3.5%，这一增长主要来自第 3 个和第 10 个位置点击通过率的降低。

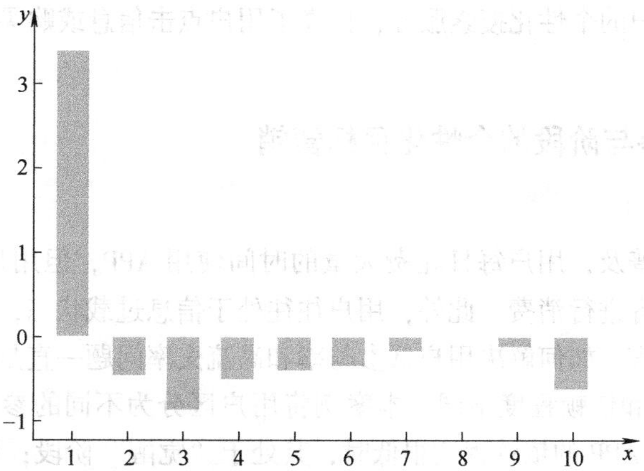

图 7-3　位置点击率变化

(2) 个性化收益的异质性

由于用户历史查询的深度和查询类型的差异，因此个性化搜索的收益存在显著的异质性。

1) 用户历史查询。公司存储和使用用户历史数据会带来高昂的成本。但研究发现，用户历史数据的深度对于提高搜索质量具有显著的效益。本案例的数据集中，用户查询次数的中位数为 49。当将测试数据限制为仅包含过去至少发出过 50 个查询（接近中值）的用户查询时，个性化搜索排名的 AERC 减少了 11% 以上。当将测试数据历史查询数的下限增加到 100 个查询（第三个四分位数的数值）时，个性化搜索排名的 AERC 相比基线减少了近

12.5%。当将测试数据历史查询数的上限设置为10时，个性化搜索排名将导致AERC减少6.68%，这表明，即使是很少的历史记录也能显著提高个性化搜索质量，当将测试数据历史查询数的上限增加到50个查询时，AERC减少了近8%。因此，AERC随用户搜索历史数据深度的增加而单调减少。上述结果验证了存储和使用个性化浏览历史记录能改善用户搜索体验。

2）查询类型。基于用户查询意图，可以将查询分为交易型、信息型和导航型。交易型查询是指用户想要买某样物品，如“买茶叶”；信息型查询是指用户想要了解某个主题的信息，如“茶叶的产地”；导航型查询是指用户使用搜索引擎导航到网站，而不是直接输入URL。通过研究发现，相比导航型查询，交易型和信息型采用个性化搜索排名将获得更多的收益。

6. 研究意义

本案例提供了关于机器学习方法如何解决重要的营销问题的见解。传统的经济计量或分析模型难以处理大数据环境下的营销问题，而机器学习则为这些问题提供了技术支撑。随着信息化社会的发展，互联网成为人们获取信息的重要途径，然而，随着各种各样的Web信息呈现出爆炸性的增长，信息过载严重降低了用户查找目标信息的体验感，因此，搜索引擎成为当今非常流行的信息检索途径。但是在实际应用中，即使是不同背景和需求的用户，在输入相同查询词的时候也会得到相同的结果，甚至是相同的网页排序，因此基于用户兴趣偏好的个性化搜索服务是搜索引擎今后发展的一个方向。为了进一步提升用户使用个性化搜索引擎的准确率和满意度，本案例采用一系列以用户浏览历史为依据的个性化策略，使用机器学习方法提取的近300个特征完美地刻画了事物的复杂性和关联性，使搜索引擎能够区分用户，提供真正面向用户的个性化搜索服务，提高了用户点击信息或购买产品的概率，为公司带来更大的利润。

7.1.3 基于用户参与阶段的个性化目标营销

1. 案例简介

随着智能手机的普及，用户每日花费大量的时间使用APP，但用户很少选择APP内部需要付费的产品或内容进行消费。此外，用户往往处于信息过载状态，APP用户的流失率很高。因此，对公司而言，如何解决用户低参与率和高流失率问题一直是一个巨大的挑战。根据用户对APP的使用和依赖程度不同，本案例将用户区分为不同的参与阶段。例如，用户刚开始使用APP或对APP的依赖程度很低时，其处于“觉醒”阶段；而当用户对APP的使用频率或依赖程度很高时，其处于“上瘾”阶段。根据购买漏斗（Purchase Funnel）的概念可推知，用户高参与度将导致高购买概率，而用户的参与阶段是一种隐状态，不能直接被观察到。因此，如何识别用户参与阶段，并基于用户的参与阶段为其提供个性化的营销策略，对于企业有重要意义。为解决上述问题，该研究结合实地实验提出了一种新的前瞻性隐马尔可夫模型（FHMM），这一模型可以识别消费者的潜在参与阶段，并揭示针对不同参与阶段的用户采取不同的营销策略对用户持续消费行为的影响。最后，通过基于FHMM的个性化移动营销与非个性化营销相比，基于价格的个性化营销能使企业收入增加101.84%，而基于免费内容的个性化营销则使收入增加72.46%。

本案例于2019年发表于管理领域顶级期刊*Information Systems Research*，作者为Yingjie Zhang、Beibei Li、Xueming Luo及Xiaoyi Wang。

2. 研究背景及目的

尽管智能手机技术的普及和手机用户群体在扩大，但用户 APP 参与度低一直是关键的现实问题。2016 年，ComScore 的报告指出，只有 1.9% 的玩家为游戏 APP 内容付费，游戏 APP 总收入的一半来自于 0.19% 的玩家。此外，APP 用户使用的流失率也很高，19% 的 APP 只被打开过一次。

为了应对这些问题，一些 APP 开发商已经开始应用各种目标市场营销策略，例如，用免费服务吸引用户，然后通过增值服务将部分免费用户转化为收费用户。已有研究表明，提供 APP 的免费版本实际上可以提高付费版本的销售总额。此外，一些手机 APP 提供各种营销活动来鼓励用户长期内多次购买。然而，现有的营销策略并没有针对用户参与度问题提供个性化移动营销策略，公司针对所有的用户推出相同的产品、价格和营销策略等。考虑到活跃用户和非活跃用户的参与度存在显著差异，非活跃用户对 APP 的参与度会随时间更快地减少甚至放弃 APP 的使用。因此，定制个性化的移动 APP 目标营销策略对于有效地应对 APP 用户参与度低的问题具有重要意义。

基于以上现实和理论背景，本案例提出了一种新的个性化移动 APP 目标营销策略，将隐马尔可夫模型（HMM）与实地实验相结合，以解决用户 APP 参与度低的问题。

3. 实地试验——移动营销的平均处理效应（ATT）

本案例对中国的一款阅读 APP 进行了实证分析，该 APP 每月为超过 1.3 亿的用户提供超过 40 万本的手机电子书服务。实验按照时间分为预实验、实验、实验后 3 个阶段，如图 7-4 所示。该研究将用户随机分为 3 组：两个处理组及一个对照组。处理组分为价格营销和内容营销。在价格营销组，用户获得折扣券（总价值为 0.60 元人民币），即用户消费后，可对其消费费用进行折扣。内容营销组则向用户提供 5 张内容单元券（总价值 0.60 元人民币），供用户阅读任何内容单元。对于对照组用户，则不提供任何营销活动，而是向用户提供没有影响的非广告类通知信息。实验收集了用户在预实验、实验和实验后 3 个阶段的使用和消费数据，数据主要包括的字段有用户 id、时间戳、内容信息（如内容单元名称、图书名称和图书类型）和用户选择的付款选项（即免费内容、按次付费或订阅）。

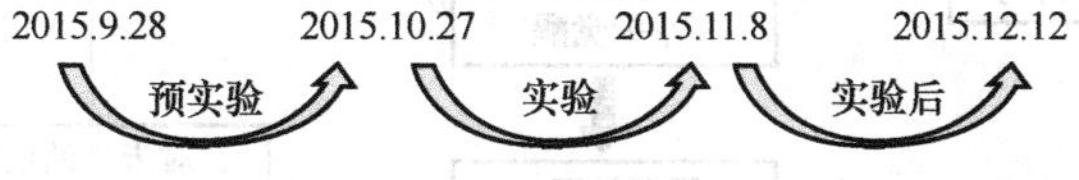

图 7-4 实验阶段划分

为了分析不同营销方式对用户移动阅读 APP 使用行为的平均影响，该研究对面板数据应用了双重差分（DID）方法，模型建立如下：

$$\begin{aligned} Y_{it} = {} & \alpha_0 + \alpha_1 \text{Test}_t + \alpha_2 \text{Treat1}_i \times \text{Test}_t + \alpha_3 \text{Treat2}_t \times \\ & \text{Test}_t + \alpha_4 \text{postTest}_t + \alpha_5 \text{Treat1}_i \times \text{postTest}_t + \\ & \alpha_6 \text{Treat2}_i \times \text{postTest}_t + \xi_i + \varepsilon_{it} \end{aligned} \tag{7-2}$$

其中，Y_{it}表示用户 i 在 t 时刻的行为，包括 4 个测量指标：t 时间用户 i 阅读内容单元总数、免费内容单元数、消费订阅 APP 的内容单元数和带有内容选项（如是价格折扣券还是内容折扣券消费）的单元数。Treat1_i表示用户 i 在第一个价格营销实验组；Treat2_i表示用户 i 在第二个内容营销实验组；Test_t 表示实验阶段；postTest_t 表示实验后阶段，用来探讨这些营销活动在相对较长的处理期内是否有效果；ξ_i 表示个体层面的固定效应。

结果发现，实验期间和实验后处理变量的系数为负值，表明随着时间的推移，阅读 APP 的客户逐渐流失。然而，大多数交互项（Treat1 × Test、Treat2 × Test、Treat1 × postTest 和 Treat2 × postTest）的系数都为正值，表明营销可以缓解客户流失的趋势。其次，价格营销的整体效果略好于内容营销。最后，通过对实验后的数据进行分析，该研究同样证明了两种营销方式均具有持续的长期影响。为了更好地了解用户在阅读 APP 上参与阶段的转化模式和决策过程，从而改进个性化的目标市场营销策略，该研究接下来提出一个新的基于前瞻性隐马尔可夫模型的手机用户参与阶段分类框架。

4. 前瞻性隐马尔可夫模型

结合隐马尔可夫模型和前瞻性理论，该研究提出了一种前瞻性隐马尔可夫模型。隐马尔可夫模型（Hidden Markov Model，HMM）描述一个含有隐含未知参数的马尔可夫过程，其难点是从可观察的参数中确定该过程的隐含参数，然后利用这些参数来做进一步的分析。一个 HMM 模型由隐状态初始概率分布、状态转移概率矩阵和观测状态概率矩阵决定，初始概率分布和状态转移概率分布决定状态序列，观测状态概率矩阵决定观测序列。在本案例中，考虑到具有不同阅读体验的用户将会处于不同的参与阶段（如阅读体验度高的用户将处于上瘾阶段），且用户参与阶段是一种难以直接观测到的隐状态，因此，该研究将不同状态之间的转移概率用隐马尔可夫模型来构造。其次，不同的参与阶段会影响用户的周期效用（即用户对阅读价值的期望），考虑到用户的前瞻性行为（即用户在做决策时，不仅考虑当前周期的效用，而且会考虑以后周期的效用），用户将根据总的周期期望效用进行决策，因此，该研究提出一种结合前瞻性理论的隐马尔可夫模型，具体结构框架如图 7-5 所示。

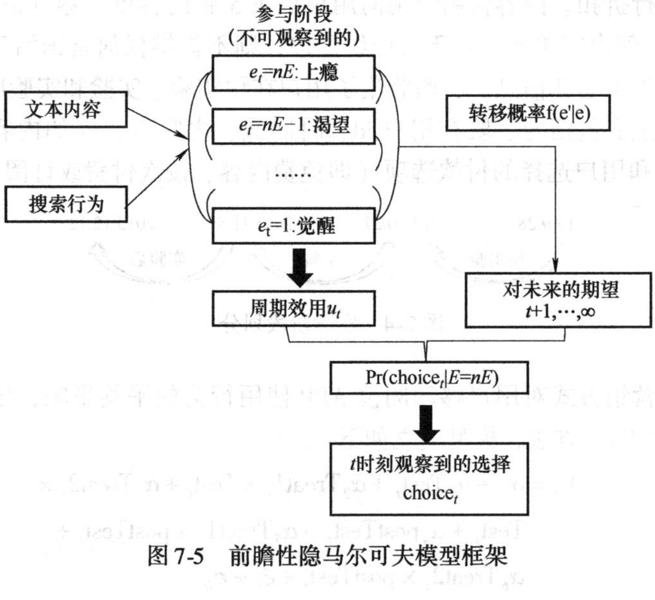

图 7-5 前瞻性隐马尔可夫模型框架

该研究首先对用户决策进行建模。在每个阶段，$t \in \{1,\cdots,T_i\}$（时段总数由用户而异），当阅读 APP 用户 i 的手机屏幕上显示了一个新内容单元时，用户 $i \in \{1,\cdots,I\}$ 将有以下 3 个（$n^D=3$）决策。

① $d_{ijt}=0$。用户 i 选择不继续阅读（例如，放弃当前内容或离开移动阅读 APP）。

② $d_{ijt}=1$。用户 i 选择按内容付费选项继续阅读。如果给定的内容单元已收费，并且没有任何订阅合同，则用户需要为每个内容支付费用 P_C；反之 $P_C=0$。

③ $d_{ijt}=2$。用户 i 通过支付费用 P_S 订阅移动 APP 之后，直到合同到期前，可以免费访问所有可用的内容单元。

其次，考虑到用户决策过程中的跨期权衡，即用户前瞻性行为，该研究还构建了一个时间效用函数，其主要由两部分组成：金钱效用和阅读效用。金钱效用是用户在 t 时刻对决策 d_{it} 所需费用的线性函数，阅读效应是指阅读当前单元的收益。

随后，构造状态转移概率。状态变量包含 3 部分：e_{it}、sub_{it}、F_{it}。sub_{it} 表示用户是否有订阅合同，F_t 表示内容单元在 t 时刻是否对用户免费，e_{it} 表示用户在 t 时刻的参与阶段，其中，sub_{it} 和 F_{it} 是可以从数据中观察到的变量，而 e_{it} 是隐阶段。一旦状态和动作确定，免费内容($F'|S,d$)和订阅转移概率($\text{sub}'|S,d$)将被确定。最后，e_{it} 是隐变量，该研究将参与阶段之间的转换建模为一个阈值模型，其转换概率函数被建模为时间 t 时的内容特征（CF_{it}）和搜索行为（SP_{it}）的函数。例如，如果用户阅读 APP 上显示的是流行度（内容特征）高的内容，且用户浏览（搜索）了 20 个（相较于两个）免费单元，则该用户更有可能超过阈值转移到更高的参与阶段。综上，状态变量包含 5 个元素，即 $S=(e,\text{sub},F,\text{CF},\text{SP})$，假设所有这些元素都彼此独立，作为给定状态值和决策的条件，就可以将状态转移概率 f_s 表示为 5 个元素转移概率的乘积。

最后，基于前瞻性行为，用户将通过最大化折扣未来期望效用的总和来做出决策，上述问题可看为一个动态规划问题，本案例采用极大似然估计方法来求解隐马尔可夫模型。

5. 研究结果

（1）参与阶段状态转移的异质处理效应

首先，该研究对用户参与阶段的个数选择进行分析。现有研究大多将用户参与阶段分为 2~6 个，不同阶段个数的比较见表 7-1。因此本案例根据 Log Likelihood、AIC、BIC 模型选择标准，将用户参与阶段定义为 4 个。本案例将这 4 个阶段称为“觉醒”“探索”“积极”和“上瘾”。

表 7-1 FHMM 比较分析

模型	阶段个数	Log likelihood	AIC	BIC	变量个数
FHMM	2	-684801	-68510.10	-68645.30	15
	3	-48310.50	-48360.50	-48535.90	25
	4	-20079.70	-20153.70	-20413.20	37
	5	-28101.90	-28203.90	-28561.60	51
	6	-38308.70	-38442.70	-38912.70	67

其次，通过对参与阶段状态转移概率（如表 7-2 所示）的分析发现：在对照组，大多数高参与阶段用户极有可能切换到最低的参与阶段，而实施营销活动后，下降趋势变小；与对照组相比，当采取营销活动时，从当前参与阶段（即 $e=2$，3）到未来更高的参与阶段（即 $e=3$，4）的转移概率显著增加；通过营销活动，用户停留在参与程度最高阶段（即 $e=4$）的概率显著增加。

此外，通过分析表 7-2 可发现，价格营销和内容营销之间的参与阶段转移概率的异质性表现为：相较于价格营销，内容营销在鼓励用户从较低阶段（如 $e=2$ 或 3）转移到较高阶段（如活跃或上瘾阶段）上更为有效；而价格营销则能更有效地保持用户保留在当前阶段。

表 7-2 参与阶段状态转移概率

	f(e'|e,CF,SP)	e'=1（觉醒）	e'=2（探索）	e'=3（积极）	e'=4（上瘾）
控制组：没有促销	e=1	0.9993	0.0002	0.0005	0.0000
	e=2	0.9771	0.0024	0.0080	0.0125
	e=3	0.6677	0.0071	0.2645	0.0607
	e=4	0.3429	0.1773	0.2580	0.2218
实验组 1：价格促销	e=1	1.0000	0.0000	0.0000	0.0000
	e=2	0.7685	0.0875	0.0040	0.1400
	e=3	0.2847	0.7122	0.0018	0.0013
	e=4	0.1195	0.0565	0.2234	0.6007
实验组 2：免费内容促销	e=1	0.9997	0.0003	0.0000	0.0000
	e=2	0.5326	0.3053	0.0428	0.1194
	e=3	0.2901	0.0286	0.1259	0.5554
	e=4	0.1925	0.1249	0.3819	0.2965

（2）异质处理效应对用户阅读行为的影响

通过分段实地实验分析（见表 7-3）发现，觉醒（$e=1$）和上瘾（$e=4$）阶段的用户处理效应显著。此外，对不同参与阶段的用户而言，最有效的营销方式是不同的。价格营销可能会提高处于“觉醒”阶段的用户的购买概率。内容营销可以提高上瘾用户阅读更多内容单元的概率。因此，APP 公司应该更加注重选择合适的推广策略，并避免对用户在不同阶段使用相同的推广策略。

表 7-3 分段实地试验分析

参与阶段	没有后处理阶段				有后处理阶段			
	e=1	e=2	e=3	e=4	e=1	e=2	e=3	e=4
Treat × Test	1.975*	2.891	2.612	6.737*	1.983*	2.856	2.798	6.223*
	(1.012)	(4.126)	(5.985)	(3.280)	(1.009)	(3.986)	(5.572)	(3.244)
Treat2 × Test	1.097*	4.007	4.034	7.796*	1.242	3.851	4.173	7.025*
	(1.053)	(4.076)	(5.9526)	(3.302)	(1.061)	(3.936)	(5.536)	(3.255)
Test	-1.440**	4.467	-5.089	-7.552**	-1.587**	-4.204	-5.513	-7.353**
	(0.606)	(3.971)	(5.860)	(3.143)	(0.612)	(3.828)	(5.437)	(3.103)
Treat1 × postTreat					2.928*	4.498	-0.643	1.678
					(1.298)	(4.939)	(2.864)	(2.080)
Treat2 × postTreat					3.429**	5.567	-0.896	2.098
					(1.163)	(4.906)	(2.828)	(2.105)
postTreat					-3.041***	-4.4841	-2.399	-1.759
					(0.681)	(4.8072)	(2.600)	(1.817)
Observations	158928	56330	58265	54524	280896	99560	102980	96368

6. 研究意义

(1) 理论意义

该研究使用实地实验和FHMM相结合的方法，基于阅读APP数据，证明了识别用户参与阶段的重要性以及根据参与阶段采取个性化营销的有效性。研究提出的模型可以通过考虑用户参与阶段的时变性和前瞻性消费行为来显示消费者的潜在参与阶段。结果表明，与非个性化的营销策略相比，基于价格的个性化营销能使企业收入增加101.84%，基于内容的个性化营销则使企业收入增加72.46%。

(2) 应用价值

随着APP市场的快速化、多样化发展，APP成为用户日常社交、娱乐的主要渠道，APP间日趋激烈的竞争使用户的心态和行为发生改变，用户求新、多变的心态使得其对APP的使用越来越缺乏持续性。传统的营销方式已不能全方位地满足这一消费需求，APP公司需要适时开展个性化营销，让更多的用户持续使用和消费。因此，如何科学识别用户参与阶段，并对其进行个性化营销以满足用户个性化需求，成为企业面临的关键问题。用户参与阶段是一种潜移默化、难以识别的隐状态，其会随用户的使用行为逐渐发生变化，而本研究提出的基于前瞻性的隐马尔可夫模型能帮助企业准确识别用户的参与阶段，并帮助企业有针对性地为用户提供个性化营销策略，以提升用户的持续使用率。

7.2 大数据计量模型研究案例

7.2.1 用户人格特质对口碑效果的影响

1. 案例简介

口碑在塑造消费者的行为和偏好方面具有重要作用。本案例研究了用户的潜在人格特质是否会影响商家口碑对其产生的效果。首先，本案例结合了计量经济学方法和机器学习方法，分析出在用户接触口碑信息后，用户与社交媒体口碑信息的发布者之间的人格相似程度对用户购买的可能性有积极而显著的影响：用户接触到与他们具有相似人格的用户发布的口碑评价时，购买可能性会增加47.58%。其次，评价者和接收者的某些特定人格特质组合对口碑效果具有显著影响。例如，内向的用户更重视口碑，而外向的用户则相反。除此之外，随和、认真、开放的社交媒体用户是更有效的口碑传播者。此外，来自情绪低落的用户的口碑会影响相似的用户，而来自情绪高涨的用户的口碑则不会影响相似的用户。通过挖掘用户的潜在人格特质，本案例说明企业应如何利用社交媒体的大量非结构化数据，提供社交媒体广告和精准目标营销的可行性见解。

本案例于2018年发表于管理领域顶级期刊*Information Systems Research*，作者为Panagiotis Adamopoulos、Anindya Ghose及Vilma Todri。

2. 研究背景及目的

社交媒体已逐渐进入了人们日常生活的方方面面。伴随着用户越来越经常在社交媒体上分享意见，“口碑”已经渐渐成为互联网用户最信任的信息来源，在塑造消费者的行为和产品偏好方面具有重要作用。营销人员认识到口碑的重要性，并广泛地利用社交媒体传播其产品的正面积极评价，从而触达其营销目标，例如在社交媒体上建立其品牌的讨论社区，或是通过补贴来鼓励购买过产品的顾客积极转发与评价其产品。另一方面，社交媒体同样提供了洞察消费者个体特征的机会，具有不同特征的用户，例如，外在特征（如性别、年龄）和内在特征（如人格）受到口碑信息的影响程度是不同的，即具有某些特征的用户可能对口碑信息更为敏感。

本案例所涉及的社交媒体是推特的微博平台（Microblogging Platform）上推出的社交商务应用。该应用是一种利用用户在社交媒体上的相互联系来刺激口碑营销的典型商业模式。用户在该平台购买产品的同时，会自动在社交媒体上向其关注者传播该产品的相关信息。具体而言，社交商务应用的平台方会在该平台公布参与销售活动的产品及对应商家名单，包括了产品名称、销售价格等详细信息，以及特定的标签链接（如图 7-6 所示）。用户可以通过发布含该标签链接的推文来购买该产品。平台方会通过跟踪该标签来匹配相应产品，在购买确认后就会收取产品费用，进而在 1 ~ 5 个工作日内发货，而该用户的关注者在特定界面会自动收到该条推文的相关信息，成为口碑营销的被触达者。

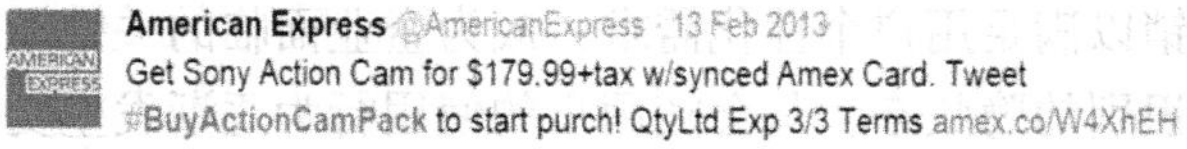
AMERICAN EXPRESS
American Express @AmericanExpress · 13 Feb 2013
Get Sony Action Cam for $179.99+tax w/synced Amex Card. Tweet
#BuyActionCamPack to start purch! QtyLtd Exp 3/3 Terms amex.co/W4XhEH

图 7-6　推特的微博平台上发布的销售信息

本案例着重于研究社交媒体用户的潜在人格特质对口碑营销有效性的影响。传统测量人格特质的方法需要测试者完成冗长的问卷，然而大规模地获得这种资料是特别繁重的任务。而随着机器学习及深度学习近些年的进展与大规模应用，业界和学术界都开始利用社交媒体中丰富的非结构化数据来提取用户的人格特质，例如在词汇使用和人格特质之间建立联系，完全从文本中自动得出人格特质，其结果比使用问卷统计出的人格特质更为准确。

本案例通过文本挖掘的方法，从商品评价内容中获取除性别、年龄外的潜在人格特质，为未来更多有关社交媒体的研究奠定了基础。

3. 研究问题及理论基础

人格最具影响力的分类是“大五人格”理论，最早由 Norman 在 1963 年提出，它为刻画个体人格差异提供了一个高度抽象的综合框架。“大五人格”理论主要从 5 个维度描述人类的人格特质。第一个维度是宜人性（Agreeableness），体现了一个人对他人的同情心和合作精神。宜人性与利他主义、合作、信任、移情和服从有关。第二个维度是尽责性（Conscientiousness），描述一个人做事有条理或能够深思熟虑的倾向程度。第三个维度是外向性（Extroversion），包括开朗、自信、擅长社交和敢于冒险。第四个维度是神经质（Neuroticism），表现出难以平衡焦虑、敌对、压抑、冲动、脆弱等情绪的特质，即不具有保持情绪稳定的能力。第五个维度是开放性（Openness），即一个人对各种行为活动的接受程度。冒险、智慧、创造力都和开放性相联系。

从非结构化数据中挖掘出用户的人格特质后，本研究具体的研究问题为：

① 口碑信息的发送者和接收者的人格相似度是否会影响接收者在接收到口碑信息后的经济行为？

② 发送者和接收者的个性特征的特定组合是否会影响接收者在接收到口碑信息后的经济行为？

4. 研究方法和模型

本案例数据集包含了推特的微博平台生成的所有交易数据。每一笔交易都是由社交媒体平台上的一个用户账户提交，并与特定的产品相关联的。数据涵盖了从 2013 年 2 月第 2 周到 2013 年 3 月第 1 周发生的所有已确认的交易。每一条交易记录都包括用户的原始消息、消息 ID、消息发布的确切时间、用户账户 ID、指定的话题标签，以及是否将消息呈现给了用户的每个关注者。此外，数据集还包含那些有资格购买但选择不购买的用户。从理论上讲，可以访问用户的具体信息，比如用户在平台上的名称、用户关注者和好友、用户在平台上发布的所有消息，以及用户的个人介绍信息等。此外，为进一步补充与丰富数据集，本案例从用户的个人信息和口碑信息中利用机器学习方法来提取用户的人格特质。最后，数据集中还包含了所有产品的信息。

为了评估人格特质对口碑有效性和消费者行为的作用，本案例使用比例风险模型对用户接收到来自他人的口碑信息后购买产品的速度进行建模：

$$\begin{aligned}\lambda_i(t) = \lambda_0(t)\exp(&\beta_s\ \text{Recipient-Sender Similarity}_{ij} + \\ &\beta_p\ \text{Recipient-Sender Personality Similarity}_{ij} + \\ &\beta_{pw}\ \text{Recipient-Sender Personality Similarity} \times \\ &\text{WOM Message Visibility}_{ij} + \\ &\beta_w\ \text{WOM Message}_j + \beta_e\ \text{User Expertise}_{ij} + \\ &\beta_l\ \text{User Leadership}_{ij} + \beta_c\ \text{Recipient-Sender} \\ &\text{and WOM Message Controls}_{ij})\end{aligned} \tag{7-3}$$

其中，$\lambda_i(t)$是用户 i 在接触到用户 j 的口碑信息后进行购买的可能性；$\lambda_0(t)$是基准率；Recipient-Sender Similarity 表示口碑信息的发送者和接收者在人格特质之外的相似性；Recipient-Sender Personality Similarity 表示口碑信息的发送者和接收者在人格特质上的相似性；WOM Message Visibility 表示口碑信息的可见性；WOM Message 表示口碑信息的强度和类型；User Expertise 和 User Leadership 分别表示用户的专业知识和社交媒体领导力；Recipient-Sender and WOM Message Controls 则是用户特征和口碑信息相关的控制变量，例如，口碑信息的发送者和接收者在社交媒体平台上发布的消息数量，以及发送者和接收者之间的交互次数。

为了研究了口碑信息发送者的个性特征与接收者的个性特征构成的特定组合对口碑有效性的影响，该研究建立了以下生存模型：

$$\begin{aligned}\lambda_i(t) = \lambda_0(t)\exp(&\beta_s\ \text{Recipient-Sender Similarity}_{ij} + \\ &\beta_p\ \text{Recipient-Sender Personality Combinatioins}_{ij} + \\ &\beta_{pw}\ \text{Recipient-Sender Personality Combinations} \times \\ &\text{WOM Message Visibility}_{ij} + \\ &\beta_w\ \text{WOM Message}_i + \beta_e\ \text{User Expertise}_{ij} + \\ &\beta_l\ \text{User Leadership}_{ij} + \beta_c\ \text{Recipient-Sender and} \\ &\text{WOM Message Controls}_{ij})\end{aligned} \tag{7-4}$$

其中，Recipient-Sender Personality Combinations 表示口碑信息的发送者 j 和接收者 i 在人格特质上的特定组合。

5. 研究结果

(1) 人格相似性

5 种人格特质的相似度与口碑效应具有显著的正相关关系。结果发现，口碑信息的发布者和接收者在宜人性和外向性方面的相似度越高，用户在接收到口碑信息后购买的可能性越高，两种人格特质的影响分别为10.74%和30.87%，如表7-4所示。

表7-4 人格相似性的主要结果

	模型1	模型2	模型3	模型4
User similarity	1.0994***	1.1003***	1.0974***	1.0953***
(用户相似度)	(0.0043)	(0.0044)	(0.0044)	(0.0044)
Reciprocal relationship	7.3565***	7.3720***	6.7628***	6.8198***
(互惠关系)	(0.3460)	(0.3470)	(0.3203)	(0.3229)
Number of P2P interactions	1.0008	1.0009	1.0006	1.0006
(互访量)	(0.0008)	(0.0008)	(0.0009)	(0.0009)
Sentiment of message	1.6083***	1.6077***	1.5281***	1.5825***
(消息情绪指标)	(0.1074)	(0.1074)	(0.1008)	(0.1054)
Personalized message	1.1084***	1.1088***	1.1079***	1.1057***
(个性化消息)	(0.0052)	(0.0052)	(0.0052)	(0.0052)
User expertise (Sender)	1.2499***	1.2471***	1.2616***	1.2690***
(发布者知识量)	(0.0290)	(0.0291)	(0.0295)	(0.0297)
User leadership (Sender)	1.0138***	1.0138***	1.0110***	1.0108***
(发布者领导力)	(0.0017)	(0.0017)	(0.0017)	(0.0017)
Personality similarity		0.9506		
(主人格)		(0.0452)		
Personality similarity			1.4758***	
(综合人格)			(0.0480)	
Agreeableness similarity				1.1074*
(宜人性相似度)				(0.0494)
Conscientiousness similarity				1.0681
(尽责性相似度)				(0.0400)
Extraversion similarity				1.3087***
(外向性相似度)				(0.0617)
ER similarity				1.0400
(神经质相似度)				(0.0417)
Openness similarity				1.0486
(开放性相似度)				(0.0460)

(2) 人格特质组合

宜人性人格的人发送的口碑信息较为有效，而低宜人性人格的人则相反。尽责性人格特质的结果与宜人性相同。对于外向性，低外向性人格特质的信息接收者对口碑效应更敏感，而高外向性的接收者对口碑效应并无显著响应。当口碑信息的发布者和接收者的人格特质都是低水平的神经质特征时，更有可能实现较强的口碑效应；当两人都表现出高水平的神经质特征时，结果却相反。开放性较高的用户发布的口碑信息可能更有效。这些结果对于营销人员和社交媒体公司在营销方式及途径的选择上有着重要的参考作用。

6. 研究意义

社交媒体改变了消费者在网上交流和互动的方式，因此也改变了企业追求其关键营销目标的方式。目前，公司越来越多地在社交媒体上利用用户口碑来推广其产品。与此同时，社交媒体由于其固有的特性，为研究人员和营销人员提供了直接观察真实的在线口碑传播的机会。

本案例从心理学和社会科学的现有理论出发，检验社交媒体用户的个性特征是否会影响口碑的有效性，为管理者改进企业经营提供了具有实践性的建议。

首先，研究发现当口碑信息的发送者具有特定的个性特征时，口碑的效果会得到强化。因此，营销人员可以通过采取行动鼓励具有某些个性特征的社交媒体用户更积极地传播正面口碑信息，来提升产品的曝光率，增加产品的销售额。

其次，鉴于口碑信息发送者特征的重要性以及发送者和接收者之间的关系，分析也为那些有兴趣将自己的品牌与特定的特征联系起来的公司和营销人员提供了有价值的见解，并提供了可能对社交媒体平台上特定类型的用户更有吸引力的营销方式。此外，这项研究向社会企业展示了利用机器学习和文本挖掘算法，挖掘社交媒体中非结构化信息的价值的能力。

最后，研究结果对社交媒体生态系统以及社交媒体用户内容生成具有重要的管理意义。各大社交媒体平台（包括微博）正向赞助营销模式发展，在这种模式下，广告商可以根据各种目标标准进行竞价。特别是，不同类型的人格之间的不对称口碑效应提供了可操作的战术策略，因为它们表明社交媒体公司可以根据用户的人格特质向广告商收取不同的赞助费用。同样，社交媒体平台可以利用社交媒体用户潜在的人格特质，更有效地对用户生成的内容进行策划和排名，并推动其平台参与度的提升。此外，用户的潜在特征也可以用来更好地预测信息和产品在社交媒体中的扩散。

7.2.2　信息、情感和品牌对在线数字内容分享的影响

1. 案例简介

本案例中的研究涉及驱动视频广告在社交媒体平台分享的影响因素。该研究进行了两个独立的实地实验，并使用了11种情绪和60多种广告特征。结果表明，以信息展示为主的广告内容对视频分享有显著的负面影响，除非广告涉及的产品或服务的购买风险较大。快乐、兴奋、温暖的积极情绪对视频分享有积极的影响。广告中各类的戏剧性元素，如惊喜、情节、婴儿、动物和名人等，都能激发情感。品牌名称长时间地或在视频开始时就显示在广告的突出位置不利于视频广告的分享。在Google +、Facebook、Twitter等常见的社交平台上适合投放情感类的广告，而类似LinkedIn的这类平台，则更适合信息量大的广告。适中的广告长度（1.2~1.7min），有利于视频分享。

本案例解析的研究文章2019年发表于管理领域顶级期刊 *Journal of Marketing*，作者为Gerard J. Tellis、Deborah J. MacInnis、Seshadri Tirunillai及Yanwei Zhang。

2. 研究背景及目的

如今大量企业将其广告视频上传至YouTube的品牌频道，因为YouTube上的广告可以触达大量用户。据统计，截至2014年，YouTube拥有超过10亿的独立用户，他们每天的观看

总时长超过10亿h。因此，成千上万的广告商在YouTube上建立了品牌频道，品牌频道就是指一个品牌在YouTube上上传视频广告、与用户沟通、管理视频信息的官方账户。2009—2013年，超过6000个企业在YouTube上发布了超过11500个营销活动和179900个视频广告。这些广告产生了超过190亿的视频观看量。

企业通过YouTube上传广告视频的营销方式有多种优势。第一，此类广告具有提高视频曝光率和分享率的巨大潜力。与传统广告不同，在线视频通过社交媒体（如Facebook、Twitter、LinkedIn和Google+）吸引新的观看者时，二次分享在线广告可创造新的曝光率。第二，除了制作和推广视频的成本外，YouTube广告展示是免费的。通过YouTube投放广告是不受限制的。广告商可以以最低的费用上传任意数量的视频。第三，YouTube广告几乎没有长度限制。冗长的广告甚至可以讲述一个故事或描绘一部可以唤起强烈情感的微电影。第四，与其他广告不同，观看是自愿的。仅当观看者选择观看广告时，该广告才会被播放。第五，YouTube以新的重要方式补充了电视广告的空缺市场。营销人员在将广告放入付费电视频道之前，可以先在YouTube上发布广告作为预测试。

在线数字内容的独特之处在于，消费者可以轻松便捷地与他人分享自己喜欢的东西。在线分享会影响数字内容的观看总数及其传播的程度，在短时间内以极低成本到达广大受众。发布在线内容的主要动机是使其传播，因而探究在线生成内容传播的驱动因素具有重要意义。

该研究的目的在于增强人们对能够推动网络广告分享的广告特征的理解，主要研究内容有：

① 研究了通过多种媒体分享广告的用户的分享行为。

② 考虑先前的广告理论和分享动机，分析了哪些广告特征会影响分享以及其影响机制。

③ 研究了情绪对视频分享的影响，指出哪些特定的情感状态是由广告引发并可以引发后续分享、哪些广告内容特征能够唤起人们的情感。

3. 研究问题及理论基础

动机可以分为三大类：自利的、社会的和利他的。首先，用户的内容分享行为往往是出于自利的动机，也就是说，他们分享对自己有利的内容，而不直接考虑对他人是否有好处。一种经常被关注的自利动机是自我提升的动机。比如，分享有价值的或有影响力的内容可以使一个人看起来对与内容相关的领域有很好的了解，从而提高他的地位。再如，个人通过分享内容来促进他人分享信息，从而在未来向他人学习。此外，个体也会通过分享信息来展示其独特性。最后，个人会通过分享信息来获取愉悦感。

除了这些自利的动机外，个人也可能为了社交目的分享在线内容。也就是说，个人通过分享信息来参与社区，与特定的社区成员进行社交等。

用户也可能受到利他动机驱动而进行分享。这种目的的分享往往是为了表达对他人的关心、同情，或试图帮助他人。

该研究主要通过对这些分享动机的分析来发现哪些广告特征会影响用户分享。具体假设如下。

H_1：以信息展示为主的广告内容对视频分享有显著的负面影响，除非广告涉及的产品或服务的购买风险较大。

H_{2a}：当该广告涉及的是新型的产品或服务时，以信息展示为主的广告内容对分享的影响是积极的。

H_{2b}：当该广告涉及的产品或服务价格较高时，以信息展示为主的广告内容对分享的影响是积极的。

H_3：与唤起负面情绪（如恐惧、悲伤和羞耻）的广告相比，唤起正面情绪（如温暖、爱、自豪和快乐）的广告内容对分享有积极影响。

H_4：在广告使用戏剧性元素（如情节、人物、惊喜）对情感的投入和唤起有积极影响。

H_5：在视频中的突出位置（持续时间长，放置位置靠前）放置品牌名称会对分享产生负面影响。

各研究假设间的逻辑框架如图 7-7 所示。

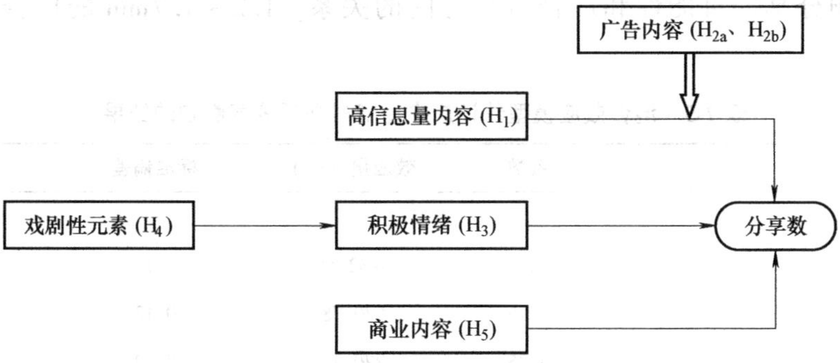

图 7-7　研究框架

4. 研究方法和模型

该研究对某些品牌进行了追踪，并记录了这些品牌在 2013 年 11 月 25 日至 2014 年 3 月 4 日之间上传的所有视频广告。这些品牌在该段时间内共上传了 1962 个视频广告，每 5 ~ 6 天上传一个视频广告。利用主流社交媒体提供的应用程序编程接口（API），收集了不同社交媒体上的视频广告分享数量和品牌渠道订阅者数量，包括 Facebook、Twitter、LinkedIn 等。

该研究通过估计如下的混合效应模型来研究广告特征对广告视频分享的作用：

$$
\begin{aligned}
\log(\text{shares}) = \alpha_{\text{brand}} &+ \beta_1 \times \text{information} + \beta_2 \times \text{new product} + \\
&\beta_3 \times \text{information} \times \text{new product/service} + \\
&\beta_4 \times \text{information} \times \text{price level} + \\
&\beta_5 \times \text{positive emotion: inspiration} + \\
&\beta_6 \times \text{positive emotion: warmth} + \\
&\beta_7 \times \text{positive emotion: amusement} + \\
&\beta_8 \times \text{negative emotion: fear} + \\
&\beta_9 \times \text{negative emotion: shame} + \\
&\beta_{10} \times \text{positive emotion: excitement} + \\
&\beta_{11} \times \log(\text{subscribers}) + \\
&\beta_{12} \times \text{timeliness} + \beta_{13} \times \text{brand frequency} + \\
&\beta_{14} \times \text{brand early} + \beta_{15} \times \text{brand none} + \\
&\beta_{16} \times \text{brand intermittent} + \beta_{17} \times \text{ad length} + \\
&\beta_{18} \times \text{ad length}^2 + \beta_{19} \times \text{price level} + \varepsilon, (1)
\end{aligned} \tag{7-5}
$$

5. 研究结果

表7-5所示为估计结果。第一，以信息为主的广告内容通常会对视频分享产生显著的负面影响。第二，这样的广告内容只有在产品或服务是新型的或价格较高的情况下才会对广告分享产生积极影响。第三，能唤起温暖或兴奋等积极情绪的广告能显著促进视频分享。第四，使用戏剧元素的广告，如惊喜、可爱的角色和情节，能显著地影响积极向上的情绪并引发分享（具体情况见表7-6）。第五，品牌名称放置得过于醒目不利于传播。在广告视频的开始或中间阶段放置品牌名称会显著降低分享率。第六，非对称的倒u形曲线描述了视频分享的可能性和广告时长之间的关系，1.2～1.7min的广告最有可能被分享。

表7-5 混合效应模型估计广告特征对视频分享影响的结果

	系数	效应量（%）	标准偏差	*P*值
高信息量内容				
争论程度	−0.39	−32.56	0.13	0.002**
新产品	0.46	570.78	0.13	0.002**
争论程度*新产品	0.25	270.76	0.12	0.042*
价格（中等）	−0.12	−11.22	0.15	0.43
价格（高）	0.01	1.11	0.18	0.94
争论程度*中等价格	0.28	31.92	0.13	0.03*
争论程度*高价格	0.33	39.38	0.15	0.028*
渲染情绪的内容				
激发灵感的程度	0.11	11.52	0.05	0.018**
感受温暖的程度	0.13	14.00	0.05	0.002**
心情愉悦的程度	0.20	21.53	0.04	0.001**
感到害怕的程度	−0.05	−5.26	0.04	0.19
感到羞耻的程度	0.07	7.36	0.04	0.06
情绪激动的程度	0.12	13.09	0.04	0.008**
商业内容				
商标时长	0.01	0.50	0.14	0.46
无商标	−0.67	−48.73	0.43	0.10
商标前置	−0.36	−29.88	0.12	0.002**
商标间断出现	−0.31	−26.51	0.11	0.008**
广告长度	0.12	12.98	0.05	0.024*
广告长度**2	−0.10	−9.06	0.03	0.004**
log（订阅者）	0.39	48.14	0.06	0.001**
及时性	−0.11	−10.06	0.14	0.46

表 7-6 戏剧元素对情绪的影响

特征	激发灵感的程度		感受温暖的程度		心情愉悦的程度		情绪激动的程度	
	Mean	p-Value	Mean	p-Value	Mean	p-Value	Mean	p-Value
戏剧效果	0.17	0.004**	0.13	0.024**	0.54	0.000**	0.02	0.699
惊喜片段	−0.13	0.015**	0.04	0.433	0.18	0.000**	0.1	0.073*
出现“名人”	0.36	0.003**	−0.14	0.242	−0.10	0.283	0.26	0.035**
出现“动物/小孩”	0.59	0.035**	1.24	0.000**	0.45	0.043**	0.04	0.876
出现动画	−0.23	0.233	−0.24	0.211	0.54	0.001**	0.04	0.862
出现“性吸引”	−0.25	0.355	−0.23	0.396	0.08	0.732	−0.26	0.349
悬念片段	0.04	0.505	−0.09	0.108	−0.04	0.409	0.10	0.074*

6. 研究意义

本案例对视频广告的制作和营销有重要的启示。首先，大约 55% 的样本广告使用了以信息展示为主的内容（相对于以情感表达为主的内容），将此类广告更多地应用于购买风险较大的产品或服务就显得非常有意义。在推动社交分享方面，唤起积极情绪的内容通常比以信息展示为主的内容更有效。然而，在当前的样本中，只有 7% 的广告能唤起强烈的积极情绪。

此外，强烈的戏剧性元素，包括了广告中“名人”“婴儿”和“动物”主角的使用，在激发情感和促进视频分享方面是有效的。然而，只有 11% 的广告具有强烈的戏剧效果；只有 10% 的广告会让人惊讶，只有不到 3% 的广告会使用婴儿或动物作为角色。在 YouTube 上，由于不存在成本和广告时长的限制，广告的营销人员和制作人员可以在广告中讲述一个好故事，增加情绪波动的成分，融合更多的戏剧效果，考虑以婴儿或可爱的动物作为视频主角，进而促进其分享。根据数据显示，超过 26% 的广告使用名人代言，虽然利用名人效应可以激发人们的情感并产生共鸣，但代价很高。相比之下，婴儿和动物更加低廉，适当使用这些资源可以帮助公司获得更高的回报。不同的社交媒体通常需要使用不同的广告主角，例如，名人、婴儿、动物等元素在 Facebook、Twitter 等平台上可能是有效的，但在 LinkedIn 上可能就并不如此，LinkedIn 上的用户更为关注专业性较强的事物。

本案例中只有 30% 的广告将其品牌名称的展示放在末尾。为了最大限度地避免观众的反感情绪，企业应尽可能避免在视频开头或视频中的显著位置放置品牌名称或标识。另外，样本广告中只有大约 25% 的广告时长在 1 ~ 1.5min 之间，50% 的广告短于 1min，大约 25% 的广告长于 2min。本案例的结果建议企业将广告长度控制在 1.2 ~ 1.7min 内。虽然广告的长度可以提高讲故事的能力，但太长也会影响观看体验，观众往往会不耐烦而关闭广告。反过来，内容太短可能不足以引起强烈的情绪。

7.2.3 异质性同伴效应对减肥效果的影响

1. 案例简介

美国的减肥产业发展规模巨大，每年有 1 亿多的减肥者投入 200 亿美元到减肥中。本案例研究一个大型减肥项目中的同伴效应，简单而言，就是同伴对减肥效果的影响。从商业角度来看，参与者之间的互动对商业减肥计划有积极的作用，它可以促进参与者对项目的满意度，进而增进对项目的参与度并且产生积极的效果。然而，实际情况中，参与者面对的同伴各不相同，参与相同减肥计划的人可能同时受到不同同伴的影响。对减肥项目的设计者而言，如何识别出具有正向影响价值的参与者，向参与者披露有正向影响效果的群组信息，成为一个重要的研究问题。

传统研究往往关注表现优异的同伴对自我评价的影响。一些著名的例子包括 Brewer 和 Weber（1994 年）以及 Pelham 和 Wachsmuth（1995 年）的研究。但是这些研究的结果并不一致，一些情况下，表现优异的同伴可以提供额外的动力促进人们向目标努力，然而有时人们会觉得自己再怎么努力也达不到与同伴相同的结果，反而起到相反的作用。因此对同伴效应的研究应该着眼于具体研究情景。本案例中，与局限于实验情境下的传统研究不同，作者使用真实情景中产生的海量数据进行研究。这些数据提供了减肥会议的出席率、会议参与人员不同特征的分布等信息，相较于实验数据具有更多的观测维度，可以覆盖更广的样本，为提供更细粒度的发现提供了方便。

本案例解读的研究论文于 2019 年发表在管理领域顶级期刊 *Marketing Science*，作者是 Kosuke Uetake 和 Nathan Yang。

2. 研究对象

研究使用了一个有将近 200 万参与者的国家级别减肥计划的数据。该计划的总部设在美国，2013 年的收入为 17 亿美元。这项计划给参与者提供热量预算，允许参与者摄入任何类型的食物，前提是不超过允许的热量预算（预算可能随着运动增加）。该减肥计划的一个重要组成部分是需要参与者参加会议。举办会议的目的是与其他参与者分享经验，让参与者受到启发，并希望参与者能从其他人的经验和成功中受益。会议时间一般为 30min：前 10min 由减肥导师组织并讨论一个议题，后 20min 允许参与者自由走动，并与他人互动。

在进行深入的分析前，本案例首先对数据进行了描述性统计分析，这一步对于明晰研究样本特征的分布和抽象数学公式有重要的作用。通过对样本的统计分析可以看到，91% 的减肥计划参与者为女性，平均身高、体重、体重指数（Body Mass Index，BMI）分别是 65 英寸（1 英寸 =2.54cm）、85kg 和 31.27。根据美国疾病控制和预防中心（Centers for Disease Control，CDC）的数据，20 岁以上的美国女性平均体重为 75kg，而样本的平均体重远高于这个平均值。同时，健康的 BMI 一般在 18.5 ~24.9 之间，样本的 BMI 也超出了这个区间。另外，本案例中的参与者平均每天减重 0.04kg，虽然在数值上看起来很小，但是符合 CDC 的健康减重指导方针。

该研究使用 2012—2013 年一年的数据，在这个区间内，参与者平均参加了约 11 次会议。减肥计划项目提供的 1070 个会议地点分布在美国各地。人们通常选择参加同一个地点举办的会议，而且大部分（40%）参与者会选择居住地附近的会议。此外，人们参加会议的时间间隔不会超过一个月。从数据可以看出，会议成员也会发生变化，只有 27% 的人会参加与上一期参与人完全一样的会议。这个特征使得研究同伴效应差异对减肥效果的影响成为可能（因为参加完全一样会议的样本无法研究可能的因果关系）。

3. 问题抽象

该研究主要研究 3 种不同同伴效应的影响即参与者中的最优减重结果、参与者中的平均减重结果，以及参与者中最差的减重结果，因此抽象数学模型为：

$$y_{it} = \alpha y_{it-1} + \gamma_1 (y_{it-1}^{\text{Avg}} - y_{it-1}) + \gamma_2 (y_{it-1}^{\text{Worst}} - y_{it-1}) + \gamma_3 (y_{it-1}^{\text{Best}} - y_{it-1}) + \beta X_{it} + \mu_i + \mu_l + \mu_m + \varepsilon_{it} \tag{7-6}$$

其中，y_{it}指的是参与者 i 从第 $t-1$ 个会议到第 t 个会议每天减少的体重（kg）；y_{it-1}^{Avg}、y_{it-1}^{Worst}、y_{it-1}^{Best}表示参与者 i 的同伴在参与第 $t-1$ 个会议的平均、最差以及最优的每天减重（kg）；X_{it}表示参与者 i 当前的体重到目标体重的距离、参与上次会议的人数、距离上次会议的天数、加入减肥计划的天数等相关的控制变量；μ_i、μ_l、μ_m 分别表示参与者 l、会议地点 l、月份 m 的固定效应。

4. 实证思路

研究中，由于用户有选择是否参加会议的权利，因此得到的数据会存在选择偏差的问题。选择偏差会造成模型的内生解释变量问题，用传统的 OLS 估计模型会造成估计的不一致。工具变量法可以解决由于选择偏差带来的估计不一致问题。工具变量法是指寻找一个外生的工具变量，使得其与内生的自变量相关，与扰动项无关，再用工具变量对自变量的估计代替自变量。

本案例使用用户当地的天气以及与参加会议的距离作为工具变量，这两个变量只对当期用户的会议参与有影响，满足工具变量的构造条件。

5. 研究发现

实证研究发现，会议内的平均体重减少量每增加 1kg，个人体重减少量将减少 0.02kg，因此平均减重值对个人的减重有负向影响。同时，表现最好者的体重减少量每增加 1kg，个人的体重减少量将增加 0.01kg，因此表现最好的参与者的减重效果会促进个体减重。

数据探索发现的平均表现的负向作用与以下观点一样：表现出色的同伴可能会导致个人感觉无论自己做什么事情也达不到相同的表现水平，造成个人动力下降。但同时人们会采用防御的方式应对这种负向感觉，例如通过寻找一个明显优势的同伴作为比较对象，利用与表现好的人进行比较产生向上的动力，同时抵消自己表现不佳的不适感觉。

6. 研究意义

这些发现对减肥会议的设计者而言具有管理上的启示。首先，对会议的内容而言，会议的设计者可以利用减重最多的参与者来激励其他人，同时避免将平均减重值作为比较基准。通过将注意力集中在表现最好的人身上，减肥计划可以更好地激励参与者朝着可持续减肥的方向努力。其次，对会议的组成而言，减肥会议设计者可以调整会议的参会人员，使得会议能够最大限度地发挥最佳表现者的正向激励作用，并将平均表现的消极影响最小化。这些会议设计策略可以提高参与者对减肥计划的正向认知，从而帮助项目组织方保持高水平的用户满意度和参与度。

参 考 文 献

[1] VINYALS O, FORTUNATO M, JAITLY N. Pointer networks [C] //CORTES C, LAWRENCE N D, LEE D D, et al. Advances in Neural Information Processing Systems 28 (NIPS 2015). Cambridge: MIT Press, 2015: 2692-2700.

[2] KOOL W, VAN HOOF H, WELLING M. Attention, Learn to Solve Routing Problems! [EB/OL]. (2018-

03-22)[2019-11-04]. https://arxiv. org/abs/1803. 08475.

[3] BELLO I, PHAM H, LE Q V, et al. Neural combinatorial optimization with reinforcement learning [EB/OL]. (2017-01-12)[2019-11-04] https://arxiv. org/abs/1611. 09940.

[4] KHALIL E, DAI H, ZHANG Y, et al. Learning combinatorial optimization algorithms over graphs [C] // GUYON I, LUXBURG UV, BENGIO S, et al. Advances in neural information processing systems 30 (NIPS 2017). Cambridge: MIT Press, 2017: 6348-6358.

[5] SILVER D, HUANG A, MADDISON C J, et al. Mastering the game of Go with deep neural networks and tree search [J]. Nature, 2016, 529 (7587): 484.

[6] SILVER D, SCHRITTWIESER J, SIMONYAN K, et al. Mastering the game of Go without human knowledge [J]. Nature, 2017, 550 (7676): 354.

[7] LI Z, CHEN Q, KOLTUN V. Combinatorial optimization with graph convolutional networks and guided tree search [C] //BENGIO S, WALLACH H, LAROCHELLE H. et al. Advances in neural information processing systems 31 (NIPS 2018). Cambridge: MIT Press, 2018: 537-546.

[8] DANTZIG G, FULKERSON R, JOHNSON S. Solution of a large-scale traveling-salesman problem [J]. Journal of the operations research society of America, 1954, 2 (4): 393-410.

[9] BURKE E K, GENDREAU M, HYDE M, et al. Hyper-heuristics: a survey of the state of the art [J]. Journal of the Operational Research Society, 2013, 64 (12): 1695-1724.

[10] SUTSKEVER I, VINYALS O, LE Q V. Sequence to sequence learning with neural networks [C] //GHAHRAMANI Z, WELLING M, CORTES C, et al. Advances in neural information processing systems 27 (NIPS 2014). Cambridge: MIT Press, 2014: 3104-3112.

[11] SERGIO Y C M W H, COLMENAREJO G. Learning to learn for global optimization of black box functions [J]. STAT, 2016, 1050: 18.

[12] ZOPH B, LE QV. Neural architecture search with reinforcement learning [EB/OL]. (2017-02-15) [2019-11-04]. https://arxiv. org/abs/1611. 01578.

[13] NAZARI M, OROOJLOOY A, SNYDER L, et al. Reinforcement learning for solving the vehicle routing problem [C] //BENGIO S, WALLACH H, LAROCHELLE H, et al. Advances in neural information processing systems 31 (NIPS 2018). Cambridge: MIT Press, 2018:: 9839-9849.

[14] SUTTON R S, MCALLESTER D A, SINGH S P, et al. Policy gradient methods for reinforcement learning with function approximation [C]. LEEN TK, DIETTERICH TG, TRESPV. Advances in neural information processing systems 12 (NIPS 1999). Cambridge: MIT Press, 2000: 1057-1063.

[15] AHA D W, KIBLER D, ALBERT MK. Instance-based learning algorithms [J]. Machine Learning, 1991, 6 (1): 37-66.

[16] LIU T-Y. Learning to rank for information retrieval [J]. Foundations Trends Inform, 2009, Retrieval 3 (3): 225-331.

[17] HUANG D, LUO L. Consumer preference elicitation of complex products using fuzzy support vector machine active learning [J]. Marketing Science, 2015, 35 (3): 445-464.

[18] KOHAVI R, JOHN GH. Wrappers for feature subset selection [J]. Artificial Intelligence, 1997, 97 (1): 273-324.

[19] KOULAYEV S. Search for differentiated products: identification and estimation [J]. The RAND Journal of Economics, 2014, 45 (3): 553-575.

[20] URSU R M. The power of rankings: quantifying the effect of rankings on online consumer search and purchase decisions [J]. Marketing Science, 2018, 37 (4): 530-552.

[21] NARAYANAN S, KALYANAM K. Position effects in search advertising and their moderators: a regression

discontinuity approach [J]. Marketing Science, 2015, 34 (3): 388-407.

[22] WEITZMAN M L. Optimal search for the best alternative [J]. Econometrica: Journal of the Econometric Society, 1979, 47 (3): 641-654.

[23] TELLIS G J, MACINNIS D J, TIRUNILLAI S, et al. What drives virality (Sharing) of online digital content? the critical role of information, emotion, and brand prominence [J]. Journal of Marketing, 2019, 83 (4): 1-20.

[24] BERGER J, MILKMAN K L. What makes online content viral? [J]. Journal of marketing research, 2012, 49 (2): 192-205.

[25] LEE C S, MA L. News sharing in social media: the effect of gratifications and prior experience [J]. Computers in human behavior, 2012, 28 (2): 331-339.

[26] SYN S Y, OH S. Why do social network site users share information on Facebook and Twitter? [J]. Journal of Information Science, 2015, 41 (5): 553-569.

[27] HO J Y C, DEMPSEY M. Viral marketing: motivations to forward online content [J]. Journal of Business research, 2010, 63 (9-10): 1000-1006.

[28] HENNIG-THURAU T, GWINNER K P, WALSH G, et al. Electronic word-of-mouth via consumer-opinion platforms: what motivates consumers to articulate themselves on the internet? [J]. Journal of interactive marketing, 2004, 18 (1): 38-52.

[29] LOVETT M J, PERES R, SHACHAR R. On brands and word of mouth [J]. Journal of marketing research, 2013, 50 (4): 427-444.

[30] ZHANG Y, LI B, LUO X, et al. Personalized mobile targeting with user engagement stages: combining a structural hidden markov model and field experiment [J]. Information Systems Research, 2019, 30 (3): 787-804.

[31] ComScore. The 2016 US mobile app report [EB/OL]. (2016-09-13) [2019-11-04]. https://www.comscore.com/Insights/Presentations and-Whitepapers/2016/The-2016-US-Mobile-App-Report.

[32] SWRVE. Monetization report 2016: Lifting the lid on player spend patterns in mobile [EB/OL]. (2016-09-15) [2019-11-04]. https://www.swrve.com/images/uploads/whitepapers/swrve monetization-report-2016.pdf.

[33] THAITECH. One in four mobile apps not used more than once [EB/OL]. (2015-06-15) [2019-11-04]. https://tech.thaivisa.com/app-retention/11662/.

[34] KUMAR V, SRIRAM S, LUO A, et al. Assessing the effect of marketing investments in a business marketing context [J]. Marketing Science, 2011, 30 (5): 924-940.

[35] MACDONALD I L, ZUCCHINI W. Hidden Markov and other models for discrete-valued time series [J]. International Journal of Forecasting, 1997, 13 (4): 587-588.

[36] KWON H E, SO H, HAN S P, et al. Excessive dependence on mobile social apps: a rational addiction perspective [J]. Information Systems Research, 2016, 27 (4): 919-939.

第 8 章 大数据决策支持实验

8.1 大数据机器学习实验

本节将通过一个典型的机器学习实验来说明机器学习、数据挖掘在实际生活、商业智能和管理决策中的应用。本实验对实际的房价进行预测，读者将深刻体会到如何解析问题，收集并处理所需数据，以及如何利用程序实现机器学习的模型构建和问题分析。

8.1.1 问题描述

利用机器学习预测房价是一个相当经典的案例，在各类竞赛题目以及商业案例中频频出现。房价预测是典型的有监督学习过程，针对这类对数值型连续随机变量进行预测和建模的问题，一般可以采用机器学习中的回归方法。首先，实验需要明确影响房价的特征。

影响房价的因素相当复杂，既包括政治、经济等外部环境影响，又包括其自身特性，如当地政府的政策条件、当地开发商的建筑条件、住宅的配套设施、住宅周边的设施配置等。通过充分的文献阅读，影响房价的主要因素可以归纳为以下 3 个层次。

1）周边商圈的分布。住宅周边商圈的分布是住户考虑的重要因素，住宅周围是否有超市、商场、零售商店，对于住户的生活至关重要。这也是衡量单位面积土地商业价值的因素之一。

2）住宅周边交通的可达性和便捷性。住宅周边的交通便捷性通常和住宅与城市枢纽（即城市中心）的距离呈正相关。毗邻商业圈或城市中心的住宅，其房价通常更高；而偏远的郊区，由于其交通不便利，房价也相对较低。

3）住宅及小区周边配套设施。住宅周边生活配套设施的配置情况也是住户通常考虑的重要因素。住宅周围具有充分广泛的基础设施，如便利店、母婴店、银行、医院、学校等，其生活便利程度越高，通常也具有更高的房价。因此，住宅及小区周边是否有这些配套设施也是影响房价的重要的因素。

8.1.2 数据描述

本实验使用的数据集包含某市 3000 多个小区的基本信息及 POI（信息点）数据。其中，小区基本信息包括小区名称、所属区域、环线位置、物业类别等 17 类数据，如表 8-1 所示。POI 数据包括 POI 位置、POI 编码、POI 经纬度、POI 类别 4 类，如表 8-2 所示。POI 数据通过地图网站提供的 API 接口获取。

表 8-1　小区基本信息

标　签	示　例	备　注
小区名称	世家星城	
所属区域	城南明德门	
环线位置	二至三环	
物业类别	住宅	有住宅和别墅两类
建筑年代	2009	
建筑结构	剪力墙；面砖	
建筑类型	塔楼，板塔结合	
建筑面积	900000	单位：平方米
占地面积	550000	单位：平方米
房屋总数	5508	单位：户
楼栋总数	80	单位：栋
绿化率	40%	
容积率	1.69	
物业费	1.00	单位：元/（m^2·月）
供水	市政供水	
供暖	集中供暖	
供电	民电	

表 8-2　POI 数据

标　签	示　例	备　注
POI 位置	瑞光路 98 号附近	
POI 编码	060000	
POI 经纬度	108.202228，34.162388	经度，纬度
POI 类别	购物服务；购物相关场所；购物相关场所	总共有 13 个大类

实验的数据集包括 40 个变量（特征），包括住宅周边的 ATM 的数量、超市的数量、地铁站的数量、高校数量、公交站牌和路线的数量、商场的数量等，具体如表 8-3 所示。表中后续的变量包括住宅周边的教育设施，如小学的数量、中学的数量，住宅周边的其余设施（包括药店、通信营业厅、娱乐设施、运动场所）的数量等。数据集也包括住宅自身维度的数据，如住宅所属区域、物业费、绿化率、容积率、实际建筑面积、占地面积、房屋总数、楼栋总数、建筑年代、是否供暖、是否集中供暖、是否供水、是否供气、是否有电梯。实验的数据集示例如图 8-1 所示。

表 8-3　特征总表

小区名	ATM	超市	地铁	高校	公交	快递	餐饮
停车	维护	小学	休闲	药店	影剧	通信营业厅	银行
娱乐	诊所	中学	本月均价	物业类别	环比上月	同比上年	建筑年代
所属区域	物业费	绿化率	容积率	建筑面积	占地面积	房屋总数	楼栋总数
是否供暖	是否集中供暖	是否供水	是否供气	是否有电梯	邮局	幼儿园	商场

编号	小区	ATM	便利店	超市	宠物医院	地铁	高校	公交	快递	能源
1	荣城	13	38	18	7	3	8	2	7	1
2	上院	5	29	35	7	0	18	4	4	1
3	210所	17	38	22	0	0	2	6	1	1
4	公安五处高层	10	29	13	0	1	16	3	0	0
5	东升商务公寓	21	89	45	2	2	3	12	16	2
6	丽苑	0	0	0	0	0	0	0	0	0
7	拉克雷公馆	10	70	84	2	8	11	5	7	0
8	坤元TIME	7	8	5	1	0	0	4	2	2
9	省纪委监察家属院	17	46	52	0	2	4	6	12	0
10	陕歌舞剧家属院	22	17	14	0	8	15	4	2	2
11	信苑	15	48	38	0	1	11	4	7	0
12	鼎峰国际	18	54	42	0	8	2	4	10	0
13	华城新天地	0	0	0	0	0	0	0	0	0
14	蓝色畅想	10	63	40	0	0	2	5	11	0
15	南门望城	15	43	24	1	7	7	3	15	1

图 8-1 数据集示例

在获取以上可参考的特征维度后，研究人员首先需要对数据集进行初步的探索分析，以选取合适的数据作为预测房价的特征，而后基于这些数据进行处理分析。

数据采集工作往往需要花费大量的人力、物力，研究人员应尽可能地采集任何可获取的数据。采集的原始数据往往质量较差且可用性较低，在使用前需要进一步分析处理。在上述数据集中，部分数据对于房价预测具有正向作用，部分数据则对房价预测有负向作用。如表 8-3 中的是否供水因素，在城市的商业住宅中，没有不供水的住宅，因此该变量的参考性非常低，可以考虑从模型中去除。此外可确定一些影响房价的重要因素，如去年的房价、房价的环比增长率，以及住宅周围的小学、中学数量。在实际生活中，住户在选择住宅时往往看重住宅周边是否有学校。

8.1.3 实验流程

1. 数据采集

(1) 房地产网站爬取

本实验利用网络爬虫获取需要的原始数据集，具体的爬取方法和步骤参见本书第 3 章实验三。

(2) 地图 API 爬取

本实验要获取每个小区附近的各种 POI（教育、交通、休闲娱乐、生活设施、汽车服务、餐饮服务、医疗条件）信息，需要通过调用地图网站 API 中的搜索 POI 功能来实现，传递 POI 编码（adcode）、中心点位置（location）、半径（radius）、POI 类型（types）等参数。高德地图 API 操作界面的使用示例如图 8-2 所示。

以高德地图为例，Python 可通过网址访问的方式实现 POI 查询功能，但是需要在高德开发平台上注册账号来获取服务权限 KEY，通过传入小区的经纬度以及要爬取的 POI 类型来获取该小区周边的 POI 数据。其中，POI 的类型和编码需要在高德地图 API 的 POI 分类编码表中查找。POI 分类编码表的信息如图 8-3 所示（参考高德地图官网）。

2. 数据预处理

数据预处理是将原始数据中“计算机无法读取的内容”转换为计算机可以理解的数据。本实验将文本数据转换为数字数据，并剔除乱码数据，以保证数据的有效性。针对该数据集，实验首先根据目标住宅所属的小区用序号排列，用该序号代替原来的中文名称，如“幸福小区－1”“信苑－2”等。此外，需要处理的文本数据还包括住宅所属的行政区域，

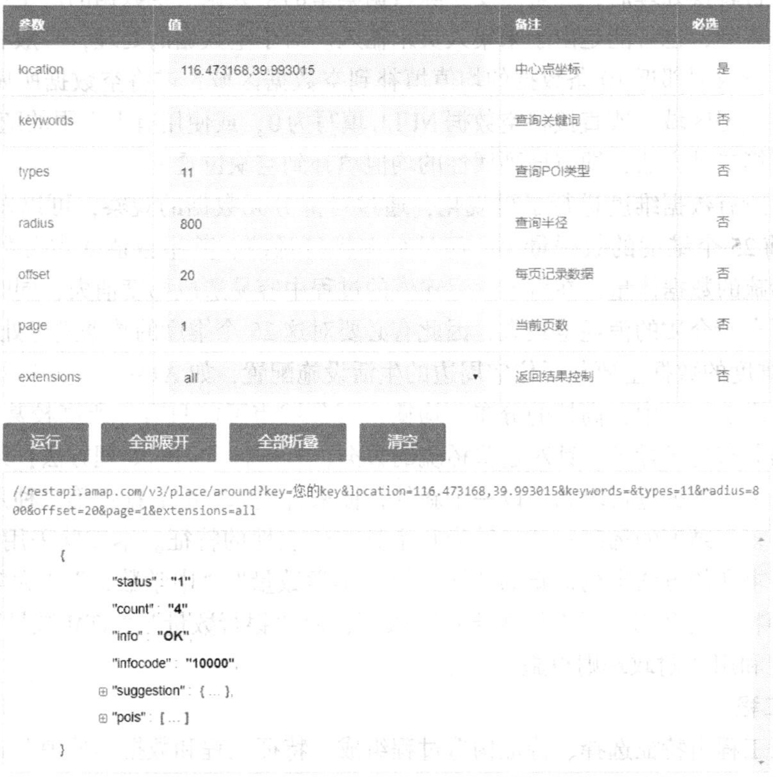
参数
值
备注
必选
location
116.473168,39.993015
中心点坐标
是
keywords
查询关键词
否
types
11
查询POI类型
否
radius
800
查询半径
否
offset
20
每页记录数据
否
page
1
当前页数
否
extensions
all
返回结果控制
否
运行
全部展开
全部折叠
清空
//restapi.amap.com/v3/place/around?key=您的key&location=116.473168,39.993015&keywords=&types=11&radius=800&offset=20&page=1&extensions=all
{
"status": "1",
"count": "4",
"info": "OK",
"infocode": "10000",
"suggestion": {...},
"pois": [...]
}

图 8-2　地图 API 操作界面的使用示例

序	NEW_TYPI	大类	中类	小类
592	141103	科教文化服务	传媒机构	报社
593	141104	科教文化服务	传媒机构	杂志社
594	141105	科教文化服务	传媒机构	出版社
595	141200	科教文化服务	学校	学校
596	141201	科教文化服务	学校	高等院校
597	141202	科教文化服务	学校	中学
598	141203	科教文化服务	学校	小学
599	141204	科教文化服务	学校	幼儿园
600	141205	科教文化服务	学校	成人教育
601	141206	科教文化服务	学校	职业技术学校
602	141207	科教文化服务	学校	学校内部设施
603	141300	科教文化服务	科研机构	科研机构
604	141400	科教文化服务	培训机构	培训机构
605	141500	科教文化服务	驾校	驾校
606	150000	交通设施服务	交通服务相关	交通服务相关
607	150100	交通设施服务	机场相关	机场相关
608	150101	交通设施服务	机场相关	候机室
609	150102	交通设施服务	机场相关	摆渡车站
610	150104	交通设施服务	机场相关	飞机场
611	150105	交通设施服务	机场相关	机场出发/到达
612	150106	交通设施服务	机场相关	直升机场
613	150107	交通设施服务	机场相关	机场货运处
614	150200	交通设施服务	火车站	火车站
615	150201	交通设施服务	火车站	候车室
616	150202	交通设施服务	火车站	进站口/检票口

图 8-3　POI 分类编码表

实验针对这部分数据进行了类似的转换，如“高新区 - 1”“长安区 - 2”。按照数据特征工程的要求，还有其他文本数据的处理方法可供选择，例如采用热编码对文本数据进行编码，或者采用二进制来对文本数据进行标注。

对数据进行转换处理后，实验需要排除数据集里的空数据。空数据的产生可能是由于数据采集时未采集到，也可能是由于采集人员未输入。对于空数据的处理，一般有几种常用的方法，例如把空数据邻近10条数据的均值填补到空数据区域，或将空数据所属整列数据的均值填补到空数据区域，或直接将空数据NULL填写为0，或使用有上下限的随机数来填补。本实验采用了第二种方法，即将该列属性的均值填补到空缺位置上。

本实验对所有数据维度进行了可视化，通过对部分元数据的观察，可以发现数据集的43个维度的前25个维度的数据量小，而且分布极度稀疏，其中数值0占总数的比例超过80%。这样稀疏的数据体量，在机器学习建模的过程中容易造成梯度消失，同时大体量的稀疏数据对数据存储介质的消耗也较大，因此有必要对这25个维度的数据进行处理。

前25个维度的数据主要包括住宅周边的生活设施配置，如ATM数量、银行的数量、高校的数量等。现实情况中，高校的分布不均衡，部分城市可能只有一所高校甚至没有高校，因此该数据的分布过于稀疏。针对这些稀疏的数据，有两种常用的处理方法：第一种是直接对这些极度稀疏的数据进行求和，以一个新的特征来替代原来的数据；第二种是对这些数据进行归并，将多个维度的稀疏特征总结为几个具有代表性的特征。本实验采用第二种方法，即利用总特征求和的方法来构造新的特征，如“小学数量”“中学数量”“大学数量”“辅导班数量”等特征之和用“教育资源指数”表征，而“银行数量”“ATM数量”“信用社数量”等特征之和用“财政理财设施”表征。

3. 特征工程

数据特征工程由特征选择、特征构造过程组成。特征工程和数据预处理两者之间并无明显的界限，都是通过探索数据集的结构获得更多的信息，并在将数据输入模型之前进行整理。对于机器学习实验，初始的数据特征往往过于庞大，不能将所有特征都加入模型计算，因此特征选择是必要的步骤。

在特征选择过程中，需要使用数理统计的方法来评估特征的优劣。对于数据特征，往往利用各个特征之间的相关性进行评价。两个相关性很高的特征可以合并。此外，可通过主成分分析（PCA）方法对数据特征进行降维。另外，研究人员往往需要观察数据的分布情况，对于呈现左偏或者右偏的数据，可以将其构造为标准正态分布的数据。

对于文本数据的特征构造，前文的数据预处理部分已经进行了简单的介绍，这里进行补充说明。对于如“北京”“上海”等地理位置特征，有几种方法来构造其特征：其一是直接对所有不同的文本标记序号，如“北京-1”“上海-2”等；第二种方法是对文本数据进行热编码，即“北京-0000001”“上海-0000010”等；第三种方法是对文本数据以二进制矩阵来表征，如“北京-0001”“上海-0010”等。方法二与方法三构造出的这些二进制01数据，以矩阵形式形成一个新的特征，即“北京-[0,0,0,1]”。

此外，在本实验中，对数据进行描述统计发现，某些维度数据分布在区间[0,1]，而某些维度的数据分布在区间[0,10000]，这些数据之间的差距非常大，如果直接将这些数据调入模型进行计算，很容易出现梯度消失。另外，这些数据因为其表达方式不同（如二值化数据[0, 1]），在最终预测的过程中无法起到正向作用。所以如何对这些维度差异过大的数据进行处理，是构造特征的一个重要的步骤。

构造特征常用的方法是将数据标准化或归一化，即数据的无量纲化。数据之间的不同维度往往是不同的量纲，比如，1kg和1000g不能直接使用其数字作为特征，即不能直接将1、

1000 作为模型的输入数据，这样势必会造成错误的模型估计。针对本实验的一些数据，如房价的分布，都进行了归一化处理。

经过空值填补、文本数据转换、特征选择、特征合并、特征的无量纲化等多步操作，最终得到了 17 列 3350 行数据。数据的前 16 个维度分别表征了与房价相关多个特征，如“驻扎周边的设施配置”“住宅是否供暖”“住宅小区总楼栋数量”“住宅交房时间”等。其最后一个维度则是“上个月的具体房价”。

4. 模型建立

在数据预处理和特征工程构造完毕后，实验采用了简单的神经网络模型来对房价进行预测，这是一种有监督的学习方式。实验构建了一个深度为 10 层的神经网络对房价进行预测，以下为神经网络的参数和结构的简述：

{线性输入层，有 16 个神经元，输出为 32 个神经元 - 激励函数}

{线性输入层，有 32 个神经元，输出为 64 个神经元 - 激励函数}

{线性输入层，有 64 个神经元，输出为 30 个神经元 - 激励函数}

{线性输入层，有 30 个神经元，输出为 10 个神经元 - 激励函数}

{线性输入层，有 10 个神经元，输出为 1 个神经元 - 激励函数}

网络的学习率 LR = 0.05，网络的训练方法设为梯度下降，标准为最小均方误差。

输入数据大小为［17,3350］（17 列，3350 行），其中有 1020 个数据显示本月房价为 0，但是房价为 0 的房子并非处于出售阶段，实验无法对其进行评估，因此实验中将这部分数据删除。实验将本年度的住宅参数作为训练集，将一年之后的住宅参数作为测试集，并构造了完整的网络模型和数据模型。

实验在训练过程中采用了多组测试的方法，最后选取平均值作为网络预测的结果，网络训练的误差由 36% 最终下降到 0.03%。结果发现，当学习率 LR = 0.1 时，网络误差迅速迭代到 0.5%，最终返回至 15%，这说明网络的学习率过大，使得网络达到梯度最小后又反弹过大，因此需要降低学习率。但是值得说明的是，网络的学习率也不可过小，否则网络容易陷入局部最小值。根据预测结果，极少部分房价在 4000 元以下，大部分房价位于 8000 ~ 10000 元之间，少数房价位于 12000 ~ 14000 元之间。预测得到的结果是一组有序排列的分布，将其结果按照源数据的住宅排序，则可以得到房价的涨跌情况。预测的结果如图 8-4 所示。

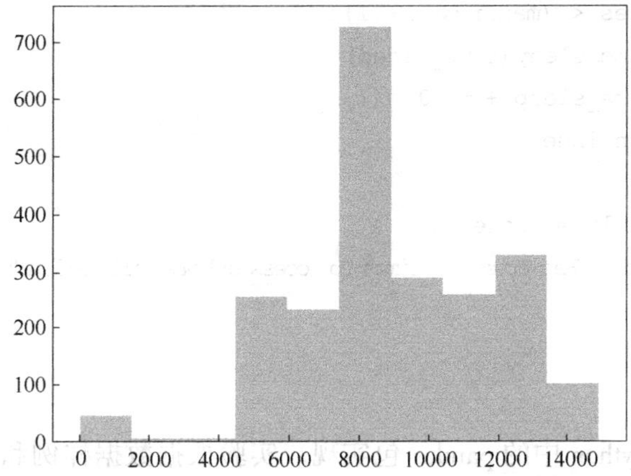

图 8-4　预测的结果

8.1.4 程序实现

1. 数据爬取

首先爬取网站小区 URL，通过定义 openurl( ) 函数来调用 requests 模块请求传入的网址并返回网站的内容。然后通过定义 analysierenhtml( ) 函数调用 BeautifulSoup 模块对每个网址的内容进行解析，并查找到所有小区的 URL，将其保存到 MongoDB 数据库中。获取到所有的小区 URL 之后，同样的，通过定义 openurl( ) 函数来请求网址并返回网站内容，然后通过定义主函数来对每个网址内容进行爬取并存到字典中，最后输出到 MongoDB 数据库中。具体代码见本书第 3 章实验三。

POI 数据则通过调用高德地图 API 接口获取，通过 URL 查询的方式获取每个小区周边的 POI，并根据状态来判断是否查询成功。若访问成功，则获取网页信息并进行下一步的解析。代码如下：

```
def openurl(url):
    time_sleep = 1
    maxTryNum = 5
    htmlx = 'None'
    for tries in range(maxTryNum):
        try:
            wb_data = requests.get(url)
            html = wb_data.text
            rlt = eval(html)
            if rlt['status'] == '1':
                htmlx = html
            if rlt['status'] == '0':
                print('status=0')
                htmlx = 'None'
            break
        except Exception as msg:
            print('openurl_error:'+url)
            if tries < (maxTryNum - 1):
                time.sleep(time_sleep)
                time_sleep += 10
                continue
            else:
                htmlx = 'None'
                print("Has tried %d times to access url %s, all failed!", maxTryNum, url)
                break
    return htmlx
```

2. 数据预处理

数据预处理通过 Python 中的 pandas 包实现。实验根据数据样例和数据标签设定了归一化函数来对数据进行无量纲化，函数为 NOM(data)。对于数据缺失的情况，如是否有电梯、是否存在大学等特征，实验中将其设置为0。另外，针对部分数值型数据，实验采用“平均值赋值”法处理。

如前所述，一些具有高稀疏性的数据，如周边幼儿园数量、周边小学数量、周边中学数量、周边辅导班数量、周边大学和研究所数量等，都与教育相关，实验采取了简单的求和汇总方式。特征工程合并了稀疏的维度，并且将数据无量纲化，归一化到［0,1］。代码如下：

```
def Nom(data):
    m = np.mean(data)
    mx = max(data)
    mn = min(data)
    return [(i - mn) / (mx - mn) for i in data]
data.lvhua = data.lvhua.fillna(np.mean(data.lvhua))
data.wuyefei = data.wuyefei.fillna(np.mean(data.wuyefei))
data.rongji = data.rongji.fillna(np.mean(data.rongji))
data.mianj = data.mianj.fillna(np.mean(data.mianj))
data.zhandimianji = data.zhandimianji.fillna(np.mean(data.zhandimianji))
data.fangwushu = data.fangwushu.fillna(np.mean(data.fangwushu))
data.loudongshu = data.loudongshu.fillna(np.mean(data.loudongshu))
data.niandai = data.niandai.fillna(np.mean(data.niandai))
data.niandai = 2020 - data.niandai
data.niandai[data.niandai > 40] = np.mean(data.niandai)
data.mianj = data.mianj/np.mean(data.mianj)
data.zhandimianji = data.zhandimianji/np.mean(data.zhandimianji)

data.isnull().sum()
data1 = data.values
lable = Nom(data1[:,16])
data1 = np.delete(data1, [16], axis = 1)
#plt.plot(lable)
data2 = []
for i in data1.T:
  data2.append(Nom(i))
data2 = np.array(data2).T
```

3. 模型建立

实验采用深度学习模型预测房价，所建立的深度神经网络包括 4 个先行层和 4 个激励函数，最后通过一个 ReLU( ) 函数输出。网络通过 forward( ) 函数进行前向传递，通过 SGD（随机梯度下降）方法来实现反向的误差传播。

为了加速数据训练，实验将数据载入 cuda 模块进行批次训练，这种方式的训练速度相比在 CPU 下能够提高 10 ~ 50 倍。代码如下：

```
class Net(torch.nn.Module):
  def __init__(self):
```

```
    super(Net, self).__init__()
        self.lin = nn.Sequential(
nn.Linear(16,32),nn.ReLU(),nn.Linear(32,64),nn.ReLU(),nn.Linear(64,30),nn.ReLU(),
            nn.Linear(30,10),nn.Sigmoid(),nn.Linear(10,1),nn.ReLU()
        )
    def forward(self, x):
        x = self.lin(x)
        return x
net = Net().cuda()      # define the network
print(net)  # net architecture
optimizer = torch.optim.SGD(net.parameters(), lr=5e-3)
loss_func = torch.nn.MSELoss()  # this is for regression mean squared loss
train = torch.from_numpy(np.array(data2)).float()
trainlable = torch.tensor(lable)
```

4. 模型训练

实验将构建好的数据和模型加入循环开始训练，每一个批次的数据都载入 cuda，并且前向传递它的计算值，然后反向传播其误差值。当其误差达到最小时，该次训练完成，进入下一批次的训练，最终得到一个对所有数据都拟合良好的模型。在完成模型训练之后，只需要将预测的数据集载入被训练好的模型即可得到预测的房价数据。代码如下：

```
for ep in range(2):
    i = 0
    for xin,yin in zip(train,trainlable):
#     print(x,y)
        i = i + 1
        predi = []
        xin,yin = xin.cuda(),yin.cuda()
        prediction = net(xin)     # input x and predict based on x
        loss = loss_func(prediction, yin.float())    # must be (1.nn output, 2.target)
        optimizer.zero_grad()  # clear gradients for next train
        loss.backward()          # backpropagation, compute gradients
        optimizer.step()          # apply gradients
#     print(loss.data.cpu().numpy())
        accuracy = 0
        if i % 500 == 0:
            predi.append(prediction.cpu().data.numpy())
            err = float(((pow(predi - trainlable.data.numpy(),2)).sum())/len(trainlable))
            print("误差",err,"已经完成了",(i * 100)/len(trainlable),"%")
yucefangjiayinianhou = net(test.cuda())
res = yucefangjiayinianhou.cpu().data.numpy()
```

8.2 大数据计量经济分析实验

本节将通过计量模型实验来说明计量经济学方法在商业智能和管理决策中的应用。

8.2.1 问题描述

随着近年来社交化平台与应用的涌现，用户经常在社交媒体上分享自己的选择、品味和偏好。根据最近的调查，54%的受访者表示，他们购买的音乐是由朋友推荐的。根据尼尔森全球营销信任调查（Nielsen's Global Trust in Advertising Survey），92%的消费者表示朋友的推荐是消费决策时最值得信赖的信息来源，70%的用户表示相信其他用户在网上发布的意见。尽管社会影响或同伴影响早已被发现是进行消费决策的重要驱动因素，并在多个领域得到了验证，如电影销售、Facebook 应用、iPhone 3G 的采纳、餐厅就餐选择、软件下载等，但是用户的音乐喜好是否会受到同伴影响仍有待研究。

音乐是做这种研究的理想领域。音乐是一种体验式商品，因此消费者潜在地重视其他消费者的意见和行为，并以此作为参考。此外，音乐是一种信息产品，发现和消费音乐产品越来越成为在线活动。当前音乐平台普遍引入了社交功能，用户可以听歌，收藏歌曲，并使用社交网络功能来关注其他用户并跟踪他们的偏爱行为。平台允许用户快速查找其朋友喜欢的歌曲，对于研究用户的音乐喜好是否会受到同伴影响提供了便利。

8.2.2 数据描述

数据来源为美国斯坦福大学的复杂网络分析平台（https://snap.stanford.edu/index.html），平台数据开源，提供了包括通信网络、引用网络、合作网络、道路网络在内的近百种数据集，是社交网络领域最为常用的数据集之一。

本实验使用的数据引用自文章 *Graph Embedding with Self Clustering*（B. Rozemberczki et al. 2018），该文章从欧洲最流行的音乐分享网站之一音乐流媒体服务 Deezer 收集了多个欧洲国家的用户信息和音乐喜好。本实验使用了该数据集中罗马尼亚 Deezer 用户的朋友关系以及用户的音乐类型偏好。数据从0开始重新索引节点，以实现一定程度的匿名性。每个键代表一个用户 id，用户所喜爱的音乐类型以列表的形式给出。音乐类型标记在用户之间是一致的，在数据集中，用户可以喜爱包括 Dance、Pop、R&B、Rock 在内的84种不同的音乐类型。用户喜爱的音乐类型是根据用户喜爱的歌曲列表编制的。数据收集于2017年11月。表8-4所示为数据集中基本网络特征统计。

表8-4 基本网络特征统计

#Country（国家）	#Node（节点数）	#Edges（边数）
RO（罗马尼亚）	41 773	125 826

8.2.3 实验流程

1. 阅读文献并确定方法

围绕所研究问题进行充足的文献阅读，明确研究领域的相关理论和研究方法，提出符合研究情景的具体假设，并确定分析问题的可行模型或方法。通过阅读相关文献，我们考虑应用社会影响理论（Social Influence Theory），即个人的观点或行为受到参照的其他人的影响。基于前期的问题雏形和数据的可行性，提出以下假设：

用户的音乐喜好会受到同伴影响，即用户的朋友中喜好某一音乐类型的比例越高，那么用户本身喜好该音乐类型的可能性越高。

2. 数据清洗和数据描述

本实验的数据包括 Deezer 用户的朋友关系以及用户的音乐类型偏好。图 8-5 提供了喜好各音乐类型的用户人数。具体 84 种音乐类型及喜好各音乐类型的用户人数如表 8-5 所示。

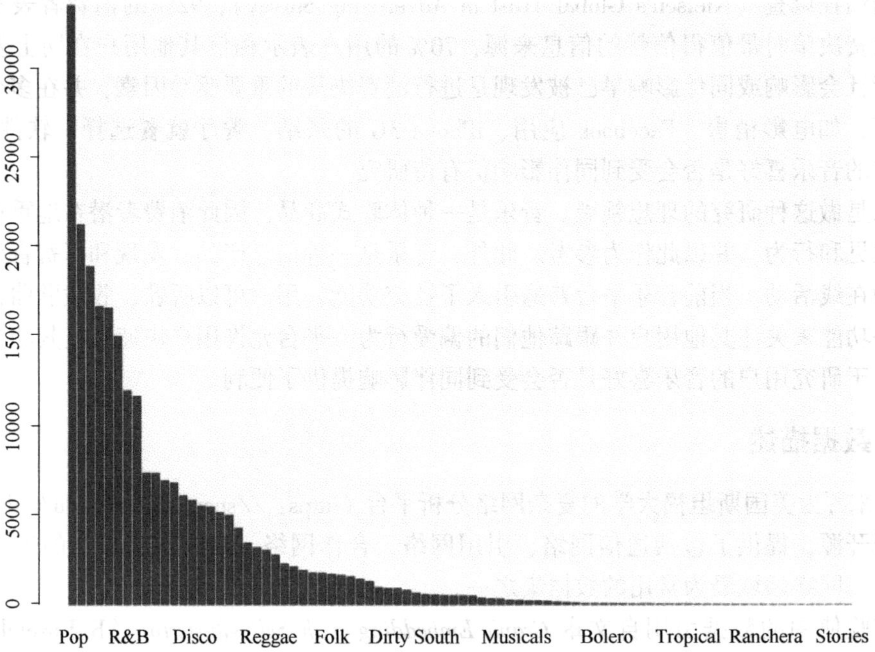

图 8-5 喜好各音乐类型的用户人数

表 8-5 84 种音乐类型以及喜好各音乐类型的用户人数统计表

音乐类型	用户人数
Pop	33420
Dance	21208
Rap/Hip Hop	18849
Rock	16630
Electro	16550
Alternative	14966
R&B	11933
International Pop	11620
Indie Rock	7365
Films/Games	7353

（续）

音乐类型	用户人数
Film Scores	6924
Techno/House	6811
Contemporary R&B	6088
Disco	5841
Singer & Songwriter	5520
Indie Pop	5470
Latin Music	5139
Indie Pop/Folk	4999
Metal	4264
Dancefloor	3439
Hard Rock	3189
Reggae	3042
Indie Rock/Rock pop	2777
Jazz	2292
Classical	2119
Dubstep	1922
East Coast	1780
Blues	1767
Folk	1693
Country	1645
Kids	1563
Soul & Funk	1436
Rock & Roll/Rockabilly	1319
Electro Hip Hop	969
Chill Out/Trip-Hop/Lounge	922
Contemporary Soul	922
DancehaH/Ragga	815
Dirty South	672
Comedy	589
Trance	564
Spirituality & Religion	530
Soundtracks	520
Brazilian Music	511
Opera	505
Vocal jazz	385
Instrumental Jazz	349

（续）

音乐类型	用户人数
Asian Music	328
Musicals	269
TV Soundtracks	258
Electro Pop/Electro Rock	234
Dub	225
Old School Soul	207
Alternative Country	159
Oldschool R&B	144
African Music	123
West Coast	90
Jazz Hip Hop	86
Bolero	85
Sports	78
Bollywood	73
Grime	64
Chicago Blues	57
Ska	57
Game Scores	50
Indian Music	50
Electric Blues	49
Tropical	45
Old School	37
Baroque	33
Urban Cowboy	27
Nursery Rhymes	25
Classical Period	22
Modern	22
Romantic	11
Ranchera	10
Acoustic Blues	8
Bluegrass	7
Country Blues	6
Classic Blues	2
Corridos	1
Kids & Family	1
Norte	1
Stories	1
TV shows & movies	1

从图 8-5 可以看出，Pop 是最受用户欢迎的音乐类型。但是本实验并不能选择 Pop 类型的音乐进行假设的验证，原因在于用户对于 Pop 即流行音乐类型的喜好更可能是由于自身原因或受社交网络中用户同质性（Homophily）的影响，这是社交网络分析最为常见的问题。受限于数据的可行性，这里排除 Pop 类型音乐，考虑选取 Rap 类型音乐验证假设。然后在实验结果的验证部分用 Dance 类型音乐检验结果的鲁棒性。

3. 网络构建与社区发现

构建用户关系网络，并通过社区发现算法，将网络划分成子网络。本实验中，节点代表用户，边代表用户之间的朋友关系，用户朋友关系网络如图 8-6 所示。

为了从用户朋友关系网络中提取独立的子网络，本实验使用了 Louvain（Multi-level）算法。该算法在计算大型社交网络的时间和精度方面优于 InfoMap、Label Propagation、Walktrap 和 Spinglass 等算法。Louvain 算法属于不重叠的社区发现算法，用户将被划分在与其关系最密切的社区子网络中。此外，Louvain 算法不需要子网络大小作为参数，因此提取的子网络的大小不是预先确定的。通过社区发现算法对大型网络结构进行划分，将对社交网络的整体分析转换为对子网络的分析，既能够保证在有限的计算资源以及时间内完成结果分析，又能够提升结果的鲁棒性。用户网络社区发现的子网络基本描述特征如表 8-6 所示。

图 8-6　用户朋友关系网络

表 8-6　用户网络社区发现的子网络基本描述特征

子网络编号	节点数	边数	密度
1	4829	9463	0.000812
2	4009	10367	0.00129
3	2865	7277	0.001774
4	1672	5366	0.003841
5	1538	3602	0.003047
6	1513	4058	0.003548
7	1471	3874	0.003583
8	1434	3365	0.003275
9	1402	3763	0.003832
10	1301	3561	0.004211
11	1285	2736	0.003316
12	1228	3031	0.004023

（续）

子网络编号	节 点 数	边 数	密 度
13	1224	3066	0.004096
14	1216	2566	0.003474
15	1097	2773	0.004613
16	1086	2799	0.004751
17	1047	2373	0.004334
18	999	2237	0.004487
19	869	1782	0.004725
20	865	2438	0.006524
21	726	1509	0.005734
22	694	1778	0.007394
23	670	1546	0.006898
24	657	1659	0.007699
25	648	1697	0.008095
26	641	1452	0.007079
27	641	1380	0.006728
28	635	1251	0.006215
29	605	1634	0.008943
30	502	1007	0.008008
31	501	1150	0.009182
32	478	882	0.007737
33	378	814	0.011424
34	343	789	0.013452
35	322	924	0.017879
36	320	554	0.010854
37	19	43	0.251462
38	10	11	0.244444
39	9	9	0.25
40	6	5	0.333333
41	6	6	0.4
42	6	6	0.4
43	6	5	0.333333

图 8-7 所示为用户网络社区发现的结果，原彩色图中不同的颜色代表不同的社区。

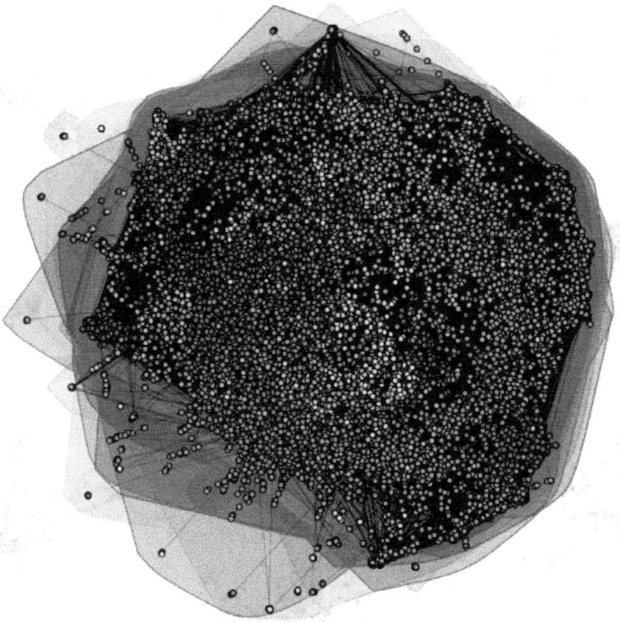

图 8-7　用户网络社区发现的结果

本实验按照规模从大到小对子网络进行了编号，图 8-8 所示为部分子网络的结构图。

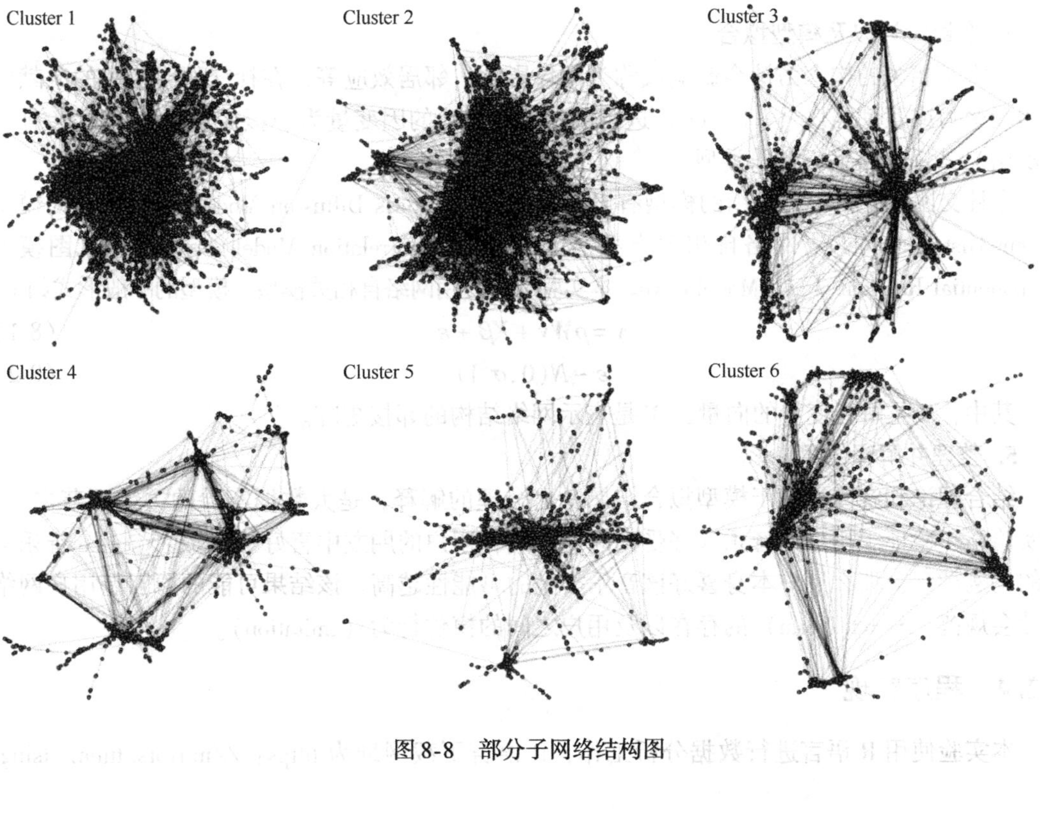

图 8-8　部分子网络结构图

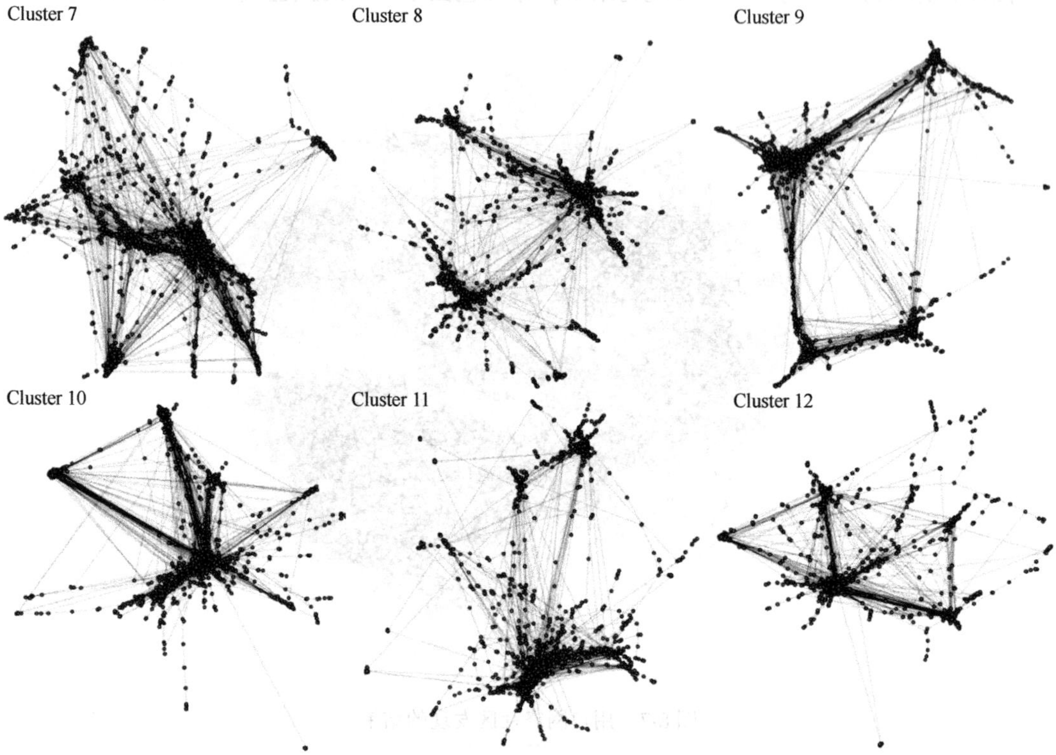

图 8-8 部分子网络结构图（续）

4. 变量设计以及模型拟合

本实验相关的构念为社会影响或称为同伴影响、邻居效应等，在社交网络相关的文献中常用凝聚力或互动强度（cohesion）进行测量。本实验的因变量为虚拟变量，取值为 0 或 1，表示用户是否喜好某一音乐类型。

在社交网络分析中，常用的模型有巴斯扩散模型（Bass Diffusion Model）、事件历史模型（Event History Model）、网络自相关模型（Network Autocorrelation Model）、指数随机图模型（Exponential Random Graph Model）等。本实验考虑使用网络自相关模型。模型的一般形式如下：

$$y = \rho \boldsymbol{W} y + \boldsymbol{X} \beta + \varepsilon \tag{8-1}$$

$$\varepsilon \sim N(0, \sigma^2 \mathrm{I}) \tag{8-2}$$

其中，$\boldsymbol{X}$ 是解释变量的向量，$\boldsymbol{W}$ 是表示网络结构的邻接矩阵。

5. 整理并解释结果

结合理论和实际，对于模型拟合结果做出合理的解释，是大数据实验的关键环节之一。本实验结果验证了用户的音乐喜好受到同伴影响，用户的朋友中喜好 Rap 或者 Dance 音乐类型的比例越高，那么用户本身喜好该音乐类型的可能性越高。该结果可能的原因是用户网络中社会规范（Social Norm）的存在以及用户之间的模仿行为（Imitation）。

8.2.4 程序实现

本实验使用 R 语言进行数据分析工作，R 语言下载网址为 https：//mirrors. tuna. tsinghua. edu. cn/CRAN/，用户可以根据不同的操作环境下载对应的版本。此外，用户可以使用 Rstudio、Eclipse 等 IDE 配置 R 语言开发环境。

下面介绍分析过程以及相关的 R 语言代码。

1. Spark 以及 Hive 连接

大数据环境下，研究需要处理的数据体量往往在 GB 级乃至 TB 级，因此需要使用专为大规模数据处理而设计的快速通用的计算引擎，如 Hadoop MapReduce、Spark。本实验使用 Spark 集群式计算环境，通过 Sparklyr（一种基于 Spark 的 R 语言接口）同时连接 Hive 数据库及 Spark 计算环境，代码如下。图 8-9 所示为 Sparklyr 常见方法。

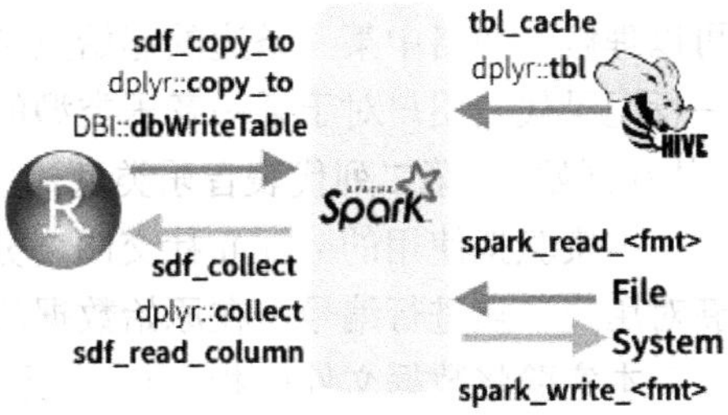

图 8-9 Sparklyr 常见方法

```
Spark_connection < - function(executormemory = "50G", drivermemory = "50G", memo-
ryOverhead = "10g"){
    library(sparklyr)
    library(dplyr)
    Sys.setenv(SPARK_HOME = "/usr/hdp/2.6.4.0 - 91/spark2/")
    Sys.setenv("SPARK_MEM" = "100g")
    conf < - spark_config()
    # build spark connection
    return(sc)
  }

HIVE_connection < - function(){
options(java.parameters = " - Xmx200g")
library("DBI")
library(rJava)
library("RJDBC")
for(l in list.files('/usr/hdp/2.6.4.0 - 91/hadoop/')){.jaddClassPath(paste("/usr/
hdp/2.6.4.0 - 91/hadoop/",l,sep = ""))}
drv < - JDBC("org.apache.hive.jdbc.HiveDriver", "/usr/hdp/current/hive - client/
lib/hive - jdbc.jar")
hiveconn < - dbConnect(drv, "jdbc:hive2://192.168.12.115:10000/ethereum", "hive", "")
if(exists('hiveconn')){
print("HIVE database connected")
return(hiveconn)
}else{
stop("building HIVE connection failed")
  }
}
hiveconn = HIVE_connection()
```

2. 数据文件读取与预处理

本实验的数据文件为 RO_edges. csv 及 deezerResult. csv。RO_edges. csv 是社交网络分析中常用的点边文件，每一行记录代表网络中节点之间的联系。数据标签为 node_1 和 node_2，可以理解为网络中某一条边的起始点和结束点。deezerResult. csv 是用户的音乐类型偏好，每一行记录代表用户对于某一音乐类型的喜好，原始数据无标签，第一列代表用户的节点编号（从 0 开始），第二列代表音乐类型。

本实验拟使用的 igraph 社交网络分析工具中的节点编号不能是 0，因此在读取数据后重新对用户节点进行编号，在原始数据的基础上，每个用户节点编号加 1。

本实验将数据文件以指定格式预先存储到服务器 Hive 数据库，调用 Sparklyr 包，同时连接 Hive 数据库和 Sparklyr 计算环境，数据表不需要读入本地 R 环境，通过远程 Spark 节点完成对数据高效迅速的清洗工作。代码如下：

```
RO_edges_tbl = tbl(sc,'RO_edges')
deezerResult_tbl = tbl(sc,'deezerResult')
RO_edges = mutate(RO_edges_tbl,node_1 = node_1 +1,node_2 = node_2 +1)
deezerResult_tbl < - deezerResult_tbl % >%
  dplyr::rename(node = V1,music = V2) % >%
  mutate(node = node +1)
RO_edges = sdf_collect(RO_edges)
deezerResult  = sdf_collect(deezerResult)
```

3. 数据描述及数据分布可视化

在本实验中，各音乐类型的喜欢人数符合长尾分布，最受用户欢迎的音乐类型为 Pop，其次为 Dance、Rap/Hip Hop，一半以上的音乐类型受众占比极小。

在 R 语言中调用 dplyr 包，可以实现对喜好各音乐类型用户的分组统计，此外可使用 barplot( ) 函数绘制喜好各音乐类型用户的柱状图。代码如下：

```
deezer_summary < - deezerResult % >%
  group_by(music) % >%
  summarise(count = n()) % >%
  arrange(desc(count))

head(deezer_summary,20)
barplot(deezer_summary $ count,names. arg = deezer_summary $ music,xlab = "Music",
    ylab = "Count",col = "blue",main = "Number of users of different genres",border
= "red")
```

4. 社交网络构建以及可视化

本实验构建的用户朋友关系网络是无向无权网络，即网络中的联系只代表用户之间存在朋友关系，没有数量以及方向上的区别。

在 R 语言中通过调用 igraph 包，以矩阵格式输入用户的点边文件，可以构建用户的朋友关系网络。代码如下：

```
library(igraph)
edge_matrix <- as.matrix(RO_edges)
friend_net = graph_from_edgelist(edge_matrix, directed = F)
plot.igraph(friend_net,vertex.label = NA,vertex.size = 2,vertex.color = 'red',
            edge.arrow.size = 0.2,edge.width = 0.3,edge.color = 'black')
m1 = as_adjacency_matrix(friend_net,attr = NULL)
```

5. 社区发现及子网络特征统计

在本实验中，基于 Louvain 算法从 Deezer 用户网络中提取了 43 个不同的子网络，发现社区的模块度为 0.75，结果具有一定的可靠性。部分子网络由于规模过小（编号 37～43），不计入考虑。用户网络社区发现的子网络基本描述特征如表 8-6 所示。

在 R 语言中调用 igraph 包，使用内嵌的 cluster_louvain( ) 函数，即可实现基于 Louvain 算法的社区发现。

```
set.seed(1)
community = cluster_louvain(friend_net, weights = NULL)
length(community)
modularity(community)
vertice_member = membership(community)
cluster_size = sizes(community)
plot(community,friend_net,vertex.color = 'red',vertex.label = NA,vertex.size = 2,
    edge.arrow.size = 0.2,edge.width = 0.3,edge.color = 'black')
cluster_temp <- cluster_size %>%
  data.frame(stringsAsFactors = FALSE) %>%
  group_by(Freq) %>%
  summarise(number = n()) %>%
  arrange(desc(Freq))
sample_cluster = order(cluster_size,decreasing = TRUE)
clusters = list()
for (i in c(1:length(community))){
  clusters[[i]] = {which(vertice_member == sample_cluster[i])}
}
vertex = {}
edge = {}
density_count = {}
i = 1
for (cluster in clusters){
  net = m1[cluster,cluster]
  cluster_graph = graph_from_adjacency_matrix(net,mode = "undirected",
                                               weighted = NULL,diag = F)
  plot.igraph(cluster_graph,vertex.label = NA,vertex.size = 2,vertex.color = 'red',
             edge.arrow.size = 0.2,edge.width = 0.3,edge.color = 'black')
  vertex = c(vertex,length(cluster))
```

```
  edge = c(edge,length(E(cluster_graph)))
  density_count = c(density_count,edge_density(cluster_graph, loops = FALSE))
  i = i + 1
}

id = c(1:length(community))
cluster_feature = cbind(id,vertex,edge,density_count)
cluster_feature = data.frame(cluster_feature,stringsAsFactors = F)
```

6. 变量计算以及模型拟合

本实验以凝聚力（Cohesion）测量用户受到的同伴影响，凝聚力由代表用户联系的邻接矩阵以及用户音乐类型喜好的乘积计算得出。为避免由于不同用户好友数量差异对实验结果带来影响，实际计算时使用的是行标准化之后的邻接矩阵。

本实验模型应调用社交网络分析 sna 包中的网络自相关函数 lnam( )，但该模型拟合需要的时间较长，为简化计算，实际调用了线性回归函数 lm( )，拟合结果也能在一定程度上验证假设的正确性。

```
Rap_lover <- deezerResult %>%
  filter(music == "Rap/Hip Hop") %>%
  mutate(Rap_lover = 1)

i = 1
for (cluster in clusters){
  cluster_data <- data.frame(node = cluster) %>%
    left_join(Rap_lover)
  cluster_data[is.na(cluster_data)] = 0
  net = m1[cluster,cluster]
  row_count = rowSums(net)
  for(j in 1:length(row_count)){
    if(row_count[j] > 0){
      net[j,] = net[j,]/row_count[j]
    }
  }
  peer_influence = data.frame(peer_influence = as.vector(net %*% cluster_data $
Rap_lover))
  cluster_data_x <- cluster_data %>%
    bind_cols(peer_influence) %>%
    select(Rap_lover,peer_influence)

  lm = lm(Rap_lover ~ peer_influence,cluster_data_x)
  print(paste0("cluster:",i))
  print(summary(lm))
  i = i + 1
  }
```

7. 结果解释以及验证

本实验首先考虑用户对于 Rap 类音乐的喜好是否受到同伴影响。限于篇幅，这里仅展示 10 个子网络的拟合结果，分别是规模最大的 5 个子网络和规模最小的 5 个子网络，如表 8-7 所示。

表 8-7　拟合结果（Rap Music）

Variable		Peer influence
Large Networks	Subpopulation (1)	0.16 * * * (0.021)
	Subpopulation (2)	0.099 * * * (0.026)
	Subpopulation (3)	0.10 * (0.030)
	Subpopulation (4)	0.10 * (0.043)
	Subpopulation (5)	0.13 * * * (0.040)
Small Networks	Subpopulation (32)	0.010 (0.066)
	Subpopulation (33)	0.17 * (0.075)
	Subpopulation (34)	0.030 (0.086)
	Subpopulation (35)	0.16 (0.088)
	Subpopulation (36)	0.042 (0.083)

此时会发现，用户对于音乐类型的喜好是否受到同伴影响，与用户所在的子网络规模同样存在关系。在规模较大的子网络中，同伴的音乐类型喜好对于用户自身的音乐类型喜好存在显著的正向影响，即用户的朋友喜好 Rap 类音乐的比例越高，用户自身喜好 Rap 类音乐的可能性越大，假设得到验证。但是在规模较小的子网络中，同伴的音乐类型的喜好对于用户自身的音乐类型喜好不存在显著的影响。

对于该结论的鲁棒性验证思路，则是将 Rap 替换成其他音乐类型，查看是否还存在类似的实验结果，例如本实验中再分析 Dance 类型，分析用户对于该音乐类型的喜好是否受到同伴影响。模型拟合结果如表 8-8 所示。

表 8-8　拟合结果（Dance Music）

Variable		Peer influence
Large Networks	Subpopulation (1)	0.083 * * * (0.021)
	Subpopulation (2)	0.098 * * * (0.026)
	Subpopulation (3)	0.068 * (0.030)
	Subpopulation (4)	0.19 * (0.043)
	Subpopulation (5)	0.047 * * * (0.040)
Small Networks	Subpopulation (32)	0.15 * (0.067)
	Subpopulation (33)	−0.053 (0.078)
	Subpopulation (34)	0.13 (0.084)
	Subpopulation (35)	−0.0022 (0.093)
	Subpopulation (36)	0.065 (0.078)

从 Dance 类音乐的模型拟合结果可知，在规模较大的子网络中，用户的朋友喜好 Dance 类音乐的比例越高，用户自身喜好 Dance 类音乐的可能性越大。在规模较小的子网络中，朋友对于 Dance 类音乐的喜好对于用户自身是否喜好 Dance 类音乐不存在显著的影响。结果的鲁棒性得到验证。

参 考 文 献

[1] LEENDERS R T A J. Modeling social influence through network autocorrelation: constructing the weight matrix [J]. Social networks, 2002, 24 (1): 21-47.

[2] VALENTE T W. Network models and methods for studying the diffusion of innovations [J]. Models and Methods in Social Network Analysis, 2005: 98-116.

[3] ZHANG B, PAVLOU P A, KRISHNAN R. On Direct vs. Indirect peer influence in large social networks [J]. Information Systems Research, 2018, 29 (2): 292-314.

[4] ZHAO K X, ZHANG B, BAI X. Estimating contextual motivating factors in virtual interorganizational communities of practice: peer effects and organizational influences [J]. Information Systems Research, 2018, 29 (4): 910-927.